# O Código da Abundância

## Alquimia Prática para a Liberdade Financeira

Dominando as 7 Leis Herméticas para
Transmutar Pensamento em Patrimônio

**Maurilio Candido Junior**

Este livro é uma obra de ficção. Os personagens, nomes, locais e eventos descritos são fruto da imaginação do autor. Qualquer semelhança com pessoas reais, vivas ou falecidas, ou com acontecimentos reais, é mera coincidência e não intencional.



ISBN: 978-65-01-93545-4

Capa e Diagramação: @guiacarapicuiba

Publicação Independente

# INDÍCE

Livros deste Autor

“Aos buscadores de verdades mais profundas, aqueles que reconhecem as correntes invisíveis que moldam nossa realidade material. Que este trabalho sirva como um farol, iluminando o caminho onde a sabedoria ancestral converge com as praticidades da maestria financeira. Aos meus mentores, cujos ensinamentos sobre as leis universais têm sido o alicerce da minha compreensão, e a todos aqueles que ousam questionar o convencional, buscando uma abordagem mais profunda e integrada da prosperidade. Esta exploração é dedicada às almas corajosas que entendem que a verdadeira criação de riqueza não se trata apenas de acumular ativos, mas de cultivar uma relação consciente com as forças energéticas que governam nossas vidas e fortunas. Que você encontre nestas páginas as chaves para desbloquear não apenas a abundância financeira, mas uma existência mais rica e alinhada, impulsionada pela compreensão de que o universo, em sua infinita generosidade, responde às frequências que emitimos.”

## Introdução

## A Alquimia do Capital e o Despertar do Arquiteto

A maioria dos homens e mulheres passa a vida inteira em um estado de sonambulismo econômico, perseguindo o dinheiro como quem persegue uma miragem febril no deserto. Eles correm, cansam-se, suam e, quando acreditam estar finalmente prestes a saciar a sede, percebem que o que seguram nas mãos é apenas areia — números voláteis que desaparecem diante da primeira crise, da primeira mudança de vento geopolítico ou de um simples erro de julgamento. Vivemos em uma era onde as cidades brilham com o neon da promessa de riqueza, mas, por trás das fachadas de vidro dos distritos financeiros, o que encontramos é uma massa exausta de indivíduos que possuem saldos, mas não possuem soberania.

Eles falham repetidamente porque lhes foi ensinado, desde o berço, que o dinheiro é a **causa**. Eles foram doutrinados a acreditar que o esforço bruto, as horas extras e a abdicação da alma em favor de uma carreira são os únicos geradores de riqueza. Mas eu lhe digo, com a autoridade de quem observou as marés do destino humano e os fluxos de capitais por décadas: o dinheiro nunca foi, e nunca será, uma causa em si. Ele é, em sua essência mais pura, um **efeito**. É a sombra projetada por um objeto; se você tentar agarrar a sombra sem entender a natureza do objeto que a projeta, passará a vida em uma dança fútil com a escuridão.

O que você tem em mãos agora não é um manual de investimentos convencional, repleto de fórmulas áridas que expiram na próxima temporada de balanços. Se você busca fórmulas mágicas para "ficar rico rápido" sem a necessidade de alterar um único átomo de quem você é, este livro não é para você. Guarde-o na estante e continue sua busca externa, comprando bilhetes de loteria ou seguindo o último guru do momento. Mas, se você está finalmente pronto para entender a **física invisível** que governa a matéria e o fluxo da abundância, então você acaba de cruzar o limiar de sua própria transmutação.

### Ouro de Tolo vs. Ouro Alquímico: A Grande Ilusão

A verdadeira alquimia, ao contrário do que os livros de história superficiais sugerem, nunca foi meramente sobre transformar metal físico em ouro amarelo para satisfazer a ganância de reis. Esse era o "ouro de tolo", uma distração deliberada para manter os curiosos e os profanos longe do verdadeiro segredo. Os verdadeiros mestres — os guardiões do conhecimento que hoje chamamos de Hermetismo — sabiam que a verdadeira **Pedra Filosofal** é a consciência humana despertada e alinhada com as Leis Universais.

Eles entendiam que o universo não é um caos de acidentes estatísticos, mas um mecanismo regido por leis imutáveis. Desafiar essas leis no campo financeiro é como tentar nadar contra uma cachoeira monumental: você pode até lutar com toda a sua força, mas o resultado final será, inevitavelmente, a exaustão, o afogamento e a queda. As Sete Leis Herméticas, atribuídas ao mítico Hermes Trismegistus, o "Três Vezes Grande", são os pilares ocultos de tudo o que chamamos de realidade. Elas regem desde o movimento colossal das galáxias até o fluxo silencioso de bits em uma rede bancária de alta frequência. Estas leis não solicitam sua crença; elas não se importam se você é um cético ou um místico. Elas operam com a precisão fria da gravidade — que derruba tanto o ignorante quanto o sábio se ambos saltarem de um penhasco.

**A Falência da Educação Financeira Tradicional**

A educação financeira moderna comete um erro catastrófico: ela foca exclusivamente no "galho" e ignora a saúde da "raiz". Ensina-se a analisar o rendimento do CDI, a volatilidade das opções e a economia doméstica do cafézinho, mas ignora-se o solo mental onde essas sementes são plantadas. Este livro, por outro lado, é um mergulho profundo na raiz.

Precisamos encarar as perguntas que a economia clássica não consegue responder:

- Por que algumas pessoas parecem atrair riqueza de forma magnética e quase sem esforço aparente, enquanto outras, dotadas de intelectos superiores, trabalham dezesseis horas por dia e continuam aprisionadas no ciclo das dívidas?

- Por que impérios corporativos tecnicamente perfeitos desmoronam em meses, enquanto ideias simples, germinadas em garagens, prosperam e dominam mercados globais?

A resposta não reside no plano da ação física imediata, mas no plano da **Lei**. A ação é apenas a etapa final de um processo que começa muito antes, em dimensões que a maioria dos investidores sequer suspeita existir.

**A Jornada: Da Ideia à Matéria**

Ao longo desta obra, faremos uma jornada sistemática e rigorosa. Não nos contentaremos com abstrações metafísicas; uniremos a sabedoria milenar do *Kybalion* ou Caibalion às descobertas mais recentes da neurociência comportamental e da física quântica. Cada capítulo foi desenhado para ser um estágio de um cadinho alquímico, onde sua percepção da realidade será derretida e reformulada.

Iremos do **Mentalismo**, o conceito de que o universo é uma construção da mente, até a **Lei de Gênero**, que nos ensina sobre a gestação necessária para que um ativo financeiro ganhe vida e maturidade. Você não receberá apenas teoria; você receberá **protocolos de transmutação**. Você será desafiado a realizar o que os antigos chamavam de *Grande Obra*: a reconstrução deliberada do seu próprio ser para que ele se torne um receptáculo digno da abundância.

**O Preço da Liberdade Real**

Não se engane: a liberdade financeira não é apenas um saldo bancário elevado; é um estado de espírito inabalável que não depende das flutuações do mercado. É um direito de nascimento, mas ela exige um preço que poucos estão dispostos a pagar. Esse preço é o sacrifício de sua antiga identidade — aquela parte de você que se sente confortável na escassez, que reclama do governo, que inveja o sucesso alheio e que teme o amanhã.

O chumbo das suas dívidas, da sua ansiedade crônica e da sua sensação de limitação está pronto para ser jogado no cadinho. O fogo do conhecimento já está aceso sob o frasco. A pergunta que deixo ecoando nas paredes da sua mente antes de virarmos a página é apenas uma: você possui a coragem necessária para sustentar o brilho do ouro que está prestes a manifestar?

*“Para transformar o chumbo da escassez no ouro da abundância, o primeiro passo do alquimista não é olhar para o mercado, mas para o espelho. Antes de dominarmos as leis que regem o cosmos, precisamos entender por que fomos programados para falhar.”*

## Capítulo 1: O Coração Alquímico das Finanças

O reino das finanças, como comumente entendido, frequentemente evoca imagens de livros contábeis austeros, algoritmos complexos e a busca implacável pelo lucro. É um cenário frequentemente descrito em termos de escassez, risco e vantagem competitiva — um domínio governado por números frios e duros. No entanto, sob essa superfície de análise quantitativa reside uma verdade mais profunda e vibrante: as finanças não são meramente um sistema de troca, mas uma ciência dinâmica e energética intrinsecamente ligada às leis universais que governam toda a criação. Este livro embarca em uma jornada para revelar essa dimensão oculta, introduzindo uma mudança de paradigma que reformula a criação de riqueza não como uma acumulação mundana de ativos, mas como uma forma de arte profunda — uma arte que chamamos de **Alquimia Financeira**.

A Alquimia Financeira é a prática sofisticada de transformar a realidade financeira de alguém por meio da compreensão e aplicação consciente dos princípios atemporais da tradição hermética. Durante séculos, os alquimistas buscaram transmutar metais básicos em ouro, uma busca que não dizia respeito apenas ao ganho material, mas ao domínio das forças fundamentais da natureza e à obtenção da perfeição espiritual. Da mesma forma, a Alquimia Financeira busca transmutar um estado de luta ou limitação financeira em um estado de abundância, prosperidade e liberdade. É uma exploração das bases energéticas da riqueza, desmistificando a natureza frequentemente elusiva da abundância e revelando como ela flui através de nossas vidas, guiada por forças invisíveis que podem ser compreendidas e harmonizadas.

A abordagem convencional das finanças, embora útil em seu próprio domínio, frequentemente opera sob uma premissa falha — de que a riqueza é principalmente uma construção externa, algo a ser ganho, economizado e investido por meios puramente mecânicos. Essa perspectiva, embora forneça ferramentas práticas, frequentemente ignora as causas fundamentais do sucesso ou da luta financeira. Ela foca nos sintomas — hábitos de consumo, veículos de investimento, flutuações de mercado — sem abordar adequadamente as dinâmicas energéticas subjacentes e as leis universais que realmente ditam nosso destino financeiro. Isso é semelhante a um médico tratando uma febre sem compreender a infecção que a causa; o alívio é temporário, e o problema subjacente persiste.

Nossa abordagem, enraizada na sabedoria da filosofia hermética, postula que o mundo externo é um reflexo do interno. Portanto, nossa realidade financeira não é uma entidade independente, mas uma manifestação direta de nosso estado interior — nossas crenças, nossos pensamentos, nossa frequência vibracional e nosso alinhamento com princípios universais. A Alquimia Financeira, então, é a arte de dominar esse mundo interior para influenciar e transformar conscientemente o cenário financeiro externo. É uma jornada de autodescoberta e empoderamento, onde compreender as leis fundamentais do universo se torna a chave para desbloquear níveis sem precedentes de prosperidade e realização.

Imagine o dinheiro não como papel inerte ou bits digitais, mas como pura energia em constante movimento. Este é o conceito fundamental sobre o qual a Alquimia Financeira é construída. Como eletricidade ou luz, o dinheiro é uma força energética que flui. Nossas crenças, atitudes e ações atuam como condutos ou bloqueios para esse fluxo. Uma mentalidade de escassez, medo ou falta restringe essa corrente energética, fazendo com que ela recue ou nos contorne. Por outro lado, uma mentalidade de abundância, gratidão e confiança abre os canais, permitindo que a riqueza flua livre e abundantemente em nossas vidas. Isso não se trata de pensamento positivo em um sentido superficial; trata-se de alinhar nossa emissão energética com a assinatura energética da própria prosperidade.

As limitações dos conselhos financeiros convencionais tornam-se claramente aparentes quando vistas através dessa lente energética. Embora aprender sobre orçamento, estratégias de investimento ou brechas fiscais sejam habilidades valiosas, elas abordam apenas a mecânica superficial da riqueza. É como aprender a conduzir um navio sem compreender as correntes oceânicas ou os ventos predominantes. Sem harmonizar com os princípios energéticos subjacentes — as leis universais que governam a prosperidade — essas abordagens mecânicas podem produzir apenas resultados limitados, frequentemente temporários. A frustração frequentemente surge quando indivíduos seguem diligentemente os conselhos convencionais, apenas para descobrir que sua situação financeira permanece teimosamente resistente à melhoria. Isso ocorre porque estão tentando manipular os efeitos sem abordar as causas primárias, que residem nos reinos energético e consciente.

Para navegar nesse terreno mais profundo, recorremos à "Bússola Hermética" — os Sete Princípios Herméticos. Essas leis antigas e imutáveis, codificadas em textos como *O Caibalion*, fornecem uma estrutura atemporal para compreender a natureza fundamental da realidade, incluindo a dinâmica da criação de riqueza. Esses princípios não são conceitos filosóficos abstratos; são leis práticas e operacionais que governam o universo. Ao compreendê-los e aplicá-los, ganhamos uma vantagem irrefutável em nossas buscas financeiras. Eles oferecem um guia confiável, permitindo-nos ir além da adivinhação e do acaso, e direcionar conscientemente nosso destino financeiro em direção à abundância e ao bem-estar duradouro.

A Lei do Mentalismo, por exemplo, revela que "O Todo é Mente; o Universo é Mental." Este princípio sugere que nossos pensamentos, crenças e consciência são as forças criativas últimas que moldam nossa realidade, incluindo nossas circunstâncias financeiras. A Lei da Correspondência, "Assim como dentro, assim é fora", esclarece ainda que nosso mundo financeiro externo é um espelho direto de nosso estado interior. A Lei da Vibração, afirmando que "Nada repousa; tudo se move; tudo vibra", explica que todas as coisas, incluindo o dinheiro e nosso estado financeiro, possuem uma frequência energética única, e que, ao alinhar nossa vibração com a da abundância, nós a atraímos.

Esses princípios, juntamente com Polaridade, Ritmo, Causa e Efeito e Gênero, formam o alicerce da Alquimia Financeira. Eles não são meras teorias a serem contempladas, mas ferramentas práticas a serem utilizadas. Ao dominar essas leis, aprendemos a influenciar conscientemente o fluxo de energia em nossas vidas, transformando nosso relacionamento com o dinheiro de um de luta para um de criação sem esforço. Essa jornada não trata apenas de acumular riqueza no sentido convencional; trata-se de cultivar uma mudança profunda de consciência que leva à verdadeira liberdade financeira — um estado de abundância que é tanto material quanto espiritual, profundamente satisfatório e eternamente sustentável.

Este livro é um convite para embarcar nessa jornada transformadora. É um convite para explorar o coração alquímico das finanças, para ir além das superficialidades dos conselhos transacionais e para acessar as correntes energéticas mais profundas que moldam nosso destino financeiro. Prepare-se para olhar para o dinheiro, a riqueza e a prosperidade com olhos inteiramente novos, entendendo-os não como forças externas a serem perseguidas, mas como fenômenos energéticos a serem compreendidos, harmonizados e conscientemente co-criados. Sua jornada de transformação financeira começa aqui, não com um livro contábil, mas com um despertar de sua compreensão do universo e de seu lugar dentro de seu fluxo abundante.

O esforço para compreender e transformar a própria realidade financeira através da lente dos princípios universais requer uma compreensão fundamental das leis herméticas. Essas verdades antigas, destiladas de milênios de sabedoria contemplativa, oferecem um plano para compreender as correntes mais profundas que influenciam todos os aspectos da existência, incluindo o aparentemente material reino das finanças. Introduzir essas leis não é meramente um exercício acadêmico; é como fornecer ao alquimista o conhecimento elementar necessário antes que qualquer transmutação possa ocorrer. Sem essa compreensão fundamental, qualquer tentativa de transformação financeira seria como construir um castelo sobre areias movediças — estruturalmente instável e propenso ao colapso.

A primeira dessas luzes orientadoras é a Lei do Mentalismo. Este princípio é talvez o mais profundo e abrangente, frequentemente resumido pelo adágio: “O Todo é Mente; o Universo é Mental.” Ele afirma que a natureza fundamental da realidade é a própria consciência. Tudo o que percebemos, experimentamos e interagimos, incluindo nosso mundo financeiro, origina-se e é sustentado por uma Mente universal e infinita. Isso significa que nossas circunstâncias externas, particularmente nossa situação financeira, não são ocorrências aleatórias ou apenas o produto de fatores externos. Em vez disso, elas são, em grande parte, a manifestação externa de nossa paisagem mental interior. Nossos pensamentos, crenças, convicções e a própria consciência que incorporamos são o barro primordial a partir do qual nossa realidade financeira é moldada.

Para compreender verdadeiramente o significado disso, considere o impacto dos sistemas de crença. Se alguém abriga uma crença profunda, talvez inconsciente, de que "dinheiro é difícil de conseguir" ou "pessoas ricas são gananciosas", então o universo, operando sob a Lei do Mentalismo, invariavelmente apresentará evidências que apoiam e reforçam essa crença. Oportunidades que poderiam levar à riqueza serão negligenciadas ou mal interpretadas. Quando confrontado com ganhos potenciais, um "sistema de alerta" interno, enraizado na crença limitante, pode desencadear uma aversão subconsciente, levando a chances perdidas ou comportamentos de auto sabotagem. O resultado financeiro, portanto, torna-se um eco direto do estado mental interno. O mundo externo, nesse contexto, atua como um espelho, refletindo de volta os pensamentos e crenças predominantes mantidos dentro da consciência do indivíduo.

Este princípio não é uma aprovação do pensamento ilusório, que muitas vezes é desfocado e carece de verdadeira convicção. Pelo contrário, é um convite à intencionalidade. Se nossos pensamentos moldam nossa realidade, então o cultivo deliberado de pensamentos, crenças e estados mentais específicos torna-se a ferramenta mais poderosa em nosso arsenal financeiro. Isso implica que o "cofre" definitivo onde nossa segurança e prosperidade financeira estão armazenadas não é um cofre físico ou uma conta digital, mas nossa própria mente. As "chaves" e "códigos" para esse cofre são nossas convicções sobre riqueza, nossa capacidade de receber, nossa disposição de dar e nossa crença inabalável em nosso próprio potencial de criar e sustentar abundância. Quando asseguramos esse cofre interno — escolhendo conscientemente crenças fortalecedoras e eliminando aquelas que nos limitam — as manifestações externas de riqueza naturalmente seguirão.

Isso nos leva ao conceito de reprogramar nosso "termostato financeiro". Assim como um termostato regula a temperatura de um ambiente, nossa mente subconsciente, influenciada por experiências passadas, condicionamento social e crenças enraizadas, frequentemente opera com uma "configuração" predeterminada para a quantidade de riqueza e prosperidade que acreditamos poder lidar ou merecer. Se esse termostato estiver ajustado muito baixo, devido a traumas passados, experiências financeiras negativas ou mensagens sociais que associam riqueza à falha moral, inconscientemente gravitaremos em direção a situações que mantêm esse nível inferior de abundância. Mesmo que circunstâncias externas elevem temporariamente nosso status financeiro, nossa programação interna frequentemente nos guiará de volta ao ponto definido, como um termostato acionando para reduzir novamente a temperatura.

O processo da "Alquimia Financeira" envolve recalibrar conscientemente esse termostato. Isso é alcançado por meio da aplicação de técnicas específicas derivadas de disciplinas mentais antigas e pesquisas modernas sobre neuroplasticidade. Esses métodos nos permitem romper com programações ultrapassadas e instalar novas crenças fortalecedoras que se alinham com nosso futuro financeiro desejado. É aqui que a mente se transforma de receptora passiva de condicionamentos em arquiteta ativa da realidade financeira.

Técnicas práticas para o cultivo da riqueza mental são essenciais para tornar esses princípios abstratos tangíveis. Elas incluem visualizações guiadas, nas quais alguém imagina vividamente seus objetivos financeiros já alcançados, criando uma poderosa impressão energética. Afirmações, cuidadosamente elaboradas para ressoar com verdade e convicção, servem para reprogramar a mente subconsciente ao declarar repetidamente realidades financeiras fortalecedoras. Práticas de gratidão, uma ferramenta poderosa para mudar o foco da falta para a abundância, treinam a mente para reconhecer e apreciar a riqueza que já existe, atraindo assim mais dela. Exercícios de atenção plena cultivam presença e consciência, permitindo-nos observar nossos pensamentos e emoções sem julgamento, e escolher conscientemente respostas que se alinham com a abundância em vez da escassez.

Essas práticas não são meras modas de autoajuda; são exercícios de criação consciente, aplicando diretamente a Lei do Mentalismo. Elas funcionam alterando de forma sutil, mas poderosa, nossa assinatura energética interna. Quando nossos pensamentos e sentimentos estão consistentemente focados em abundância, gratidão e na crença de que a riqueza é acessível e merecida, começamos a emitir uma vibração que ressoa com prosperidade. De acordo com a Lei da Vibração, semelhante atrai semelhante. Portanto, ao elevar nossa vibração interna, naturalmente atraímos circunstâncias, oportunidades e recursos que correspondem a essa frequência elevada.

A influência invisível de nossas crenças sobre nosso saldo bancário é, portanto, imensa. Pesquisas neurocientíficas confirmam cada vez mais como nossos cérebros são programados para buscar confirmação de nossas crenças existentes. Se acreditamos que somos incapazes de administrar dinheiro de forma eficaz, nosso cérebro destacará cada instância em que cometemos um erro financeiro, enquanto minimiza ou ignora sucessos. Isso cria uma profecia autorrealizável. Por outro lado, uma crença em nossa capacidade financeira nos fará perceber e aproveitar oportunidades, aprender com pequenos contratempos e reforçar um ciclo de feedback positivo de crescimento financeiro. Os princípios herméticos fornecem a estrutura metafísica para compreender por que esse fenômeno psicológico ocorre e como aproveitá-lo em nosso benefício.

Em essência, a jornada para o bem-estar financeiro começa com uma mudança radical de perspectiva. Ela começa com o reconhecimento da primazia dos reinos mental e consciente na formação de nossa realidade material. Ao compreender e aplicar a Lei do Mentalismo, desbloqueamos a verdade profunda de que nossas mentes não são apenas observadoras passivas de nossas vidas financeiras, mas os próprios arquitetos delas. Somos convidados a assumir nosso poder como criadores conscientes, reconhecendo que o "cofre" mais rico que possuímos é o potencial ilimitado de nossa própria mente, pronto para ser desbloqueado e utilizado para a criação de um futuro financeiro verdadeiramente abundante e gratificante. Essa profunda realização é a pedra angular da Alquimia Financeira, estabelecendo o cenário para todas as explorações subsequentes na ciência energética da riqueza.

O segundo pilar fundamental da Alquimia Financeira, construído diretamente sobre o princípio de que nosso estado interno molda nossa realidade externa, é a Lei da Correspondência. Este princípio, frequentemente articulado como "Assim como dentro, assim é fora; assim como acima, assim é abaixo", é uma revelação profunda sobre a interconexão de todas as coisas. Ele sugere que o macrocosmo — o universo, os ciclos maiores da existência — e o microcosmo — nossos eus individuais, nossas vidas pessoais e nossos ambientes imediatos — estão em constante relação de espelhamento. Não há verdadeira separação entre os mundos interno e externo; eles são, em essência, diferentes expressões da mesma realidade subjacente.

Quando aplicado ao reino das finanças, essa lei fornece uma ferramenta diagnóstica inestimável. Ela nos diz que nosso extrato bancário, nosso portfólio de investimentos, nossos níveis de dívida e nossa situação financeira geral não são resultados arbitrários. Em vez disso, são reflexos diretos, ou correspondências, de nossa paisagem financeira interna. Os números em nossos extratos, o fluxo e refluxo de nossa renda e despesas, a facilidade ou dificuldade percebida em gerar riqueza — todos esses são espelhos energéticos potentes. São mecanismos de feedback, revelando o estado de nosso relacionamento interno com o dinheiro, nossas crenças sobre abundância e nosso alinhamento energético com a prosperidade.

Ver nosso extrato bancário como um espelho energético incentiva uma mudança do julgamento e do medo para uma postura de curiosidade e percepção. Em vez de reagir com angústia a um saldo em declínio, o alquimista aprende a perguntar: "Que estado interior este saldo reflete?" É um reflexo de decisões baseadas no medo? Uma falta de confiança na própria capacidade de ganhar? Uma crença subconsciente de que a escassez é a norma? Ou talvez, uma pausa temporária que corresponde a um período de consolidação e planejamento interno? Ao abordar nossos extratos financeiros com esse entendimento, podemos extrair informações valiosas sobre nosso mundo interior, permitindo-nos identificar áreas para ajustes internos que, por sua vez, produzirão mudanças financeiras externas. Isso é muito mais fortalecedor do que simplesmente tentar manipular os números por meios externos.

Esse entendimento também eleva as tarefas mundanas de gestão financeira a rituais sagrados. Organizar nossas finanças — seja por meio de orçamento, registros meticulosos ou planejamento estratégico de investimentos — deixa de ser apenas uma obrigação. Torna-se uma expressão externa de ordem interior, clareza e intencionalidade. Quando trazemos ordem para nossos assuntos financeiros, estamos simultaneamente cultivando harmonia interior. O ato de alinhar nossas contas financeiras, de entender para onde nosso dinheiro vai e de onde ele vem, cria uma sensação de controle e domínio que ressoa externamente. Essa ordem interior atrai circunstâncias externas que também são ordenadas e prósperas. Uma abordagem caótica das finanças frequentemente espelha um estado interior caótico, que por sua vez dificulta o fluxo da abundância. Por outro lado, uma abordagem disciplinada e ritualística da organização financeira envia um sinal claro ao universo: "Estou alinhado, estou organizado e estou pronto para receber e administrar maior abundância."

A implicação prática da Lei da Correspondência é a necessidade de alinhar nossas ações com nossos objetivos de abundância. Se nosso objetivo declarado é alcançar liberdade financeira, mas nossas ações diárias envolvem gastos impulsivos, procrastinação em atividades que geram valor ou uma falta geral de disciplina financeira, há uma desconexão fundamental. Essa inconsistência energética cria fricção. O universo responde à totalidade de nossa emissão energética, que é um composto de nossas intenções, crenças, pensamentos, emoções e ações. Quando as ações contradizem as intenções, o sinal energético resultante é misto, levando a progresso estagnado e frustração. A verdadeira manifestação requer congruência — nossas ações externas devem ser uma representação fiel de nossos desejos internos.

Isso significa escolher conscientemente ações que ecoem nossas aspirações. Se desejamos atrair investimento, devemos agir como um investimento atraente — organizado, estratégico e demonstrando uma visão clara. Se desejamos um fluxo constante de renda, devemos nos engajar consistentemente em atividades que gerem valor e sejam percebidas como valiosas pelos outros. Esse alinhamento garante que o "interior" e o "exterior" estejam em harmonia, criando um poderoso impulso energético em direção aos nossos resultados financeiros desejados.

Além disso, a Lei da Correspondência se estende ao panorama financeiro mais amplo. O macrocosmo das tendências de mercado, ciclos econômicos e até fenômenos financeiros globais pode frequentemente ser visto como reflexos de estados internos coletivos ou individuais. Embora possamos não ter controle direto sobre esses ciclos maiores, nosso estado interior influencia como os percebemos e interagimos com eles. Um indivíduo operando a partir de um lugar de abundância e resiliência interior tem mais probabilidade de encontrar oportunidades em uma recessão (macrocosmo) do que alguém operando a partir do medo e da escassez. Ao dominar o microcosmo de nosso mundo interior, ganhamos maior capacidade de navegar e até influenciar nossa participação nos fenômenos financeiros maiores. Tornamo-nos menos suscetíveis às flutuações caóticas do mundo externo e mais sintonizados com oportunidades que se alinham com nosso estado interior.

Em essência, a Lei da Correspondência é um chamado à consciência holística. Ela nos implora a reconhecer o vínculo profundo entre nossa vida interior e nossa realidade financeira externa. Nossos extratos financeiros, nossos hábitos de consumo, nossos sistemas organizacionais — todos servem como feedback vital. Ao compreender esses reflexos e alinhar conscientemente nosso estado interior, nossas crenças e nossas ações com nossas aspirações de abundância, orquestramos uma poderosa sinfonia de criação. Esse alinhamento harmonioso é a essência de manifestar riqueza não como uma força externa a ser conquistada, mas como um estado interior a ser incorporado, que então naturalmente se expressa em nosso mundo material. Esse princípio é crucial para compreender como criar uma realidade financeira que não seja apenas próspera, mas também profundamente ressonante com nosso verdadeiro eu.

Construindo sobre a conexão estabelecida entre nosso estado interior e a realidade externa, a Lei da Vibração introduz uma perspectiva dinâmica sobre como essa manifestação ocorre. Este princípio afirma que "Nada repousa; tudo se move; tudo vibra." Ele postula que o universo não é composto de matéria estática, mas de energia pura em constante movimento, cada partícula, cada pensamento, cada objeto e cada experiência possuindo uma frequência vibracional única. Esse entendimento é crucial para a Alquimia Financeira porque explica o mecanismo através do qual nosso estado interior influencia nossas circunstâncias financeiras externas.

Tudo, de um grão de areia a uma estrela, de um pensamento a uma transação financeira, emite uma vibração específica. Nosso estado financeiro — seja de abundância ou escassez, prosperidade ou pobreza — também é caracterizado por uma frequência energética particular. Se estamos experimentando limitação financeira, isso significa que nossa frequência vibracional atual não está em alinhamento com a frequência da abundância. A Lei da Vibração afirma que semelhante atrai semelhante; portanto, para atrair riqueza, devemos conscientemente elevar nossa própria frequência vibracional para corresponder à da abundância. Isso não se trata de perseguir dinheiro ou manipular circunstâncias externas; trata-se de nos sintonizar com a frequência do que desejamos.

O próprio dinheiro, quando visto energeticamente, pode ser entendido como possuindo sua própria frequência vibracional distinta. Ele não é meramente moeda inerte, mas uma forma de energia que responde a estados energéticos específicos. Para atrair riqueza, é preciso alinhar sua vibração pessoal com a vibração do dinheiro e da prosperidade. Essa é a essência da ressonância energética. Quando nossa assinatura energética interna vibra em alta frequência, caracterizada por sentimentos de alegria, gratidão, expectativa e confiança, cria-se uma poderosa atração por recursos financeiros e oportunidades que ressoam em uma frequência semelhante. Por outro lado, uma vibração de baixa frequência, tipicamente associada ao medo, ansiedade, dúvida e escassez, repelirá a abundância e atrairá mais circunstâncias que reforçam essa falta.

Compreender esse princípio nos permite ir além da armadilha comum de focar no que nos falta. A vibração da escassez — preocupar-se com contas, sentir ansiedade sobre finanças, lamentar um saldo bancário baixo — transmite ativamente um sinal de falta ao universo. Esse sinal, de acordo com a Lei da Vibração, atrai mais circunstâncias que perpetuam esse sentimento de falta. Ele cria um ciclo autorreforçador que é difícil de romper apenas por meios convencionais. Para mudar esse ciclo, devemos conscientemente mudar nosso estado energético da escassez para a abundância.

Isso envolve reconhecer o impacto energético de nossos sentimentos e pensamentos relacionados às limitações financeiras. Significa reconhecer que a carga emocional que carregamos em relação ao dinheiro é um determinante poderoso de seu fluxo em nossas vidas. Uma pessoa constantemente experimentando estresse financeiro está emitindo uma vibração que diz: "Não sou uma correspondência vibracional para a abundância; sou uma correspondência para o estresse e a falta." O universo, em suas leis energéticas imparciais, responde fornecendo mais do que a pessoa está vibrando.

Para mudar da escassez para a abundância, precisamos de orientação prática sobre como mudar conscientemente nosso estado energético. É aqui que práticas como cultivar gratidão tornam-se fundamentais. A gratidão é uma emoção de alta frequência. Quando genuinamente apreciamos o que temos, não importa quão pequeno, estamos enviando um poderoso sinal de abundância. Isso eleva nossa vibração e nos prepara para receber mais. Visualizar a abundância com detalhes vívidos e engajamento emocional também serve para ajustar nossa frequência à da riqueza. Afirmações, quando faladas com convicção e sentimento, reprogramam nosso subconsciente para alinhar-se com a vibração de nossa realidade financeira desejada.

O conceito de atrair riqueza através da ressonância energética é essencialmente a aplicação prática da Lei da Vibração, frequentemente popularmente referida como a "Lei da Atração." Não se trata de desejar passivamente que as coisas aconteçam, mas de emitir ativa e consistentemente uma frequência vibracional elevada. Isso é alcançado por meio de uma combinação de intenção focada, estados emocionais positivos e ações alinhadas.

Quando nos engajamos com alegria em nosso trabalho, expressamos gratidão por nossa renda e visualizamos nossos objetivos financeiros com crença inabalável, criamos uma atração energética para a riqueza.

Tornamo-nos um farol vibracional, atraindo circunstâncias e oportunidades que correspondem à frequência que emitimos.

Cultivar uma vida financeira de alta frequência, portanto, envolve um compromisso consciente de manter esse estado vibracional elevado em todos os nossos negócios financeiros. Isso inclui cercar-nos de influências edificantes — pessoas, ambientes e informações que nos inspiram e elevam. Significa focar conscientemente em soluções em vez de problemas, escolhendo ver oportunidades onde outros veem obstáculos. Praticar a generosidade, seja de tempo, talento ou recursos, é outra maneira poderosa de elevar nossa vibração. Quando damos livremente, estamos transmitindo um sinal de abundância, confiando que o universo nos reabastecerá. Celebrar conquistas financeiras, não importa quão pequenas — uma negociação bem-sucedida, uma dívida quitada, um novo cliente conquistado — reforça o ciclo de feedback energético positivo, sinalizando ao universo que estamos receptivos a mais.

Em essência, a Lei da Vibração revela que nossa realidade financeira é uma resposta energética direta ao nosso estado interno. Ela nos fortalece ao mostrar que temos a capacidade de influenciar conscientemente essa resposta ao gerenciar nossos pensamentos, emoções e crenças. Ao mudar nossa vibração da escassez para a abundância, do medo para a confiança, transformamos nossa assinatura energética, tornando-nos poderosos ímãs para a riqueza e prosperidade que desejamos. Esse entendimento não é apenas teórico; é a chave para participar ativamente da co-criação de nosso destino financeiro, passando de um lugar de limitação energética para um de possibilidade ilimitada.

A jornada pelos princípios herméticos se aprofunda à medida que exploramos a Lei da Polaridade. Essa lei afirma que "Tudo é dual; tudo tem polos; tudo tem seu par de opostos." Ela revela que aparentes opostos, como bem e mal, quente e frio, luz e escuridão, riqueza e pobreza, não são entidades fundamentalmente distintas, mas diferentes intensidades ou graus da mesma coisa fundamental. Eles são simplesmente dois polos do mesmo espectro. Compreender essa dualidade não significa negar a existência de experiências negativas, mas reconhecer sua conexão inerente com seus contrapontos positivos e aprender a navegar no continuum energético.

No reino financeiro, esse princípio é particularmente esclarecedor. Riqueza e pobreza, sucesso e fracasso, lucro e perda — muitas vezes são percebidos como estados mutuamente exclusivos. No entanto, a Lei da Polaridade nos ensina que eles são dois lados da mesma moeda, existindo em um único espectro de energia financeira. A pobreza não é a ausência de riqueza; é apenas um polo do espectro financeiro, com a riqueza sendo o polo oposto. Da mesma forma, o fracasso é o "polo inferior" do espectro de aprendizado e crescimento, com o sucesso sendo o "polo superior."

Esse entendimento tem implicações profundas sobre como abordamos desafios financeiros. Em vez de ver uma perda financeira, como um investimento fracassado ou um revés nos negócios, como um ponto final definitivo ou uma marca de inadequação pessoal, o alquimista a vê como o polo da "pobreza" de uma experiência mais ampla. Essa experiência mais ampla poderia ser rotulada como "aprendizado e crescimento", "adaptação e resiliência" ou "recalibração estratégica." A perda em si é um evento, mas seu significado energético é determinado por nossa interpretação e nossa capacidade de transmutá-la.

O poder da transmutação mental reside em nossa capacidade de mudar conscientemente nossa perspectiva do polo negativo para o polo positivo de qualquer experiência. Quando enfrentamos um revés financeiro, em vez de nos fixarmos na perda e na sensação de pobreza que ela gera, podemos escolher focar nas lições aprendidas. Que percepções foram obtidas? Que estratégias precisam ser ajustadas? Que novas oportunidades essa situação pode revelar? Ao redirecionar conscientemente nossa energia mental para o aprendizado e crescimento inerentes à experiência, transmutamos a carga negativa da perda. Passamos do polo de "fracasso" para o polo de "sabedoria adquirida", transformando assim um negativo percebido em um catalisador para o sucesso futuro. Esse é o processo alquímico em ação: pegar um aparente metal básico da desventura e transmutá-lo no ativo dourado do conhecimento e da experiência.

Navegar por extremos financeiros com equilíbrio torna-se uma habilidade fundamental para o indivíduo alquímico-financeiro. Os mercados naturalmente flutuam. Períodos de rápido crescimento e prosperidade são inevitavelmente seguidos por períodos de contração ou correção. Nossas fortunas financeiras pessoais também passam por ciclos de entrada e saída. A Lei da Polaridade nos ensina que, ao reconhecer ambos os polos da experiência sem nos apegarmos excessivamente a nenhum deles, podemos manter o equilíbrio interior. Isso significa não ficar excessivamente eufórico em tempos de grande sucesso, nem desanimado em tempos de dificuldade.

O equilíbrio é alcançado por meio de uma perspectiva desapegada, mas engajada. Envolve reconhecer que o estado atual, seja positivo ou negativo, é temporário e parte de um ciclo rítmico maior. Ao cultivar esse ponto de vista equilibrado, estamos mais bem preparados para tomar decisões racionais. Em um mercado em alta, evitamos a ganância excessiva e tomamos medidas prudentes para garantir ganhos. Em um mercado em baixa, evitamos o pânico e buscamos oportunidades que surgem de avaliações deprimidas. Essa abordagem equilibrada nos permite surfar as ondas da mudança financeira com maior sabedoria e resiliência, em vez de sermos arrastados pelas marés emocionais do sentimento de mercado.

O poder da transmutação mental nas finanças é, portanto, imenso. É a principal ferramenta do alquimista para navegar na natureza dualista do mundo financeiro. Ao escolher conscientemente mudar nossa perspectiva, podemos transformar sentimentos de desespero em esperança, medo em coragem e limitação em oportunidade. Isso não significa negar a realidade, mas escolher qual aspecto da realidade desejamos fortalecer com nossa atenção e energia. Se focamos nas limitações da dívida, fortalecemos a energia da dívida. Se focamos no potencial de soluções criativas e na eventual liberdade da dívida, fortalecemos essa possibilidade.

O alquimista entende que, ao dominar a mente, pode influenciar a qualidade energética de sua experiência financeira. Quando confrontado com uma situação financeira difícil, em vez de sucumbir ao polo negativo do desespero, o alquimista pode ascender mentalmente ao polo da possibilidade. Isso não significa ignorar o problema, mas reformulá-lo como um desafio a ser superado, uma oportunidade de inovação ou um catalisador para uma nova direção. Essa mudança mental é o motor da transmutação, permitindo que indivíduos avancem conscientemente ao longo do espectro financeiro em direção a maior abundância e bem-estar, transformando dificuldades percebidas em degraus rumo à realidade financeira desejada.

À medida que continuamos a explorar as leis fundamentais que regem a riqueza, chegamos à Lei do Ritmo. Esse princípio afirma que "Tudo flui, entra e sai; tudo tem suas marés; tudo sobe e desce." Ele afirma que nada existe em um estado de estase perpétua. Todos os fenômenos, desde os grandes ciclos cósmicos das estrelas até as mudanças mais sutis na consciência humana, estão sujeitos a um ritmo universal de movimento, mudança e periodicidade. Essa lei não trata de progressão linear, mas de padrões cíclicos de expansão e contração, crescimento e decadência, atividade e descanso. Compreender esse ritmo é absolutamente crucial para navegar no mundo financeiro, que é inerentemente cíclico.

Os mercados econômicos, os ciclos de negócios e até mesmo as fortunas financeiras individuais não estão isentos desse pulso universal. Existem períodos de expansão, onde as oportunidades abundam, o capital flui livremente e a prosperidade parece generalizada. Estes são seguidos por períodos de pico, onde o crescimento pode desacelerar e sinais de alerta de uma mudança podem surgir. Então vem a inevitável contração, onde os mercados podem declinar, a atividade econômica desacelera e desafios aparecem. Finalmente, há o vale, um período de baixa atividade, frequentemente acompanhado por um senso de desânimo, antes que o ciclo comece novamente com uma nova onda de expansão.

Reconhecer esses ciclos econômicos e suas assinaturas energéticas é uma pedra angular do timing financeiro estratégico. Cada fase do ciclo econômico tem uma sensação energética distinta. Uma fase expansionista pode ser caracterizada por otimismo, aumento de investimentos e uma sensação geral de impulso ascendente. Uma fase de contração, por sua vez, pode ser marcada por medo, cautela e foco na preservação. O alquimista aprende a discernir o sentimento predominante e o impulso de cada fase, entendendo que ações altamente eficazes durante uma expansão podem ser prejudiciais durante uma contração. Esse discernimento permite uma abordagem mais informada e adaptativa às decisões financeiras, passando do pânico reativo para a estratégia proativa.

A metáfora do "surfe" é adequada para entender como alinhar estrategicamente ações financeiras com o ritmo predominante. Um surfista não luta contra a onda; ele observa seu padrão, sente seu impulso e a conduz habilmente até a praia. Da mesma forma, o indivíduo financeiramente hábil aprende a "surfar" as marés econômicas. Isso envolve entender quando investir agressivamente durante períodos de crescimento, quando consolidar e poupar durante períodos de incerteza, quando assumir riscos calculados quando o impulso está a seu favor e quando adotar uma postura mais conservadora quando a maré está mudando. O objetivo é trabalhar com o fluxo natural da energia financeira, em vez de contra ele. Lutar contra o ritmo natural leva a esforço desnecessário e desperdício, enquanto conduzi-lo habilmente maximiza ganhos e minimiza perdas.

Além dos amplos ciclos econômicos, essa lei também se aplica aos ritmos financeiros pessoais. Todos nós experimentamos períodos de alta energia, criatividade e entrada financeira, onde as oportunidades parecem abundantes e a produtividade está em seu auge. Por outro lado, também há períodos de menor energia, onde o foco pode ser mais difícil de manter e as entradas financeiras podem naturalmente diminuir. Esses ritmos pessoais não são necessariamente indicativos de sucesso ou fracasso, mas são simplesmente parte do fluxo e refluxo natural da vida. Gerenciar energia e recursos pessoais em harmonia com esses ciclos internos é vital para o crescimento financeiro sustentável. Forçar-se incessantemente durante uma fase de baixa energia pode levar ao esgotamento e diminuir a eficácia. Por outro lado, não aproveitar uma fase de alta energia pode significar oportunidades perdidas. O alquimista aprende a reconhecer esses ciclos pessoais, sabendo quando avançar com esforço focado e quando conservar energia, descansar e se preparar para a próxima ascensão.

Essa abordagem consciente ao ritmo cultiva tanto paciência quanto compreensão do impulso nas finanças. Ela nos ensina a sabedoria de saber quando exercer esforço para construir impulso em direção a um objetivo e, igualmente importante, quando esperar pacientemente por momentos oportunos. Às vezes, a estratégia financeira mais poderosa é não fazer nada, permitir que o mercado ou uma situação se desenvolva e esperar pelo momento oportuno para agir. Isso requer um nível de disciplina e visão que vai além da gratificação imediata frequentemente buscada em estratégias financeiras convencionais.

Ao respeitar a Lei do Ritmo, os indivíduos podem cultivar uma estratégia financeira que não apenas é mais eficaz, mas também mais resiliente e adaptável. Eles aprendem a ver flutuações financeiras não como eventos aleatórios a serem temidos, mas como padrões previsíveis que podem ser compreendidos e navegados. Esse entendimento permite uma abordagem mais serena e menos estressante para a criação de riqueza, promovendo uma sensação de domínio sobre o próprio destino financeiro ao harmonizar-se com o pulso cíclico natural do universo. Esse princípio é fundamental para alcançar prosperidade sustentável, pois reconhece que períodos de crescimento são naturalmente seguidos por períodos de consolidação e que, ao compreender e respeitar essas fases, pode-se navegar pela jornada financeira com maior sabedoria e eficácia.

Com base na compreensão de padrões e ciclos universais, agora mergulhamos na Lei de Causa e Efeito, frequentemente referida como a Lei do Karma. Esse princípio, um dos mais fundamentais e universalmente reconhecidos, afirma que "Toda causa tem seu efeito; todo efeito tem sua causa." É uma afirmação de ordem no universo, significando que nada acontece por acaso ou acidente. Todo evento, todo resultado, todo desfecho financeiro é consequência direta de ações, pensamentos ou crenças anteriores. Essa lei é profundamente fortalecedora porque destaca nossa agência e nosso papel como criadores de nosso próprio destino financeiro.

A tendência comum, particularmente ao enfrentar dificuldades financeiras, é cair em uma "mentalidade de vítima." Os indivíduos podem sentir que forças externas — a economia, má sorte, circunstâncias injustas ou ações de outros — são as únicas responsáveis por sua situação financeira. Eles se veem como receptores passivos de eventos infelizes. A Lei de Causa e Efeito desafia diretamente essa perspectiva. Ela afirma que, embora fatores externos possam desempenhar um papel, a responsabilidade final por nossa realidade financeira está nas causas que colocamos em movimento. Nossos pensamentos, nossas decisões, nossas ações e até nossas crenças enraizadas são as sementes que plantamos, e nossas circunstâncias financeiras são a colheita que resulta.

Ao compreender essa lei, somos convidados a assumir total responsabilidade por nossa situação financeira. Isso não se trata de atribuir culpa ou se entregar à culpa, mas de reivindicar nosso poder. Se somos a causa de nossas circunstâncias atuais, então também possuímos o poder de mudá-las ao alterar conscientemente as causas que colocamos em movimento. Essa mudança de vítima para criador é o primeiro e mais crucial passo para possibilitar mudanças positivas e construção intencional de riqueza. Ela nos move de um lugar de impotência para um de participação ativa e agência profunda.

Isso nos leva ao conceito de "plantar valor" como a aplicação proativa da Lei de Causa e Efeito. Em vez de esperar passivamente por recompensas financeiras, o alquimista entende que a verdadeira prosperidade é gerada ao se engajar intencionalmente em ações que criam valor para os outros. Esse valor pode se manifestar de inúmeras maneiras: fornecendo um produto ou serviço que resolve um problema, oferecendo expertise que educa ou inspira, criando uma solução inovadora que melhora a eficiência ou investindo capital em empreendimentos que promovem crescimento e oportunidade. Esses atos de criação de valor são as "sementes" que plantamos. As recompensas financeiras que colhemos são a "colheita" natural que se segue, desde que as sementes plantadas sejam de fato valiosas e eticamente sólidas.

O protocolo de plantar valor enfatiza que nossas recompensas financeiras são diretamente proporcionais ao valor que entregamos. Se desejamos colher uma colheita abundante de riqueza, devemos ser diligentes em plantar sementes de valor significativo. Isso requer compreender as necessidades e desejos dos outros, identificar oportunidades de servir e entregar excelência de forma consistente. É um princípio de troca recíproca, onde o universo, em seu perfeito equilíbrio de causa e efeito, garante que para cada valor significativo criado e entregue, uma forma correspondente de recompensa, incluindo abundância financeira, retornará.

A criação consciente, portanto, envolve o alinhamento meticuloso de nossas intenções com nossas ações. Não basta simplesmente ter a intenção de ser rico ou de criar valor. Devemos traduzir essas intenções em ações consistentes, focadas e orientadas pelo valor. Uma intenção financeira clara atua como a estrela guia, mas são as ações deliberadas que tomamos que fornecem o motor para a manifestação. Quando intenções e ações estão em harmonia, as causas que colocamos em movimento são precisamente calibradas para gerar os efeitos financeiros pretendidos. Essa sinergia garante que nossos esforços sejam direcionados de forma eficaz, levando a resultados previsíveis e desejados.

Por exemplo, se a intenção é construir um negócio de consultoria bem-sucedido, as ações alinhadas incluiriam desenvolver expertise, divulgar serviços de forma eficaz, entregar resultados excepcionais aos clientes e buscar continuamente agregar mais valor. Essa aplicação consistente da causa e efeito, impulsionada por intenção clara, cria um poderoso impulso em direção ao sucesso financeiro. Por outro lado, intenções sem ação alinhada são como sementes que nunca são plantadas — elas possuem potencial, mas nunca se manifestam em realidade.

Cultivar abundância por meio da causação deliberada é a aplicação máxima desta lei. Envolve um processo consciente e contínuo de analisar nossas causas e efeitos financeiros passados para aprender com eles. Quais ações levaram ao crescimento financeiro? Quais decisões resultaram em retrocessos? Ao compreender nossos padrões pessoais de causação, podemos refinar nossa abordagem. Então, estabelecemos estrategicamente novas causas — por meio da criação ética de valor, práticas financeiras responsáveis e ações alinhadas — para manifestar um futuro de prosperidade sustentada. Isso não se trata de forçar resultados, mas de participar de forma inteligente e intencional na lei universal de causa e efeito, moldando assim nosso destino financeiro com clareza, propósito e eficácia inabalável. O alquimista financeiro entende que, ao dominar a criação de valor, está dominando a criação da própria riqueza.

Prosseguindo em nossa exploração dos princípios universais, encontramos a Lei de Gênero, que introduz um conceito profundo sobre a interação das energias criativas no universo. Essa lei afirma que "O gênero está em tudo; tudo tem seus princípios masculino e feminino." É crucial entender que esse princípio não se refere ao sexo biológico em humanos ou animais, mas a duas energias criativas fundamentais e complementares que estão presentes em todas as coisas e processos. O princípio "masculino" é frequentemente associado à atividade, foco, penetração, direção e expressão externa. O princípio "feminino", por sua vez, está ligado à receptividade, nutrição, expansão, intuição e ao cuidado ou gestação interior. Ambos são essenciais para a criação; um não pode existir ou se manifestar sem o outro.

No contexto das finanças e da criação de riqueza, esses princípios se manifestam como abordagens distintas, mas complementares. O princípio "masculino" nas finanças é incorporado pela estratégia, planejamento, análise, ação decisiva e execução focada. É a força que impulsiona projetos, supera obstáculos e traz estrutura aos nossos empreendimentos financeiros. Um plano de negócios, um orçamento detalhado, uma estratégia de investimento focada — todos são expressões do princípio masculino. Ele representa a força penetrante que realiza, analisa o mercado e toma as decisões críticas necessárias para navegar pelas complexidades do mundo financeiro. Sem essa energia ativa e diretiva, os objetivos financeiros podem permanecer ideais abstratos, carecendo da implementação prática necessária para torná-los realidade.

Por outro lado, o princípio "feminino" nas finanças é representado pela intuição, receptividade, percepções criativas, inteligência emocional e a capacidade de sentir fluxos e oportunidades subjacentes. É o aspecto nutridor que permite que ideias amadureçam, oportunidades se desenvolvam e a abundância seja recebida. Ouvir os sentimentos instintivos, confiar na orientação interior, criar um estado receptivo para que a riqueza se manifeste e compreender as correntes energéticas sutis do mercado são todas expressões do princípio feminino. Essa energia receptiva e expansiva é vital para reconhecer momentos oportunos, permitir que soluções criativas surjam e realmente abraçar e manter a riqueza que é atraída. Sem o princípio feminino, uma abordagem puramente masculina pode se tornar rígida, excessivamente analítica e propensa a perder oportunidades ou percepções sutis, mas cruciais, que estão além da lógica pura.

O verdadeiro poder na criação financeira não está em favorecer um princípio sobre o outro, mas em alcançar uma integração harmoniosa de ambos. A dependência excessiva apenas da estratégia, o princípio masculino, pode levar a uma abordagem rígida e pouco imaginativa que perde possibilidades inovadoras e falha em considerar os sutis deslocamentos intuitivos do mercado ou de si mesmo. Tal abordagem pode se desconectar do fluxo orgânico da abundância. Por outro lado, um foco exclusivo na intuição, o princípio feminino, sem o fundamento da estratégia e da ação decisiva, pode levar à falta de direção, esforços dispersos e incapacidade de concretizar ideias. Pode resultar em um estado de potencial perpétuo sem resultados realizados.

A abordagem ideal é equilibrada, onde a força ativa e penetrante do princípio masculino trabalha em sinergia com a força receptiva e nutridora do princípio feminino. Essa integração cria um poderoso vórtice criativo. Por exemplo, uma estratégia de negócios meticulosamente pesquisada (masculino) pode ser complementada por um senso intuitivo de que um nicho de mercado específico está prestes a emergir ou que uma parceria específica será altamente benéfica (feminino). A capacidade de executar a estratégia de forma decisiva (masculino) enquanto permanece aberto a sinais e oportunidades sutis (feminino) é a marca da criação financeira magistral.

Essa dança harmoniosa entre "hustle" e "flow" é onde o sucesso financeiro sustentável e gratificante é encontrado. "Hustle" representa a aplicação energética, ativa e focada do princípio masculino — o trabalho diligente, o planejamento estratégico, a execução disciplinada. "Flow", por sua vez, representa o engajamento receptivo, expansivo e intuitivo do princípio feminino — estar aberto a oportunidades, confiar no processo, permitir que a abundância se manifeste sem esforço e reconhecer os momentos oportunos para agir ou descansar. O alquimista aprende a equilibrar esses aspectos: aplicar esforço focado estrategicamente ("hustle") enquanto permanece aberto e receptivo às oportunidades e orientações que surgem naturalmente ("flow"). Essa interação dinâmica garante que o esforço seja aplicado de forma sábia e eficaz, e que a receptividade esteja presente para abraçar e capitalizar os frutos desse esforço. Ao integrar conscientemente essas duas energias criativas fundamentais, os indivíduos podem avançar em direção a um estado de criação financeira equilibrada, alcançando tanto resultados robustos quanto uma sensação de realização profunda em sua busca pela riqueza.

O dinheiro, em sua essência mais fundamental, não é meramente o papel inerte em nossas carteiras ou os números abstratos em um registro digital. Para realmente compreender seu poder e potencial dentro da estrutura da Alquimia Financeira, devemos primeiro redefini-lo como energia pura — uma força ativa e dinâmica perpetuamente em movimento. Essa perspectiva não é um floreio metafórico; é o alicerce sobre o qual se constrói uma transformação no pensamento financeiro. Se continuarmos a ver o dinheiro apenas como uma mercadoria finita e tangível, inadvertidamente nos aprisionamos em uma mentalidade de escassez. Ficamos preocupados com o que não temos, com as limitações percebidas de seu suprimento e com o medo de sua escassez. Isso é semelhante a tentar entender o oceano focando apenas em uma única onda; perde-se a vastidão, as correntes e a natureza energética inerente do todo.

Ao mudar nossa percepção para ver o dinheiro como energia em fluxo, desbloqueamos uma compreensão profunda de sua dinâmica. Como eletricidade, luz ou qualquer outra força fundamental, o dinheiro possui sua própria assinatura vibracional e segue leis energéticas. Ele é atraído por certas condições e repelido por outras. Nossas crenças, nossas atitudes, nossos estados emocionais e nossas ações atuam como condutos ou bloqueios para esse fluxo energético. Quando operamos a partir de um lugar de medo, dúvida ou mentalidade de escassez, estamos efetivamente restringindo os canais pelos quais a energia financeira pode entrar em nossas vidas. Estamos construindo represas de limitação ao nosso redor, impedindo que as correntes naturais da abundância nos alcancem.

Por outro lado, quando cultivamos uma mentalidade de abundância, gratidão, confiança e crença em nossa própria capacidade de criar e receber riqueza, abrimos esses canais. Tornamo-nos como um leito de rio bem projetado, guiando o fluxo abundante da energia financeira de forma suave e eficiente em nossas vidas. Isso não é um processo passivo de desejar ou esperar; é um alinhamento ativo e consciente com os princípios energéticos que regem a prosperidade. Envolve compreender que nosso estado energético interno é o determinante primário de nossa realidade financeira externa.

---

*"Por outro lado, quando cultivamos uma mentalidade de abundância, gratidão, confiança e crença em nossa própria capacidade de criar e receber riqueza, abrimos esses canais."*

---

A abordagem convencional das finanças pessoais frequentemente foca na mecânica de gerenciar essa energia a partir de uma perspectiva externa: orçamento, poupança, investimento e ganhos. Essas são habilidades inegavelmente importantes, semelhantes a aprender como gerenciar a água depois que ela chega à sua propriedade. No entanto, sem compreender os princípios energéticos fundamentais que regem o fluxo da própria água — a chuva, os rios, as correntes naturais — nossos esforços podem ser como tentar encher um balde furado. Podemos exercer esforço considerável, mas os resultados serão limitados e frequentemente frustrantes. A Alquimia Financeira, por contraste, começa na fonte. Ela nos ensina como influenciar o próprio fluxo da moeda energética, harmonizando nosso estado interno com a assinatura energética da abundância.

Considere a diferença palpável em como alguém se sente quando está experimentando facilidade financeira versus luta financeira. Em tempos de abundância, frequentemente há uma sensação de leveza, liberdade e possibilidade. As ideias fluem mais livremente, a confiança é maior e o mundo parece oferecer mais oportunidades. Isso é um reflexo direto de um estado energético abundante atraindo circunstâncias abundantes. Por outro lado, ao experimentar escassez financeira, há um peso palpável, uma sensação de restrição e uma tendência a ver limitações em todos os lugares. Essa é a assinatura energética da falta atraindo mais circunstâncias que reforçam esse sentimento. O dinheiro em si não mudou fundamentalmente; em vez disso, nosso relacionamento energético com ele mudou, e o universo está respondendo de acordo.

Essa perspectiva energética nos incentiva a reexaminar nossa relação com o dinheiro. Nós o vemos como uma ferramenta de liberdade e expansão, ou como uma fonte de ansiedade e restrição? Vemos a riqueza como algo a ser acumulado por medo, ou como uma energia a ser circulada, criando oportunidades e impacto positivo? Nossas respostas a essas perguntas revelam nossa programação energética subjacente, que por sua vez dita nossa realidade financeira. Se acreditamos que o dinheiro é inerentemente escasso, agiremos inconscientemente de maneiras que perpetuam essa escassez. Podemos gastar em excesso por um desejo subconsciente de experimentar abundância, ou podemos acumulá-lo por medo da falta futura, impedindo assim seu fluxo e circulação naturais.

A natureza energética do dinheiro também explica por que comportamentos financeiros aparentemente contraditórios podem levar a resultados semelhantes. Alguém que é meticulosamente frugal, movido por um medo profundo de pobreza, pode experimentar estagnação financeira semelhante à de alguém que é impulsivamente extravagante, movido por um desejo subconsciente de sentir-se rico. Ambos estão operando a partir de um lugar de desalinhamento energético com a verdadeira abundância, embora por manifestações comportamentais diferentes. A verdadeira abundância, como estado energético, é caracterizada por equilíbrio, confiança e uma circulação saudável de recursos, não por acumulação ou déficit extremos.

Compreender o dinheiro como energia em fluxo é o primeiro passo para nos desprendermos das narrativas de escassez que muitas vezes foram enraizadas em nós. Isso incentiva uma mudança de uma mentalidade transacional — onde o dinheiro é meramente trocado por bens ou serviços — para uma mentalidade mais geradora — onde o dinheiro é um aspecto de uma troca energética maior que promove crescimento e bem-estar para todos os envolvidos. Essa mudança não significa abandonar a gestão financeira prática, mas aprimorá-la com uma compreensão energética mais profunda e potente. Trata-se de garantir que nossas ações práticas sejam apoiadas por um estado energético interno alinhado, criando uma poderosa sinergia para a criação de riqueza.

As implicações de ver o dinheiro como energia em fluxo se estendem à forma como pensamos sobre a criação de riqueza em si. Em vez de vê-la como um processo de acumulação de um recurso finito, começamos a vê-la como um processo de nos tornarmos um conduto mais eficaz para a abundância universal. Nosso sucesso financeiro torna-se menos sobre superar os outros ou explorar sistemas externos, e mais sobre nos harmonizarmos com as correntes energéticas naturais da prosperidade. Isso requer cultivo consciente de estados internos específicos: gratidão pelo que temos, fé em nossa capacidade de criar mais, generosidade em espírito e ação, e disposição para receber. Esses não são meramente sentimentos positivos; são estados de alta vibração que são inerentemente atraentes para a energia da riqueza.

Imagine um vasto reservatório de abundância infinita. Nosso estado interno determina se temos uma pequena torneira gotejante ou um canal amplamente aberto para esse reservatório. Crenças e emoções baseadas na escassez restringem o canal, permitindo apenas um fluxo escasso. Crenças e emoções orientadas para a abundância ampliam o canal, possibilitando um fluxo poderoso e vital. A Alquimia Financeira é a arte e a ciência de ampliar esse canal, garantindo que a energia abundante do dinheiro possa mover-se livre e intencionalmente através de nossas vidas, apoiando nossos objetivos e contribuindo para o bem-estar do mundo. Essa é a transformação alquímica de nossa perspectiva financeira, passando de uma visão limitada e material para uma compreensão expansiva e energética da riqueza.

Essa mudança fundamental não é meramente filosófica; ela tem consequências tangíveis. Quando operamos a partir de uma compreensão energética do dinheiro, nossa tomada de decisão muda. Tornamo-nos mais sintonizados com oportunidades que se alinham com nossa mentalidade abundante e menos propensos a sermos influenciados por impulsos baseados no medo. Passamos a ver desafios financeiros não como obstáculos intransponíveis, mas como quebra-cabeças energéticos a serem resolvidos. Reconhecemos que nosso estado interior é nossa ferramenta financeira mais poderosa e que, ao cultivá-lo conscientemente, podemos transformar nossa realidade financeira externa. Essa é a verdadeira alquimia das finanças: a transformação de nossa relação com o dinheiro, de uma de luta e limitação para uma de fluxo, abundância e co-criação consciente.

A natureza energética do dinheiro também significa que ele está profundamente entrelaçado com nossa própria energia pessoal. Assim como um ímã poderoso pode atrair limalhas de ferro, uma pessoa operando a partir de um estado vibracional elevado de abundância, confiança e criação de valor naturalmente atrairá recursos financeiros. Por outro lado, alguém operando a partir de um estado vibracional baixo de medo, falta e dúvida de si mesmo repelirá a riqueza, assim como dois polos iguais de um ímã se repelem. Isso não é uma questão de sorte ou acaso; é a consequência direta dos princípios energéticos em ação. Nossa condição financeira é um espelho refletindo nossa paisagem energética interna.

Para realmente abraçar esse conceito, devemos ir além da visão transacional do dinheiro e abraçar sua essência fluida e energética. Isso significa reconhecer que cada pensamento, cada sentimento, cada crença que temos sobre o dinheiro contribui para sua assinatura energética em nossas vidas. Um pensamento de gratidão por um ganho recente envia um sinal de alta vibração, convidando mais do mesmo. Um sentimento de ansiedade sobre uma conta próxima envia um sinal de baixa vibração, potencialmente atraindo mais circunstâncias que criam tais ansiedades. É uma troca energética contínua, um diálogo constante entre nosso mundo interior e nossa experiência financeira externa.

As implicações são claras: para melhorar nossa situação financeira, devemos primeiro abordar nosso ambiente energético interno. Isso envolve um esforço consciente para identificar e transmutar crenças limitantes sobre o dinheiro, cultivar práticas que elevem nossa vibração e engajar em ações alinhadas com uma mentalidade abundante. Trata-se de nos tornarmos uma correspondência energética para a prosperidade que desejamos. Isso não diz respeito a instrumentos financeiros complexos ou negociações especulativas; trata-se de dominar os princípios energéticos fundamentais que regem o fluxo de todos os recursos, incluindo o dinheiro.

Essa mudança de perspectiva é o primeiro e mais crítico movimento do alquimista. Ao compreender o dinheiro como energia em fluxo, nos libertamos das limitações do pensamento de escassez. Passamos a ver nosso potencial financeiro não como uma quantidade fixa, mas como um campo energético infinitamente expansível que podemos conscientemente influenciar e direcionar. Esse é o verdadeiro começo da transformação financeira, onde o mundo externo das finanças é visto como uma extensão de nosso estado energético interno, e onde o domínio sobre este leva ao domínio sobre aquele. A jornada para a Alquimia Financeira realmente começa com essa profunda realização: o dinheiro é energia, e nós somos os alquimistas capazes de dirigir seu fluxo.

O cenário financeiro, como frequentemente retratado na literatura popular e nos conselhos convencionais, é um reino de planilhas, orçamentos e análises de mercado. Somos bombardeados com diretrizes sobre como economizar mais, gastar menos, investir com sabedoria e diversificar nossos portfólios. Embora essas recomendações táticas formem a base da gestão prática do dinheiro, seu foco predominante no "o quê" e no "como" — a mecânica das transações e os instrumentos de acumulação de riqueza — frequentemente ignora uma questão mais fundamental: por quê. Por que certas estratégias funcionam para alguns e não para outros? Por que conselhos financeiros, quando aplicados meticulosamente, às vezes produzem resultados decepcionantes ou transitórios? A resposta, como exploraremos, está no reino negligenciado dos princípios energéticos subjacentes.

Grande parte da sabedoria financeira convencional opera sob a suposição de que o dinheiro é uma construção puramente material, governada apenas por ações tangíveis e forças econômicas externas. Essa perspectiva trata o sucesso financeiro como um problema a ser resolvido por meio de lógica, disciplina e uso estratégico de recursos. Somos ensinados a analisar balanços, prever tendências de mercado e otimizar gastos. Essas são habilidades inegavelmente cruciais, semelhantes a aprender o funcionamento intrincado de uma máquina complexa. No entanto, essa abordagem frequentemente se assemelha a um médico tratando sintomas sem diagnosticar a causa raiz de uma doença. O paciente pode sentir alívio temporário, mas a condição subjacente persiste, pronta para ressurgir com vigor renovado.

Considere o conselho comum de simplesmente "cortar gastos não essenciais" para economizar mais. Embora financeiramente sólido em um nível superficial, essa diretiva falha em abordar os impulsionadores energéticos por trás desses gastos "não essenciais". O impulso de gastar é motivado por um desejo genuíno por um produto, ou é uma tentativa subconsciente de preencher um vazio emocional, aliviar o estresse ou buscar validação? Se for o último caso, simplesmente cortar alguns cafés ou um novo gadget não resolverá o desequilíbrio energético subjacente. O desejo, não tratado, provavelmente se manifestará em outras formas de gasto, ou em outras áreas da vida, perpetuando um ciclo de frustração e fracasso percebido. O conselho aborda o efeito (o gasto), mas ignora a causa (o estado energético que impulsiona o comportamento).

Da mesma forma, os conselhos de investimento frequentemente se concentram em gestão de risco, diversificação e juros compostos. Somos apresentados a gráficos e dados históricos, incentivados a tomar decisões calculadas. No entanto, quantos indivíduos, munidos desse conhecimento, encontram-se paralisados pelo medo quando o mercado cai, ou movidos pela ganância durante uma alta, acabando por desfazer seu planejamento cuidadoso? Essa resposta comportamental não é apenas consequência de uma compreensão falha da dinâmica de mercado; é uma manifestação de padrões energéticos profundamente enraizados — medo da perda, desejo de ganhos rápidos e uma crença inconsciente na escassez. A abordagem convencional fornece as ferramentas para a navegação, mas falha em equipar o navegador com a bússola interna necessária para resistir às tempestades.

É aqui que as limitações de uma abordagem puramente material tornam-se claramente aparentes. Ao tratar o dinheiro como uma substância inerte, uma mera ferramenta de troca, as finanças convencionais ignoram sua natureza dinâmica e energética. Elas falham em reconhecer que nossas crenças, emoções e estados vibracionais desempenham um papel ativo na formação de nossa realidade financeira. Quando abordamos as finanças apenas de um ponto de vista mecanicista, estamos essencialmente tentando conduzir um navio com um leme que não está totalmente conectado à vontade do capitão. As ações tomadas podem ser precisas, mas sua eficácia é prejudicada por uma desconexão entre intenção e execução, entre a mente consciente e a programação energética mais profunda.

A frustração que muitos leitores experimentam com os conselhos financeiros tradicionais frequentemente decorre exatamente dessa desconexão. Eles seguem diligentemente os passos prescritos — orçamento, poupança, investimento — mas descobrem que sua situação financeira permanece estagnada, ou pior, deteriora-se. Isso não é um reflexo de sua inteligência ou de sua capacidade de administrar dinheiro, mas sim uma indicação de que o quadro que estão usando está incompleto. É como tentar cultivar uma planta regando apenas suas folhas; as raízes, a fonte essencial de nutrição, são negligenciadas. A planta pode sobreviver por um tempo, mas nunca florescerá verdadeiramente.

A ênfase em "hustle" e "grind" (esforço e luta) prevalente em muitas narrativas motivacionais financeiras, embora promova ação, também pode cair nessa armadilha. Embora o esforço seja importante, um foco incessante na ação externa sem abordar a fundação energética interna pode levar ao esgotamento e à sensação de estar sempre em luta. É como empurrar uma pedra morro acima com toda a força, exaurindo-se no processo, sem considerar se poderia haver uma maneira de aproveitar a inclinação natural ou encontrar um caminho mais eficiente. O princípio energético de "fluxo" e "atração", frequentemente ausente em conselhos puramente orientados para a ação, é crucial para a abundância sustentável.

Os modelos financeiros predominantes frequentemente apresentam a riqueza como um jogo de soma zero — uma torta finita onde o ganho de uma pessoa é a perda de outra. Essa visão baseada na escassez alimenta estratégias competitivas, muitas vezes implacáveis, que podem criar estresse e dilemas éticos. Ela negligencia o conceito de abundância universal, onde a criação de valor pode beneficiar todas as partes envolvidas e expandir a "torta" geral. Essa perspectiva limitada restringe nossa imaginação e nossa disposição de colaborar, dificultando a criação de riqueza verdadeiramente sustentável e ética.

Além disso, a sabedoria convencional frequentemente falha em considerar as bases psicológicas do comportamento financeiro. Trata os indivíduos como atores racionais, desprovidos de vieses emocionais, traumas passados ou crenças limitantes profundamente enraizadas sobre dinheiro. No entanto, pesquisas neurocientíficas e estudos psicológicos demonstram consistentemente o impacto profundo desses fatores internos na tomada de decisão, na tolerância ao risco e no bem-estar financeiro geral. Ignorar esses elementos é como projetar um sofisticado sistema de irrigação sem considerar a composição do solo ou sua capacidade de absorver água.

Isso não significa descartar o valor das ferramentas e estratégias financeiras práticas. Orçamento, poupança, investimento e gestão de dívidas são componentes essenciais da saúde financeira. No entanto, eles são mais eficazes quando integrados em um quadro mais amplo e holístico que reconhece as dimensões energéticas e psicológicas da criação de riqueza. Quando esses passos práticos estão alinhados com uma mentalidade abundante, estados vibracionais elevados e uma compreensão profunda das leis universais, tornam-se catalisadores potentes para a transformação, em vez de meros exercícios de gestão financeira.

A inadequação dos conselhos financeiros focados apenas no material torna-se evidente quando indivíduos se veem presos em ciclos de dívida, experimentando ansiedade financeira crônica ou sentindo-se perpetuamente "atrasados", apesar de seus melhores esforços. Eles podem estar seguindo meticulosamente as regras, mas estão operando com um mapa incompleto. O mapa descreve o terreno, mas falha em revelar as correntes de energia subjacentes que podem impulsioná-los ou arrastá-los para baixo. O verdadeiro alquimista entende que dominar o mundo externo das finanças começa com dominar o mundo interno da energia, crença e consciência.

Essa crítica não é uma acusação contra profissionais financeiros ou sistemas estabelecidos. Em vez disso, é um convite para reconhecer que o paradigma atual, embora forneça ferramentas valiosas, é incompleto. É como um artesão que possui um excelente martelo, mas desconhece a existência de chaves de fenda ou cinzéis. O martelo é útil para certas tarefas, mas não pode atender a toda a gama de necessidades. A Alquimia Financeira busca fornecer as ferramentas que faltam, a compreensão mais profunda das forças energéticas que governam a prosperidade, permitindo uma abordagem mais abrangente e, em última análise, mais eficaz para a criação de riqueza. O leitor que sentiu a frustração de conselhos financeiros bem-intencionados, mas insuficientes, é precisamente aquele que mais se beneficiará dessa perspectiva expandida, que mergulha no coração alquímico das finanças.

A jornada em direção ao domínio financeiro não é um caminho linear ditado apenas por forças externas de mercado; é uma dança intrincada entre nossa paisagem interna e o mundo material. Assim como o navegador de um navio confia nos corpos celestes e em uma bússola bem calibrada para traçar um curso por águas desconhecidas, o aspirante a alquimista financeiro precisa de um conjunto de princípios imutáveis para guiar seu destino. Esses princípios não são regras arbitrárias, mas leis fundamentais do universo, tão antigas quanto o próprio tempo, oferecendo uma estrutura profunda e atemporal para compreender e moldar nossas realidades financeiras. Eles são a Bússola Hermética, um conjunto de sete pontos cardeais que, quando compreendidos e aplicados, podem nos guiar para longe dos perigosos recifes da escassez e em direção ao oceano ilimitado da abundância.

Esses princípios, frequentemente chamados de Sete Princípios Herméticos, foram destilados de tradições esotéricas, mais notavelmente de textos como *O Caibalion*. Longe de serem meras reflexões filosóficas, eles representam um sistema coerente de leis universais que governam todos os aspectos da existência, incluindo o fluxo e a manifestação da riqueza. Abraçar esses princípios é desbloquear uma compreensão mais profunda de como nossos pensamentos, crenças e ações interagem com as energias sutis que sustentam todo sucesso material. Eles fornecem um alicerce imutável sobre o qual podemos construir um bem-estar financeiro duradouro, oferecendo um contraste marcante com a natureza frequentemente volátil e imprevisível dos conselhos financeiros convencionais.

O primeiro dessas leis fundamentais é o Princípio do Mentalismo. Esse princípio postula que "O Todo é Mente; O Universo é Mental." Em termos financeiros práticos, isso significa que nossa realidade financeira é uma projeção direta de nosso estado mental. Nossos pensamentos, crenças e expectativas sobre dinheiro atuam como forças criativas, moldando as experiências que atraímos para nossas vidas. Se nosso mundo interior é caracterizado por escassez, medo e limitação, nossas circunstâncias financeiras externas inevitavelmente refletirão isso. Por outro lado, cultivar uma mentalidade de abundância, gratidão e possibilidade pode transformar nosso cenário financeiro. Não se trata de mero pensamento positivo, mas de alinhar nossa consciência com o resultado desejado, entendendo que o universo responde à frequência vibracional dominante que emitimos. Por exemplo, considere dois indivíduos começando com recursos financeiros idênticos. Um, imerso em uma crença de escassez perpétua, preocupa-se constantemente em perder o que tem, acumula excessivamente e teme investir. O outro, sustentando uma crença em abundância e crescimento, vê oportunidades, investe estrategicamente e confia na capacidade do universo de prover. Seus quadros mentais divergentes quase certamente levarão a trajetórias financeiras vastamente diferentes. Esse princípio ressalta o poder profundo de nosso diálogo interno e de nossas crenças fundamentais sobre riqueza.

Em seguida, encontramos o Princípio da Correspondência. Essa lei afirma que "Assim como acima, assim é abaixo; assim como abaixo, assim é acima." Ela sugere que há um paralelismo constante entre os diferentes planos de existência. O macrocosmo (o universo) é refletido no microcosmo (nós mesmos e nosso ambiente imediato). Aplicado às finanças, isso significa que os padrões que governam o universo também governam nossas vidas financeiras pessoais. Se observamos caos, desorganização ou desequilíbrio em nossos arredores físicos ou em nossos extratos financeiros, isso frequentemente indica um estado subjacente semelhante em nossa consciência ou em nossa abordagem ao dinheiro. Por outro lado, trazer ordem, clareza e equilíbrio para nosso mundo interno — nossos pensamentos, emoções e intenções — inevitavelmente se manifestará como ordem, clareza e abundância em nossos negócios financeiros externos. Por exemplo, um indivíduo que organiza meticulosamente seu espaço físico, desfruta de uma casa livre de desordem e mantém comunicação clara em seus relacionamentos provavelmente abordará suas finanças com precisão e clareza semelhantes. Sua capacidade de administrar um orçamento, acompanhar investimentos e planejar o futuro será aprimorada por esse princípio subjacente de ordem. Por outro lado, uma vida caracterizada por desorganização, procrastinação e questões emocionais não resolvidas frequentemente se manifestará como desordem financeira, oportunidades perdidas e uma sensação persistente de estar sobrecarregado. Esse princípio nos encoraja a procurar reflexos externos de nossos estados internos e a usar nosso ambiente externo como espelho para nossa transformação interior.

O terceiro princípio é o da Vibração. "Nada repousa; tudo se move; tudo vibra." Essa lei destaca a natureza energética da realidade. Cada pensamento, emoção, objeto e até mesmo nossos ativos financeiros possuem uma frequência vibracional única. Nosso próprio estado vibracional determina o que atraímos para nossas vidas. Se ressoamos com uma frequência de falta, ansiedade ou estagnação, atrairemos circunstâncias que perpetuam esses sentimentos. Para atrair riqueza e prosperidade, devemos conscientemente elevar nossa própria vibração para corresponder à frequência da abundância. Isso envolve cultivar emoções positivas como alegria, gratidão e entusiasmo, e engajar em atividades que nos elevem. Por exemplo, alguém que sente estresse constante e negatividade sobre suas finanças provavelmente atrairá situações que reforçam esse estresse — contas inesperadas, insegurança no emprego ou empreendimentos fracassados. Seu estado vibracional baixo atua como um ímã para experiências semelhantes. Em contraste, um indivíduo que aborda suas finanças com otimismo, gratidão pelo que tem e entusiasmo pelas possibilidades futuras naturalmente atrairá oportunidades que se alinham com essa vibração mais elevada. Isso pode se manifestar como uma nova ideia de negócio, um investimento afortunado ou uma promoção. O ato de realmente apreciar as bênçãos atuais, não importa quão pequenas, é uma maneira poderosa de elevar a vibração financeira.

O Princípio da Polaridade nos ensina que "Tudo é dual; tudo tem polos; tudo tem seu par de opostos: semelhante e diferente são o mesmo; opostos são idênticos em natureza, mas diferentes em grau." Isso significa que aparentes opostos são, na realidade, meros graus diferentes da mesma coisa. Por exemplo, amor e ódio, luz e escuridão, riqueza e pobreza, são todas manifestações da mesma energia subjacente, diferindo apenas em sua intensidade ou expressão. No reino das finanças, esse princípio oferece uma perspectiva profunda sobre desafios. O "oposto" da dificuldade financeira não é simplesmente a ausência de dificuldade, mas seu grau mais elevado de expressão: abundância financeira. Ao entender que não são entidades separadas, mas pontos em um continuum, podemos transcender o medo e a negatividade associados às lutas financeiras. Em vez de ver a pobreza como um obstáculo intransponível, podemos vê-la como uma manifestação de baixo grau da riqueza, e trabalhar conscientemente para elevar seu grau em direção à abundância. Por exemplo, uma pessoa sentindo-se presa em dívidas pode ver sua situação como uma forma extrema de falta financeira. No entanto, ao aplicar o Princípio da Polaridade, ela pode reconhecer que o potencial para riqueza existe dentro do mesmo espectro energético. Seu foco muda do "problema" da dívida para a "solução" da abundância, entendendo que a energia da riqueza pode ser cultivada e amplificada a partir de qualquer ponto do continuum. Essa perspectiva nos capacita a reformular fracassos percebidos como estados temporários que podem ser transformados.

O Princípio do Ritmo é outro elemento crucial de nossa Bússola Hermética. "Tudo flui, entra e sai; tudo tem suas marés; tudo tem seu fluxo e refluxo; tudo tem seus períodos de crescimento e declínio." Esse princípio reconhece a natureza cíclica de todas as coisas. Assim como as marés sobem e descem, e as estações mudam, as fortunas financeiras também passam por períodos de crescimento e contração. Compreender esse ritmo nos ajuda a evitar pânico durante quedas e a aproveitar ao máximo os períodos de expansão. Ele incentiva paciência e resiliência, lembrando-nos de que nenhuma fase é permanente. Quando estamos em um período de "refluxo" financeiro, é hora de conservar, aprender e planejar estrategicamente, preparando-nos para o inevitável "fluxo" da abundância. Por outro lado, durante um período de "fluxo", é sábio capitalizar oportunidades, investir com sabedoria e expressar gratidão. Considere o mercado de ações: ele tem seus mercados de alta e baixa, seus períodos de ascensão rápida e quedas bruscas. Um investidor que entende o Princípio do Ritmo não abandona sua estratégia durante uma queda, mas a vê como uma fase natural, talvez até uma oportunidade de adquirir ativos a um preço mais baixo, antecipando a recuperação subsequente. Da mesma forma, um empreendedor pode experimentar períodos de rápido crescimento nos negócios seguidos de platôs ou pequenas quedas. Reconhecer isso como um ritmo natural permite ajustar suas estratégias, talvez focando em consolidação e refinamento durante períodos mais lentos, e expansão agressiva durante os surtos. Esse princípio nos ensina que há momentos oportunos para ação e momentos oportunos para paciência.

O Princípio de Causa e Efeito, também conhecido como Lei da Ação e Reação ou Karma, é fundamental para a manifestação financeira. "Toda causa tem seu efeito; todo efeito tem sua causa." Esse princípio ressalta que nada acontece por acaso.

Todo resultado financeiro, seja positivo ou negativo, é o resultado de causas específicas que colocamos em movimento, muitas vezes por meio de nossos pensamentos, crenças e ações. Esta não é uma lei punitiva, mas um princípio de responsabilidade e fortalecimento. Ao compreender que somos os criadores de nossas causas financeiras, ganhamos o poder de moldar nossos efeitos. Se desejamos maior abundância, devemos conscientemente criar as causas que a conduzem — cultivando uma mentalidade abundante, tomando ações inspiradas e agindo com integridade. Por outro lado, resultados negativos frequentemente derivam de crenças limitantes não examinadas, decisões baseadas no medo ou ações tomadas sem plena consciência. Por exemplo, a dívida crônica não é uma aflição acidental; é o efeito de causas como gastos impulsivos, falta de planejamento financeiro ou a crença de que alguém não merece riqueza. Para mudar o efeito (dívida), é preciso abordar e transformar as causas. Isso pode envolver mudar hábitos de consumo, buscar educação financeira ou trabalhar o valor próprio. A sabedoria aqui reside em assumir responsabilidade por nossa situação financeira e iniciar proativamente causas positivas.

Finalmente, chegamos ao Princípio de Gênero. "O gênero está em tudo; tudo tem seus princípios masculino e feminino; o gênero, nesse sentido, existe em todos os planos." Este princípio não se refere ao sexo biológico, mas às forças complementares de energias ativas e receptivas que estão presentes em todas as coisas. O princípio masculino é geralmente associado à ação, lógica, direção e expressão externa. O princípio feminino é associado à receptividade, intuição, nutrição e criação interior. O verdadeiro sucesso alquímico nas finanças requer a integração harmoniosa de ambos os princípios. A energia masculina nos impulsiona a agir, estabelecer metas, planejar e executar estratégias financeiras. A energia feminina nos permite receber, ser intuitivos em relação às oportunidades, nutrir nossos investimentos e criar um ambiente interno de apoio para a abundância. Uma ênfase excessiva no princípio masculino pode levar ao esgotamento, rigidez e a um "hustle" (correria) implacável e insustentável. Por outro lado, uma ênfase excessiva no princípio feminino sem ação apropriada pode levar à inércia e à falta de resultados tangíveis. Uma abordagem equilibrada, por exemplo, pode envolver usar a energia masculina para pesquisar meticulosamente opções de investimento e definir um orçamento (ação e lógica), enquanto simultaneamente se utiliza a energia feminina para avaliar intuitivamente quais oportunidades parecem alinhadas e confiar no processo de manifestação (receptividade e intuição). O empreendedor que consegue analisar logicamente as tendências de mercado e, em seguida, sentir intuitivamente o momento certo para lançar um produto incorpora esse equilíbrio. Este princípio destaca a importância de integrar nossas mentes racionais com nossa sabedoria intuitiva.

Abraçar esses Sete Princípios Herméticos como nossa bússola financeira oferece uma ruptura radical com os conselhos financeiros convencionais. Eles não são meras sugestões; são leis imutáveis que, quando compreendidas e aplicadas, fornecem uma estrutura confiável para navegar pelas complexidades da criação de riqueza e do bem-estar financeiro. Ao reconhecer o poder de nossas mentes, a interconexão de todas as coisas, a natureza energética da realidade, a dualidade da existência, os ritmos da natureza, a lei de causa e efeito e a interação das energias masculina e feminina, desbloqueamos um potente processo alquímico. Esse entendimento transcende o simples orçamento ou investimento; trata-se de transformar nossa relação com o dinheiro, alinhar nosso mundo interior com a realidade externa desejada e co-criar conscientemente um futuro de abundância e prosperidade duradouras. Eles servem como um guia perene, lembrando-nos de que o verdadeiro domínio financeiro é um trabalho de dentro para fora, uma profunda transformação alquímica que começa no interior.

Sua jornada de transformação financeira começa não com um salto repentino, mas com uma decisão consciente de embarcar em um caminho de profunda alquimia pessoal e financeira. Não se trata apenas de aprender novas estratégias financeiras, dominar portfólios de investimento ou otimizar orçamentos, embora esses elementos práticos certamente se tornem parte de sua maestria em desenvolvimento. Mais significativamente, trata-se de abraçar uma mudança fundamental em sua consciência, uma reorientação de sua paisagem interior que, por sua vez, remodelará sua realidade financeira externa. Estamos prestes a embarcar em uma jornada que integra a sabedoria atemporal das tradições antigas com as realidades tangíveis da criação de riqueza e da administração financeira, um processo que chamaremos de "Alquimia Financeira" – *Financial Alchemy*.

Este é um convite para ir além dos paradigmas convencionais de dinheiro e riqueza. Por muito tempo, nossa compreensão das finanças esteve confinada a uma estrutura puramente material e frequentemente carregada de ansiedade. Fomos condicionados a acreditar que a riqueza é uma mercadoria escassa, um prêmio a ser conquistado por meio de luta incessante ou uma questão de sorte. Este livro propõe uma perspectiva diferente, que vê a riqueza como uma expressão natural de uma consciência equilibrada e desperta, uma energia fluida que pode ser guiada e cultivada por meio de intencionalidade e compreensão. A jornada que estamos prestes a empreender é de integração holística — a integração de seus insights espirituais com sua competência financeira prática, seu mundo interior com sua abundância exterior e suas aspirações pessoais com os princípios universais.

Considere isto a centelha inicial, o fogo alquímico que acende a Grande Obra de sua vida financeira. É um chamado para reconhecer que a verdadeira liberdade financeira não é apenas a ausência de dívidas ou a presença de um grande saldo bancário; é um estado de ser, um profundo senso de segurança, realização e fortalecimento que permite viver uma vida alinhada com seus valores e aspirações mais profundos. Trata-se de compreender o dinheiro não como um fim em si mesmo, mas como uma ferramenta poderosa que, quando usada com sabedoria e intenção, pode facilitar imenso crescimento pessoal e contribuir positivamente para o mundo. Não se trata de se tornar um observador passivo de seu destino financeiro, mas de se tornar um co-criador ativo e consciente.

A essência dessa transformação alquímica reside em reconhecer que sua relação com o dinheiro é um espelho de sua relação consigo mesmo e com o universo. Os princípios que começamos a explorar não são teorias abstratas; são leis vivas que governam a manifestação de todas as coisas, incluindo a riqueza. Eles fornecem um plano sagrado para compreender as dinâmicas energéticas das finanças, guiando-o para longe das armadilhas da escassez e do medo e em direção ao potencial ilimitado da abundância e da liberdade. À medida que você mergulha mais profundamente nesses conceitos, começará a testemunhar mudanças sutis, mas profundas, ocorrendo em sua vida financeira. Oportunidades começarão a se apresentar de novas maneiras, desafios parecerão menos assustadores e um senso de saber interior guiará suas decisões.

Essa jornada exige coragem, compromisso e disposição para questionar crenças profundamente enraizadas sobre dinheiro que podem estar limitando você. Exige que você vá além do conforto do conhecido e abrace o poder transformador do desconhecido. Não estamos apenas buscando melhorar sua situação financeira; estamos buscando elevar toda a sua experiência de vida através da lente do domínio financeiro. A alquimia aqui não é sobre transformar chumbo em ouro no sentido literal, mas sobre transformar o "chumbo" da escassez, medo e limitação no "ouro" da abundância, segurança e prosperidade com propósito. Esta é uma busca profundamente pessoal e, embora os princípios sejam universais, seu caminho será exclusivamente seu.

A promessa desta "Alquimia Financeira" não é uma promessa de riquezas instantâneas ou uma fórmula mágica que dispensa esforço. Em vez disso, é uma promessa de transformação profunda e sustentável. É a promessa de alinhar seu mundo interior com sua realidade financeira externa, de modo que suas circunstâncias externas se tornem uma expressão harmoniosa de seu mais alto potencial. Isso significa cultivar uma mentalidade de abundância, não como uma afirmação superficial, mas como uma realidade profundamente sentida. Significa compreender o fluxo energético do dinheiro e aprender a participar dele com integridade e sabedoria. Significa reconhecer sua dignidade inerente de prosperidade e alinhar suas ações com essa verdade.

Ao iniciar este caminho, esteja aberto às mudanças sutis de percepção que surgirão. Você pode começar a notar como seus pensamentos e emoções influenciam diretamente suas decisões financeiras, como seu ambiente reflete seu estado interior e como a sincronicidade desempenha um papel crescente em guiá-lo. Esses não são meras coincidências; são o desdobramento natural do processo alquímico, à medida que as leis do universo começam a se alinhar com sua intenção consciente. Abrace esses momentos como confirmações de que você está realmente no caminho certo, transformando sua vida financeira de dentro para fora. Sua participação ativa, sua disposição de experimentar esses princípios e seu compromisso com o crescimento interior são os catalisadores essenciais para essa transformação profunda. Este é o seu momento de começar.

## Capítulo 2: A Lei do Mentalismo – A Mente como Seu Cofre

O edifício de nossa realidade financeira, como toda a existência, não é construído a partir de tijolos e argamassa inertes, nem é ditado apenas pelos cálculos frios e duros da economia. Em vez disso, é uma estrutura vibrante e dinâmica, meticulosamente projetada e continuamente esculpida pela força invisível, porém potente, de nossa própria consciência. Esta é a revelação profunda no coração do primeiro princípio hermético: "O Todo é Mente; o Universo é Mental." Compreender verdadeiramente as implicações dessa afirmação para nossas vidas financeiras é desbloquear um cofre de potencial não explorado, uma câmara secreta onde nossos desejos mais profundos de abundância podem ser forjados e atualizados.

Este princípio, frequentemente referido como Mentalismo, sugere que a totalidade da existência — cada átomo, cada estrela, cada pensamento e, de fato, cada dólar — é uma manifestação de uma Mente Universal singular e infinita. Ele postula que a realidade, como a percebemos, não é um fenômeno objetivo e independente, mas sim uma experiência subjetiva gerada e sustentada pela mente. Em essência, o universo é uma forma de pensamento, uma grande e intrincada ideia sendo encenada. Isso pode soar abstrato, até esotérico, mas suas implicações práticas para a alquimia financeira são imediatas e transformadoras. Significa que o mundo externo, incluindo o complexo campo das finanças, é um reflexo, uma projeção, de nosso estado mental interno. Nossas circunstâncias financeiras não são ocorrências arbitrárias ou produto exclusivo de forças econômicas externas; elas são, em grande medida, os resultados tangíveis de nossos pensamentos, crenças, emoções e expectativas predominantes.

Considere o mundo das finanças como um vasto e intrincado tapete. Muitas vezes nos concentramos nos fios e padrões que podemos ver — as flutuações do mercado de ações, os indicadores econômicos, as taxas de juros, os balanços. Ficamos absorvidos em manipular esses elementos visíveis, esperando influenciar o quadro geral. No entanto, o princípio hermético do Mentalismo nos direciona a uma verdade mais profunda e fundamental: o tapete é tecido a partir dos fios do pensamento. A mente é o tecelão, e suas criações se manifestam como os padrões que experimentamos. Portanto, para alterar o tapete de nossas vidas financeiras, devemos primeiro compreender e dominar o tecelão da mente.

Essa perspectiva desafia noções profundamente enraizadas de causalidade. Estamos acostumados a pensar que eventos externos causam nossos estados internos. Uma perda de emprego causa ansiedade; uma queda no mercado causa medo; um investimento bem-sucedido causa alegria. Embora essas conexões sejam inegáveis em um nível superficial, o princípio do Mentalismo inverte essa causalidade. Ele sugere que nosso estado mental interno — nossas crenças sobre dinheiro, nossos medos de escassez, nossas expectativas de abundância — na verdade precede e influencia os eventos externos que vivenciamos. O universo, sendo mental, responde às vibrações dominantes e formas de pensamento que projetamos. Se nosso estado interno dominante é de falta, ansiedade e limitação em relação ao dinheiro, o universo mental se organizará para refletir e confirmar esse estado. Por outro lado, se nosso cenário interno é cultivado com crenças de abundância, segurança e fluxo sem esforço, o universo conspirará para trazer manifestações externas correspondentes.

Isso não significa que as condições financeiras externas estejam totalmente sob nosso controle consciente e direto em um instante. O processo de manifestação, conforme entendido pela sabedoria antiga, opera sobre princípios de vibração e ressonância. Nossos pensamentos e crenças emitem uma assinatura energética única, uma frequência. A Mente Universal, em sua infinita capacidade de resposta, atrai e organiza experiências que correspondem a essa frequência emitida. Se nossa frequência dominante é de escassez, vamos ressoar e atrair situações, oportunidades (ou a falta delas) e resultados que confirmam essa escassez. Se nossa frequência dominante é de abundância e prosperidade, naturalmente começaremos a ressoar e atrair circunstâncias que refletem essa abundância.

Pense em sua mente como uma poderosa estação de transmissão. Cada pensamento que você tem, cada crença que você sustenta, é um sinal sendo transmitido. Esses sinais não estão confinados à sua experiência interna; eles irradiam para fora, interagindo com o tecido mental do universo. A Lei do Mentalismo nos ensina que semelhante atrai semelhante. Se sua transmissão está cheia de estática — dúvida, medo, preocupação com finanças — você atrairá mais estática. Se sua transmissão é clara e forte, sintonizada na frequência da abundância, segurança e bem-estar, você atrairá os recursos e oportunidades que se alinham com essa frequência.

Este princípio não trata de pensamento ilusório ou de afirmações positivas isoladas, embora estas sejam ferramentas. Trata-se de uma reorientação fundamental de nossa consciência. Exige que examinemos diligentemente nossas crenças profundamente enraizadas sobre dinheiro. Acreditamos inconscientemente que o dinheiro é difícil de conseguir? Que não somos dignos de riqueza? Que a luta financeira é uma parte necessária da vida? Essas crenças, mesmo que não reconhecidas, são formas de pensamento poderosas que estão constantemente sendo transmitidas. O universo, sendo mental, capta essas transmissões e as manifesta em nossa realidade externa.

Para ilustrar, considere dois indivíduos enfrentando circunstâncias econômicas semelhantes. Um, movido por uma crença na escassez e um medo da pobreza, pode perceber cada revés como uma confirmação de sua ruína iminente. Pode tornar-se excessivamente cauteloso, perder oportunidades devido ao medo, e sua ansiedade pode até se manifestar em doenças físicas que levam a mais dificuldades financeiras. Sua transmissão mental é de falta e temor, e o universo responde organizando experiências que confirmam isso. O outro indivíduo, talvez com uma crença mais resiliente em sua capacidade de atrair abundância, pode ver o mesmo revés como um desafio temporário, uma oportunidade de aprender e se adaptar. Pode permanecer aberto a novas possibilidades, manter uma abordagem proativa, e sua confiança pode inspirar soluções inovadoras. Sua transmissão mental é de resiliência e possibilidade, e o universo responde organizando experiências que apoiam essa visão. A diferença não está nas circunstâncias externas, que podem ser idênticas, mas no cenário mental interno, nas formas de pensamento e crenças predominantes.

O princípio hermético do Mentalismo é o alicerce sobre o qual todos os outros princípios de manifestação de riqueza são construídos. Sem compreender que nossos pensamentos e crenças são os principais criadores de nossa realidade financeira, qualquer tentativa de mudar nossa situação financeira será como tentar repintar a superfície de um edifício sem abordar sua estrutura fundamental. Podemos alcançar mudanças superficiais, mas os problemas subjacentes persistirão, esperando para se reafirmar.

Para realmente se engajar com a Alquimia Financeira, devemos aceitar que nosso mundo interior é o verdadeiro cofre de nosso potencial financeiro. O conteúdo desse cofre não é limitado pelas condições econômicas externas, mas pela capacidade de nossas próprias mentes de conceber e sustentar a crença na abundância. Isso significa que devemos nos tornar observadores conscientes de nossos próprios pensamentos e crenças, particularmente aqueles relacionados ao dinheiro. Precisamos identificar as crenças limitantes que têm moldado inconscientemente nosso destino financeiro e iniciar o processo deliberado de transformá-las em crenças fortalecedoras. Este é o trabalho alquímico da transmutação, transformando o "chumbo" da mentalidade de escassez no "ouro" da mentalidade de abundância.

O universo é um reflexo, um espelho. O que mantemos dentro, ele reflete de volta para nós. Se olhamos para o espelho de nossa vida financeira e vemos um reflexo de falta, dívida e luta, não é o espelho que está quebrado, mas a imagem que estamos apresentando a ele. A Lei do Mentalismo nos capacita a mudar a imagem mudando a fonte — nossa própria mente. Este não é um processo passivo. Exige participação ativa, uma decisão consciente de cultivar um ambiente mental que seja propício à riqueza e à prosperidade. Envolve nutrir pensamentos de abundância, cultivar sentimentos de gratidão pelo que temos e manter uma crença firme em nossa dignidade inerente de bem-estar financeiro.

As implicações são profundas. Se o universo é mental, então nossos desafios financeiros não são punições externas, mas sinais internos. São convites para examinar nossos padrões de pensamento, questionar nossas suposições profundamente enraizadas sobre dinheiro e realinhar nossas transmissões mentais com a frequência da abundância. Este princípio desmistifica a criação de riqueza, deslocando o foco da manipulação externa para a cultivação interna. Ele coloca o poder diretamente dentro de nossa própria consciência, transformando-nos de receptores passivos do destino financeiro em co-criadores ativos de nosso destino econômico. A jornada para a alquimia financeira, portanto, começa não com uma planilha ou um plano de investimento, mas com um compromisso profundo e inabalável de dominar o universo interior.

Dentro da grande arquitetura da existência, o princípio hermético do Mentalismo revela uma verdade de importância primordial para nossas vidas financeiras: nossa mente não é meramente uma receptora de informações, mas a própria arquiteta e guardiã de nossa riqueza. Ela é o cofre financeiro supremo, um santuário interno onde os planos da prosperidade são desenhados, os tesouros da abundância são armazenados e as chaves para sua expansão perpétua são forjadas. Isto não é uma metáfora fantasiosa, mas um princípio profundo de funcionamento da realidade, sugerindo que nosso mundo interior detém domínio sobre nossas circunstâncias financeiras externas.

Compreender a mente como um cofre financeiro é reconhecer que seu conteúdo não é limitado por fatores externos, como a volatilidade do mercado, recessões econômicas ou mesmo a escassez percebida de recursos no mundo. Em vez disso, a verdadeira capacidade desse cofre é ditada pela qualidade e natureza de nossos pensamentos, crenças e expectativas em relação ao dinheiro. Assim como um cofre físico só pode conter o que é colocado dentro dele e é protegido pela força de suas fechaduras e pela discrição de seu guardião, também nosso cofre financeiro é limitado pelas construções mentais que permitimos residir em seu interior. A riqueza que experimentamos externamente é um reflexo direto da riqueza que cultivamos internamente.

As "chaves" e "códigos" para esse cofre extraordinário são nossos pensamentos. Cada crença que sustentamos sobre dinheiro, seja consciente ou inconsciente, atua como um determinante de, se o cofre permanece trancado, parcialmente acessível ou totalmente aberto para um fluxo interminável de prosperidade. Se nossas crenças enraizadas sussurram histórias de escassez, de que o dinheiro é inerentemente difícil de obter ou de que não somos dignos de riqueza significativa, essas crenças tornam-se fechaduras formidáveis que barram o acesso ao nosso potencial financeiro. Podemos possuir oportunidades, recursos ou talentos latentes, mas se nossa programação mental dita que estes não podem se traduzir em riqueza tangível, o cofre permanece selado. Por outro lado, quando cultivamos crenças enraizadas na abundância, na dignidade inerente e na facilidade natural com que a riqueza pode fluir até nós, essas crenças atuam como chaves-mestras, destrancando os portões de nossa prosperidade financeira.

Considere o indivíduo que constantemente se preocupa em "fechar as contas". Seus pensamentos são dominados por ansiedades sobre boletos, dívidas e a ameaça sempre presente da insegurança financeira. Esse estado mental abrangente, essa transmissão contínua de falta, efetivamente programa seu "cofre" para perceber-se como vazio. Oportunidades que poderiam se apresentar são frequentemente negligenciadas ou mal interpretadas pela lente do medo. Um investimento potencial pode ser descartado como arriscado demais, uma nova ideia de negócio como improvável demais, ou um pedido de aumento como algo destinado à recusa. Seu diálogo interno reforça a ideia de que a riqueza é ilusória, e o universo, respondendo a essa frequência mental dominante, organiza circunstâncias que confirmam essa crença. O cofre, nesse caso, não apenas está trancado pelo "código" do pensamento de escassez, mas a própria percepção de seu conteúdo é de vazio, levando a uma profecia autorrealizável de limitação financeira.

Por outro lado, imagine alguém cuja mentalidade é de abundância. Essa pessoa pode não possuir grandes somas de dinheiro no início, mas sua crença fundamental é que a riqueza está prontamente disponível e que ela é capaz de atraí-la. Seus pensamentos estão orientados para possibilidades, soluções e gratidão pelo que já possui, o que atua como um ímã para mais. Ao enfrentar um desafio financeiro, sua narrativa interna foca em como ele pode ser superado, quais lições podem ser aprendidas ou quais novos caminhos podem ser abertos. Essa transmissão mental positiva e engenhosa atua como uma "chave" que permite acesso aos recursos e oportunidades que se alinham com sua visão abundante. Seu cofre não é percebido como um lugar para acumular recursos escassos, mas como um espaço dinâmico que pode continuamente receber e gerar mais. Essa pessoa pode estar mais inclinada a assumir riscos calculados, a se conectar de forma eficaz ou a perseguir persistentemente ideias inovadoras, tudo porque sua programação interna — seus "códigos" — está alinhada com a frequência da prosperidade.

O conceito de "dominar nosso ambiente mental" é, portanto, central para essa ideia da mente como um cofre financeiro. Ele envolve um processo consciente e deliberado de cultivar uma mentalidade que apoie e incentive ativamente o crescimento financeiro. Isso significa identificar e desmantelar crenças limitantes que foram adquiridas inconscientemente ao longo dos anos, talvez por condicionamento social, criação familiar ou experiências negativas passadas. Essas crenças limitantes, muitas vezes profundamente enraizadas, atuam como "guardas" formidáveis, impedindo-nos de acessar a riqueza que é legitimamente nossa para criar. Por exemplo, uma crença como "o dinheiro é a raiz de todo mal" ou "pessoas ricas são gananciosas" criará inevitavelmente uma barreira mental, tornando difícil atrair riqueza sem experimentar conflito interno ou culpa.

O aspecto psicológico disso é crucial. Nossas crenças sobre dinheiro não são apenas ideias abstratas; elas são programas emocionais profundamente enraizados que ditam nosso comportamento e percepções. Se acreditamos inconscientemente que não somos dignos de riqueza, qualquer influxo de dinheiro pode desencadear sentimentos de ansiedade ou síndrome do impostor, levando-nos a sabotar subconscientemente nosso próprio sucesso financeiro. Isso pode se manifestar como gastos impulsivos, evasão do planejamento financeiro ou relutância em assumir responsabilidades que acompanham maior riqueza. Nesses casos, o cofre pode ser destrancado por um momento, mas o guardião (nossa mente subconsciente) rapidamente o tranca novamente, temendo as implicações do que poderia estar contido ali.

Portanto, o processo de transformar nossa realidade financeira começa com um rigoroso autoexame de nosso cenário financeiro interno. Devemos nos tornar detetives de nossas próprias mentes, descobrindo as suposições ocultas e os padrões automáticos de pensamento que governam nossa relação com o dinheiro. Isso envolve introspecção, escrita reflexiva e talvez até o engajamento com modalidades terapêuticas que abordem crenças subconscientes. O objetivo é identificar os "códigos falsos" que estão mantendo nosso cofre financeiro trancado e reprogramá-los com "códigos verdadeiros" que reflitam nossa realidade desejada de abundância e segurança.

Essa reprogramação não é um evento único, mas uma prática contínua, semelhante à manutenção da segurança de um cofre físico. Ela requer atenção consistente e reforço. Afirmações, embora uma ferramenta útil, são mais eficazes quando refletem genuinamente crenças profundamente sustentadas, ou quando são usadas de forma consistente para reeducar a mente subconsciente. Por exemplo, simplesmente repetir "Eu sou rico" pode não ser eficaz se a crença subjacente for "Eu nunca serei rico." Uma abordagem mais potente seria focar em afirmações que abordem diretamente a crença limitante, como "Estou me tornando cada vez mais próspero e seguro" ou "Sou digno de receber e administrar abundância com sabedoria e graça."

A "capacidade de riqueza" que nosso cofre mental pode conter está diretamente relacionada à nossa crença nessa capacidade. Se acreditamos que nosso potencial é limitado a um certo nível de renda ou a uma quantia específica de poupança, nosso cofre mental será projetado para acomodar apenas esse limite percebido. O universo, operando sob o princípio do mentalismo, então conspirará para nos trazer experiências que confirmem essa limitação autoimposta. Por outro lado, se expandirmos nosso horizonte mental para nos vermos como capazes de gerar e administrar grandes fortunas, de viver uma vida de abundância sem restrições, nosso cofre mental se expande de acordo. Isso envolve cultivar uma visão de nosso futuro financeiro desejado com clareza e convicção, tratando-o não como um sonho distante, mas como um resultado inevitável.

Definir metas financeiras claras é outro "código" crítico para acessar nosso cofre. Essas metas atuam como um conjunto preciso de instruções, guiando a Mente Universal sobre o que pretendemos manifestar. Intenções vagas levam a resultados vagos. Uma meta como "Quero estar financeiramente confortável" é menos poderosa do que "Pretendo ganhar X por ano, economizar Y% da minha renda e construir um portfólio de investimentos no valor de Z dentro dos próximos cinco anos." A especificidade da meta atua como um plano detalhado, permitindo que as energias mentais sejam direcionadas com precisão para sua realização.

Além disso, o aspecto de "proteger" nosso cofre financeiro está intrinsecamente ligado à nossa capacidade de administrar e gerir a riqueza que atraímos. Se não somos capazes de gerenciar recursos com sabedoria, mesmo que sejam abundantes, o cofre eventualmente será esgotado. Isso destaca a importância da educação financeira, dos hábitos de consumo disciplinados e das estratégias de investimento responsáveis. Essas não são meramente ações externas, mas estão profundamente enraizadas em nossa programação mental sobre administração. A crença de que "a riqueza deve ser compartilhada e multiplicada" promove uma gestão responsável, enquanto a crença de que "o dinheiro é para gratificação imediata" pode levar à sua rápida dissipação.

O ato de "expandir" a riqueza a partir desse cofre é um processo contínuo de troca energética. Exige que permaneçamos abertos a novas oportunidades, dispostos a aprender e nos adaptar, e que cultivemos continuamente uma mentalidade de crescimento. É aqui que o conceito de "alquimia financeira" realmente entra em jogo — a transmutação de crenças e percepções limitantes em crenças fortalecedoras que atraem e amplificam a prosperidade. É um ciclo contínuo de intenção, crença, ação e gratidão, cada elemento reforçando os outros e expandindo a capacidade de nosso cofre financeiro interno.

Em essência, a mente é o cofre financeiro supremo porque é o ponto de origem de toda a realidade financeira. As circunstâncias externas são meramente reflexos de nosso estado interno. Ao focar em dominar nosso ambiente mental — tornando-nos conscientes de nossos pensamentos, cultivando diligentemente crenças fortalecedoras, estabelecendo metas financeiras claras e convincentes e desenvolvendo uma mentalidade de abundância e administração responsável — não estamos apenas metaforicamente abrindo um cofre. Estamos engajando ativamente com as leis fundamentais do universo para desbloquear, proteger e expandir perpetuamente nosso bem-estar financeiro. Os tesouros da prosperidade não estão escondidos apenas em mercados externos ou instrumentos financeiros complexos; eles estão armazenados dentro da capacidade infinita de nossas próprias mentes, esperando para serem acessados por meio do domínio de nossa arquitetura financeira interior. Esse domínio interno é a verdadeira fonte de segurança e abundância financeiras duradouras, um cofre de potencial que, uma vez compreendido e diligentemente administrado, gera riquezas incalculáveis.

O conceito de um "termostato financeiro" serve como uma analogia poderosa para entender como nossa mente subconsciente regula nosso bem-estar financeiro. Assim como um termostato físico mantém uma temperatura consistente em nossas casas, independentemente de pequenas flutuações externas, nosso termostato financeiro interno dita um nível básico de riqueza e renda que inconscientemente nos esforçamos para manter. Esse termostato não é definido por forças econômicas externas ou mesmo por nossos desejos conscientes, mas por uma complexa interação de nossas crenças enraizadas, experiências passadas, programação emocional e percepções profundamente sustentadas sobre dinheiro e nossa própria dignidade. É um piloto automático para nossas vidas financeiras, frequentemente operando sem nossa consciência direta, guiando-nos de volta a um estado financeiro familiar, seja esse estado de abundância ou de escassez.

Muitos indivíduos se veem repetidamente atingindo tetos financeiros, experimentando um padrão recorrente de ganhar uma certa quantia, gastá-la e depois se encontrar novamente no ponto de partida, independentemente de seus esforços ou intenções. Esse fenômeno é uma manifestação direta de um termostato financeiro ajustado para uma temperatura mais baixa. Se, por exemplo, seu termostato interno está calibrado para sentir-se confortável com uma renda de $50.000 por ano, e você de repente se vê ganhando $100.000, pode inconscientemente começar a gastar mais, contrair dívidas ou tomar decisões financeiras ruins que trazem sua renda e estilo de vida de volta para aquele nível confortável de $50.000. Por outro lado, alguém com um termostato ajustado para um nível mais alto de abundância pode consistentemente encontrar oportunidades para aumentar sua renda e atrair riqueza, já que seu "ponto de ajuste" interno naturalmente o conduz em direção a maior prosperidade. Isso não se trata de sabotagem consciente; trata-se do poderoso impulso da mente subconsciente pela familiaridade e pelo equilíbrio.

As origens desse termostato financeiro estão profundamente enraizadas em nossos anos de formação e experiências subsequentes de vida. O condicionamento social desempenha um papel significativo, com narrativas culturais frequentemente reforçando crenças sobre riqueza e pobreza. Podemos ter crescido em lares onde o dinheiro era uma fonte constante de estresse e escassez, levando-nos a internalizar a crença de que a dificuldade financeira é a norma. Observar pais ou responsáveis lutando com finanças, ouvir conversas constantes sobre contas, dívidas e a dificuldade de "fechar as contas" pode imprimir esses padrões em nossas mentes em desenvolvimento. Mesmo pais bem-intencionados podem inadvertidamente ajustar um termostato financeiro baixo ao alertar constantemente seus filhos sobre os perigos do dinheiro, a tentação da ganância ou a improbabilidade de alcançar riqueza significativa, criando assim um medo inconsciente ou uma evitação da abundância.

Traumas financeiros passados ou grandes reveses também podem recalibrar drasticamente nosso termostato para baixo. Uma falência, uma perda severa de emprego ou um fracasso substancial em investimentos pode deixar cicatrizes emocionais profundas e uma crença inconsciente de que somos incapazes de lidar ou reter riqueza. A mente, em uma tentativa de se proteger de mais dor e decepção, pode então ajustar o termostato para um nível onde tais experiências dolorosas são menos prováveis de ocorrer, efetivamente reduzindo nosso teto financeiro. Isso cria um mecanismo de autoproteção que, ironicamente, limita nosso potencial de crescimento e prosperidade.

Além disso, crenças limitantes sobre nossa própria dignidade atuam como componentes cruciais na definição do termostato financeiro. Crenças como "Não sou inteligente o suficiente para ganhar muito dinheiro", "Não mereço riqueza" ou "Apenas certos tipos de pessoas são ricas" criam uma barreira interna que nos impede de aceitar ou gerar mais abundância. Essas crenças, frequentemente operando em um nível subconsciente, ditam os sinais que nossa mente envia, atraindo circunstâncias que confirmam essas percepções negativas de si mesmo. Se não acreditamos que somos dignos de abundância, nosso termostato será ajustado para um nível que se alinhe com essa falta percebida de dignidade, e inconscientemente nos afastaremos de oportunidades que poderiam desafiar essa convicção profundamente enraizada.

O desafio, então, está em recalibrar conscientemente esse termostato financeiro para um ajuste mais alto e mais abundante. É aqui que os princípios da neuroplasticidade e das disciplinas mentais antigas convergem, oferecendo caminhos práticos para reprogramar nosso modelo financeiro subconsciente. A neuroplasticidade, a notável capacidade do cérebro de se reorganizar formando novas conexões neurais ao longo da vida, nos capacita a mudar ativamente nossos padrões de pensamento e crenças. Ao compreender como nosso cérebro funciona, podemos cultivar intencionalmente novos hábitos mentais que apoiem o crescimento financeiro, efetivamente "reprogramando" nosso termostato financeiro.

Uma das técnicas mais eficazes para recalibrar seu termostato financeiro envolve identificar e desafiar suas crenças limitantes. Esse processo exige introspecção e disposição para confrontar verdades potencialmente desconfortáveis sobre sua relação com o dinheiro. Comece perguntando a si mesmo: Quais são minhas primeiras memórias ou associações com dinheiro? O que aprendi sobre riqueza com minha família, amigos e sociedade? Quais são meus medos e ansiedades mais profundos em relação ao dinheiro? Mantenha um diário financeiro onde você possa registrar honestamente seus pensamentos, sentimentos e experiências relacionadas ao dinheiro. À medida que escreve, começará a notar temas recorrentes e padrões negativos. Por exemplo, pode descobrir uma crença de que "o dinheiro é sujo" ou que "pessoas ricas são infelizes." Uma vez identificadas, você pode começar a desafiar essas crenças. Pergunte a si mesmo: Essa crença é realmente verdadeira? Há evidências em contrário? O que significaria para minha vida se eu adotasse uma crença diferente? O objetivo é desmontar sistematicamente essas crenças antigas e restritivas e substituí-las por crenças fortalecedoras.

Para ilustrar, imagine alguém que acredita que "é impossível ficar rico trabalhando honestamente." Essa crença provavelmente decorre de experiências passadas ou narrativas sociais. Para desafiá-la, essa pessoa poderia conscientemente buscar histórias de indivíduos honestos que alcançaram sucesso financeiro significativo. Poderia pesquisar práticas empresariais éticas que levam à acumulação de riqueza ou engajar-se em conversas com pessoas financeiramente bem-sucedidas conhecidas por sua integridade. Ao buscar ativamente contraevidências e reformular sua perspectiva, começa a enfraquecer o domínio da crença limitante e cria espaço para uma nova, mais fortalecedora, como "O trabalho honesto pode levar a grandes recompensas financeiras, e eu sou capaz de alcançar isso."

Visualização e afirmação são ferramentas poderosas derivadas de disciplinas mentais antigas que, quando usadas em conjunto com a neuroplasticidade, podem recalibrar significativamente o termostato financeiro. A visualização envolve criar imagens mentais vívidas de seu futuro financeiro desejado e dos sentimentos associados a ele. Isso não é apenas devaneio passivo; é um engajamento ativo da mente e das emoções. Passe tempo todos os dias imaginando-se desfrutando da abundância que deseja: vendo-se em sua casa dos sonhos, experimentando liberdade financeira ou engajando-se em atividades que ama sem restrições financeiras. Crucialmente, foque no sentimento dessa abundância — a paz, a segurança, a alegria e a gratidão. Essa ressonância emocional é o que realmente sinaliza à mente subconsciente que essa nova realidade não é apenas possível, mas desejável.

Afirmações, quando alinhadas às crenças subconscientes, atuam como sementes mentais plantadas em solo fértil. Em vez de simplesmente repetir declarações superficiais, formule afirmações que abordem diretamente suas crenças limitantes e se alinhem ao futuro visualizado. Por exemplo, se você identificou a crença de que "não sou bom com dinheiro," uma afirmação poderosa poderia ser: "Sou um gestor sábio e capaz de minhas finanças. Todos os dias, aprendo e cresço em minha habilidade de atrair, administrar e multiplicar riqueza com facilidade e confiança." A chave é repetir essas afirmações com convicção e emoção, fazendo-as parecer verdadeiras no momento presente. Com o tempo, a repetição consistente ajuda a substituir antigos caminhos neurais e estabelecer novos que sustentam o ajuste desejado do termostato financeiro.

A prática da gratidão é outro método profundo para ajustar seu termostato financeiro. Muitas vezes, focamos no que nos falta, o que mantém nosso termostato preso na escassez. Ao conscientemente mudar nosso foco para o que temos — seja um teto sobre nossas cabeças, comida na mesa, um amigo de apoio ou até mesmo as oportunidades que encontramos — começamos a sinalizar abundância para nossa mente subconsciente. Inicie uma prática diária de gratidão, listando pelo menos três coisas pelas quais você é genuinamente grato, especificamente relacionadas à sua situação financeira atual, não importa quão pequenas possam parecer. Esse simples ato reeduca seu cérebro para reconhecer e apreciar a abundância, elevando naturalmente seu termostato financeiro. Quando você se sente grato pelo que tem, cria um estado energético que atrai mais do mesmo.

A atenção plena e a consciência consciente são essenciais para manter seu termostato recalibrado. Nossas mentes podem facilmente voltar a padrões antigos se não forem conscientemente administradas. Praticar atenção plena significa estar presente no momento e observar seus pensamentos e sentimentos sem julgamento. Quando você perceber que está caindo em pensamentos de escassez ou experimentando ansiedade financeira, reconheça isso e, em seguida, redirecione suavemente sua atenção de volta às crenças fortalecedoras e visualizações. Essa reorientação consciente é como ajustar o mostrador de um termostato; exige esforço consistente, mas gradualmente leva a um ajuste mais estável e desejado. Técnicas como exercícios de respiração profunda ou sessões curtas de meditação podem ser incrivelmente eficazes para enraizá-lo no momento presente e reforçar sua nova mentalidade financeira.

Além disso, engajar-se em atos de generosidade e doação, mesmo quando você se sente financeiramente pressionado, pode ser uma poderosa ferramenta de recalibração. Isso pode parecer contraintuitivo, mas opera no princípio de "dar para receber" e demonstra à mente subconsciente que você tem o suficiente para compartilhar, fomentando assim uma crença em abundância. Quando você dá livremente, está enviando uma mensagem poderosa de que não está em um estado de falta, mas de plenitude. Esse ato de confiança e abundância pode elevar significativamente seu termostato financeiro, abrindo a porta para que mais riqueza flua até você.

O tamanho da contribuição é menos importante do que o espírito e a intenção por trás dela.

Definir metas claras e acionáveis alinhadas ao seu termostato recalibrado também é vital. Seu termostato define a faixa potencial para sua renda e riqueza, mas metas claras fornecem a direção para esse potencial. Em vez de desejos vagos, estabeleça metas específicas, mensuráveis, alcançáveis, relevantes e com prazo definido (SMART) que reflitam seu ajuste elevado do termostato. Por exemplo, se seu termostato recalibrado agora se sente confortável com ganhar $100.000 por ano, estabeleça uma meta para alcançar isso, delineando os passos que você tomará para fazê-lo. Isso fornece um alvo concreto para sua mente subconsciente trabalhar, alinhando suas ações com sua frequência financeira elevada.

Finalmente, prática consistente e paciência são inegociáveis ao recalibrar seu termostato financeiro. Reprogramar crenças profundamente enraizadas e padrões automáticos de pensamento leva tempo e esforço persistente. Haverá dias em que padrões antigos ressurgirão, e isso é perfeitamente normal. A chave é não se desencorajar, mas reconhecer esses momentos como oportunidades para reforçar sua nova programação. Celebre pequenas vitórias e progressos ao longo do caminho. Trate esse processo de recalibração não como uma solução única, mas como uma jornada contínua de autodomínio. À medida que você aplica consistentemente essas técnicas, gradualmente notará uma mudança em sua realidade financeira. Oportunidades aparecerão com mais frequência, sua capacidade de gerenciar recursos melhorará e você se verá naturalmente gravitando em direção a um nível de riqueza e abundância anteriormente inimaginável. Você está, em essência, atualizando o sistema operacional de sua mente financeira, ajustando seu termostato interno para gerar e manter consistentemente a prosperidade que realmente deseja.

A Lei do Mentalismo, em sua essência, postula que o Universo é Mental, e que nossos pensamentos, crenças e intenções são os blocos de construção de nossa realidade. Para aproveitar esse princípio profundo para a prosperidade financeira, devemos ir além da mera compreensão intelectual e engajar-nos em aplicação prática e consistente. Esta seção explora técnicas acionáveis projetadas para cultivar o que podemos chamar de "Riqueza Mental" — um estado de abundância interior que naturalmente atrai prosperidade exterior. Essas não são teorias abstratas, mas ferramentas tangíveis que, quando usadas com intenção e regularidade, podem remodelar profundamente seu cenário financeiro.

Um dos métodos mais potentes para alinhar sua mente com a abundância financeira é a visualização guiada. Essa prática vai além do simples devaneio; é uma construção deliberada de seu futuro desejado, imbuída de detalhes sensoriais e ressonância emocional. Imagine-se sentado em um espaço tranquilo e confortável, livre de distrações. Feche os olhos e comece a respirar profundamente, permitindo que seu corpo relaxe. À medida que sua mente se acalma, traga uma imagem clara de sua meta financeira definitiva. Pode ser uma quantia específica de dinheiro, um negócio próspero, uma casa dos sonhos ou a liberdade de perseguir suas paixões sem restrição financeira. Não apenas veja isso; experimente.

Como essa realidade financeira se parece, soa e se sente? Se você visualizar um carro novo, imagine suas linhas elegantes, sinta a textura dos bancos de couro, ouça o ronco do motor e sinta o cheiro de carro novo. Se for uma renda maior, visualize os números em um extrato bancário, sinta o peso de um contrato em suas mãos ou ouça a mensagem de celebração de seu banco. Crucialmente, mergulhe nas emoções associadas a essa abundância alcançada. Experimente o profundo senso de segurança, a alegria despreocupada, a paz de espírito e a gratidão profunda que o envolve. Sustente essa visão, permitindo que se torne mais vívida e real a cada momento que passa. Passe pelo menos dez a quinze minutos todos os dias nessa visualização imersiva. A projeção mental consistente e focada de seu estado financeiro desejado envia sinais poderosos à sua mente subconsciente, preparando-a para reconhecer e atrair oportunidades que se alinham com essa realidade visualizada. É como sintonizar um rádio em uma frequência específica; quanto mais precisamente você sintoniza, mais claro é o sinal.

Complementando a visualização estão as afirmações. Estas são declarações positivas, no tempo presente, projetadas para reprogramar suas crenças subconscientes sobre dinheiro e riqueza. A eficácia das afirmações reside em seu alinhamento com seus desejos mais profundos e em sua capacidade de neutralizar o diálogo interno limitante. Em vez de declarações genéricas, formule afirmações que abordem especificamente quaisquer bloqueios subconscientes que você possa ter identificado. Se você se perceber acreditando: "Não sou bom com dinheiro", uma afirmação poderosa seria: "Sou um administrador habilidoso e confiante de minhas finanças. Atraio riqueza com facilidade e a gerencio com sabedoria, criando abundância para mim e para os outros."

A chave para fazer as afirmações funcionarem não é a repetição mecânica, mas a convicção sincera e o engajamento emocional. Diga-as em voz alta com sentimento, como se já fossem verdadeiras. Escreva-as em um diário ou até crie lembretes visuais e coloque-os onde possa vê-los diariamente. Alguns acham benéfico repetir suas afirmações diante de um espelho, olhando-se nos olhos enquanto declaram suas verdades financeiras. Essa prática cria um poderoso diálogo interno, gradualmente substituindo crenças negativas e enfraquecedoras por crenças positivas que geram abundância. Pense nisso como plantar sementes de possibilidade no solo fértil de sua mente. Cada repetição é um ato de regar e nutrir essas sementes, permitindo que cresçam em uma realidade robusta.

Um alicerce da construção da riqueza mental é a prática da gratidão. Em um mundo frequentemente fixado no que falta, mudar conscientemente o foco para o que você possui é um ato radical de abundância. A gratidão atua como um poderoso amplificador de energia positiva, sinalizando ao universo que você está receptivo a receber mais. Comece um ritual diário de gratidão. Isso pode envolver manter um diário de gratidão ou simplesmente reservar alguns momentos todas as manhãs ou noites para refletir sobre aquilo pelo qual você é grato, particularmente em relação à sua vida financeira.

Seja específico. Em vez de um genérico "Sou grato pelo dinheiro", tente: "Sou grato pelos $50 que recebi hoje e que me permitiram comprar uma refeição saudável", ou "Sou grato pela renda estável do meu trabalho que me proporciona segurança", ou "Sou grato pelas lições que aprendi com desafios financeiros passados, que me tornaram mais sábio." Mesmo reconhecer pequenas bênçãos — uma moeda encontrada, um desconto inesperado, uma solução engenhosa para um problema financeiro — cultiva uma mentalidade de abundância. Essa prática reeduca seu cérebro para reconhecer e apreciar a riqueza já presente em sua vida, criando uma ressonância energética que naturalmente atrai mais. É um ciclo de retroalimentação: quanto mais você aprecia o que tem, mais coisas lhe são mostradas para agradecer.

A atenção plena e a consciência consciente são vitais para manter sua riqueza mental. A Lei do Mentalismo exige uma mente vigilante e direcionada. Atenção plena é a prática de estar totalmente presente no momento, observando seus pensamentos, sentimentos e sensações sem julgamento. Quando você se perceber escorregando para pensamentos de escassez, ansiedade ou dúvida, a atenção plena permite reconhecer esses padrões como eventos mentais passageiros, em vez de verdades objetivas.

Quando surge o pensamento "Não posso pagar por isso", em vez de aceitá-lo imediatamente como fato, uma abordagem consciente seria reconhecer o pensamento: "Percebo o pensamento de que não posso pagar por isso." Então, redirecione suavemente seu foco de volta às crenças fortalecedoras e às visualizações. Você pode reformular o pensamento perguntando: "Como posso pagar por isso?" ou "Que soluções criativas existem para eu obter isso?" Essa reorientação consciente, repetida de forma consistente, treina sua mente para se afastar de respostas negativas automáticas e se mover em direção a um pensamento intencional e fortalecedor. Sessões curtas de meditação, exercícios de respiração profunda ou simplesmente pausar por alguns momentos ao longo do dia para observar seu cenário interno podem aumentar significativamente sua capacidade de engajamento financeiro consciente. Essa prática garante que sua mente não seja apenas uma receptora passiva de pensamentos, mas uma arquiteta ativa de sua realidade financeira.

Além disso, engajar-se em atos de generosidade e doação consciente, mesmo quando você se percebe financeiramente limitado, pode ser um acelerador profundo da riqueza mental. Essa prática opera em um princípio profundamente enraizado na sabedoria antiga: quanto mais você dá, mais cria espaço energético para receber. Quando você compartilha seus recursos — seja tempo, habilidade ou dinheiro — com um espírito de genuína abundância e boa vontade, está enviando uma poderosa mensagem subconsciente de que possui o suficiente para compartilhar.

Não se trata de gastar de forma imprudente ou doar o que você realmente precisa. Trata-se de um ato consciente e intencional de distribuir uma parte de seus recursos de maneira que se alinhe com seus valores e crenças. Isso pode se manifestar como doar uma porcentagem de sua renda para uma causa em que acredita, oferecer suas habilidades de forma voluntária em um projeto comunitário ou simplesmente ajudar um amigo em necessidade. A chave é a intenção por trás do ato. Quando realizado com uma mentalidade de transbordamento, em vez de escassez, a generosidade atua como um poderoso recalibrador para seu termostato financeiro, sinalizando à sua mente subconsciente que você é uma fonte, não apenas um consumidor, de abundância. Isso solidifica a crença de que há mais do que suficiente e que você é um canal para essa abundância.

Para direcionar efetivamente a energia gerada por essas práticas, estabelecer metas financeiras claras e acionáveis é fundamental. Enquanto a visualização e as afirmações estabelecem a visão abrangente e o sistema de crenças, metas SMART (Específicas, Mensuráveis, Alcançáveis, Relevantes, com Prazo definido) fornecem o roteiro concreto. Essas metas devem ser um reflexo direto de seu termostato mental elevado. Se suas visualizações e afirmações estão constantemente pintando um quadro de uma renda significativamente aumentada, suas metas devem refletir essa ambição.

Por exemplo, em vez de uma meta vaga como "ficar rico", uma meta SMART poderia ser: "Aumentar minha renda anual em 20% nos próximos 12 meses, lançando um novo serviço e expandindo minha base de clientes em 15%." Esse nível de especificidade permite que sua mente subconsciente trabalhe com alvos concretos. Divida metas maiores em etapas menores e gerenciáveis, e celebre cada marco alcançado. Esse progresso consistente reforça sua crença em sua capacidade de manifestar abundância e mantém seu ímpeto. A clareza de suas metas fornece foco para a energia mental que você está cultivando, garantindo que ela seja canalizada de forma eficaz para resultados tangíveis.

Finalmente, e talvez mais crucialmente, consistência e paciência são os pilares gêmeos sobre os quais a riqueza mental duradoura é construída. A transformação de crenças profundamente enraizadas e padrões habituais de pensamento não é um processo da noite para o dia. Haverá dias em que antigas dúvidas ressurgirão, quando circunstâncias externas parecerão contradizer suas mudanças internas ou quando você se sentirá desencorajado pelo ritmo do progresso. Esses momentos não são fracassos, mas oportunidades para aprofundar seu compromisso.

Veja esse processo não como uma corrida de velocidade, mas como uma maratona de autodomínio. Cada vez que você conscientemente escolhe visualizar abundância, falar afirmações fortalecedoras, praticar gratidão ou agir com generosidade consciente, está reforçando novos caminhos neurais. É o efeito cumulativo dessas ações consistentes que leva a uma mudança profunda e sustentável. Celebre suas pequenas vitórias, reconheça seu progresso e confie no processo. Ao aplicar diligentemente essas técnicas práticas, você não está apenas desejando uma melhoria financeira; está engajando ativamente a Lei do Mentalismo, moldando seu mundo interior para criar a realidade externa de riqueza e abundância que merece. Esta é a arte de se tornar o alquimista de seu próprio destino financeiro, transformando os pensamentos pesados de escassez na realidade dourada da prosperidade.

Nosso cenário interno não é meramente um observador passivo de nossa jornada financeira; é um arquiteto ativo, moldando os próprios alicerces de nossa prosperidade. A Lei do Mentalismo, como exploramos, afirma fundamentalmente que a realidade é uma construção mental. Isso se estende profundamente às nossas vidas financeiras. Os números em nossas contas bancárias, as oportunidades que se apresentam, a facilidade ou dificuldade com que administramos nossos recursos – tudo isso é, em grande medida, reflexo de nossas crenças subjacentes sobre dinheiro. Essas crenças, muitas vezes formadas na infância e reforçadas ao longo dos anos, operam em nível subconsciente, atuando como filtros invisíveis através dos quais percebemos e interagimos com o mundo financeiro.

Considere o conceito de um "termostato financeiro." Assim como um termostato regula a temperatura de um ambiente, nossas crenças enraizadas sobre riqueza estabelecem um limite para a quantidade de abundância financeira que acreditamos poder sustentar confortavelmente. Se nossa mente subconsciente está programada com a crença de que "o dinheiro é escasso" ou "não sou digno de riqueza," nosso termostato financeiro será ajustado para baixo. Consequentemente, mesmo quando surgem oportunidades de maior prosperidade, nossa programação subconsciente pode nos levar a sabotá-las inconscientemente. Podemos tomar decisões impulsivas de gasto que drenam nossas contas, evitar assumir riscos calculados que poderiam gerar maiores retornos ou simplesmente deixar de reconhecer caminhos lucrativos porque não se alinham com nossa estrutura interna de "escassez."

A neurociência oferece insights fascinantes sobre esse fenômeno. Nossos cérebros estão constantemente buscando confirmar nossas crenças existentes, uma tendência conhecida como viés de confirmação. Quando sustentamos uma crença, por exemplo, de que "investir é arriscado demais," nosso cérebro buscará ativamente e destacará informações que apoiem essa crença, enquanto minimiza ou ignora evidências contrárias. Isso significa que, se você acredita ser inerentemente azarado com dinheiro, é mais provável que perceba e se lembre de instâncias de infortúnio financeiro, reforçando sua crença. Por outro lado, se você sustenta uma crença profunda em sua capacidade de atrair e administrar riqueza, seu cérebro naturalmente estará sintonizado para reconhecer e aproveitar oportunidades que confirmem essa visão positiva. Isso cria uma profecia autorrealizável, onde nossas crenças moldam nossas percepções, que por sua vez guiam nossas ações, levando, finalmente, a resultados que validam essas crenças originais.

Vamos explorar alguns sistemas de crenças comuns em torno do dinheiro e da dívida e observar seu impacto tangível nos resultados financeiros.

**A Crença na Escassez vs. Abundância**

No cerne de muitas dificuldades financeiras está uma crença generalizada na escassez. Isso pode se manifestar de várias formas: uma sensação constante de nunca ter o suficiente, um foco obsessivo no que falta e um medo profundo da perda. Indivíduos que operam a partir de uma mentalidade de escassez frequentemente abordam decisões financeiras com ansiedade. Podem acumular dinheiro por medo, paradoxalmente impedindo-o de crescer por meio de investimento ou uso estratégico. Podem ser excessivamente cautelosos, perdendo oportunidades de crescimento porque o potencial de perda, por menor que seja, é assustador demais. Cada despesa inesperada é vista como um desastre, uma confirmação de sua crença de que os recursos são sempre insuficientes.

Por outro lado, indivíduos que operam a partir de uma crença em abundância percebem o mundo como um lugar de recursos abundantes. Eles entendem que a riqueza não é uma torta finita a ser disputada, mas um oceano em expansão de possibilidades. Isso não significa que sejam imprudentes; em vez disso, abordam as finanças com otimismo e confiança. Acreditam que sempre há oportunidades para criar mais, ganhar mais e administrar recursos de forma eficaz. Essa mentalidade promove maior disposição para assumir riscos calculados, investir em si mesmos e em seus empreendimentos e abraçar novas fontes de renda. Seu foco está no crescimento e na criação, não no medo da escassez.

Considere duas pessoas, Sarah e Emily, ambas com a mesma renda modesta. Sarah opera a partir de uma mentalidade de escassez. Ela constantemente se preocupa com o aluguel, hesita em gastar dinheiro em cursos de aprimoramento pessoal e vê qualquer dívida como um fracasso catastrófico. Ela rastreia meticulosamente cada centavo, sentindo culpa até mesmo por pequenas compras discricionárias. Com o tempo, o medo e a ansiedade de Sarah a impedem de explorar oportunidades que poderiam levar a uma renda maior. Ela permanece em um emprego que não gosta porque oferece uma aparência de segurança, e seu crescimento financeiro estagna.

Emily, por outro lado, apesar de sua renda semelhante, sustenta uma mentalidade de abundância. Ela acredita que, com planejamento inteligente e esforço, pode criar mais segurança financeira. Pode contrair um pequeno empréstimo administrável para obter uma certificação que aumentará seu potencial de ganhos. Vê despesas inesperadas como desafios a serem superados com soluções criativas, em vez de crises intransponíveis. Está mais aberta a fazer networking e explorar trabalhos paralelos, acreditando que as oportunidades de geração de renda são abundantes. Porque Emily confia em sua capacidade de gerar e administrar recursos, é mais provável que tome ações que levem a melhorias financeiras reais, reforçando sua crença na abundância. Seu saldo bancário, ao longo do tempo, provavelmente refletirá essa abordagem proativa e abundante.

**Crenças Sobre Dívida**

A dívida é uma ferramenta financeira complexa, e nossas crenças sobre ela podem ditar significativamente seu impacto. Para alguns, a dívida é um mal inerente, um símbolo de fracasso e um fardo implacável. Essa crença frequentemente decorre de experiências pessoais, condicionamento cultural ou histórias de dificuldades financeiras esmagadoras. Indivíduos com esse sistema de crenças tendem a evitar dívidas a qualquer custo, mesmo que isso signifique perder oportunidades significativas. Podem adiar a compra de uma casa, abrir mão de avanços educacionais que exigem empréstimos estudantis ou deixar de investir em empreendimentos que requerem alavancagem, tudo por causa de uma aversão enraizada a dever dinheiro. Embora a gestão prudente da dívida seja crucial, o medo absoluto da dívida pode ser uma crença limitante.

Para outros, a dívida é vista como uma ferramenta estratégica, uma alavanca que pode ser usada para acelerar o crescimento e criar riqueza. Eles entendem que nem toda dívida é igual. Dívida de cartão de crédito com juros altos, contraída para bens de consumo, é muito diferente de uma hipoteca sobre um ativo em valorização ou de um empréstimo empresarial usado para expandir um empreendimento lucrativo. Indivíduos com essa perspectiva veem a dívida como um investimento, um meio para um fim. Sentem-se confortáveis em assumir dívidas bem estruturadas, desde que tenham um plano claro de pagamento e uma forte crença no retorno do investimento.

Imagine dois empreendedores, Mark e David, ambos buscando lançar um novo produto. Mark acredita que a dívida é inerentemente ruim. Ele decide financiar seu negócio apenas com suas economias pessoais. Isso limita significativamente seu orçamento inicial de marketing e sua escala de produção. Ele trabalha incansavelmente, mas seu crescimento lento é frustrante. Perde uma janela crucial de mercado porque não pôde escalar rapidamente o suficiente. Sua crença em evitar dívidas, embora derivada de um desejo de segurança, acabou limitando seu potencial de ganho financeiro significativo.

David, no entanto, acredita em usar a dívida estrategicamente. Após uma pesquisa de mercado minuciosa e o desenvolvimento de um plano de negócios sólido, ele obtém um pequeno empréstimo empresarial. Usa esse capital para investir em campanhas de marketing robustas e produção eficiente. Isso lhe permite capturar rapidamente uma fatia maior do mercado e gerar receita significativa. Ele administra meticulosamente seus pagamentos de empréstimo, entendendo que os juros pagos são um custo de fazer negócios, um preço pelo crescimento acelerado. O uso calculado da dívida por David, alimentado por sua crença em seu potencial como ferramenta de construção de riqueza, leva a um empreendimento muito mais bem-sucedido e lucrativo, aumentando seu patrimônio líquido muito além do que o autofinanciamento teria permitido.

**Crenças Sobre Dignidade Pessoal e Riqueza**

Talvez uma das influências mais profundas sobre nosso saldo bancário sejam as crenças subconscientes sobre nossa própria dignidade em relação à riqueza. Muitos indivíduos carregam crenças enraizadas de que, de alguma forma, não merecem abundância financeira. Essas crenças podem estar enraizadas em experiências de infância, onde dificuldades financeiras foram associadas à vergonha, ou em narrativas sociais que equiparam riqueza à ganância ou à falha moral.

Se alguém acredita inconscientemente que não é digno de riqueza, pode apresentar uma série de comportamentos de autossabotagem. Pode procrastinar em tarefas financeiras importantes, evitar oportunidades de progresso ou até mesmo, inconscientemente, criar retrocessos financeiros. Essa é a tentativa da mente de reconciliar a realidade externa com a crença interna e enraizada. Se a crença é "não sou digno," então um saldo bancário abundante criaria dissonância cognitiva. Para resolver isso, a mente pode manifestar circunstâncias que levem à redução da riqueza, confirmando assim a crença original.

Considere Anna, uma designer gráfica altamente talentosa que constantemente subvaloriza seus serviços. Ela acredita que cobrar um preço justo de mercado por sua expertise é "ganancioso" ou que os clientes não estariam dispostos a pagar o que ela vale. Essa crença vem de uma infância em que seus pais frequentemente enfrentavam dificuldades financeiras, e ela internalizou a ideia de que estar bem financeiramente era, de alguma forma, problemático. Como resultado, Anna aceita projetos mal remunerados, trabalha horas excessivas por pouca recompensa e sua renda permanece estagnada. Sua crença subconsciente em sua falta de dignidade para ganhos maiores traduz-se diretamente em um saldo bancário mais baixo.

Em contraste, Clara, também uma designer gráfica talentosa, sustenta uma forte crença em sua própria dignidade. Ela entende que suas habilidades são valiosas e que cobrar um preço justo é simplesmente um reflexo desse valor. Provavelmente cultivou essa crença por meio de afirmações positivas, mentoria ou sucessos passados que reforçaram seu senso de competência. Clara negocia suas tarifas com confiança, atrai clientes que valorizam sua expertise e sua renda reflete sua percepção de valor. Seu saldo bancário cresce não apenas por causa de seu talento, mas porque sua crença em sua dignidade lhe permite aceitar e administrar maior prosperidade financeira.

**O Papel das Narrativas Limitantes**

Nossas vidas financeiras são frequentemente moldadas pelas narrativas que contamos a nós mesmos e pelas narrativas que absorvemos de nosso ambiente. Essas histórias, conscientes ou inconscientes, podem atuar como crenças limitantes poderosas. Narrativas limitantes comuns incluem:

- "Dinheiro não nasce em árvore." (Implica que a riqueza é difícil de adquirir e finita.)

- “Pessoas ricas são gananciosas/desonestas.” (Cria um conflito interno se você deseja riqueza, mas também quer ser visto como uma boa pessoa.)
- “Nunca serei bom com dinheiro.” (Uma profecia autoimposta de incompetência financeira.)
- “É tarde demais para mudar minha situação financeira.” (Uma narrativa de desesperança e resignação.)
- “Você tem que trabalhar incrivelmente duro para ganhar um pouco de dinheiro.” (Associa sucesso financeiro a trabalho árduo e limita a percepção do potencial de ganhos.)

Essas narrativas, quando internalizadas, atuam como planos mentais para nosso comportamento financeiro. Elas nos predispõem a certas escolhas e filtram possibilidades que as contradizem. Por exemplo, alguém que acredita que “dinheiro não nasce em árvore” pode estar menos inclinado a explorar fontes de renda passiva ou oportunidades de investimento que exigem paciência e crescimento composto, já que esses métodos podem parecer lentos ou indiretos em comparação com o esforço percebido de “ganhar” dinheiro diretamente.

O processo de alterar essas crenças profundamente enraizadas não é simplesmente ignorá-las, mas identificá-las conscientemente e, em seguida, substituí-las sistematicamente por alternativas fortalecedoras. É aqui que as práticas de visualização, afirmações e reestruturação consciente tornam-se críticas. Ao visualizar repetidamente a si mesmo como financeiramente capaz e abundante, ao afirmar sua dignidade e sua capacidade de atrair riqueza, e ao desafiar e reformular ativamente narrativas limitantes, você começa a reescrever o sistema operacional de sua mente financeira.

**A Neurociência da Mudança de Crença**

O cérebro humano é notavelmente plástico, o que significa que tem a capacidade de mudar e formar novos caminhos neurais ao longo da vida. A neuroplasticidade é a base científica para explicar por que a prática consistente de novos hábitos mentais pode levar a mudanças duradouras. Quando você se engaja em práticas como visualização guiada ou afirmações, não está apenas realizando um exercício mental; está ativamente reconfigurando seu cérebro. Cada vez que você conscientemente escolhe focar na abundância em vez da escassez, está fortalecendo essas novas conexões neurais.

Inicialmente, crenças antigas e limitantes podem parecer mais confortáveis ou naturais. Isso ocorre porque são caminhos neurais já muito percorridos. No entanto, com esforço persistente, os novos caminhos associados à abundância e à dignidade tornam-se mais fortes e dominantes. Eventualmente, essas novas crenças tornam-se seu modo padrão de pensar, e seu comportamento financeiro naturalmente começa a se alinhar com essa mentalidade transformada.

Essa transformação exige persistência e compromisso com a autoconsciência. Trata-se de perceber os pensamentos e crenças automáticas que surgem em torno do dinheiro, questionar sua validade e, em seguida, escolher conscientemente adotar perspectivas mais fortalecedoras. Os resultados financeiros que experimentamos não são ocorrências aleatórias; são, em grande medida, a materialização de nossas crenças internas. Ao compreender e trabalhar conscientemente com a influência invisível de nossas crenças, desbloqueamos o verdadeiro potencial da Lei do Mentalismo, transformando nosso mundo interior para criar a realidade externa de prosperidade financeira que desejamos. O cofre de nossa mente guarda as chaves, e nossas crenças são a combinação.

## Capítulo 3: A Lei da Correspondência – Seu Mundo Interior, Sua Riqueza Exterior

O axioma hermético, "Assim como dentro, assim é fora; assim como acima, assim é abaixo," não é apenas uma frase poética, mas uma declaração profunda de um princípio universal: a Lei da Correspondência. Essa verdade fundamental ilumina a conexão intrincada entre nosso cenário interno e nossa realidade externa, uma conexão particularmente potente quando se trata de nossas vidas financeiras. O que experimentamos externamente, seja uma conta bancária crescente ou um estado persistente de falta, é uma manifestação direta, um eco fiel, de nosso mundo interior. Nossos pensamentos, emoções, crenças, hábitos e até mesmo a energia que projetamos se unem para pintar a tela de nossa existência financeira.

Compreender esse princípio é entender que nossa situação financeira não é um resultado arbitrário de forças externas. Em vez disso, é um espelho, refletindo de volta o estado de nosso universo interior. Se nosso mundo interno é caracterizado por uma mentalidade de abundância, confiança e uma visão clara de prosperidade, então nossa realidade financeira externa inevitavelmente refletirá essas qualidades. Oportunidades aparecerão, recursos parecerão fluir e desafios serão enfrentados com capacidade de crescimento e resiliência. Por outro lado, um mundo interno dominado por escassez, medo, dúvida de si mesmo e falta de clareza invariavelmente projetará uma realidade externa correspondente de luta financeira, oportunidades perdidas e preocupação constante.

Considere o conceito de ressonância energética. Cada pensamento, cada emoção, cada crença vibra em uma frequência específica. Quando abrigamos consistentemente pensamentos de falta, preocupações com contas ou ressentimento em relação àqueles que têm mais, estamos emitindo uma frequência de escassez. O universo, operando sobre princípios de atração e correspondência, naturalmente atrai experiências e circunstâncias que ressoam com essa frequência emitida. É como sintonizar um rádio em uma estação específica; você só receberá a transmissão correspondente àquela frequência. Se sua "transmissão" interna é de escassez, então escassez é o que você receberá em sua experiência financeira externa.

Esse princípio explica por que dois indivíduos em circunstâncias externas aparentemente idênticas podem experimentar resultados financeiros vastamente diferentes. Não se trata apenas do emprego que possuem ou do clima econômico em que estão; trata-se do sistema operacional interno que cada pessoa está executando. Uma pessoa pode ver a perda de um emprego como um golpe devastador, confirmando seus medos mais profundos de instabilidade. Outra, com um estado interno diferente, pode ver o mesmo evento como um catalisador para mudança, uma oportunidade de se direcionar para um caminho mais gratificante e, em última análise, mais próspero.

O evento externo é o mesmo, mas a interpretação interna e a saída energética resultante ditam o desenrolar subsequente dos acontecimentos.

A Lei da Correspondência postula que o macrocosmo (o mundo externo) é um reflexo do microcosmo (o mundo interno), e vice-versa. No campo das finanças, isso significa que o estado de nossas finanças é uma correspondência direta às nossas crenças, atitudes e estado energético internos em relação ao dinheiro, à riqueza e à nossa própria dignidade. Se nosso mundo interno está desorganizado, cheio de crenças contraditórias sobre dinheiro ou dominado por medo e escassez, nossa realidade financeira externa inevitavelmente refletirá essa desordem. É como tentar construir uma casa estável sobre uma fundação de areia movediça. A estrutura inevitavelmente será instável.

Esse princípio pode ser observado de várias maneiras. Por exemplo, uma pessoa que constantemente reclama de estar sem dinheiro, que sente um ressentimento profundo em relação aos indivíduos ricos e que acredita que o dinheiro é a raiz de todo mal dificilmente atrairá riqueza significativa para sua vida. Sua narrativa interna e estado emocional estão transmitindo uma mensagem de rejeição à riqueza. O universo, de forma impessoal, refletirá essa mensagem de volta. Essa pessoa pode se ver constantemente enfrentando despesas inesperadas, lutando para ganhar o suficiente para cobrir suas necessidades ou experimentando uma sensação persistente de desconforto financeiro. Essas circunstâncias externas não são punições, mas correspondências ao seu estado interno.

Por outro lado, alguém que cultiva uma mentalidade de gratidão pelo dinheiro que possui, que vê a criação de riqueza como uma busca positiva e ética e que acredita em sua capacidade de atrair e administrar abundância, encontrará sua realidade externa alinhando-se com essa postura interna. Essa pessoa pode estar mais inclinada a notar oportunidades, a tomar ações inspiradas e a desenvolver hábitos financeiros saudáveis. Sua renda pode aumentar, seus investimentos podem crescer e ela pode experimentar uma maior sensação de liberdade e segurança financeira. Isso não é magia; é a aplicação direta da Lei da Correspondência.

A principal lição desse princípio é que não somos vítimas de nossas circunstâncias financeiras; somos criadores delas. Embora fatores externos certamente desempenhem um papel, nosso estado interno é o principal determinante de nossa realidade financeira. Se desejamos mudar nossa situação financeira externa — aumentar nossa renda, eliminar dívidas ou construir riqueza duradoura — devemos primeiro olhar para dentro e abordar os estados internos correspondentes que estão criando ou perpetuando nossa realidade atual.

Isso exige um nível profundo de autoconsciência. Significa tornar-se um observador atento de nossos próprios pensamentos, emoções e crenças em relação ao dinheiro. Que histórias contamos a nós mesmos sobre riqueza? Que sentimentos surgem quando pensamos em nossas finanças? Quais são nossas suposições subconscientes sobre nossa dignidade em receber abundância? Responder a essas perguntas com honestidade é o primeiro passo para aplicar a Lei da Correspondência às nossas vidas financeiras.

Por exemplo, se você consistentemente sente ansiedade ao verificar seu saldo bancário, essa ansiedade é um sinal interno de que uma correspondência de falta ou insegurança está sendo transmitida. Simplesmente desejar mais dinheiro não alterará essa dinâmica se o sentimento subjacente de ansiedade permanecer. Para mudar a realidade externa de estresse financeiro, você deve abordar a realidade interna da ansiedade. Isso pode envolver praticar técnicas para acalmar o sistema nervoso, desafiar as crenças que alimentam a ansiedade ou engajar-se em práticas que promovam um senso de segurança e confiança interior, independente de seu saldo bancário.

Além disso, a Lei da Correspondência se estende a nossos hábitos e ações. Se nossas crenças internas são de escassez e limitação, nossas ações provavelmente refletirão isso. Podemos desenvolver hábitos de gastar em excesso por um desejo subconsciente de gratificação imediata para aliviar o medo da falta, ou podemos desenvolver hábitos de acumulação extrema, impedindo que nosso dinheiro trabalhe para nós. Por outro lado, se nossas crenças internas são de abundância e crescimento, nossos hábitos naturalmente gravitarão em direção a ações que apoiem isso: poupança disciplinada, investimento sábio, aprendizado contínuo sobre gestão financeira e disposição para assumir riscos calculados. Esses hábitos não são separados de nosso mundo interno; são expressões externas dele.

Considere o conceito de "higiene energética" em relação às finanças. Assim como mantemos a higiene física para manter nossos corpos saudáveis, devemos manter a higiene energética para promover o bem-estar financeiro. Isso envolve curar conscientemente nossos pensamentos, escolher afirmações positivas, cercar-nos de influências de apoio e abundância e liberar padrões antigos de escassez e medo. Quando nos engajamos consistentemente nessas práticas, estamos efetivamente recalibrando nossa transmissão energética interna para uma de abundância e prosperidade. A Lei da Correspondência então garante que nossa realidade financeira externa comece a se alinhar com esse estado interno transformado.

O poder dessa lei reside em sua natureza fortalecedora. Ela desloca o centro de controle das circunstâncias externas para nosso próprio estado interno. Em vez de nos sentirmos como receptores passivos de qualquer destino financeiro que nos aconteça, tornamo-nos participantes ativos, entendendo que, ao moldar conscientemente nosso mundo interior, podemos influenciar diretamente nossa realidade financeira externa. Isso não se trata de nos culpar por dificuldades financeiras passadas, mas de reconhecer o imenso poder que temos no momento presente para criar um futuro diferente.

O princípio da correspondência também destaca a importância da congruência entre nossos desejos internos e nossas ações externas. Se afirmamos desejar abundância financeira, mas nossas ações são consistentemente contraditórias – talvez procrastinando, tomando decisões impulsivas ou mantendo crenças limitantes – então nossa realidade externa refletirá essa incongruência. O universo opera com integridade. Quando nosso estado interno e nossas ações externas estão em harmonia, alinhados com uma intenção clara de prosperidade, a Lei da Correspondência funciona de forma mais eficaz para manifestar nossos desejos.

Em essência, a Lei da Correspondência serve como um lembrete profundo de que nossa vida financeira é um diálogo entre nosso ser interior e o mundo externo. Cada resultado financeiro que experimentamos é uma resposta aos sinais energéticos e mentais que estamos emitindo. Ao dominar essa lei, aprendendo a cultivar conscientemente um mundo interior de abundância, dignidade e clareza, desbloqueamos a capacidade de transformar nossa realidade financeira externa, criando a riqueza e a prosperidade que realmente desejamos. A riqueza externa que buscamos não é encontrada apenas em estratégias externas, mas é uma correspondência direta e inegável à riqueza interna que cultivamos.

O papel nítido ou a tela iluminada de seu extrato bancário, muitas vezes fonte de ansiedade ou leve satisfação, possui um significado muito mais profundo do que mera aritmética. Não é simplesmente um registro de transações monetárias; é um plano energético, um reflexo tangível de seu diálogo financeiro interno. Cada dígito, cada transação, cada saldo é um sussurro, e às vezes um grito, de seu subconsciente sobre suas crenças, seus hábitos e sua ressonância energética com o dinheiro. Para realmente abraçar a Lei da Correspondência em sua vida financeira, devemos aprender a ler esse espelho energético com clareza e compaixão, entendendo que ele não é um juiz, mas um guia.

Considere, por um momento, o que um depósito realmente representa. Além da entrada de moeda, um depósito pode ser visto como uma afirmação energética de sua dignidade para receber. Quando o dinheiro entra em sua conta, é uma resposta aos sinais energéticos que você tem transmitido. Esses depósitos são consistentes, fluindo de um lugar de valor que você está oferecendo ao mundo? Ou são esporádicos, aparentemente milagrosos, mas rapidamente dissipados? A consistência, ou a falta dela, fala muito sobre seu alinhamento interno com o ato de receber. Se você consistentemente subestima seu valor, se acredita que não merece uma renda significativa, seus depósitos provavelmente refletirão essa limitação interna, aparecendo com menos frequência ou em quantias menores do que o que realmente seria possível para você.

Por outro lado, os saques não são meramente despesas; são saídas energéticas, expressões de sua relação energética com o que você possui. Seus saques estão alinhados com seus valores e seus objetivos de longo prazo, representando investimentos em seu crescimento, seu bem-estar ou experiências que enriquecem sua vida? Ou são impulsivos, movidos pelo medo, pelo desejo de gratificação imediata ou por uma compulsão inconsciente de se livrar do dinheiro porque ele parece pesado ou inerentemente "ruim"? Um extrato repleto de pequenas compras frequentes e não essenciais, muitas vezes feitas por impulso, indica um padrão energético de busca por conforto ou validação através do gasto, uma crença subconsciente de que o dinheiro deve ser rapidamente circulado, ou talvez um medo de mantê-lo. Cada deslizar de cartão ou clique em "comprar agora" é uma escolha energética, e seu extrato bancário registra o efeito cumulativo dessas escolhas.

O saldo em si, aquele número aparentemente estático no final de um ciclo de extrato, é a soma energética definitiva de seu estado financeiro interno. É o ponto de equilíbrio, ou desequilíbrio, entre suas entradas e saídas energéticas, uma correspondência direta à sua relação geral com a abundância. Um saldo consistentemente baixo ou em declínio é um sinal claro de que suas saídas energéticas estão consistentemente excedendo suas entradas, ou de que suas entradas são insuficientes para sustentar o nível desejado de troca energética. Isso não se trata de o universo puni-lo por gastar; trata-se de seus padrões energéticos internos criando uma realidade onde seus recursos não são sustentavelmente repostos.

Ver seu extrato bancário como um espelho energético exige uma mudança de perspectiva, afastando-se do autojulgamento e aproximando-se da autoconsciência. Ao abrir seu extrato, resista ao impulso de imediatamente se rotular como "bom" ou "ruim" com dinheiro. Em vez disso, pergunte a si mesmo:

- O que esta transação realmente está dizendo sobre meu estado interno?
- Este saque é um ato de autocuidado e crescimento, ou um ato de evasão ou autossabotagem?
- Este depósito parece uma consequência natural do valor que ofereci, ou parece uma anomalia rara e passageira?
- Que emoções surgem ao olhar para este saldo? São medo, escassez, ressentimento ou talvez um senso de contentamento e gratidão?

Por exemplo, imagine um extrato mostrando um número significativo de multas por atraso. De um ponto de vista puramente prático, isso indica má gestão financeira. No entanto, de uma perspectiva energética, pode revelar padrões mais profundos. As multas por atraso são resultado de desorganização e sobrecarga, sugerindo um estado interno de sentir-se "atrasado" ou incapaz de administrar suas responsabilidades? Ou decorrem de uma crença subconsciente de que você não merece facilidade financeira, de que está destinado a lutar e pagar penalidades? As multas por atraso são a manifestação externa de um padrão energético interno de estar fora de sintonia com obrigações pontuais.

Considere também as categorias de gastos que dominam seu extrato. Se uma grande parte vai consistentemente para pagamento de dívidas, isso não é apenas um fardo financeiro; é um dreno energético. Representa uma saída significativa de energia, frequentemente acompanhada por sentimentos de estresse e limitação. Essa manifestação externa da dívida é uma correspondência direta a um sistema de crenças internas que pode incluir sentimentos de indignidade, erros passados que estão sendo carregados adiante ou uma percepção de incapacidade de gerar entradas suficientes para superar as saídas. O extrato destaca esse desequilíbrio energético, instando você a examinar as crenças internas que estão perpetuando esse ciclo.

Por outro lado, um extrato mostrando economias consistentes, investimentos e gastos em experiências que promovem crescimento e alegria conta uma história diferente. Essas saídas não são drenos; são investimentos, compromissos energéticos com um futuro de abundância e realização. Os depósitos que financiam essas atividades são vistos não apenas como renda, mas como recompensas energéticas por alinhar suas ações com suas aspirações. Esse fluxo equilibrado, onde as saídas são intencionais e alinhadas com uma visão de prosperidade, cria um ciclo de retroalimentação positiva, reforçando os padrões energéticos da abundância.

O conceito de "alinhamento energético" torna-se tangível quando você analisa seu extrato bancário. Seus hábitos de consumo estão alinhados com o futuro financeiro que você imagina para si mesmo? Se você aspira à liberdade financeira e a uma vida de abundância, mas seu extrato mostra gastos consistentes em prazeres passageiros, soluções temporárias ou itens que não contribuem para seu bem-estar de longo prazo, há um desalinhamento. A Lei da Correspondência indica que sua realidade externa (seu extrato) está espelhando essa desconexão interna. O extrato não é um julgamento, mas um boletim honesto e direto de suas escolhas energéticas no campo financeiro.

É crucial abordar essa análise sem vergonha ou culpa. O propósito não é apontar o dedo para si mesmo por "erros" passados, mas obter clareza sobre os padrões energéticos que têm moldado sua realidade financeira. Seu extrato bancário é um professor compassivo, ainda que objetivo. Ele mostra para onde sua energia está indo, o que você está priorizando energeticamente por meio de suas ações financeiras e o que o universo está refletindo de volta como resultado.

Por exemplo, se você constantemente se vê gastando demais em compras por impulso, o extrato está mostrando um padrão energético de busca por validação ou conforto imediato e externo. A crença subjacente pode ser: "Não estou feliz agora, então vou comprar algo para me sentir melhor," ou

"Tenho medo de não ter o suficiente, então vou gastar agora antes que acabe." Essas narrativas internas são expressas energeticamente por meio de seus hábitos de consumo, e o extrato registra meticulosamente seus resultados.

Quando você começa a escolher conscientemente como deseja que seu extrato bancário se apresente energeticamente, começa a transformar seu cenário interno. Em vez de simplesmente tentar gastar menos, você se pergunta: "Que tipo de saídas energéticas se alinham com a abundância que desejo atrair?" Isso pode significar escolher conscientemente gastar em cursos que aprimoram suas habilidades, investir em ferramentas que aumentam sua produtividade ou alocar recursos para experiências que trazem alegria e realização genuínas. Esses não são meros gastos; são investimentos energéticos em você mesmo e em seu futuro, e seu extrato bancário começará a refletir essa direção energética fortalecida.

Da mesma forma, ao revisar os depósitos, considere a energia que você está colocando para criá-los. Você está oferecendo valor a partir de um lugar de paixão e propósito, ou de obrigação e escassez? A natureza de seu trabalho, a forma como interage com clientes ou consumidores e sua atitude geral em relação ao serviço prestado contribuem para a qualidade energética de sua renda. Um extrato mostrando depósitos consistentes e significativos sugere que você está energeticamente alinhado com a criação e entrega de valor, e que o universo está respondendo em conformidade.

O saldo, portanto, torna-se um indicador poderoso de sua administração energética. Ele está crescendo, refletindo um equilíbrio saudável entre entradas inspiradas e saídas intencionais? Ou está estagnado ou em declínio, sugerindo um desequilíbrio energético que precisa ser abordado? Isso não se trata de acumular dinheiro; trata-se de garantir que suas trocas energéticas sejam sustentáveis e apoiem seu bem-estar e aspirações. Um saldo saudável, nesse sentido energético, significa que você é energeticamente engenhoso e capaz de criar mais do que consome, permitindo crescimento, segurança e capacidade de dar generosamente.

Em última análise, seu extrato bancário é uma ferramenta poderosa de alquimia financeira. Ao compreender que ele é um espelho energético, você pode ir além dos números e começar a entender as correntes energéticas mais profundas que moldam sua realidade financeira. Ele o convida a se tornar um observador ativo de sua própria relação energética com o dinheiro, a identificar padrões de escassez ou abundância e a fazer escolhas conscientes que alinhem seu mundo interior com a riqueza exterior que deseja. Cada depósito, cada saque, cada saldo é uma oportunidade de aprender, crescer e alinhar-se energeticamente com o fluxo da prosperidade. É um lembrete constante de que seu mundo financeiro não é uma entidade separada, mas uma correspondência direta e inegável ao cenário energético dentro de você.

O ato de organizar suas finanças transcende a tarefa mundana de equilibrar planilhas ou categorizar despesas. É, em sua essência mais verdadeira, uma prática espiritual profunda, um ritual sagrado que espelha e cultiva ativamente a ordem dentro de seu cenário interno. Quando você aborda sua vida financeira com a intenção de trazer estrutura, clareza e ação deliberada, não está apenas administrando dinheiro; está engajando em uma forma potente de alquimia energética, alinhando sua realidade externa com a abundância crescente que reside em sua consciência. É aqui que a Lei da Correspondência realmente brilha, demonstrando que a organização meticulosa de sua riqueza material é um reflexo direto e um catalisador poderoso para a organização de sua mente, suas intenções e seu estado energético.

Considere o simples ato de criar um orçamento. Para muitos, é uma tarefa árdua, um exercício restritivo de limitação. No entanto, visto pela lente de um ritual sagrado, o orçamento torna-se um ato de criação consciente, uma declaração de intenção. É o reconhecimento de que seus recursos financeiros não são uma entidade amorfa a ser gerida passivamente, mas uma confiança sagrada, uma corrente energética que pode ser direcionada com propósito e precisão. Quando você se senta para alocar fundos, para definir para onde sua energia fluirá, está, em essência, desenhando seu futuro energético imediato. Está declarando o que valoriza, o que prioriza e quais resultados pretende manifestar. Não se trata de dizer "não" aos desejos, mas de dizer "sim" às suas aspirações mais elevadas, garantindo que seus recursos energéticos sejam canalizados para experiências e investimentos que o elevem e expandam, em vez de dissipar sua energia em caminhos que levam ao esgotamento ou arrependimento. O próprio processo de definir categorias, de atribuir limites e de projetar fluxos futuros é um ato de impor ordem ao potencial caos da vida financeira e, ao fazê-lo, você está simultaneamente impondo ordem às correntes turbulentas de seus próprios pensamentos e emoções em relação ao dinheiro. A clareza que emerge de um orçamento bem elaborado não é apenas financeira; é mental, emocional e espiritual. Ela reduz a ansiedade ao substituir a incerteza por um roteiro claro, liberando energia mental e emocional que pode então ser direcionada para empreendimentos mais criativos e prósperos. Essa nova clareza é uma correspondência direta ao estado interno de paz e controle que você está cultivando.

Acompanhar suas despesas, frequentemente percebido como uma obrigação tediosa, pode ser elevado a uma prática consciente de observação energética. Cada transação registrada não é apenas um dado; é um sussurro de seu subconsciente, revelando para onde sua atenção e recursos energéticos estão sendo direcionados. Quando você registra diligentemente para onde cada real vai, não está apenas contabilizando dinheiro; está tornando-se intimamente consciente de seus hábitos energéticos. Seus gastos estão alinhados com a vida que está construindo, ou são uma série de reações inconscientes a estímulos externos ou desconfortos internos? Ao trazer esses hábitos para a consciência, você ganha o poder de transformá-los. O simples ato de anotar uma despesa, ou inseri-la em um aplicativo digital, força uma pausa, um momento de reflexão antes que a saída energética se complete. Essa pausa é crucial. É uma oportunidade de perguntar: "Este gasto está realmente alinhado com minhas intenções? Serve ao meu bem maior? Me aproxima ou me afasta da realidade financeira que desejo criar?" Essa investigação consciente, repetida a cada transação, começa a reprogramar seus padrões subconscientes. Você passa de um consumo reativo para um gasto intencional. O registro detalhado torna-se um texto sagrado, uma crônica de suas escolhas energéticas e, ao revisá-lo com um coração aberto e sem julgamento, você pode identificar padrões de escassez ou abundância, de impulso ou intenção, e começar a direcionar conscientemente seu fluxo energético para caminhos mais fortalecedores. Essa consciência é o alicerce da ordem interior, e sua manifestação no acompanhamento financeiro é uma correspondência direta à ordem crescente dentro de você.

O planejamento meticuloso de investimentos, sejam eles em ações, imóveis ou em seu próprio desenvolvimento pessoal, representa uma forma particularmente potente desse ritual financeiro sagrado. É um ato de fé no futuro, uma expressão tangível de sua crença em crescimento e expansão. Quando você dedica tempo e energia mental para pesquisar oportunidades, analisar riscos e alocar capital estrategicamente, não está apenas engajando em planejamento financeiro; está engajando em projeção energética. Está conscientemente moldando o fluxo futuro de seus recursos, direcionando-os para caminhos que acredita que gerarão maiores retornos, não apenas em termos monetários, mas em termos de realização e expansão de vida. Esse ato deliberado de previsão e posicionamento estratégico de seus ativos energéticos é uma correspondência direta a um estado interno de confiança, visão e uma crença profunda em sua capacidade de criar e expandir riqueza ao longo do tempo. A disciplina necessária para pesquisar, adiar gratificação em prol de ganhos de longo prazo e administrar as incertezas inerentes ao investimento cultiva um profundo senso de resiliência interior e fortaleza mental. Essa disciplina mental e emocional, desenvolvida por meio do planejamento financeiro, transborda para todas as áreas de sua vida, promovendo maior senso de controle, propósito e potencial. O ato de colocar seu dinheiro para trabalhar, com intenção e visão, é uma afirmação energética de sua crença na abundância, e seus extratos financeiros refletirão, por sua vez, essa manifestação externa de ordem interior e direção fortalecida.

Além disso, o próprio ato de trazer ordem para sua vida financeira cria um estado energético receptivo. Quando suas finanças estão organizadas, quando você tem uma compreensão clara de sua renda, despesas, poupança e investimentos, você reduz a desordem energética que frequentemente acompanha o caos financeiro. Essa desordem se manifesta como ansiedade, estresse, confusão e uma sensação de sobrecarga. Ao organizar sistematicamente esses elementos, você dissipa essa névoa energética. Cria espaço mental e emocional, um estado de calma interior e prontidão. Esse espaço interno organizado e livre de desordem é o solo fértil sobre o qual maior riqueza pode se manifestar. A Lei da Correspondência dita que sua riqueza externa é um reflexo de seu estado interno. Se seu estado interno é caótico, sua realidade financeira externa provavelmente refletirá esse caos. Por outro lado, se você cultiva ordem interna por meio do ritual da organização financeira, seu mundo financeiro externo começará a refletir essa harmonia. É como preparar um jardim. Você não esperaria colher frutos e vegetais abundantes de um terreno tomado por ervas daninhas e detritos. Primeiro é preciso arar o solo, remover as obstruções e criar um leito fértil. Organizar suas finanças é o arar de seu jardim financeiro, limpando as ervas daninhas da desorganização e os detritos da ansiedade financeira, criando assim um ambiente pronto para o florescimento da abundância.

A disciplina inerente à organização financeira também fortalece seus "músculos energéticos" para receber. Quando você segue consistentemente um orçamento, acompanha seus gastos e adere a um plano de investimentos, está demonstrando para si mesmo e para o universo sua capacidade de administração diligente. Essa administração é uma qualidade energética que atrai mais daquilo que você é capaz de gerir. Ela sinaliza que você está pronto e apto a lidar com maiores recursos financeiros. O ato de poupar uma parte de sua renda, por exemplo, não é apenas sobre acumular fundos; é uma declaração energética de sua crença na prosperidade futura e seu compromisso em construí-la. Cada vez que você conscientemente escolhe poupar em vez de gastar impulsivamente, está reforçando um padrão energético de abundância e visão antecipada. Esse reforço consistente cultiva um senso de dignidade interior para receber e manter riqueza. A disciplina torna-se hábito, e o hábito torna-se um padrão energético enraizado que naturalmente atrai mais oportunidades e recursos financeiros para sua vida. Sua vida financeira organizada torna-se um ímã para maior sucesso financeiro, uma correspondência direta à disciplina interna e ao estado receptivo que você cultivou.

Além disso, a transparência que vem com a organização financeira permite identificar e enfrentar crenças subconscientes que podem estar limitando sua riqueza. Quando você não acompanha meticulosamente seu dinheiro, essas crenças limitantes frequentemente operam despercebidas, sabotando sutilmente seus esforços. Talvez você tenha uma crença inconsciente de que "dinheiro é difícil de conseguir" ou "não mereço ser rico." Essas crenças podem se manifestar como gastos crônicos em excesso, relutância em negociar salários mais altos ou tendência a atrair "problemas" financeiros. Ao organizar diligentemente suas finanças, você traz esses padrões à luz. Pode ver, de forma tangível, como essas crenças estão se manifestando em seus hábitos de consumo e fontes de renda. Por exemplo, se você percebe um padrão consistente de gastos em prazeres passageiros que o deixam vazio, isso pode ser uma tentativa subconsciente de preencher um vazio interno. Reconhecer esse padrão por meio de seus registros financeiros organizados é o primeiro passo para a cura e transformação. Você pode então conscientemente escolher substituir o gasto impulsivo por atividades que realmente nutram sua alma e se alinhem com seus objetivos de longo prazo. Essa redireção consciente de sua saída energética é um poderoso ato de autodomínio, e a subsequente melhoria em sua situação financeira é uma correspondência direta ao reconhecimento e enfrentamento dessas narrativas internas limitantes.

A integração da organização financeira como um ritual sagrado também envolve cultivar gratidão pelo que você tem, mesmo enquanto busca mais. Quando você dedica tempo para revisar sua situação financeira com uma abordagem organizada, obtém uma visão mais clara dos recursos que possui atualmente. Essa clareza oferece uma oportunidade de expressar gratidão pela renda que entrou, pelas economias acumuladas e pelas oportunidades que surgiram. A gratidão é um amplificador energético poderoso, uma vibração que ressoa com abundância. Ao praticar conscientemente a gratidão por seu estado financeiro atual, você está energeticamente sinalizando ao universo que aprecia o que tem e que está pronto e digno de mais. Essa prática transforma o ato de revisão financeira de uma possível fonte de ansiedade em uma alegre afirmação de abundância. A manifestação externa dessa gratidão interior será um fluxo mais abundante e fluido de recursos financeiros, uma bela correspondência entre sua apreciação interna e sua riqueza externa.

Em última análise, organizar suas finanças como um ritual sagrado é imbuir essa necessidade prática de significado espiritual. É compreender que cada linha de orçamento, cada gasto registrado, cada decisão de investimento é um ato energético, uma oração de intenção e um passo em direção à manifestação da realidade desejada. Trata-se de trazer consciência, intenção deliberada e espírito de gratidão para a gestão de seus recursos materiais. Ao fazer isso, você não está apenas administrando dinheiro; está cultivando ordem interior, promovendo clareza mental e criando um estado energético receptivo que corresponde diretamente a uma riqueza externa cada vez maior. O ato de organizar suas finanças torna-se um diálogo contínuo com o universo, uma demonstração tangível de sua prontidão para maior abundância e uma prática sagrada que conecta seu mundo interior à sua prosperidade exterior. Essa transformação de tarefa mundana em ritual sagrado redefine sua relação com o dinheiro, elevando-o de fonte de estresse a uma poderosa ferramenta de crescimento espiritual e manifestação material.

A Lei da Correspondência, como exploramos, postula que nosso mundo interior molda nossa realidade externa. Isso não é um decreto passivo, mas uma interação ativa e dinâmica. Embora cultivar a mentalidade, crenças e estados emocionais corretos seja fundamental, o verdadeiro poder dessa lei é desbloqueado quando nossas ações diárias e tangíveis tornam-se ecos firmes de nossas aspirações financeiras mais profundas. É a ponte entre intenção e manifestação, onde as sutis energias de nosso cenário interno são traduzidas em resultados concretos no reino material. Sem esse alinhamento crucial de ações, nossas maiores visões de abundância podem permanecer apenas isso – visões, belas mas, em última análise, não realizadas devido à falta de coerência energética em nossas vidas diárias.

Considere a desconexão profunda que surge quando nossos desejos declarados de riqueza são contraditos por nossos comportamentos habituais. Podemos declarar nossa intenção de construir uma poupança significativa, de alcançar liberdade financeira ou de lançar um negócio próspero. No entanto, se nossas ações diárias consistem em gastos impulsivos, procrastinação em tarefas cruciais ou uma constante evitação do planejamento financeiro, criamos uma frequência energética dissonante. Essa dissonância atua como estática em um sinal de rádio, embaralhando a mensagem de abundância que estamos tentando enviar. O universo, regido por princípios de coerência e ressonância, responderá ao sinal energético dominante, que nesse caso é o sinal de inação ou ação contraditória.

Essa contradição interna frequentemente decorre de padrões subconscientes que estão abaixo de nossa consciência. Podemos genuinamente desejar prosperidade, mas crenças profundamente enraizadas sobre escassez, indignidade ou dificuldade em adquirir riqueza podem conduzir comportamentos que minam nossos objetivos. Por exemplo, alguém que verbalmente expressa o desejo de se tornar um empreendedor de sucesso pode se ver constantemente distraído por tarefas triviais, evitando oportunidades de networking ou hesitando em assumir os riscos necessários. Isso não é necessariamente um ato consciente de autossabotagem, mas sim a mente subconsciente reproduzindo seu roteiro familiar, embora limitante. A Lei da Correspondência observa essa incompatibilidade: o desejo declarado de sucesso empreendedor (aspiração interna) é encontrado com ações de evasão e distração (comportamento externo), resultando em falta de sucesso externo (realidade externa).

Para realmente alinhar nossas ações com nossos objetivos de abundância, devemos primeiro nos tornar profundamente conscientes dessas possíveis desconexões. Isso exige uma análise detalhada de nossas rotinas diárias, de nossos processos de tomada de decisão e das motivações subjacentes por trás de nossas escolhas, especialmente aquelas relacionadas ao dinheiro e à vida profissional. Trata-se de perguntar a nós mesmos, com brutal honestidade: "Se minhas ações atuais fossem a única mensagem que estou enviando, o que o universo concluiria sobre meus verdadeiros desejos?" A resposta a essa pergunta frequentemente revela as formas sutis, porém poderosas, pelas quais nosso comportamento contradiz nossas aspirações.

Por exemplo, imagine um indivíduo que deseja aumentar significativamente sua renda. Ele articula esse objetivo com clareza e convicção. No entanto, ao examinar mais de perto, suas ações diárias revelam um padrão de chegar atrasado ao trabalho, não buscar proativamente novos projetos ou oportunidades de progresso e engajar-se em conversas improdutivas ou focadas em reclamar sobre sua situação financeira atual. A Lei da Correspondência em ação aqui é clara: o desejo de aumentar a renda (interno) é encontrado com ações que sinalizam falta de iniciativa, comprometimento e engajamento proativo (externo). Consequentemente, a realidade externa permanece estagnada, um reflexo direto da saída energética que está sendo realmente transmitida. O universo está respondendo ao fazer, não apenas ao dizer.

Portanto, a prática de alinhar ações torna-se um processo consciente e deliberado de observação e correção. Trata-se de identificar os comportamentos específicos que estão fora de sintonia com nosso futuro financeiro desejado e, em seguida, fazer uma escolha consciente de substituí-los por ações que estejam em harmonia. É aqui que o princípio hermético de "Assim como acima, assim é abaixo" encontra sua aplicação prática e detalhada. O "Acima" é nossa aspiração, nossa visão de abundância. O "Abaixo" é a execução, os passos diários que damos. Para uma manifestação verdadeira, esses dois devem ressoar entre si.

Esse alinhamento não se trata de realizar atos grandiosos e heroicos todos os dias. Muitas vezes, são as pequenas ações consistentes e aparentemente mundanas que criam as mudanças mais profundas. Se seu objetivo é construir riqueza, o hábito consistente de poupar uma pequena porcentagem de cada salário, mesmo quando parece difícil, é um sinal poderoso de seu comprometimento. Essa ação corresponde diretamente ao seu desejo interno de segurança e crescimento financeiro. Por outro lado, se você regularmente cede a compras por impulso que esgotam suas economias, está enviando uma mensagem conflitante, minando suas próprias aspirações.

O aspecto psicológico desse alinhamento também é crítico. Nossos cérebros são programados para buscar consistência. Quando nossas ações e crenças estão alinhadas, experimentamos uma sensação de conforto psicológico e integridade. Quando estão em conflito, experimentamos dissonância cognitiva, um estado mental desconfortável que somos impulsionados a reduzir. Ao escolher conscientemente ações que se alinham com nossos objetivos de abundância, não apenas influenciamos o mundo externo, mas também reforçamos nosso compromisso interno e fortalecemos nossa crença em nossa capacidade de alcançar esses objetivos. Isso cria um ciclo virtuoso: ações alinhadas levam a resultados positivos, que por sua vez fortalecem nossa crença e motivam mais ações alinhadas.

Considere a diferença entre esperar passivamente que oportunidades apareçam e criá-las ativamente. Alguém que deseja iniciar um negócio, mas passa seus dias assistindo televisão e rolando redes sociais, não está alinhando suas ações com seu objetivo. A ação energeticamente congruente seria dedicar tempo todos os dias para pesquisa, networking, desenvolvimento de plano de negócios ou aquisição de habilidades relacionadas ao empreendimento pretendido. Cada uma dessas ações é uma expressão tangível de seu desejo interno de sucesso empreendedor, um passo que ressoa com suas aspirações. A Lei da Correspondência sugere que o universo responderá mais prontamente a essa saída energética proativa do que a um desejo passivo.

Isso exige uma mudança de perspectiva em relação às nossas tarefas diárias. Em vez de vê-las como obrigações ou deveres, podemos reformulá-las como passos deliberados em direção aos nossos objetivos de abundância. Se seu objetivo é alcançar independência financeira, então acompanhar diligentemente suas despesas, pesquisar oportunidades de investimento ou negociar um aumento salarial não são fardos; são atos poderosos de manifestação. Cada uma dessas ações é uma materialização física de seu compromisso interno com a liberdade financeira. O atrito surge quando essas ações são realizadas com ressentimento ou negligenciadas completamente.

O princípio hermético do "Ritmo" também desempenha um papel aqui. A abundância não é um estado estático, mas um fluxo dinâmico. Nossas ações devem estar em ritmo com esse fluxo. Isso significa entender que construir riqueza é um processo que se desenrola ao longo do tempo, e nossas ações devem refletir essa compreensão. Esforços consistentes e rítmicos são mais eficazes do que explosões esporádicas de atividade seguidas por períodos de inércia. Por exemplo, dedicar consistentemente uma hora por semana para aprender sobre uma nova estratégia de investimento está mais alinhado com a construção de riqueza de longo prazo do que passar um fim de semana inteiro pesquisando apenas para não fazer nada nos seis meses seguintes. O ritmo constante da ação alinhada constrói impulso e reforça o sinal energético de crescimento sustentado.

Além disso, alinhar nossas ações envolve tornar-nos conscientes de como usamos nosso tempo e energia. Esses são nossos recursos mais valiosos e não renováveis. Quando os gastamos em atividades irrelevantes para nossos objetivos de abundância, estamos essencialmente desviando nosso poder energético. Isso pode se manifestar como envolvimento em fofocas, reclamações excessivas ou atividades que drenam nossa vitalidade mental e emocional sem contribuir para nosso crescimento. A Lei da Correspondência observaria essa dissipação energética e, consequentemente, manifestaria uma realidade onde recursos e oportunidades parecem escassos.

Para combater isso, devemos cultivar intencionalidade em como empregamos nosso tempo e energia. Isso envolve priorizar tarefas que contribuem diretamente para nossas aspirações financeiras. Pode significar dizer "não" a compromissos sociais que desviariam do trabalho produtivo ou escolher conscientemente engajar-se em atividades que reabasteçam nossa energia e foco, em vez de drená-los. Essa alocação consciente de nossos recursos energéticos é um poderoso ato de autodomínio e uma correspondência direta aos nossos desejos declarados de abundância.

O papel da psicologia nesse processo não pode ser subestimado. Nossos hábitos são padrões de comportamento profundamente enraizados. Para mudá-los, precisamos entender os mecanismos psicológicos que os impulsionam. A neuroplasticidade nos ensina que nossos cérebros podem ser reprogramados por meio da prática consistente. Ao escolher deliberadamente agir de maneiras que se alinham com nossos objetivos de abundância, estamos ativamente remodelando nossos caminhos neurais, tornando esses comportamentos desejados mais automáticos ao longo do tempo. Isso reforça a ideia de que alinhar ações não é apenas sobre desempenho externo, mas sobre transformação interna.

Um exemplo disso é a prática da gratidão. Embora já tenhamos discutido anteriormente, seu papel no alinhamento de ações é crucial. Se seu objetivo é abundância, mas sua ação padrão é focar no que falta, você cria dissonância energética. Escolher conscientemente expressar gratidão pelo que você tem, mesmo pelas menores coisas, muda seu foco energético para um estado de receptividade e apreciação. Esse ato de gratidão, quando realizado consistentemente, torna-se uma ação alinhada que ressoa com a frequência da abundância, tornando-o mais receptivo a recebê-la.

O aspecto financeiro desse alinhamento trata de fazer escolhas concretas e tangíveis que reflitam nossos desejos internos. Se você aspira ser proprietário de uma casa, mas suas ações envolvem gastar suas economias em ativos depreciativos ou dívidas de alto juro, suas ações não estão alinhadas com seu objetivo. As ações congruentes seriam poupar diligentemente para o pagamento inicial, melhorar seu histórico de crédito e pesquisar o mercado imobiliário. Esses são passos práticos que correspondem diretamente à sua aspiração interna, criando um caminho energético claro em direção à aquisição da casa própria.

A Lei da Correspondência, nesse contexto, atua como um mecanismo constante de feedback. Nossos extratos financeiros, nossa progressão de carreira, nosso portfólio de investimentos – todos são reflexos dos sinais energéticos que estamos emitindo. Se esses reflexos não são o que desejamos, é uma indicação clara de que nosso estado interno e nossas ações externas não estão em harmonia. A solução não está em desejar desesperadamente por mudanças externas, mas em examinar e ajustar nosso cenário interno e, crucialmente, as ações que tomamos no mundo material.

Considere o princípio do "Mentalismo" dos ensinamentos herméticos: "O Todo é Mente; O Universo é Mental." Isso implica que nossos pensamentos e intenções são os blocos fundamentais da realidade. No entanto, para que essas construções mentais se manifestem de forma tangível, devem ser expressas por meio da ação física. Se desejamos um resultado específico, devemos nos engajar nas atividades físicas que naturalmente levam a esse resultado. Desejar ser um músico habilidoso sem nunca praticar é um exemplo claro de intenções e ações desalinhadas. O universo observará a falta de engajamento físico e, portanto, a falta de habilidade musical no mundo externo.

O desafio frequentemente está no esforço ou sacrifício percebido exigido para a ação alinhada. A procrastinação é um exemplo claro de como evitamos ações que podem parecer desconfortáveis ou exigir esforço imediato, mesmo que sejam cruciais para nossos objetivos de longo prazo. Superar a procrastinação exige reconhecer que o desconforto temporário de agir é muito menos prejudicial do que as consequências de longo prazo da inação. Cada vez que escolhemos agir de acordo com nossos objetivos de abundância, apesar de qualquer resistência inicial, estamos fortalecendo a ressonância energética entre nosso mundo interior e nossa realidade externa.

Esse alinhamento se estende à nossa comunicação e às nossas interações com os outros, especialmente em contextos profissionais e financeiros. Se você deseja ser respeitado como especialista em sua área, mas suas ações envolvem falar negativamente sobre colegas, engajar-se em fofocas no escritório ou não cumprir compromissos, suas ações estão criando uma narrativa diferente daquela que você aspira. A Lei da Correspondência refletirá essa inconsistência, levando à falta de respeito e confiança em sua realidade externa.

Portanto, o caminho para manifestar abundância não é apenas sobre pensamento positivo ou afirmação. Trata-se de incorporar essas afirmações por meio de ações consistentes, deliberadas e congruentes. É sobre tornar-se tão alinhado em seu desejo interno e comportamento externo que o universo não tem escolha senão refletir essa harmonia de volta para você. É sobre viver sua abundância, não apenas desejá-la. Essa aplicação prática da Lei da Correspondência transforma desejos abstratos em realidades tangíveis, criando uma correspondência poderosa e inegável entre a riqueza de seu mundo interior e a abundância de sua vida exterior. Cada ação alinhada torna-se uma pincelada na tela de sua realidade, pintando uma obra-prima de prosperidade, guiada pelo princípio inabalável de que assim como dentro, assim é fora.

A verdade profunda da Lei da Correspondência, como estabelecemos, é sua influência abrangente não apenas sobre nossas circunstâncias pessoais imediatas, mas também sobre nosso entrelaçamento com as grandes narrativas financeiras que se desenrolam ao nosso redor. Assim como uma única gota de água carrega a essência do oceano, também nossa experiência financeira individual ressoa e reflete as marés econômicas mais amplas e os movimentos de mercado. Este é o conceito do macrocosmo de suas finanças refletindo seu microcosmo, um princípio que conecta o pessoal ao universal, sugerindo que, ao harmonizar seu estado interno, você pode, por sua vez, influenciar sua participação e experiência nesses fenômenos financeiros maiores.

Pense nos próprios mercados financeiros — bolsas de valores, ciclos imobiliários, até mesmo o fluxo e refluxo da confiança do consumidor. Esses não são meras forças abstratas operando independentemente da consciência humana. Em muitos aspectos, são a soma agregada de incontáveis estados internos individuais e coletivos: esperanças, medos, crenças e desejos em relação à riqueza e à segurança. Quando há otimismo generalizado, uma crença coletiva na prosperidade futura, os mercados tendem a subir. Por outro lado, períodos de medo e consciência de escassez frequentemente precedem ou acompanham quedas de mercado. Isso não é simplesmente correlação; é uma manifestação da Lei da Correspondência em grande escala. Os estados internos dominantes da consciência coletiva são refletidos no cenário financeiro externo.

Considere o princípio da ressonância, um conceito fundamental da física que também possui um peso metafórico poderoso para compreender essa conexão. Assim como um diapasão vibra quando exposto a uma onda sonora da mesma frequência, também nossa realidade financeira pessoal ressoa com as frequências predominantes do ambiente econômico maior. Se seu mundo financeiro interno é de escassez, de crença de que o dinheiro é difícil de obter ou de que você está de alguma forma destinado à luta financeira, você estará mais sintonizado e mais propenso a atrair experiências que confirmem essa crença dentro do contexto econômico mais amplo. Pode se ver constantemente fazendo escolhas de investimento que têm baixo desempenho, enfrentando contratempos financeiros inesperados ou estando em setores em declínio — todos ecoando sua narrativa interna de escassez.

Por outro lado, se seu mundo interno é de abundância, de crença em oportunidade e de confiança em sua capacidade de criar e administrar riqueza, você naturalmente ressoará com os aspectos mais prósperos do macrocosmo. Você se torna mais receptivo a oportunidades de crescimento, mais propenso a identificar tendências emergentes antes que se tornem predominantes e mais resiliente diante de quedas econômicas. Seu estado interno alinhado atua como um farol, atraindo experiências e circunstâncias que correspondem à sua frequência. Isso não se trata de controlar todo o mercado, mas de harmonizar sua participação nele. Ao dominar seu microcosmo financeiro interno, você aprimora sua capacidade de navegar e se beneficiar do macrocosmo financeiro externo.

Esse princípio pode ser observado nas carreiras de empreendedores bem-sucedidos. Muitas vezes, sua jornada é caracterizada por uma crença profunda em sua visão e um otimismo inabalável, mesmo diante de desafios significativos ou condições econômicas desfavoráveis. Embora certamente empreguem estratégias de negócios sólidas e análises de mercado, sua convicção interna atua como uma força poderosa, criando uma ressonância que atrai as oportunidades certas, o capital necessário e a base de clientes leais. Seu "Assim como acima, assim é abaixo" interno é uma crença no sucesso, que eles então traduzem em ações que os impulsionam em direção a esse sucesso, influenciando seus resultados tangíveis dentro do macrocosmo empresarial maior. Quando o coletivo é dominado pelo medo de recessão, o empreendedor com uma forte convicção interna de oportunidade pode ver isso como uma chance de inovar, adquirir ativos desvalorizados ou ganhar participação de mercado de concorrentes menos resilientes. Seu estado interno permite perceber e agir sobre possibilidades que outros, presos no medo coletivo, deixam passar.

O princípio hermético da "Vibração" também é altamente relevante aqui. Tudo no universo está em movimento, vibrando em uma certa frequência. Nossos pensamentos, emoções e crenças têm suas próprias frequências vibracionais únicas. O macrocosmo financeiro, com suas tendências e ciclos, também possui uma assinatura vibracional coletiva. Quando nossa vibração financeira pessoal se alinha com as vibrações positivas predominantes de oportunidade e crescimento dentro do macrocosmo, experimentamos uma jornada mais suave e próspera. Se nossa vibração pessoal é baixa, caracterizada por medo, dúvida e escassez, naturalmente seremos atraídos e amplificaremos os aspectos vibracionais mais baixos do mundo financeiro, como perda, estagnação e luta.

Isso não implica que forças econômicas externas estejam totalmente sob nosso comando. O macrocosmo é um sistema complexo com muitos elementos interativos. No entanto, a Lei da Correspondência sugere que nosso estado interno atua como um fator influente poderoso em nossa experiência pessoal e participação dentro desse sistema. É como um receptor de rádio; você só pode sintonizar estações que transmitem em uma frequência que seu rádio é capaz de receber. Se seu "rádio" financeiro interno está sintonizado na escassez, ele captará as "estações" da dificuldade financeira, independentemente da abundância transmitida em outras frequências. Ao ajustar conscientemente sua frequência financeira interna por meio de crença, emoção e ação alinhada, você pode efetivamente "ressintonizar" seu receptor para captar os sinais de prosperidade que estão sempre presentes no universo.

Considere o conceito de "sincronicidade" neste contexto. Quando você está profundamente alinhado com seus objetivos financeiros e possui uma forte crença interior na abundância, pode começar a notar uma série de coincidências significativas. Você pode ouvir falar de uma oportunidade de investimento de uma fonte inesperada, conhecer alguém que pode ajudá-lo a avançar em sua carreira justamente quando precisa, ou descobrir que os recursos de que necessita parecem surgir quase magicamente. Esses não são acontecimentos aleatórios. São manifestações da Lei da Correspondência, onde seu estado interno criou uma ressonância que atrai eventos externos correspondentes. O macrocosmo está respondendo ao sinal claro e coerente emanado de seu mundo interior.

As implicações disso são profundas. Significa que, embora não possamos controlar os eventos econômicos globais, possuímos um grau significativo de influência sobre como esses eventos nos impactam pessoalmente.

Nosso diálogo interno sobre dinheiro, nossas respostas emocionais às notícias financeiras e nossas crenças subjacentes sobre riqueza não são observadores passivos do cenário econômico; são participantes ativos na formação de nossa realidade dentro dele. Ao cultivar uma mentalidade de abundância, resiliência e oportunidade, estamos, em essência, nos sintonizando com as frequências mais benéficas do macrocosmo financeiro.

Psicologicamente, esse processo envolve um esforço consciente para identificar e reformular nossas crenças financeiras mais profundas. Muitas crenças limitantes sobre dinheiro são subconscientes, herdadas da família, da cultura ou de experiências passadas. Essas crenças funcionam como filtros, moldando a forma como percebemos oportunidades e desafios financeiros. Por exemplo, a crença de que "o dinheiro é a raiz de todo mal" pode levar um indivíduo a sabotar inconscientemente seu próprio sucesso financeiro, temendo que a riqueza o corrompa. Esse conflito interno, essa dissonância entre o desejo de bem-estar financeiro e o medo subconsciente de suas consequências, inevitavelmente será refletido em sua realidade financeira externa, muitas vezes manifestando-se como uma luta para manter ou aumentar a riqueza, não importando quão favoráveis possam ser as condições econômicas externas. O macrocosmo, nesse caso, fornece as oportunidades, mas o filtro interno impede que sejam reconhecidas ou aproveitadas.

O axioma hermético, "Assim como acima, assim é abaixo," quando aplicado a essa relação macrocosmo/microcosmo financeiro, sugere que os padrões do universo são refletidos em nossas vidas individuais, e vice-versa. Se observamos padrões de ciclos, crescimento e decadência no mundo natural e na economia, podemos esperar ver padrões análogos em nossa jornada financeira pessoal. A chave para navegar por esses padrões está em compreender e harmonizar nosso estado interno com os princípios energéticos em ação. Quando abraçamos os ciclos naturais de fluxo e refluxo, em vez de resisti-los, podemos nos alinhar com o ritmo predominante do macrocosmo. Isso significa compreender que períodos de aparente escassez ou crescimento mais lento são frequentemente precursores de novas fases de expansão, assim como o inverno precede a primavera. Uma pessoa que teme essas quedas as experimentará de forma mais intensa do que alguém que as vê como parte natural de um ciclo maior e próspero.

Além disso, o conceito de "causalidade" é fundamental aqui. Embora fatores econômicos externos sejam causas, nosso estado interno e nossas ações também são causas potentes que interagem e moldam o efeito final. Não somos meros peões das forças econômicas. Somos co-criadores ativos. Ao compreender que nosso mundo interno gera o plano energético, e que nossas ações traduzem esse plano para o reino físico, ganhamos agência. Se o macrocosmo da economia é o oceano, nosso mundo interno é o navio, e nossas ações são o leme e as velas. Não podemos controlar as correntes do oceano, mas certamente podemos escolher nosso destino e navegar pelas águas de forma eficaz.

Para ilustrar ainda mais, considere o mundo dos negócios. O sucesso ou fracasso de uma empresa é frequentemente um reflexo direto da mentalidade coletiva e dos princípios de liderança dentro dela. Uma cultura empresarial impregnada de medo, culpa e escassez provavelmente manifestará essas qualidades em seu desempenho de mercado, lutando para inovar e se conectar com os clientes. Por outro lado, uma empresa que promove uma cultura de confiança, criatividade e abundância tende a prosperar, atraindo talentos e oportunidades de mercado. Este é o microcosmo da cultura interna da empresa refletindo seu macrocosmo de posição de mercado e sucesso financeiro. Os mesmos princípios se aplicam à vida financeira do indivíduo.

Portanto, o esforço para alcançar prosperidade financeira não é apenas uma busca externa de aquisição de ativos ou aumento de renda. É, fundamentalmente, uma jornada interna de alinhamento de sua consciência com os princípios da abundância. Envolve reconhecer que sua realidade financeira pessoal é um espelho, refletindo o estado de seu mundo interior. Quando você vê dissonância em seus resultados financeiros — dívida persistente, falta de poupança, carreira estagnada — isso é um convite para olhar para dentro, examinar suas crenças, suas respostas emocionais e suas ações habituais relacionadas ao dinheiro.

Ao cultivar conscientemente uma mentalidade de prosperidade, gratidão e crença em sua própria capacidade de criar riqueza, você começa a mudar sua frequência vibracional pessoal. Essa mudança, por sua vez, influencia como você interage com e é percebido pelo macrocosmo financeiro. Você se torna mais sintonizado com oportunidades, mais resiliente diante de desafios e mais capaz de manifestar a abundância financeira que deseja. O mundo externo, o grande palco da atividade econômica, torna-se um parceiro responsivo na dança da criação, espelhando a harmonia e a prosperidade que você cultivou dentro de si. Esta é a expressão máxima da Lei da Correspondência no campo financeiro: sua riqueza interior torna-se o plano para sua riqueza exterior, ressoando e influenciando o universo financeiro maior.

## Capítulo 4: A Lei da Vibração – Atraindo Riqueza Através da Frequência

Tudo no cosmos, desde os maiores corpos celestes até as menores partículas subatômicas, está em constante estado de movimento. Este princípio universal, frequentemente referido como a Lei da Vibração, é um dos pilares da filosofia hermética. Ele postula que nada é verdadeiramente estático; tudo, sem exceção, vibra em uma determinada frequência. Isso não é meramente um conceito abstrato; é uma verdade fundamental que sustenta o próprio tecido da realidade como a entendemos. O ar que respiramos, o solo firme sob nossos pés, os pensamentos que dançam em nossas mentes, as emoções que nos percorrem e, de fato, até mesmo o aparentemente inerte conceito de dinheiro, todos existem como padrões vibracionais distintos.

Essa dinâmica abrangente não se limita ao reino físico. Ela se estende ao intangível, à nossa consciência, às nossas crenças e às nossas intenções. Cada pensamento, cada sentimento, cada desejo, por mais fugaz ou profundo que seja, possui sua própria assinatura energética única — sua frequência vibracional. No contexto da riqueza e do bem-estar financeiro, isso significa que nossa realidade financeira pessoal não é uma condição estática, mas uma manifestação dinâmica de nosso estado vibracional dominante. Quando falamos em "atrair riqueza," estamos, em essência, discutindo o processo de alinhar nossa frequência vibracional pessoal com as frequências de abundância, prosperidade e crescimento financeiro que estão constantemente presentes dentro do campo energético universal.

Imagine o universo como um imenso oceano de energia, com correntes e ondas de frequências variadas em constante movimento. Cada um de nós, e tudo dentro de nossa experiência, é como um ponto dentro desse oceano, vibrando em nossa própria frequência específica. Essa vibração individual é um composto de nossas crenças, nossas emoções, nossas atitudes e nossas ações, todas imbuídas de suas próprias qualidades energéticas. A Lei da Vibração afirma que "semelhante atrai semelhante," significando que a frequência que emitimos naturalmente atrairá para nós experiências, pessoas e circunstâncias que ressoem com essa mesma frequência. Se nossa vibração dominante é de falta, escassez e medo em relação ao dinheiro, inevitavelmente atrairemos experiências que confirmem e amplifiquem esses sentimentos de falta. Por outro lado, se nossa vibração dominante é de abundância, gratidão e confiança em nossa capacidade de gerar riqueza, atrairemos oportunidades e circunstâncias que reflitam essas frequências mais elevadas e prósperas.

Esse princípio é particularmente relevante quando consideramos a natureza energética do próprio dinheiro. Embora frequentemente percebamos o dinheiro como um meio tangível de troca — moedas, notas, números em uma conta bancária — sua natureza última é energética. Cada unidade de moeda, cada transação financeira, carrega consigo uma marca vibracional.

Quando você segura uma nota de vinte dólares, não está apenas segurando um pedaço de papel; está segurando um objeto que fez parte de inúmeras trocas, imbuído das intenções, emoções e crenças de todos que o tocaram. Mais importante ainda, sua própria interação com esse dinheiro, seus pensamentos e sentimentos sobre ele, o impregnam com sua assinatura vibracional pessoal. Se você vê o dinheiro como escasso, difícil de obter ou algo a ser acumulado por medo, sua energia em torno do dinheiro refletirá essa escassez. Se, por outro lado, você vê o dinheiro como uma ferramenta de criação, um símbolo de abundância e algo que flui livremente, sua energia irradiará essa abundância.

O axioma hermético "Assim como acima, assim é abaixo; assim como dentro, assim é fora" encontra aqui uma aplicação profunda. O "Acima" e o "Dentro" representam nosso estado energético interno — nossos pensamentos, emoções, crenças e intenções. O "Abaixo" e o "Fora" representam nossa realidade externa — nossas circunstâncias financeiras, nossa renda, nossas economias e nossa prosperidade material geral. A Lei da Vibração dita que a frequência vibracional que mantemos internamente inevitavelmente se manifestará externamente. Se seu mundo interior vibra na frequência da abundância, você começará a ver manifestações externas de abundância em sua vida financeira. Isso não é uma questão de desejar ou esperar; é um princípio energético fundamental em ação.

Considere o conceito de "ressonância." Quando dois objetos estão vibrando na mesma frequência, eles podem influenciar um ao outro. Se você tocar um diapasão e aproximar outro diapasão da mesma frequência, o segundo começará a vibrar também, mesmo sem ser diretamente tocado. Da mesma forma, quando nossa frequência vibracional pessoal está alinhada com a frequência de riqueza e abundância, criamos um campo ressonante que atrai essas qualidades para nossa experiência. Isso significa que o cultivo consciente e deliberado de uma mentalidade abundante, um estado de gratidão pelo que temos e uma crença em nossa capacidade de criar mais, começará a nos sintonizar com as frequências energéticas da prosperidade.

Isso também explica por que indivíduos podem ter experiências financeiras tão diferentes mesmo operando dentro do mesmo ambiente econômico. Duas pessoas trabalhando na mesma indústria, ganhando rendas semelhantes, podem ter resultados financeiros dramaticamente diferentes. Uma pode lutar constantemente com dívidas e estresse financeiro, enquanto a outra constrói riqueza e experimenta liberdade financeira. A diferença muitas vezes não está nas circunstâncias externas, mas em seus estados vibracionais internos. O indivíduo que está enfrentando dificuldades financeiras provavelmente está emitindo uma vibração de escassez, medo e talvez até ressentimento em relação ao dinheiro. Essa vibração atrai circunstâncias que reforçam esse estado — despesas inesperadas, oportunidades perdidas e uma sensação geral de estar na defensiva financeiramente. O indivíduo que está prosperando financeiramente, por outro lado, provavelmente vibra em uma frequência de abundância, confiança e gratidão. Essa vibração mais elevada atrai oportunidades de crescimento, escolhas de investimento sábias e uma sensação geral de facilidade e fluxo em sua vida financeira.

A Lei da Vibração é o motor que impulsiona a Lei da Atração. Enquanto a Lei da Atração afirma que atraímos aquilo em que focamos, a Lei da Vibração explica como essa atração ocorre — através da frequência energética que emitimos. Nosso foco é um gerador poderoso de nosso estado vibracional. Quando focamos na falta, emitimos uma vibração de falta. Quando focamos na abundância, emitimos uma vibração de abundância. Portanto, para atrair conscientemente riqueza, devemos primeiro aprender a controlar conscientemente nossa emissão vibracional, que é amplamente influenciada por nossos pensamentos, emoções e crenças.

Esse processo exige uma compreensão profunda e aceitação de que tudo é energia. Isso não é uma metáfora; é uma verdade literal do universo. O mundo material que percebemos com nossos sentidos é apenas uma manifestação mais densa de energia vibrando em determinada frequência. Dinheiro, posses e até nossos corpos físicos são todas formas de energia. Quando mudamos nossa perspectiva para ver a natureza energética de todas as coisas, começamos a compreender o poder que temos de influenciar nossa realidade ao direcionar conscientemente nossa própria emissão energética.

Além disso, as emoções que conscientemente ou inconscientemente associamos ao dinheiro desempenham um papel crítico na determinação de nossa vibração financeira. Se o simples pensamento de dinheiro evoca sentimentos de ansiedade, estresse agudo ou culpa profunda, essas emoções negativas invariavelmente transmitirão uma frequência baixa e pouco atraente. Por outro lado, se o conceito de dinheiro evoca sentimentos de alegria, libertação, profunda segurança e confiança fortalecedora, essas emoções positivas gerarão uma vibração alta e atraente. Portanto, um componente significativo do domínio da Lei da Vibração em relação à riqueza envolve o cultivo deliberado de estados emocionais positivos associados ao dinheiro. Isso pode ser alcançado de forma eficaz por meio de práticas como o diário de gratidão, onde você regularmente documenta todas as coisas pelas quais é grato, incluindo quaisquer bênçãos financeiras, independentemente de sua magnitude percebida. Também envolve o ato corajoso de reformular crenças negativas sobre o dinheiro. Por exemplo, se você abriga a crença de que "pessoas ricas são inerentemente gananciosas," está ativamente construindo uma barreira vibracional significativa para sua própria conquista de riqueza. Ao reformular essa crença limitante para "a riqueza me capacita a ser generoso e a influenciar positivamente a vida dos outros," você instantaneamente alinha sua vibração com o potencial ilimitado de abundância.

A aplicação prática da Lei da Vibração exige a compreensão de que nossas palavras faladas e nossas ações físicas também possuem peso vibracional considerável. A linguagem que empregamos ao discutir questões financeiras pode tanto reforçar uma mentalidade de escassez quanto promover ativamente uma vibração de abundância. Proferir frases como "Não posso pagar por isso" ou "o dinheiro está muito apertado" transmite uma frequência distinta de limitação para o campo energético. Por outro lado, adotar frases como "Como posso pagar por isso?" ou "Estou aberto e receptivo a todas as formas de abundância" transmite uma frequência de possibilidade, engenhosidade e receptividade expansiva. Da mesma forma, nossas ações — sejam elas motivadas pelo acúmulo baseado no medo ou pela doação inspirada, abundante e pelo investimento estratégico — enviam sinais energéticos claros e inequívocos ao universo.

Para realmente aproveitar o poder da Lei da Vibração em benefício financeiro, é necessário transcender a mera compreensão intelectual e avançar para a incorporação energética. Isso implica não apenas pensar pensamentos abundantes, mas, mais importante, sentir-se abundante. Significa não simplesmente desejar riqueza, mas incorporar ativamente a frequência vibracional de uma pessoa rica e próspera no momento presente. Isso não implica viver além de seus meios atuais; em vez disso, envolve cultivar o estado interno de confiança inabalável, gratidão profunda e fé absoluta que é característico do verdadeiro bem-estar financeiro. Quando você incorpora a frequência da abundância, o universo, em sua sabedoria infinita, responde orquestrando circunstâncias para espelhar essa vibração. Oportunidades começam a se materializar, portas que antes estavam fechadas começam a se abrir e o fluxo financeiro torna-se uma consequência natural e sem esforço de seu alinhamento energético.

Esse conceito profundo também serve para desmistificar a noção frequentemente mal compreendida de "sorte." O que frequentemente é percebido como mera "sorte" é, na realidade, a manifestação tangível de uma frequência vibracional consistentemente elevada que atrai de forma confiável circunstâncias favoráveis. Indivíduos que são consistentemente considerados "sortudos" são, na verdade, aqueles que, muitas vezes inconscientemente, mantêm uma vibração poderosa e inabalável de expectativa positiva, otimismo inerente e abertura energética. Eles estão intrinsecamente alinhados com as correntes energéticas de oportunidade e fluxo e, consequentemente, essas correntes naturalmente os conduzem ao sucesso e à realização. Ao aplicar consciente e deliberadamente os princípios da Lei da Vibração, possuímos a capacidade de cultivar intencionalmente essa poderosa assinatura energética "sortuda."

A jornada em direção à maestria financeira, portanto, é fundamentalmente um empreendimento energético. Ela começa com o reconhecimento profundo de que tudo na existência é energia, vibrando em frequências específicas e identificáveis. Nossa realidade financeira externa é um reflexo direto e sem filtros da frequência dominante que estamos transmitindo. Ao compreender conscientemente, administrar diligentemente e elevar ativamente nossos pensamentos, emoções, crenças e ações relacionadas ao dinheiro, possuímos o poder de mudar fundamentalmente nossa vibração pessoal. Essa mudança subsequente de vibração nos permite ressoar com, e consequentemente atrair, as inúmeras frequências de riqueza, prosperidade e abundância que estão prontamente e ubiquamente disponíveis dentro do campo energético universal, iniciando assim uma transformação profunda de nossa experiência financeira externa.

A influência generalizada da consciência de escassez é um dos impedimentos energéticos mais significativos para atrair verdadeira riqueza. É uma mentalidade persistente, muitas vezes profundamente enraizada em experiências de infância, condicionamento social ou contratempos pessoais, que colore todos os aspectos de nossa interação com dinheiro e oportunidade. Esse estado de ser é caracterizado por uma sensação constante de não ter o suficiente — não ter dinheiro suficiente, não ter tempo suficiente, não ter recursos suficientes, não ter sorte suficiente. Ele gera um senso de urgência e desespero, levando indivíduos a tomar decisões a partir de um lugar de medo em vez de uma posição de criação fortalecida. Quando nossa assinatura energética dominante é de escassez, estamos, em essência, transmitindo um sinal que perpetuamente busca e atrai mais escassez. Isso cria um ciclo autoalimentado em que limitações percebidas tornam-se manifestações muito reais em nossa realidade externa.

Considere o indivíduo que enfrenta uma despesa súbita e inesperada, como um conserto de carro ou uma conta médica. Se seu estado energético subjacente é de escassez, sua reação imediata provavelmente será de pânico. Ele pode se preocupar obsessivamente sobre como conseguirá pagar, focando no déficit e na dificuldade que isso causará. Esse foco na falta amplifica a energia negativa associada à situação, atraindo mais desafios financeiros ou tornando mais difícil encontrar soluções. Seu diálogo interno pode estar cheio de frases como: "É sempre assim comigo," "Nunca consigo uma folga," ou "Dinheiro é sempre uma luta." Esses pensamentos e sentimentos, vibrando em baixa frequência, ativamente repelem oportunidades de recuperação financeira ou ganhos inesperados. Em vez disso, atraem mais ansiedades financeiras, talvez levando a novas despesas inesperadas ou a uma oportunidade de renda perdida.

Por outro lado, um indivíduo operando a partir de um estado de abundância, mesmo diante da mesma despesa inesperada, provavelmente abordará a situação com uma postura energética diferente. Embora possa reconhecer o incômodo, sua crença subjacente é de que é engenhoso e capaz de lidar com tais situações. Seu diálogo interno pode ser: "Ok, este é um custo inesperado. Como posso lidar melhor com isso?" ou "Confio que tenho os recursos ou a capacidade de encontrar os recursos para cobrir isso." Essa mudança vibracional do pânico para a resolução de problemas e confiança altera o cenário energético. Abre espaço para soluções criativas, presentes inesperados ou oportunidades que podem ajudar a compensar a despesa. Ele pode de repente se lembrar de um reembolso esquecido, receber um bônus não solicitado ou descobrir uma opção de reparo mais acessível. Isso não é mera coincidência; é a Lei da Vibração em ação, onde uma frequência mais elevada de expectativa e engenhosidade atrai oportunidades congruentes.

Os fundamentos psicológicos da consciência de escassez estão profundamente entrelaçados com nosso cenário emocional. O medo é o principal motor. Medo de não ter o suficiente, medo de fracassar, medo de julgamento, medo de perda — todos são emoções de baixa frequência que nos ancoram em um estado de falta. Quando operamos a partir de um lugar de medo, nossa percepção se estreita, focando apenas no que falta e no que pode dar errado. Essa perspectiva limitada nos impede de ver a abundância que já existe ao nosso redor e as oportunidades que estão constantemente se apresentando. Nossa energia torna-se contraída, defensiva e resistente, criando uma barreira energética poderosa ao fluxo de riqueza e prosperidade.

Transitar desse estado de escassez para um de abundância exige uma mudança energética consciente e deliberada. Não se trata de negar realidades financeiras atuais, mas sim de escolher conscientemente uma postura vibracional diferente para abordá-las. Isso começa com uma profunda autoconsciência, uma avaliação honesta de nossos pensamentos, emoções e crenças dominantes em relação ao dinheiro. Nossas narrativas internas são dominadas por falta, luta e limitação, ou por possibilidade, gratidão e confiança? O princípio hermético de "assim como dentro, assim é fora" é fundamental aqui. Nossa realidade financeira externa é um reflexo direto de nosso estado energético interno. Se a transmissão interna é de escassez, a manifestação externa inevitavelmente espelhará isso.

Uma das ferramentas mais poderosas para mudar da escassez para a abundância é a prática da gratidão. A gratidão é uma emoção de alta frequência que atua como um poderoso ímã energético para mais daquilo pelo qual somos gratos. Quando genuinamente focamos e apreciamos o que temos — independentemente de quão pequeno possa parecer — mudamos nosso foco energético da falta para a suficiência. Essa prática retoca nossa frequência vibracional. Não é um ato passivo; é uma recalibração energética ativa. Cada vez que expressamos conscientemente gratidão por uma bênção financeira, um recurso ou uma oportunidade, estamos transmitindo uma vibração de apreciação e abundância, que o universo prontamente recebe e amplifica.

Considere o simples ato de escrever três coisas pelas quais você é grato a cada dia, especificamente em relação à sua vida financeira. Pode ser gratidão pelo teto sobre sua cabeça, pela comida em sua mesa, por uma transação bem-sucedida, por um conselho útil ou até mesmo pela capacidade de aprender sobre esses princípios. Inicialmente, isso pode parecer um exercício forçado se você estiver profundamente enraizado na escassez. No entanto, com prática consistente, você começa a reprogramar seu cérebro e seu campo energético para reconhecer e apreciar a abundância existente. Essa redireção consciente do foco começa a corroer as fundações da consciência de escassez e a construir novos caminhos em direção a uma mentalidade abundante.

Outro elemento crucial nessa mudança energética é o cultivo consciente da expectativa. A escassez gera uma expectativa de decepção e luta. A abundância, por outro lado, promove uma expectativa de resultados positivos, oportunidades e facilidade. Isso não é otimismo ingênuo; é uma crença profundamente sentida na capacidade do universo de prover e em nossa própria capacidade de receber. Quando esperamos abundância, naturalmente nos tornamos mais sintonizados com oportunidades que se alinham a essa expectativa. Nossos sentidos tornam-se mais aguçados para possibilidades que poderiam ter sido invisíveis quando estávamos focados na falta.

A visualização desempenha um papel vital no cultivo dessa expectativa. Engajar-se regularmente em imagens mentais vívidas de si mesmo já vivendo em um estado de abundância financeira — experimentando liberdade financeira, desfrutando dos frutos de sua prosperidade e engajando-se em atividades que lhe trazem alegria — ajuda a imprimir essa realidade desejada em seu campo energético. Quanto mais detalhadas e emocionalmente ressonantes forem essas visualizações, mais poderoso será seu efeito. Trata-se não apenas de ver o resultado, mas de sentir as emoções associadas a ele: a segurança, a alegria, a liberdade, a generosidade. Essa ressonância emocional é a chave para alinhar sua vibração com a frequência de seus desejos.

A linguagem que usamos, tanto internamente quanto externamente, carrega peso energético significativo. Em um estado de escassez, nossa linguagem muitas vezes está cheia de qualificadores negativos e limitações. Frases como "Não posso pagar por isso," "É muito caro," "Nunca há o suficiente," ou "Estou quebrado" são todas declarações poderosas de escassez que reforçam uma frequência vibracional baixa. Para mudar, devemos conscientemente alterar nossos padrões linguísticos. Em vez de "Não posso pagar por isso," podemos perguntar: "Como posso pagar por isso?" ou "Que maneiras criativas posso encontrar para tornar isso possível?" Em vez de "Nunca há o suficiente," podemos dizer: "Estou aberto a receber mais," ou "Confio que há recursos abundantes disponíveis." Essa alteração deliberada da linguagem começa a reprogramar nossa mente subconsciente e a transmitir uma vibração mais elevada e expansiva ao universo.

Além disso, engajar-se em atos de generosidade, mesmo quando isso parece desafiador a partir de uma mentalidade de escassez, pode ser um catalisador profundo para a mudança em direção à abundância. Quando damos a partir de um lugar de falta percebida, pode parecer um sacrifício que nos depleta ou esgota ainda mais. No entanto, quando conseguimos dar a partir de um lugar de confiança e abundância — sabendo que nossa doação será reabastecida ou que serve a um propósito maior — enviamos um sinal poderoso de abundância para o campo energético. Isso demonstra ao universo que não estamos em um estado de falta, mas sim em um estado de transbordamento. Isso pode se manifestar de várias maneiras, desde doar para uma causa em que acreditamos, ajudar um amigo em necessidade ou investir em uma nova habilidade ou oportunidade que acreditamos que trará retornos positivos.

A mudança da escassez para a abundância não é um evento único, mas uma prática contínua de gestão energética consciente. Envolve um compromisso constante de observar nossos pensamentos e emoções, desafiar crenças limitantes, praticar gratidão, cultivar expectativas positivas e usar nossa linguagem e ações para refletir a realidade que desejamos criar. Requer paciência e persistência, entendendo que padrões profundamente enraizados levam tempo para se transformar. No entanto, com esforço consistente, o estado energético de escassez gradualmente se dissolve, sendo substituído por uma vibração expansiva e magnética de abundância que naturalmente atrai riqueza, oportunidade e prosperidade para todas as áreas da vida. Essa transformação é a essência de usar conscientemente a Lei da Vibração para manifestar bem-estar financeiro.

A Lei da Vibração, como exploramos, postula que tudo no universo vibra em uma frequência específica, e semelhante atrai semelhante. Esse princípio fundamental se estende profundamente ao campo da atração de riqueza, indo além da mera compreensão abstrata para uma ciência prática e aplicável da ressonância energética. Se riqueza, prosperidade e abundância são, em essência, estados energéticos, então a chave para atraí-los está em alinhar nossa própria frequência energética com a da riqueza. É aqui que o conceito de "atrair riqueza por meio da ressonância energética" realmente ganha vida, atuando como a aplicação prática da Lei da Vibração, frequentemente popularmente referida como a Lei da Atração.

A Lei da Atração, quando vista pela lente da filosofia hermética e da física quântica, não é uma força mística operando fora da lei natural, mas sim uma manifestação direta da Lei da Vibração. Trata-se de tornar-se conscientemente um farol vibracional para aquilo que se deseja. Quando operamos a partir de um lugar de alinhamento interno com a abundância, estamos essencialmente sintonizando nossa estação de transmissão pessoal na frequência da riqueza. Isso não significa simplesmente desejar dinheiro ou esperar passivamente que ele apareça. Em vez disso, envolve um cultivo ativo, consistente e alegre de um estado energético específico que naturalmente atrai oportunidades financeiras, recursos e bênçãos em nossa direção.

Uma das maneiras mais poderosas de cultivar essa frequência vibracional atrativa é por meio do engajamento alegre com seus empreendimentos atuais, sejam quais forem. Quando você aborda seu trabalho, seu negócio ou qualquer atividade que contribua para seu bem-estar financeiro com entusiasmo genuíno, paixão e senso de propósito, está emitindo uma vibração de alta frequência. Isso não se trata de fingir estar feliz quando não está; trata-se de encontrar e amplificar a alegria, a satisfação ou o senso de contribuição inerente às suas atividades. Quando sua experiência principal de trabalhar em direção à riqueza é de realização em vez de enfado, sua emissão energética muda drasticamente. Pense em um artesão que sente imenso orgulho em seu trabalho, no artista perdido em sua criação ou no empreendedor impulsionado pela visão de seu impacto. O foco deles não está apenas na recompensa monetária, mas no valor intrínseco e na alegria do processo. Essa alegria intrínseca, essa vibração de paixão, torna-se um poderoso ímã. Oportunidades de reconhecimento, colaboração e crescimento financeiro naturalmente gravitam em direção a indivíduos que irradiam tal energia positiva. O universo responde a essa frequência vibrante apresentando oportunidades que se alinham com esse estado positivo e abundante, muitas vezes de maneiras não explicitamente buscadas, mas perfeitamente adequadas.

Complementando a energia do engajamento alegre estão as afirmações financeiras positivas. Estas não são meros pensamentos desejosos, mas declarações cuidadosamente elaboradas para reprogramar a mente subconsciente e transmitir uma frequência clara e ressonante de abundância. A eficácia das afirmações está em sua capacidade de contornar a mente crítica e analítica e falar diretamente aos padrões energéticos mais profundos que governam nossa realidade. Quando repetimos consistentemente afirmações que ressoam com verdade e possibilidade, começamos a incorporar essa verdade. Por exemplo, em vez de se fixar em um déficit financeiro atual, uma afirmação como "Sou um ímã para riqueza e prosperidade" ou "A abundância flui para mim de forma fácil e alegre" começa a mudar sua assinatura energética interna. A chave para afirmações poderosas não está apenas nas palavras em si, mas no sentimento e na crença que as acompanham. Quando você fala ou repete mentalmente uma afirmação, impregne-a com a emoção do que seria já ter essa abundância. Sinta a segurança, a liberdade, a generosidade que a riqueza traz. Essa carga emocional amplifica o impacto vibracional das palavras, tornando-as uma ferramenta mais potente para atrair a realidade financeira desejada.

A prática da visualização é outro alicerce da ressonância energética para atração de riqueza. Isso envolve o ato deliberado e sustentado de se imaginar já vivendo em um estado de abundância financeira. Requer engajar todos os seus sentidos para tornar a realidade imaginada o mais vívida e real possível. Não apenas se veja com dinheiro; sinta a textura das notas, ouça os sons da liberdade financeira, sinta o cheiro das oportunidades que surgem e, mais importante, sinta as emoções associadas a essa abundância. Imagine a paz de espírito, a alegria de doar, a satisfação de realizar seus sonhos, a segurança de saber que suas necessidades são atendidas com facilidade. Quando você se engaja consistentemente em visualizações tão detalhadas e emocionalmente carregadas, está efetivamente criando um plano energético de seu futuro financeiro desejado. Esse plano atua como um guia para o universo, direcionando oportunidades e sincronicidades em sua direção que se alinham com a frequência energética que você está transmitindo. É como definir um destino em um GPS; quanto mais precisas as coordenadas, mais direto é o caminho para a chegada. Isso não se trata de escapar da realidade, mas de moldar intencionalmente sua trajetória energética em direção à realidade que deseja manifestar.

O princípio hermético de "assim como dentro, assim é fora" é profundamente ilustrado no processo de atrair riqueza. Nossas circunstâncias financeiras externas são um reflexo de nosso estado energético interno. Se nossa transmissão interna é de escassez, medo ou limitação, inevitavelmente manifestaremos essas condições em nosso mundo externo. Por outro lado, quando nosso mundo interior ressoa com abundância, gratidão e confiança, nosso mundo externo começará a espelhar esse estado expandido. Essa ressonância energética significa que, ao escolher conscientemente cultivar um ambiente interno de alta vibração, influenciamos ativamente nossa realidade externa para se alinhar com ele. Tornamo-nos ímãs energéticos, atraindo para nós aquilo que corresponde à nossa frequência vibracional dominante.

A frequência da riqueza não é estática; é dinâmica e responsiva. É uma frequência de fluxo, de circulação, de expansão e de criação de valor. Quando nos alinhamos com essas qualidades, tornamo-nos condutos para a riqueza. Esse alinhamento é alcançado por meio de um processo contínuo de cultivo energético. Envolve tornar-se intensamente consciente de nossos pensamentos e emoções dominantes em relação ao dinheiro. Eles são predominantemente positivos ou negativos? Falam de possibilidade ou impossibilidade? Expressam gratidão ou reclamação? Essa autoconsciência é o primeiro passo para direcionar conscientemente nossa emissão energética.

Considere o conceito de fluxo em relação à riqueza. A riqueza não deve ser acumulada ou estagnada; deve se mover. Quando abraçamos esse princípio energeticamente, tornamo-nos mais dispostos a investir, a doar e a participar da troca de valor. Isso não significa gastar de forma imprudente, mas sim uma abordagem fluida da gestão financeira que reconhece os benefícios energéticos da circulação. Quando o dinheiro flui de nós com intenção e propósito, cria espaço para que mais flua de volta, muitas vezes em formas amplificadas. Este é um princípio energético direto em ação: um sistema fechado estagna, enquanto um sistema aberto prospera. Ao adotar uma atitude de fluxo energético, sinalizamos ao universo nossa prontidão para participar da grande troca de abundância.

Além disso, a prática da generosidade, quando abordada a partir de um lugar de abundância em vez de obrigação ou falta, é um poderoso atrator de riqueza. Quando damos livremente, a partir de um lugar de saber interior de que há o suficiente e de que doar é uma forma de expansão energética, transmitimos um sinal poderoso de prosperidade. Esse ato de doar demonstra ao universo que não estamos em um estado de falta, mas em um estado de transbordamento. Ele reforça nossa própria crença na abundância e nos abre para receber mais. Isso não se trata de dar o pouco que temos por desespero, mas de participar do fluxo energético de dar e receber a partir de um lugar de riqueza interior. Quanto mais damos a partir dessa mentalidade abundante, mais reforçamos nosso próprio alinhamento energético com a riqueza.

O efeito cumulativo dessas práticas – engajamento alegre, afirmações positivas, visualização vívida e generosidade consciente – é a criação de uma frequência vibracional elevada e sustentada. Essa transmissão consistente sinaliza ao universo sua prontidão e desejo por abundância financeira. É como sintonizar um rádio em uma estação específica; uma vez sintonizado, você recebe consistentemente aquela transmissão. Da mesma forma, ao sintonizar de forma consistente sua frequência energética com a da riqueza, você começa a receber experiências, oportunidades e sincronicidades que atraem riqueza. O universo, regido pela Lei da Vibração, não tem escolha senão responder entregando aquilo que ressoa com sua emissão energética dominante. Essa é a essência de atrair riqueza por meio da ressonância energética: tornar-se uma correspondência vibracional para a prosperidade que deseja experimentar. É um processo ativo, consciente e contínuo de alinhar seu mundo interior com a realidade externa que deseja manifestar.

A exploração anterior estabeleceu as bases para compreender a conexão profunda entre a Lei da Vibração e a manifestação da riqueza. Estabelecemos que a abundância financeira não é uma questão de sorte ou circunstância apenas, mas uma ressonância energética direta, uma sinfonia de frequências vibracionais tocadas em nossas vidas. Agora, surge a questão crítica: como não apenas sintonizar essa frequência, mas mantê-la, garantindo um fluxo consistente e inabalável de prosperidade? É aqui que a arte de cultivar uma vida financeira de alta frequência entra em cena. Trata-se de construir um cenário interior duradouro que transmite consistentemente sinais de abundância, atraindo para nós os recursos e oportunidades que se alinham com essa assinatura energética potente.

Manter um estado financeiro de alta vibração é uma prática ativa e contínua, não um resultado passivo. Requer esforço consciente para curar nosso ambiente, nossos pensamentos e nossas ações de maneiras que amplifiquem nossa frequência financeira. Uma das estratégias mais impactantes é cercar-se conscientemente de influências edificantes. Esse princípio se estende a todos os aspectos de nossas vidas, mas sua aplicação em nossa jornada financeira é particularmente crucial. Considere as pessoas com quem você se associa. Elas tendem a focar na escassez, reclamar de problemas financeiros e ver obstáculos como intransponíveis? Ou exalam otimismo, discutem oportunidades, celebram conquistas e abordam desafios com uma mentalidade de resolução de problemas? A energia daqueles ao nosso redor é contagiosa. A exposição prolongada à negatividade, à dúvida e a uma visão baseada na escassez pode, de forma sutil mas persistente, reduzir nossa própria frequência vibracional, tornando mais difícil atrair abundância. Por outro lado, passar tempo com indivíduos que incorporam prosperidade, que falam a linguagem do crescimento e da possibilidade, e que nos inspiram com suas próprias jornadas financeiras, atua como um poderoso impulso energético. Isso não significa abandonar relacionamentos que não se alinham perfeitamente com uma visão de alta frequência; significa, sim, um esforço consciente para equilibrar seu ecossistema social, buscando aqueles que inspiram e elevam sua consciência financeira. Isso pode se manifestar por meio da participação em grupos de mentoria, workshops, comunidades online focadas em crescimento financeiro ou simplesmente fazendo um esforço para se conectar mais frequentemente com amigos positivos e financeiramente conscientes.

Além das influências interpessoais, a informação que consumimos também desempenha um papel significativo. Os livros que lemos, os podcasts que ouvimos, as notícias que assistimos – tudo contribui para nossa frequência energética dominante. Se nossa dieta de mídia está saturada de histórias de crises econômicas, dificuldades financeiras e relatos de luta, nossa mente subconsciente inevitavelmente absorverá essa narrativa de falta. Para cultivar uma vida financeira de alta frequência, é imperativo tornar-se um curador criterioso de informações. Priorize conteúdos que focam em empoderamento financeiro, histórias de sucesso, soluções inovadoras e perspectivas econômicas otimistas. Procure autores e palestrantes que alcançaram maestria financeira e que compartilham sua sabedoria com um tom positivo e fortalecedor. Essa mudança deliberada na ingestão de informações atua como um reforço constante da abundância, reprogramando seu subconsciente para esperar e atrair resultados financeiros positivos. Pense nisso como escolher conscientemente alimentar sua mente com sementes de prosperidade, em vez de permitir que ervas daninhas de dúvida e escassez criem raízes.

Um alicerce para manter um estado financeiro de alta vibração é a prática inabalável de focar em soluções em vez de se prender a problemas. É um princípio hermético fundamental que a energia flui para onde a atenção vai. Quando enfrentamos um desafio financeiro – uma conta inesperada, um revés nos negócios, uma percepção de falta de oportunidade – a tendência humana natural pode ser ficar preso em um ciclo de preocupação, medo e reclamação. Isso, no entanto, é uma resposta de baixa frequência. Amplifica o problema, drena sua energia e repele ativamente soluções. Uma abordagem de alta frequência, por outro lado, envolve reconhecer o desafio sem ficar preso em sua negatividade. Significa mudar imediatamente o foco para o que pode ser feito. Pergunte a si mesmo: "Qual é a solução aqui?" "O que posso aprender com isso?" "Que ação posso tomar agora para melhorar essa situação?" Essa mentalidade ativa e orientada para soluções é inerentemente fortalecedora e vibra em uma frequência muito mais elevada do que a de vitimização ou impotência.

Considere um cenário em que um negócio experimenta uma queda nas vendas. A resposta de baixa frequência pode ser lamentar a economia, culpar concorrentes e desesperar-se pelo futuro. A resposta de alta frequência, no entanto, seria analisar a situação objetivamente e elaborar soluções. Isso pode envolver revisar estratégias de marketing, explorar novos segmentos de clientes, aprimorar ofertas de produtos ou buscar colaborações. O elemento crucial é o engajamento proativo e otimista com o desafio, vendo-o como uma oportunidade de inovação e crescimento. Essa mudança de perspectiva não nega a realidade do problema, mas o reformula como um quebra-cabeça solucionável, um convite energético para alcançar um nível mais elevado de competência e criatividade. Essa é a essência da alquimia espiritual aplicada às finanças: transformar o chumbo dos desafios no ouro das soluções.

A generosidade, quando praticada a partir de um lugar de abundância, é outro motor poderoso para manter uma vida financeira de alta frequência. Já tocamos nesse ponto anteriormente, mas sua aplicação sustentada é fundamental. Generosidade não é apenas sobre dar dinheiro; trata-se de estar disposto a compartilhar seus recursos, seu tempo, suas habilidades e seu conhecimento. Quando você dá livremente, sem expectativa de retorno imediato, e a partir de um sentimento genuíno de abundância interior, está transmitindo um sinal poderoso de riqueza. Está demonstrando para si mesmo e para o universo que é um conduto para o fluxo, não um reservatório estagnado de escassez. Esse ato de dar reforça sua própria crença na abundância do universo e em sua capacidade de atraí-la e gerá-la.

Pense na generosidade como um sistema de circulação energética. Quando a riqueza é mantida rigidamente, acumulada e nunca permitida a fluir para fora, ela pode se tornar estagnada, como água que não é permitida a se mover. Ao praticar a generosidade, você cria um fluxo dinâmico. Isso pode se manifestar de várias maneiras: dar gorjetas generosas, doar para causas em que acredita, ajudar um colega em um projeto, compartilhar sua expertise com outros ou simplesmente oferecer uma palavra ou gesto gentil. A chave é a intenção por trás do ato. Se a generosidade vem de um sentimento de "Tenho tanto, posso me dar ao luxo de compartilhar," ela ressoa em alta frequência. Se vem de um lugar de "Tenho que dar isso, ou então," carrega uma tonalidade vibracional mais baixa. Cultivar essa mentalidade abundante de dar garante que você permaneça uma parte vibrante da troca universal de energia e recursos, atraindo naturalmente mais de volta para si.

Celebrar conquistas financeiras, não importa quão pequenas, é um aspecto frequentemente negligenciado, mas criticamente importante para manter uma vida financeira de alta frequência. Nossa sociedade é frequentemente condicionada a focar no que falta, na próxima meta a ser alcançada, na busca perpétua por mais. Embora a ambição seja valiosa, esse foco constante no futuro pode nos levar a negligenciar e desvalorizar os sucessos que já alcançamos. Cada conquista financeira – uma negociação bem-sucedida, conquistar um novo cliente, receber um bônus inesperado, até mesmo conseguir economizar um pouco mais – é um testemunho de seu alinhamento vibracional com a abundância.

Quando você reconhece e celebra conscientemente essas vitórias, amplifica seu impacto energético. Essa celebração atua como uma poderosa forma de reforço positivo, sinalizando ao universo que você está reconhecendo e apreciando a abundância que já está fluindo em sua vida. Esse reconhecimento cria um ciclo de feedback, incentivando mais do mesmo. A celebração não precisa ser extravagante; pode ser tão simples quanto tirar um momento para expressar gratidão, se permitir um pequeno prazer ou compartilhar seu sucesso com um amigo de apoio. O ato de apreciação consciente e reconhecimento positivo eleva significativamente sua frequência vibracional, tornando-o um farol mais forte para prosperidade contínua. Trata-se de curar ativamente momentos de alegria e gratidão em torno de seu progresso financeiro, transformando a jornada em direção à riqueza em um fluxo contínuo de experiências energéticas positivas. Essa prática muda seu foco da lacuna percebida entre onde você está e onde deseja estar, para o incrível progresso que você já fez, fomentando um senso de realização e incentivando mais manifestação.

Além disso, cultivar uma vida financeira de alta frequência envolve um compromisso profundo com o aprendizado e o crescimento contínuos. O mundo das finanças está em constante evolução, e nossa compreensão e abordagem também devem evoluir. Abraçar uma mentalidade de aprendizado perpétuo mantém sua energia vibrante e adaptável, qualidades essenciais para navegar no cenário dinâmico da criação de riqueza. Isso significa manter-se informado sobre tendências econômicas, explorar novas oportunidades de investimento e refinar continuamente sua educação financeira. Quando você está ativamente engajado em aprender e expandir seu conhecimento, irradia uma energia de competência e impulso para frente, altamente atraente para oportunidades de avanço financeiro.

Esse compromisso com o crescimento também se estende ao desenvolvimento pessoal. Entender seus próprios padrões em relação ao dinheiro – suas crenças limitantes, seus gatilhos emocionais, seus hábitos enraizados – é crucial. Por meio da introspecção, da escrita reflexiva ou do trabalho com um coach ou terapeuta, você pode identificar e reformular esses padrões. Por exemplo, se você descobre uma crença profundamente enraizada de que "dinheiro é difícil de conseguir," desafiar conscientemente e substituí-la por "o dinheiro flui para mim de forma fácil e alegre" é um poderoso ato de recalibração vibracional. Esse trabalho interno, essa limpeza de bloqueios energéticos, cria um caminho mais suave para que a abundância financeira se manifeste. Trata-se de garantir que seu sistema operacional interno esteja totalmente alinhado com seus desejos de prosperidade.

Em essência, cultivar uma vida financeira de alta frequência é viver em alinhamento com os princípios de abundância, gratidão e fluxo. É um processo dinâmico, consciente e alegre de curar seu mundo interno e externo para refletir a realidade financeira que você deseja experimentar. Ao se cercar de influências positivas, focar em soluções, praticar a circulação generosa, celebrar cada conquista e se comprometer com o crescimento contínuo, você estabelece uma assinatura energética inabalável de prosperidade. Essa transmissão consistente não apenas atrai riqueza; ela transforma toda a sua experiência de vida financeira, tornando-a uma jornada vibrante, gratificante e abundante. É a incorporação ativa da Lei da Vibração, um testemunho do fato de que, ao se tornar uma correspondência para a frequência da riqueza, você, por sua vez, torna-se um ímã irresistível para sua presença em sua vida. O universo, respondendo à sua vibração elevada, orquestra as circunstâncias, oportunidades e recursos perfeitos para encontrá-lo onde você está, energeticamente. Isso não é sobre desejar; é sobre tornar-se, vibrar e atrair.

## Capítulo 5: A Lei da Polaridade – Transmutando Extremos Financeiros

A Lei da Polaridade, um princípio fundamental da filosofia hermética, postula que todas as coisas existem em pares de opostos. Este princípio, frequentemente simplificado como "tudo é dual", não é meramente um conceito abstrato, mas uma força tangível moldando nossa realidade, particularmente dentro do intricado domínio das finanças. Considere o aparente abismo entre riqueza e pobreza. À primeira vista, parecem estados diametralmente opostos, mutuamente exclusivos. No entanto, através da lente da polaridade, eles são compreendidos não como entidades separadas, mas como pontos diferentes em um único espectro. A pobreza é simplesmente uma baixa intensidade de riqueza, e a riqueza, uma alta intensidade do mesmo princípio subjacente. Ambos são expressões de energia financeira, diferindo apenas em sua frequência vibracional e nas circunstâncias que atraem.

Esse entendimento é crucial para navegar pelas flutuações inerentes ao mundo financeiro. É natural que indivíduos experimentem períodos de facilidade financeira e períodos de dificuldade financeira. A distinção crucial não está em se esses eventos ocorrem, mas em como os percebemos e respondemos a eles. Se vemos pobreza e riqueza como fenômenos totalmente separados, então um período de dificuldade financeira pode parecer um abismo intransponível, um estado do qual escapar é impossível. No entanto, reconhecer sua natureza polar permite uma mudança profunda de perspectiva. Um estado temporário de escassez financeira não é uma condenação permanente, mas uma manifestação de baixa vibração no espectro financeiro. É um sinal, não uma sentença, indicando que uma mudança no foco energético e na ação é necessária para ascender em direção a frequências financeiras mais elevadas.

As implicações dessa dualidade vão além da simples dicotomia entre ricos e pobres. Considere sucesso e fracasso em empreendimentos financeiros. Um negócio fracassado, embora doloroso, não é um ponto final absoluto, mas o oposto polar do sucesso. Ele representa uma intensidade menor de realização, um resultado diferente na escala de conquistas financeiras. O indivíduo que compreende a Lei da Polaridade entende que o fracasso é frequentemente um precursor do sucesso, uma experiência de aprendizado necessária que refina estratégias e constrói resiliência. A energia do "fracasso" pode ser transmutada na energia do "sucesso" ao extrair as lições aprendidas e redirecionar o foco para um resultado mais favorável. O elemento crucial aqui é a capacidade de transmutar, de aproveitar a energia do polo negativo percebido para alimentar a manifestação do polo positivo.

Alegria e tristeza também são manifestações da polaridade em nossas vidas financeiras. Um período de dificuldade financeira pode, sem dúvida, levar à tristeza, ao medo e à ansiedade. Por outro lado, alcançar metas financeiras significativas traz imensa alegria e alívio. Esses estados emocionais não são experiências isoladas, mas expressões interligadas de nossa relação com o dinheiro e a abundância. O princípio hermético sugere que, ao compreender e dominar o polo inferior (tristeza, medo), ganhamos, inerentemente, maior capacidade de experimentar e sustentar o polo superior (alegria, confiança). Isso não significa suprimir emoções negativas, mas reconhecê-las como estados temporários no espectro da experiência financeira e escolher conscientemente direcionar nosso foco para o polo desejado.

O axioma hermético "Assim como acima, assim abaixo; assim como dentro, assim fora" é profundamente relevante aqui. Nossos estados internos – nossas crenças, pensamentos e emoções sobre dinheiro – refletem diretamente nossas circunstâncias financeiras externas. Se nosso mundo interior é dominado pelo medo da falta, pela escassez e pela dúvida, isso inevitavelmente se manifestará como o "abaixo", a realidade externa da luta financeira. Por outro lado, um cenário interno cultivado com abundância, gratidão e confiança atrairá manifestações externas correspondentes. A dualidade, portanto, não é apenas um fenômeno externo, mas também interno. Estamos constantemente oscilando entre diferentes polos de consciência financeira, e a Lei da Polaridade nos capacita a escolher conscientemente qual polo desejamos habitar e manifestar.

Dominar as flutuações financeiras, portanto, torna-se um exercício de gestão consciente da polaridade. Isso requer reconhecer que os opostos aparentes são, de fato, interconectados e parte de um todo maior. Esse entendimento nos liberta do medo de "fracasso" ou "falta" ao reformulá-los como estados temporários, meramente diferentes expressões da mesma energia financeira subjacente. O processo alquímico da maestria financeira reside em aprender a transmutar a energia do polo inferior, menos desejável, no polo superior, mais desejado. Isso é alcançado não negando a existência do polo inferior, mas compreendendo sua natureza e direcionando conscientemente nossa atenção, energia e intenção para o polo oposto.

Considere a prática do dízimo ou da doação caritativa. Para alguns, isso pode parecer um sacrifício, uma manifestação de falta – dar o pouco que percebem ter. Isso opera a partir do polo inferior da escassez. No entanto, para aqueles que abraçam a Lei da Polaridade e o princípio da abundância, o dízimo é um ato de fé e uma troca energética. Eles entendem que, ao dar a partir de um lugar de percepção de abundância, estão reforçando o polo superior da abundância e facilitando sua circulação. Esse ato de fluxo externo, longe de esgotar seus recursos, na verdade fortalece sua conexão com o fluxo universal da riqueza, atraindo mais de volta para si. Eles estão conscientemente transmutando a energia potencial de "ter menos" na energia cinética de "receber mais", agindo a partir do polo da generosidade e da abundância.

O mesmo princípio se aplica à forma como percebemos contratempos financeiros. Em vez de sucumbir ao desespero do "fracasso", um indivíduo consciente da polaridade analisará a situação e identificará o "sucesso" inerente dentro dela. Talvez o empreendimento fracassado tenha revelado uma necessidade crítica de mercado que pode ser atendida de forma diferente. Talvez tenha ensinado lições inestimáveis sobre gestão de riscos ou estratégia de negócios. O "fracasso" não é um fim, mas uma redireção, uma mudança na manifestação da energia financeira. Ao escolher conscientemente focar nas lições aprendidas e nas oportunidades reveladas, o indivíduo transmuta a energia de baixa vibração do fracasso na energia de alta vibração do aprendizado e do sucesso futuro.

O campo dos investimentos também oferece uma clara ilustração da dualidade. A volatilidade no mercado de ações, por exemplo, pode ser percebida como uma descida aterrorizante para a "perda" ou uma oportunidade empolgante de "ganho". Para o investidor que opera apenas a partir de um lugar de medo, quedas de mercado são catastróficas. No entanto, para o investidor que entende a polaridade, essas quedas são simplesmente o polo oposto da tendência de alta do mercado. Elas representam uma queda temporária no valor, uma intensidade menor de crescimento potencial e uma oportunidade de adquirir ativos a um custo reduzido, preparando-se assim para a inevitável ascensão. Isso requer domínio da dualidade emocional, gerenciando o medo da perda para capitalizar o potencial de ganho.

A Lei da Polaridade nos ensina que nossos julgamentos sobre situações financeiras são frequentemente subjetivos e baseados em uma perspectiva limitada. O que parece ser uma crise financeira terrível para uma pessoa pode ser visto como um ponto de virada estratégico por outra. Essa diferença de percepção surge de sua compreensão e aplicação da Lei da Polaridade. Aqueles que estão presos à visão limitada de extremos opostos sofrerão com o impacto emocional das altas e baixas financeiras. Aqueles que entendem a interconexão desses opostos podem navegar por essas flutuações com maior equilíbrio e intencionalidade.

O princípio hermético do mentalismo, "O Todo é Mente; O Universo é Mental", reforça ainda mais o papel da dualidade. Nossos pensamentos e crenças são os blocos de construção de nossa realidade financeira. Se mantemos uma visão dualista, preto-e-branco, do dinheiro – ou eu tenho tudo, ou não tenho nada – criamos estruturas energéticas rígidas que limitam nosso fluxo. Abraçar a polaridade permite um cenário mental mais fluido e dinâmico. Podemos sustentar o entendimento de que "Eu talvez não tenha fundos abundantes agora, mas sou um ímã para a riqueza e minha situação financeira está melhorando." Isso reconhece a realidade atual (o polo inferior) enquanto simultaneamente afirma o futuro desejado (o polo superior), criando uma ponte de energia transmutada entre os dois.

---

*"Psicologicamente, essa dualidade se reflete em nossas próprias lutas internas."*

---

Podemos experimentar um conflito entre nosso desejo de segurança financeira e nosso desejo de gastar espontaneamente, entre o impulso de poupar e o impulso de investir. Essas não são necessariamente forças contraditórias, mas frequentemente diferentes expressões de nossas necessidades e valores mais profundos. Reconhecê-las como polaridades permite integração em vez de conflito. Por exemplo, o desejo de segurança pode ser satisfeito por meio da poupança prudente, enquanto o desejo de espontaneidade pode ser atendido através de gastos discricionários conscientes e orçados. A chave é encontrar o equilíbrio, o ponto de equilibração no espectro, em vez de oscilar descontroladamente entre extremos.

A aplicação prática da Lei da Polaridade nas finanças envolve esforço consciente em várias áreas-chave. Primeiramente, exige uma prática contínua de reformulação de situações financeiras negativas percebidas. Ao enfrentar um revés financeiro, em vez de se prender à negatividade, pergunte conscientemente: "Qual é o oposto desta situação e como posso começar a me mover em direção a ele?" "Que lições posso aprender com isso que me servirão no futuro?" "Como esse 'fracasso' percebido pode ser a semente de um futuro 'sucesso'?" Esse exercício mental é crucial para iniciar a transmutação da energia.

Em segundo lugar, envolve cultivar uma mentalidade de gratidão por todas as experiências, não apenas pelas positivas. A gratidão por desafios financeiros pode parecer contraintuitiva, mas serve para reconhecer o aprendizado e o crescimento que eles proporcionam. Ao sermos gratos pelas lições aprendidas com erros financeiros, neutralizamos a energia negativa associada a eles e os transformamos em ativos valiosos para a prosperidade futura. A gratidão por períodos de abundância reforça essa vibração mais elevada, tornando-a mais provável de ser sustentada. Essa abordagem equilibrada da gratidão é fundamental para navegar pela natureza dualista da vida financeira.

Em terceiro lugar, requer compreender que "riqueza" e "pobreza" financeiras não são destinos estáticos, mas estados dinâmicos de ser. São pontos em um continuum, constantemente influenciados por nossos pensamentos, crenças e ações. Ao escolher conscientemente alinhar nosso estado interno com o polo superior da abundância, começamos a mudar nossa assinatura energética, atraindo circunstâncias que refletem essa vibração escolhida. Isso não significa ignorar a gestão financeira prática; significa infundir essa gestão com uma intenção vibracional mais elevada. O orçamento deixa de ser uma restrição e passa a ser uma alocação consciente de recursos em direção a resultados desejados. A poupança deixa de ser privação e passa a ser um investimento em abundância futura.

O conceito de "suficiente" também opera dentro da estrutura da polaridade. A sociedade frequentemente promove uma busca implacável por mais, implicando que "suficiente" é um estado inatingível. Isso pode levar a um sentimento perpétuo de falta, o polo inferior da insatisfação financeira. A Lei da Polaridade sugere que "suficiente" é um estado de ser que pode ser alcançado quando reconhecemos a suficiência inerente dentro do fluxo universal de energia. Trata-se de encontrar contentamento em um determinado ponto do espectro financeiro, entendendo que esse ponto não é fixo, mas fluido. Quando sentimos "suficiente", estamos operando a partir de um estado vibracional elevado de apreciação e suficiência, que naturalmente atrai mais abundância. O oposto de "não suficiente" não é necessariamente "excesso infinito", mas um estado harmonioso de "suficiência".

Em última análise, a Lei da Polaridade no campo financeiro é um convite para transcender as limitações do pensamento dualista. Ela nos encoraja a ver além da oposição superficial de estados financeiros aparentemente díspares e reconhecer sua unidade subjacente. Ao compreender que riqueza e pobreza, sucesso e fracasso, alegria e tristeza são apenas diferentes intensidades da mesma energia financeira fundamental, ganhamos o poder de influenciar conscientemente nossa realidade financeira. Esta é a arte da alquimia financeira: a capacidade de transmutar o chumbo da escassez e limitação percebidas no ouro da prosperidade e abundância duradouras, não negando a escuridão, mas abraçando a luz e entendendo que ambos são aspectos essenciais do mesmo todo divino e financeiro. Esse entendimento profundo nos permite navegar pelo inevitável fluxo e refluxo das circunstâncias financeiras com sabedoria, resiliência e firmeza, sempre conscientes de que não estamos à mercê dos extremos, mas somos, de fato, os mestres de nossos próprios polos financeiros.

O entendimento de que riqueza e pobreza não são reinos antagônicos e mutuamente exclusivos, mas sim dois lados da mesma moeda financeira fundamental, é talvez uma das aplicações mais potentes da Lei da Polaridade. Ele nos obriga a reavaliar nossas percepções sociais profundamente enraizadas, que frequentemente pintam esses estados como divisões absolutas e intransponíveis. Na realidade, a pobreza não é a mera ausência de riqueza; é a riqueza experimentada em sua frequência vibratória mais baixa. Por outro lado, a riqueza é a manifestação dessa mesma energia financeira subjacente em sua frequência mais alta. Essa perspectiva desloca o paradigma de uma luta contra a escassez para um alinhamento energético consciente em direção à abundância.

Considere a narrativa comum de que os pobres são inerentemente falhos ou de alguma forma fracassaram, enquanto os ricos são inerentemente superiores ou alcançaram algum sucesso definitivo. Esse pensamento dualista cria uma estrutura rígida que fomenta julgamento e medo. Quando vemos a pobreza como uma condição terminal e a riqueza como um clube exclusivo, nos desconectamos do potencial de transição. O princípio hermético, no entanto, nos liberta desse pensamento binário. Ele sugere que o indivíduo que experimenta a pobreza possui a mesma capacidade inerente de criação financeira que o indivíduo que experimenta a riqueza. A diferença não está no valor intrínseco, mas no estado energético atual e nos padrões de pensamento e ação que reforçam esse estado. A pobreza, sob essa luz, é uma assinatura energética temporária, um ponto no espectro, não um destino permanente. As lições aprendidas dentro desse estado vibratório inferior — resiliência, engenhosidade, uma profunda apreciação pela escassez — podem, quando transmutadas, tornar-se o próprio alicerce sobre o qual estruturas financeiras mais elevadas são construídas.

A prática da alquimia, a antiga arte de transformar metais básicos em ouro, serve como uma metáfora poderosa para essa transmutação financeira. O alquimista não buscava destruir o chumbo, mas compreender sua natureza fundamental e, através de processos precisos, elevar sua vibração e transformá-lo em uma forma superior. Da mesma forma, o indivíduo que busca abundância financeira não precisa erradicar a pobreza de sua vida como se fosse uma doença a ser evitada. Em vez disso, deve compreender os princípios energéticos que regem ambos os estados. A pobreza, com suas emoções associadas de falta, medo e limitação, pode ser vista como o "chumbo" do reino financeiro. Através da aplicação consciente dos princípios herméticos — mentalismo, correspondência, vibração, polaridade — esse chumbo pode ser transmutado no "ouro" da abundância, segurança e prosperidade. Essa transmutação ocorre não pela negação ou supressão do estado inferior, mas pelo reconhecimento de sua presença, compreensão de seus impulsionadores energéticos subjacentes e, em seguida, mudança intencional do foco e da frequência vibratória em direção ao polo desejado.

Imagine um jardineiro habilidoso cuidando de uma vasta propriedade. O jardineiro entende que diferentes plantas prosperam em diferentes condições. Algumas florescem sob luz direta do sol, outras na sombra; algumas requerem solo rico e úmido, enquanto outras preferem terra arenosa e bem drenada. O jardineiro não condena as áreas sombreadas por não produzirem flores amantes do sol, nem desespera do solo arenoso por sua incapacidade de reter água como a argila. Em vez disso, ele trabalha com as condições existentes, entendendo as propriedades inerentes de cada elemento e aplicando os métodos apropriados para nutrir o crescimento. Nessa analogia, o jardineiro representa o indivíduo consciente, e as diferentes condições do solo representam os vários estados financeiros — riqueza e pobreza. A habilidade do jardineiro reside em reconhecer que cada condição tem seu próprio potencial e requer uma abordagem específica. A Lei da Polaridade nos capacita a nos tornarmos jardineiros financeiros, capazes de compreender o "solo" energético de nossas circunstâncias atuais e aplicar as técnicas de "cultivo" certas para fomentar a abundância, independentemente do ponto de partida.

**O componente psicológico desse entendimento é profundo.**

Nossas crenças sobre riqueza e pobreza são profundamente enraizadas, muitas vezes moldadas por nossa criação, condicionamento social e experiências pessoais. Se fomos ensinados que o dinheiro é escasso, que os ricos são inerentemente gananciosos ou que a pobreza é uma marca de falha moral, essas crenças atuam como âncoras energéticas, mantendo-nos presos ao polo inferior da falta. A Lei da Polaridade desafia essas crenças enraizadas ao oferecer uma estrutura alternativa. Ela sugere que essas "verdades" são meramente um lado de uma realidade maior e mais complexa. Ao escolher conscientemente adotar novas crenças — de que a riqueza é um estado natural, de que a abundância flui livremente, de que o sucesso financeiro é alcançável e ético — começamos a mudar nosso panorama energético interno. Essa mudança interna, de acordo com o princípio "Assim como dentro, assim fora", inevitavelmente levará a uma mudança correspondente em nossas circunstâncias financeiras externas. A "evidência" percebida da pobreza não é um testemunho de limitações inerentes, mas um reflexo de crenças atualmente dominantes, embora potencialmente limitantes.

Considere a assinatura energética do medo versus a assinatura energética da gratidão. O medo, frequentemente uma emoção dominante em estados de pobreza, é uma vibração densa e contrativa que repele oportunidades e reforça a sensação de escassez. É uma oscilação de baixa frequência que atrai mais daquilo que é temido — mais falta, instabilidade e limitação. A gratidão, por outro lado, é uma vibração expansiva e leve que atrai mais daquilo que é apreciado. Quando cultivamos gratidão, mesmo pelas lições aprendidas durante períodos de dificuldade financeira, estamos elevando ativamente nossa frequência energética. Esse ato de apreciação consciente pelo que temos e pela sabedoria adquirida com o que nos falta começa a transmutar a energia densa da pobreza na energia mais leve da abundância. Não se trata de fingir gratidão pelo sofrimento, mas de encontrar o lado positivo, a lição, a força que emergiu de uma situação desafiadora e conscientemente focar nesse aspecto positivo.

O princípio da "suficiência" também está intimamente ligado à Lei da Polaridade no contexto de riqueza e pobreza. A sociedade frequentemente promove uma busca implacável por "mais", sugerindo que a verdadeira satisfação só é encontrada na acumulação infinita. Isso cria um estado perpétuo de "não suficiente", uma consciência de pobreza profundamente enraizada, mesmo para aqueles que possuem considerável riqueza material. A Lei da Polaridade sugere que o oposto de "não suficiente" não é necessariamente "ter tudo imaginável". É, antes, o estado de "suficiência" — um profundo senso de contentamento, de adequação e de apreciação pelo que se tem. Esse estado de "suficiência" é um estado vibracional elevado, um sinal energético de abundância que, paradoxalmente, atrai mais abundância. É a realização de que a verdadeira riqueza não está na quantidade de posses, mas na qualidade do estado interior. Quando sentimos "suficiente", não somos mais impulsionados pela energia frenética da falta, mas pela energia calma e confiante da suficiência, que é um potente ímã para maior prosperidade.

A aplicação prática desse entendimento envolve uma mudança deliberada de foco. Em vez de perguntar: "Como posso escapar da pobreza?", a questão torna-se: "Como posso elevar minha vibração financeira a partir deste ponto no espectro?" Isso envolve várias práticas-chave. Primeiramente, a reformulação mental. Quando surge um pensamento de falta, conscientemente contraponha-o com uma afirmação de abundância. Por exemplo, se o pensamento é "Não posso pagar por isso", reformule-o como "Estou atualmente gerenciando meus recursos com sabedoria e estou aberto a receber mais oportunidades para expandir minha capacidade financeira." Não se trata de negação, mas de redirecionar a energia mental para o resultado desejado.

Em segundo lugar, a gestão energética. Isso envolve engajar-se em atividades que elevem sua frequência vibracional. Isso pode incluir práticas como meditação, passar tempo na natureza, envolver-se em atividades criativas ou praticar atos de bondade e generosidade. Essas atividades alinham você com frequências mais elevadas de alegria, paz e abundância, afastando-o naturalmente das frequências mais baixas associadas à pobreza. O ato de dar, mesmo quando parece um sacrifício a partir de um lugar de escassez, pode ser um poderoso ato transmutador. Quando realizado a partir de um lugar de fé no fluxo universal da abundância, reforça o polo superior da generosidade e da circulação, atraindo mais de volta para você.

Em terceiro lugar, o alinhamento experiencial. Isso envolve tomar ações que sejam congruentes com o estado de abundância que você deseja manifestar. Se você deseja ser uma pessoa rica, comece a cultivar os hábitos e a mentalidade de uma. Isso não significa viver além de seus meios, mas sim adotar práticas como gastar conscientemente, investir com sabedoria (mesmo pequenas quantias), buscar oportunidades de crescimento e aprendizado e cercar-se de influências positivas orientadas para a abundância. Trata-se de incorporar as características do polo desejado, acelerando assim seu movimento em direção a ele no espectro energético.

A natureza cíclica dos mercados financeiros oferece uma demonstração constante e real desse princípio. Períodos de recessão econômica e pobreza generalizada são frequentemente seguidos por períodos de expansão e prosperidade. Esses não são eventos separados e não relacionados, mas sim o fluxo e refluxo da mesma energia econômica subjacente. O indivíduo que entende a polaridade pode navegar por esses ciclos com maior equanimidade. Durante uma recessão, ele não sucumbe ao medo e ao desespero do "polo da pobreza", mas vê isso como uma fase temporária, uma oportunidade de adquirir ativos a preços mais baixos, de refinar suas estratégias e de construir resiliência para a inevitável ascensão. Ele entende que a energia do "polo da riqueza" está sempre presente, apenas se manifestando em uma intensidade diferente.

O conceito de identidade financeira também é crucial aqui. Nossa identidade financeira atual é um composto de nossas crenças, hábitos e experiências relacionadas ao dinheiro. Se essa identidade está fortemente enraizada na escassez, perpetuará a pobreza. A Lei da Polaridade sugere que podemos conscientemente escolher cultivar uma nova identidade financeira — uma que esteja enraizada na abundância, confiança e na crença em nossa capacidade inerente de criar riqueza. Esse é um processo contínuo de auto-reinvenção, de alinhar nosso mundo interior com nossa realidade exterior desejada. Requer paciência, persistência e aplicação consistente desses princípios.

A transformação alquímica da pobreza para a riqueza não é um salto repentino, mas uma ascensão gradual ao longo do espectro da energia financeira. É o processo de escolher conscientemente habitar os estados vibratórios mais elevados com mais frequência, cultivar os pensamentos, sentimentos e ações que correspondem à abundância e confiar nas leis universais que regem a manifestação financeira. Ao entender que riqueza e pobreza não são forças opostas a serem combatidas, mas duas expressões da mesma energia subjacente, desbloqueamos o poder de transmutar nossas circunstâncias financeiras. Aprendemos a dançar com as correntes financeiras, a aproveitar a energia da maré baixa para nos preparar para a maré alta e, finalmente, a criar uma realidade financeira que reflita nossas mais altas aspirações. Essa é a verdadeira maestria da alquimia financeira, a arte de co-criar conscientemente uma vida de prosperidade e abundância duradouras, entendendo e trabalhando com a Lei fundamental da Polaridade. A jornada da falta percebida para a abundância percebida não é uma fuga de uma realidade para outra, mas uma evolução consciente do estado energético, uma transmutação deliberada da vibração.

A dor da perda financeira é uma experiência humana universal. Seja um investimento mal cronometrado, uma queda inesperada nos negócios ou um erro financeiro pessoal, a sensação de perder o que acumulamos com tanto esforço pode ser profundamente desorientadora. Na mentalidade convencional, tais perdas são frequentemente percebidas como fracassos definitivos, pontos finais absolutos de um caminho que se desviou desastrosamente. São vistas como manifestações do "polo da pobreza", não apenas em termos do balanço patrimonial reduzido, mas também no panorama emocional e psicológico do indivíduo que as vivencia. Medo, desespero, vergonha e um profundo senso de inadequação podem inundar, reforçando a crença de que alguém é fundamentalmente incapaz de alcançar sucesso financeiro. É aqui que a Lei da Polaridade oferece uma perspectiva crucial e transformadora.

Em vez de ver uma perda financeira como uma catástrofe isolada, podemos começar a enxergá-la como um polo de uma experiência mais ampla: o polo do aprendizado e do crescimento. Assim como pobreza e riqueza não são entidades mutuamente exclusivas, mas diferentes expressões vibracionais da mesma energia financeira, também perda e aprendizado estão intrinsecamente ligados. Uma perda, nesse contexto, não é o antônimo de ganho, mas sim o precursor necessário ou a contraparte de uma forma mais profunda e significativa de aquisição – a aquisição de sabedoria. Essa reformulação não se trata de negar a dor ou o impacto tangível da perda;

trata-se de escolher conscientemente onde focar nossa atenção e intenção energética. Quando nos permitimos ser consumidos pelo polo da "perda", ficamos presos, energeticamente estagnados e incapazes de seguir em frente. No entanto, ao buscar ativamente o polo do "aprendizado" dentro da experiência, começamos a transmutar a energia densa e negativa da perda em algo muito mais valioso: insight estratégico, sabedoria arduamente conquistada e uma capacidade refinada para o sucesso futuro.

O processo de transmutação começa com um exame honesto e inabalável da perda, mas a partir de uma perspectiva alquímica específica. Devemos abordá-la não como vítimas, mas como investigadores experientes. Quais foram as circunstâncias precisas que levaram a esse resultado? Quais decisões, ou indecisões, desempenharam um papel? Onde nosso conhecimento ou previsão falharam? Essas não são perguntas destinadas a induzir auto-recriminação, mas sim a extrair os pontos de dados cruciais que iluminam o caminho adiante. Pense em um ferreiro que tem uma espada com defeito. Ele não descarta o metal com desgosto; ele analisa as inconsistências na forja, as impurezas na liga, os golpes imperfeitos do martelo. Ele usa esse conhecimento para refinar sua técnica na próxima criação. Da mesma forma, as perdas financeiras são a matéria-prima a partir da qual a maestria financeira é forjada.

Considere o investidor que sofre uma perda significativa devido a uma oscilação volátil do mercado. A reação comum é retirar-se completamente do mercado, movido pelo medo e pela convicção de que investir é arriscado demais. Isso é sucumbir ao polo da "perda". O indivíduo que entende a polaridade, no entanto, perguntará: "O que aprendi sobre a volatilidade do mercado? Diversifiquei adequadamente meu portfólio? Minha tolerância ao risco era apropriada para meus objetivos de investimento? Permiti que as emoções ditassem minha estratégia?" Ao dissecar a experiência, ele descobre lições valiosas sobre gestão de risco, alocação de ativos e disciplina emocional. Esse conhecimento, essa sabedoria adquirida, torna-se um ativo inestimável, uma forma de "ouro financeiro" muito mais preciosa do que o capital perdido. Esse insight adquirido informará decisões futuras de investimento, tornando-as mais robustas, mais resilientes e, em última análise, mais lucrativas.

A perda, nesse caso, foi transmutada na riqueza de conhecimento e experiência.

O princípio hermético da Vibração é central para essa transmutação. Perdas financeiras, particularmente quando são constantemente lembradas, geram vibrações de baixa frequência de medo, ansiedade e escassez. Essas vibrações não apenas parecem terríveis, mas também repelem energeticamente oportunidades e atraem mais das mesmas experiências negativas. Para transmutar isso, devemos conscientemente e deliberadamente elevar nossa frequência vibracional. Isso envolve mudar nosso foco do que foi perdido para o que foi ganho em termos de compreensão. Significa cultivar ativamente emoções que ressoem em uma frequência mais elevada, como gratidão pelas lições aprendidas, determinação para superar o revés e confiança na própria capacidade de aplicar o novo conhecimento. Mesmo imediatamente após uma perda significativa, é possível encontrar elementos pelos quais ser grato: o fato de que a perda não foi pior, a resiliência descoberta dentro de si, a clareza adquirida sobre estratégias futuras. Esse ato consciente de gratidão atua como um poderoso deslocador vibracional, afastando-nos da energia densa da perda e nos conduzindo à energia mais leve e atraente da sabedoria e do potencial.

O aspecto psicológico de abraçar a perda como uma oportunidade de aprendizado é frequentemente o mais desafiador. Nossas mentes são programadas para a autopreservação, e isso frequentemente se traduz em aversão a qualquer coisa que pareça fracasso. Tendemos a associar perdas a uma diminuição de nosso valor. No entanto, a Lei da Polaridade nos ensina que esses são meramente estados de ser, pontos em um espectro. Todo empreendedor de sucesso, todo indivíduo financeiramente astuto, já experimentou perdas significativas em sua trajetória. A diferença não está na ausência de perdas, mas na capacidade de se elevar acima delas, extrair o aprendizado e emergir mais forte. Isso requer uma reprogramação consciente de nossa autoidentidade. Em vez de nos identificarmos como alguém que sofreu uma perda, podemos começar a nos identificar como alguém que aprendeu uma lição valiosa. Essa sutil mudança de linguagem e de auto-percepção tem um impacto profundo em nossa emissão energética e, consequentemente, em nossos resultados futuros.

Considere a prática do registro em diário como uma ferramenta de transmutação. Dedicar tempo para escrever os detalhes de um revés financeiro, não apenas o impacto emocional, mas a sequência factual dos eventos, os fatores contribuintes e as lições extraídas, é um ato de organizar e clarificar a experiência. Esse processo ajuda a externalizar a situação, movendo-a do domínio caótico da emoção para o domínio estruturado do intelecto. Ao escrever, estamos essencialmente realizando uma autópsia financeira, identificando a "causa da morte" do capital ou da oportunidade perdida e prescrevendo o "remédio" para a saúde futura. O ato de escrever também permite a incorporação do polo do "ganho" – a sabedoria adquirida. Podemos listar explicitamente as novas estratégias, as perspectivas revisadas e a compreensão aprimorada que emergiram da experiência. Essa reflexão estruturada garante que o aprendizado não se perca em meio ao resíduo emocional.

Além disso, a Lei da Polaridade nos encoraja a procurar o oposto do que estamos experimentando como fonte de orientação. Se uma perda instilou um profundo medo do risco, devemos buscar ativamente exemplos e informações sobre indivíduos que navegaram com sucesso em ambientes de alto risco. Podemos estudar suas metodologias, suas estratégias de gestão de risco e sua fortaleza mental. Não se trata de imitá-los cegamente, mas de entender como conseguiram operar a partir do polo do "ganho" ou "sucesso", mesmo diante de resultados potencialmente desastrosos. Ao nos expormos conscientemente a esses contraexemplos, começamos a ampliar nossa perspectiva e a desafiar as crenças limitantes que a perda pode ter consolidado. Estamos, em essência, usando o polo superior como um farol para nos guiar para fora do território inferior e mais sombrio.

O conceito de "custo de oportunidade" é frequentemente destacado em discussões financeiras, mas pode ser aplicado de forma poderosa aqui também. Quando nos fixamos no custo de uma perda, estamos focando no que se foi. No entanto, ao reformular, podemos focar na oportunidade que a lição apresenta. O capital perdido pode ter desaparecido, mas o conhecimento adquirido agora está disponível para ser aplicado em empreendimentos futuros, potencialmente gerando retornos muito superiores à perda inicial. O tempo gasto na recuperação de um revés pode ser visto como um investimento na construção de maior resiliência e acuidade estratégica. Isso muda a perspectiva de uma depleção para um investimento em potencial futuro. A "pobreza" dos ativos perdidos é transmutada na "riqueza" de capacidades aprimoradas.

No campo dos negócios, esse princípio está constantemente em ação. Um lançamento de produto que fracassa não é o fim de uma empresa; é um exercício de coleta de dados. O feedback do mercado, os problemas de produção, os erros de marketing – todos se tornam lições inestimáveis que informam a próxima iteração, o próximo produto, a próxima estratégia. As empresas que prosperam não são aquelas que evitam o fracasso, mas aquelas que aprendem com ele de forma mais eficaz e rápida. Elas veem a "perda" de um empreendimento fracassado como o cadinho necessário para forjar um futuro mais bem-sucedido. Essa é uma aplicação direta da Lei da Polaridade: transformar o negativo percebido no catalisador do positivo.

O princípio energético da Correspondência também desempenha um papel vital. "Assim como dentro, assim fora." A perda financeira externa é um reflexo de um estado energético interno. Se nosso estado interno é de medo, falta e crença em limitação, então perdas externas são quase inevitáveis. Para transmutar essas perdas, devemos primeiro abordar o panorama interno. Isso envolve trabalhar ativamente nossas crenças sobre dinheiro, nosso valor próprio e nossa capacidade de abundância. Quando conseguimos conscientemente mudar nossa vibração interna em direção à confiança, competência e crença em nossa habilidade de enfrentar desafios, nossas circunstâncias externas começarão a refletir essa mudança. O processo de aprender com a perda é, em essência, um processo de refinamento interno que leva à manifestação externa de maior bem-estar financeiro.

Além disso, o próprio ato de buscar ativamente a lição dentro de uma perda é um poderoso ato energético. É uma declaração ao universo de que não somos definidos por nossos reveses, mas por nossa capacidade de crescer. Essa intenção, aliada à aplicação diligente de aprendizado e estratégia, cria um poderoso momentum. É como aplicar calor e pressão a um diamante – as condições que podem parecer destrutivas podem, na verdade, levar à formação de algo muito mais brilhante e duradouro. A perda financeira, quando abordada com essa mentalidade alquímica, torna-se a própria pressão que polirá o diamante de nossa acuidade financeira.

Para solidificar essa transmutação, considere estabelecer "metas de aprendizado" específicas para si mesmo após uma perda. Essas não dizem respeito a recuperar imediatamente os fundos perdidos, mas sim a adquirir conhecimentos ou habilidades específicas. Por exemplo, se um investimento imobiliário fracassou devido à falta de compreensão da dinâmica do mercado local, uma meta de aprendizado pode ser concluir um curso abrangente de análise de mercado imobiliário ou entrevistar cinco agentes locais experientes para obter suas percepções. Esse compromisso concreto com o aprendizado garante que a perda não seja apenas uma memória dolorosa, mas um catalisador para o desenvolvimento direcionado. Cada passo dado em direção ao cumprimento dessas metas de aprendizado representa um movimento do polo da "perda" em direção ao polo do "aprendizado" ou da "sabedoria".

Em última análise, a maestria da polaridade financeira reside na capacidade de ver a interconexão de todas as experiências financeiras. As perdas não são aberrações; elas são partes integrais da jornada rumo à abundância. São o atrito necessário que aguça nossas habilidades, o terreno desafiador que constrói nossa resiliência e os professores inestimáveis que transmitem sabedoria. Ao escolher conscientemente transmutar a energia negativa dos reveses financeiros na energia positiva do aprendizado, da percepção e da vantagem estratégica, não apenas nos recuperamos da adversidade, mas emergimos dela mais fortes, mais sábios e mais financeiramente empoderados. Esta é a verdadeira alquimia da criação de riqueza: transformar o chumbo da perda no ouro da prosperidade duradoura.

O fluxo e refluxo da fortuna financeira são tão naturais e inevitáveis quanto a mudança das estações. Existem períodos de colheita abundante, nos quais os investimentos florescem, as oportunidades abundam e a riqueza parece se manifestar com graça sem esforço. Estes são os dias ensolarados da prosperidade, onde o otimismo reina e o futuro aparece como uma paisagem de potencial ilimitado. Por outro lado, existem temporadas de escassez, marcadas por quedas inesperadas, perdas em investimentos ou simplesmente um período de crescimento estagnado. Estes são os tempos desafiadores, onde o medo pode se infiltrar, a dúvida pode crescer e a própria base da segurança financeira pode parecer precária. A Lei da Polaridade, em sua aplicação mais profunda às nossas vidas financeiras, nos instrui a não sermos arrastados pela euforia dos altos, nem esmagados pelo desespero dos baixos. Em vez disso, ela pede o cultivo de um equilíbrio interno, um centro estável a partir do qual navegar essas flutuações inerentes com sabedoria e resiliência.

Esse equilíbrio não nasce da supressão das emoções ou da pretensão de que os extremos não existem. Ele é forjado através do reconhecimento consciente de ambos os polos da experiência – o pico do sucesso e o vale da dificuldade – sem se tornar inextricavelmente preso a nenhum deles. Quando estamos em um alto financeiro, é fácil nos apegarmos à sensação de abundância, acreditar que esse estado é permanente e talvez desenvolver um senso de invencibilidade. Esse apego, no entanto, nos cega para a impermanência inerente de todas as condições. O universo opera em ciclos de expansão e contração, e resistir a esse ritmo natural é convidar a decepção eventual. Um entendimento da polaridade nos ensina que a mesma energia que cria o alto também está presente no baixo, apenas expressa de forma diferente. Portanto, em vez de nos agarrarmos ao pico, devemos observá-lo com gratidão e uma dose saudável de desapego, reconhecendo-o como uma fase, não um destino. Esse desapego nos permite apreciar a abundância presente sem sermos iludidos a pensar que é um estado eterno, imunizando-nos contra o choque de seu eventual declínio.

Por outro lado, quando enfrentamos baixos financeiros, o instinto é muitas vezes ser consumido pelo polo negativo – o medo da escassez, a dor da perda, a ansiedade sobre o futuro. Essa imersão na vibração "baixa" pode criar um poderoso ciclo de retroalimentação energética, atraindo mais do mesmo. A Lei da Polaridade nos guia a reconhecer que, mesmo nas profundezas da dificuldade financeira, o polo oposto – o da oportunidade, do aprendizado e da recuperação eventual – existe. Ele pode estar obscurecido pela dor imediata, mas está presente. Para encontrar esse equilíbrio, devemos conscientemente escolher mudar nosso foco, não ignorando a realidade da situação, mas buscando ativamente as sementes do oposto dentro dela. Este é um ato de transmutação energética deliberada. Envolve fazer perguntas como: "Que lições posso extrair deste revés? Que forças descobri dentro de mim durante este período difícil? Que novas oportunidades esta situação pode inadvertidamente criar?" Essa busca ativa pelo polo positivo dentro do negativo é o processo alquímico de transformar chumbo em ouro.

Desenvolver essa perspectiva desapegada é uma prática contínua. Envolve cultivar um observador interno, uma parte de nós que pode testemunhar o drama financeiro em andamento sem ser totalmente consumida por ele. Esse observador não é frio ou indiferente, mas sim objetivo e perspicaz. Imagine um marinheiro experiente navegando em uma tempestade. Ele está totalmente engajado, tomando decisões críticas, mas não está em pânico. Ele entende as forças em jogo, confia em suas habilidades e sabe que as tempestades, como todos os padrões climáticos, eventualmente passam. Da mesma forma, no campo financeiro, a perspectiva desapegada nos permite analisar nossa situação racionalmente, identificar as causas raízes de nosso estado atual e traçar estratégias eficazes para o caminho adiante, sem ser obscurecido pelas emoções avassaladoras que frequentemente acompanham os extremos financeiros.

Essa objetividade é crucial para a ação estratégica. Quando estamos à mercê de nossas emoções – seja a exuberância irracional de um mercado em alta ou o medo paralisante de um mercado em baixa – nossa tomada de decisão fica comprometida. Podemos perseguir ganhos passageiros ou recuar de riscos necessários. O indivíduo equilibrado, no entanto, pode avaliar oportunidades e ameaças com clareza. Durante tempos de abundância financeira, esse desapego incentiva o planejamento prudente: poupar, investir sabiamente a longo prazo e construir reservas, em vez de sucumbir a gastos impulsivos ou expansões movidas pelo ego. Durante tempos de escassez, esse mesmo desapego possibilita a resolução proativa de problemas: identificar áreas de redução de custos, explorar fontes alternativas de renda e tomar decisões estratégicas sobre alocação de recursos, em vez de sucumbir a uma mentalidade de vítima ou ao desespero passivo.

O princípio hermético da Vibração está inextricavelmente ligado a esse conceito de equilíbrio. Altos e baixos extremos representam frequências vibracionais vastamente diferentes. A euforia e a confiança excessiva podem criar uma vibração excessivamente expansiva, potencialmente levando à sobreextensão e à falta de fundamentação. Por outro lado, o medo e o desespero geram uma vibração densa e de baixa frequência que pode repelir oportunidades e criar uma profecia autorrealizável de dificuldades contínuas. A abordagem equilibrada, o cultivo do equilíbrio interno, ressoa em uma frequência mais estável e elevada. Essa frequência é caracterizada por uma mistura de gratidão pelos bons tempos, resiliência durante os tempos desafiadores e uma fé inabalável na capacidade de enfrentar o que vier. Essa vibração estável e equilibrada é inerentemente atraente para resultados positivos e nos torna mais receptivos a oportunidades de crescimento e estabilidade.

Psicologicamente, alcançar esse equilíbrio envolve uma redefinição consciente de sucesso e fracasso. Em muitas culturas, o sucesso financeiro é definido de forma restrita pela acumulação de riqueza e status, enquanto o fracasso é associado à perda e à inadequação. A Lei da Polaridade nos convida a ampliar essa definição. O sucesso também pode ser encontrado na sabedoria adquirida em uma experiência difícil, na resiliência forjada pela adversidade e na capacidade de manter a paz interior em meio ao caos externo. O fracasso, quando visto pela lente da polaridade, deixa de ser um ponto final e passa a ser um dado crucial, uma parte essencial do processo de aprendizado que leva ao triunfo eventual. Essa reformulação nos liberta do medo debilitante do fracasso e nos permite abordar todas as situações financeiras com maior coragem e adaptabilidade.

Considere a prática da atenção plena como uma ferramenta poderosa para cultivar esse equilíbrio. Atenção plena é a prática de prestar atenção ao momento presente, sem julgamentos. Quando aplicada às nossas vidas financeiras, significa observar nossos pensamentos e sentimentos sobre dinheiro sem reagir imediatamente a eles. Durante um boom de mercado, a atenção plena nos permite apreciar os ganhos sem sermos arrastados pela ganância ou pelo excesso de confiança. Durante uma queda de mercado, ela nos permite reconhecer o medo e a ansiedade sem permitir que nos paralisem. Ao observar esses estados internos sem nos identificarmos com eles, criamos espaço para um pensamento mais racional e uma ação deliberada. Isso é semelhante a criar uma zona de amortecimento mental entre estímulo e resposta, permitindo que a sabedoria guie nossas escolhas em vez da emoção bruta.

O princípio alquímico de "Solve et Coagula" – dissolver e coagular – também oferece uma visão profunda sobre como navegar os extremos financeiros. Em períodos de intenso sucesso financeiro, é fácil se solidificar em uma determinada visão de mundo ou estratégia, levando à rigidez. "Solve", nesse contexto, significa dissolver suavemente essa rigidez, permanecer aberto a novas informações e circunstâncias em mudança e evitar tornar-se complacente. Por outro lado, durante períodos de revés financeiro, onde tudo pode parecer dissolvido e caótico, "Coagula" significa reunir os fragmentos, analisar o que resta e começar o processo de reconstrução e solidificação de uma nova base mais forte, informada pelas lições aprendidas. Esse processo cíclico de dissolver antigas estruturas e coagular novas, guiado por um equilíbrio interno, é essencial para a vitalidade financeira de longo prazo.

Além disso, o conceito de "indiferença divina" presente em certas tradições esotéricas pode ser um guia valioso. Isso não implica apatia, mas sim uma compreensão profunda de que as circunstâncias externas, embora significativas, não são os árbitros finais de nosso valor ou destino. O universo se desenrola de acordo com suas próprias leis, e nosso papel é nos alinhar a essas leis, não tentar forçá-las a se curvar aos nossos desejos ou medos. Em termos financeiros, isso significa fazer o nosso melhor trabalho, tomar decisões sábias e agir com integridade, mas aceitar que os resultados finais não estão totalmente sob nosso controle. Essa aceitação, essa "indiferença" em relação ao resultado em si (ainda que se busque resultados positivos), paradoxalmente nos liberta da ansiedade da busca e permite maior clareza e eficácia. Trata-se de focar no processo e nos princípios, em vez de fixar-se nos resultados específicos.

A aplicação prática desse equilíbrio pode ser vista na forma como alguém gerencia sua comunicação e energia durante flutuações financeiras. Em tempos bons, uma exibição excessivamente orgulhosa ou materialista pode criar desequilíbrios energéticos, atraindo inveja ou estabelecendo expectativas irreais. Por outro lado, em tempos difíceis, lamentações constantes e negatividade podem reduzir a própria vibração e desencorajar aliados úteis. O indivíduo equilibrado comunica sua realidade financeira com honestidade e graça, seja expressando gratidão pelo sucesso ou explicando desafios com foco em soluções em vez de queixas. Ele também gerencia sua energia, conservando-a em períodos difíceis e canalizando-a de forma construtiva, em vez de dissipá-la em preocupação ou reclamação.

Para fomentar esse equilíbrio, pode-se também engajar em práticas que reforcem um senso de abundância inerente, independentemente das condições financeiras atuais. Isso pode envolver atos de generosidade, não a partir de um lugar de excesso, mas de uma crença profunda de que a abundância é um estado natural e que compartilhá-la apenas aumenta seu fluxo. Pode também envolver cultivar gratidão por formas não monetárias de riqueza: relacionamentos fortes, boa saúde, expressão criativa e conexão espiritual. Ao reconhecer e apreciar essas outras dimensões de riqueza, reduzimos nossa dependência exclusiva de métricas financeiras para nosso senso de bem-estar, tornando-nos menos suscetíveis à turbulência emocional dos altos e baixos financeiros.

O mecanismo psicológico em jogo aqui também diz respeito ao estabelecimento de um senso robusto de autoestima que esteja desvinculado da validação financeira externa. Quando nosso senso de identidade está profundamente entrelaçado com nosso saldo bancário, qualquer flutuação deste inevitavelmente desencadeará uma crise de identidade. Ao reforçar consistentemente o entendimento de que nosso valor como indivíduos é inerente e não depende de nosso patrimônio líquido, construímos uma base interna sólida que permanece estável independentemente das condições de mercado. Essa estabilidade interna é o alicerce do equilíbrio financeiro. É a realização de que, embora o dinheiro seja uma ferramenta, ele não é a essência de quem somos.

Em essência, navegar por extremos financeiros com equilíbrio é dominar a arte da presença e da perspectiva. Trata-se de estar plenamente engajado com as oportunidades e desafios do momento presente, ao mesmo tempo em que se mantém uma perspectiva mais ampla e atemporal que reconhece a natureza cíclica de todas as coisas. É a capacidade de celebrar o sucesso com alegria genuína, mas sem apego, e enfrentar a adversidade com coragem e resiliência, sabendo que é uma fase temporária em uma jornada muito maior. Isso não é passividade financeira, mas participação ativa e inteligente guiada por uma bússola interna de sabedoria e equilíbrio. É a arte alquímica de permanecer centrado no olho da tempestade financeira, pronto para aproveitar sua energia quando os ventos mudarem, e para apreciar a calma quando ela chegar. Ao cultivar esse equilíbrio interno, transformamos a montanha-russa potencialmente volátil da vida financeira em uma jornada mais sustentável, com propósito e, em última análise, mais próspera. A capacidade de permanecer centrado nos permite tomar melhores decisões, atrair circunstâncias mais favoráveis e experimentar um senso mais profundo de realização, independentemente dos números flutuantes em nossos extratos. Esta é a verdadeira maestria da polaridade financeira.

A capacidade de transmutar conscientemente nosso estado mental não é meramente um exercício psicológico; é um princípio fundamental para navegar pelas dualidades inerentes da vida financeira. Assim como um alquimista busca transformar metais básicos em ouro, nós também podemos, através da transmutação mental, transformar crenças limitantes e respostas emocionais negativas em catalisadores potentes para crescimento e estabilidade financeira. Esta é a aplicação prática da Lei da Polaridade em seu nível mais profundo — trata-se de engajar ativamente na "alquimia mental" que remodela nossa realidade financeira ao alterar nossa assinatura energética interna. A mente, quando treinada e direcionada, possui um poder extraordinário de mudar de um polo de experiência para outro, efetivamente transformando nossa relação tanto com a abundância quanto com a escassez.

Considere a experiência comum de um revés financeiro. Ele frequentemente desencadeia uma cascata de pensamentos e emoções negativas: medo da perda, ansiedade sobre o futuro, sentimentos de inadequação e uma sensação de estar preso. Esses sentimentos residem firmemente no polo "baixo" ou "negativo" do espectro da polaridade. Quando nos permitimos ser submersos nesse estado, nossa vibração energética cai, tornando extremamente difícil perceber oportunidades, atrair circunstâncias positivas ou até mesmo reunir motivação para agir de forma construtiva. A Lei da Polaridade, no entanto, afirma que o polo oposto — o do potencial, do aprendizado e da recuperação eventual — sempre existe, mesmo que esteja atualmente obscurecido pela intensidade da experiência negativa. A transmutação mental é a arte de deliberadamente mudar nosso foco, nossos pensamentos e nossa energia emocional em direção a esse polo positivo.

Isso não se trata de negar a realidade ou de se engajar em pensamento ilusório. Trata-se de uma reorientação deliberada e consciente de nossa energia mental e emocional. Ao enfrentar um desafio financeiro, em vez de nos fixarmos na perda ou no medo, a transmutação mental nos leva a perguntar: "Qual é a lição aqui? Que força descobri em mim ao suportar isso? Que novo caminho essa situação pode inadvertidamente revelar?" Essas perguntas são projetadas para pivotar nossa consciência do polo do desespero para o polo da percepção e da oportunidade. O desespero em si é uma vibração, e a percepção é uma vibração diferente, mais elevada. Ao buscar conscientemente esta última, começamos o processo de transmutar a primeira. O objetivo é extrair a essência energética da experiência negativa e transformá-la em combustível para um movimento positivo adiante.

Pense nisso como uma mudança energética fundamental. Quando estamos experimentando medo financeiro, estamos transmitindo um sinal de escassez. Esse sinal, em nível energético, atrai mais escassez. Por outro lado, quando cultivamos coragem, esperança e uma crença na prosperidade futura, transmitimos um sinal de abundância, que atrai mais abundância. A transmutação mental é a manipulação consciente dessa transmissão. Trata-se de reconhecer que nossos pensamentos e sentimentos não são observadores passivos de nossa vida financeira, mas participantes ativos em sua criação. O processo começa com a autoconsciência — a capacidade de reconhecer em qual polo da polaridade estamos atualmente vibrando. Nossos pensamentos estão dominados por "falta", "medo", "limitação", ou estão inclinados para "possibilidade", "coragem", "recursos"?

Um exercício prático de transmutação mental é a reformulação deliberada da autocrítica negativa. Se seu monólogo interno está cheio de frases como "Eu não posso pagar por isso", "Eu não sou bom o suficiente" ou "As coisas nunca vão melhorar", essas são declarações enraizadas no polo negativo. O processo de transmutação envolve identificar conscientemente essas declarações e substituí-las por seus opostos energéticos. Isso não significa afirmar cegamente "Eu posso pagar por tudo" se você não pode. Em vez disso, pode ser reformulado como: "Como posso criar os recursos para pagar por isso?" ou "Quais são os passos que posso dar para melhorar minha situação financeira?" A mudança de uma declaração de impossibilidade para uma pergunta de possibilidade altera fundamentalmente a trajetória energética. A pergunta "Como posso?" abre canais mentais que "Eu não posso" fecha.

Esse processo também está profundamente entrelaçado com o conceito psicológico de autoeficácia — a crença na própria capacidade de executar comportamentos necessários para alcançar determinados desempenhos. Quando estamos presos no polo negativo do desespero financeiro, nossa autoeficácia despenca. Sentimo-nos impotentes. A transmutação mental trabalha para reconstruir esse senso de eficácia ao focar no que está sob nosso controle, por menor que seja. Em vez de fixar-se na magnitude esmagadora da dívida, alguém pode focar na tarefa administrável de registrar despesas por uma semana ou pesquisar uma nova estratégia de orçamento. Cada pequena ação fortalecida reforça a crença em nossa capacidade de provocar mudanças, deslocando-nos para o polo positivo de agência e controle.

Além disso, a transmutação mental envolve cultivar ativamente um senso de gratidão, mesmo em tempos difíceis. A gratidão é uma força poderosa que nos ancora no momento presente e destaca a abundância que já existe, por menor que pareça. Se estamos focando apenas na perda financeira, estamos habitando um estado de falta. Ao mudar conscientemente nossa atenção para aquilo pelo qual somos gratos — nossa saúde, nossos relacionamentos, o teto sobre nossa cabeça, até mesmo as lições aprendidas com nossos reveses — elevamos nossa frequência vibracional. Essa gratidão não nega a realidade do desafio financeiro, mas muda nossa relação energética com ele. É como acender as luzes em um quarto que estava escuro; as sombras ainda estão lá, mas já não dominam todo o espaço.

O princípio hermético da Correspondência afirma que "Assim como acima, assim abaixo; assim como dentro, assim fora." Isso significa que nosso mundo interno — nossos pensamentos, crenças e emoções — influencia diretamente nosso mundo externo, incluindo nossas circunstâncias financeiras. A transmutação mental é a aplicação consciente desse princípio. Ao mudar nosso estado interno de falta e medo para abundância e coragem, começamos a influenciar as condições externas. Isso não é magia no sentido de geração espontânea, mas sim um alinhamento energético e psicológico sofisticado. Quando você irradia confiança e crença em sua capacidade de criar riqueza, torna-se um ímã para oportunidades e indivíduos que ressoam com essa vibração mais elevada.

Considere a prática da visualização, uma ferramenta potente para a transmutação mental. Em vez de visualizar cenários financeiros de pior caso, envolva-se deliberadamente em visualizações vívidas e sensoriais de seus resultados financeiros desejados. Veja-se alcançando suas metas financeiras, sinta as emoções associadas a esse sucesso — alegria, segurança, liberdade. Essa prática reconfigura os caminhos neurais, preparando sua mente e energia para receber e manifestar essas realidades. Quando você visualiza consistentemente a abundância, está efetivamente praticando operar a partir do "polo alto" do espectro da polaridade, e essa prática começa a alinhar suas circunstâncias externas com esse estado interno. A mente se acostuma à sensação de prosperidade, tornando-a uma realidade mais acessível.

Outro aspecto da transmutação mental é a disposição de "dissolver" crenças antigas e limitantes. Essas crenças, muitas vezes formadas na infância ou a partir de experiências negativas passadas, atuam como âncoras energéticas que nos mantêm no polo negativo. Elas são o "chumbo" que o alquimista busca transformar. Essa dissolução requer um exame profundo das origens dessas crenças e uma decisão consciente de rejeitar sua validade no momento presente. Por exemplo, uma crença como "o dinheiro é a raiz de todo mal" é uma declaração claramente enraizada na negatividade. Transmutar isso envolveria compreender seu contexto histórico ou psicológico e então escolher conscientemente uma nova crença mais fortalecedora, como "o dinheiro é uma ferramenta que pode ser usada para o bem, e a administração responsável da riqueza é uma virtude."

O processo de coagulação segue então. Uma vez que crenças antigas são dissolvidas, novas crenças fortalecedoras precisam ser formadas e solidificadas. Isso é semelhante ao alquimista coagular os elementos transmutados em uma forma estável e valiosa. Isso envolve buscar ativamente afirmações, mentores, literatura e experiências que reforcem essas novas crenças. É um processo de construir e fortalecer ativamente o polo positivo dentro de seu panorama mental e emocional. Isso pode envolver afirmações diárias, escrever em um diário sobre sucessos financeiros (mesmo pequenos) ou envolver-se com materiais educativos que inspirem confiança e possibilidade.

O medo, uma emoção dominante na angústia financeira, é um alvo principal para a transmutação mental. O medo opera em uma vibração de baixa frequência, restringindo energia e limitando percepção. Para transmutar o medo em coragem, é preciso primeiro reconhecer sua presença sem julgamento. Em seguida, o foco muda. Coragem não é ausência de medo, mas a disposição de agir apesar do medo. Isso é alcançado ao identificar a menor ação possível e administrável que pode ser tomada na direção das metas financeiras, apesar da presença do medo. Tomar essa ação, por menor que seja, desloca o foco energético do paralisante "e se" do medo para o fortalecedor "eu fiz" da ação. Cada ato desse tipo constrói um reservatório de coragem, transformando o domínio energético do medo.

Da mesma forma, sentimentos de limitação podem ser transmutados em um senso de oportunidade ilimitada. Quando percebemos limitações, frequentemente estamos focando em restrições externas ou falta de recursos. A transmutação mental envolve mudar a perspectiva para considerar recursos alternativos, soluções criativas ou caminhos diferentes. Trata-se de expandir a definição do que é possível. Em vez de ver a falta de capital como uma barreira intransponível, alguém pode perguntar: "Como posso aproveitar minhas habilidades e minha rede para gerar capital?" ou "Quais são as fontes de financiamento não convencionais disponíveis?" Essa abordagem baseada em perguntas incentiva a engenhosidade e desloca a percepção de estar preso por limitações para ser desafiado por possibilidades.

A transformação do desespero em esperança é talvez uma das aplicações mais profundas da transmutação mental. O desespero é uma imersão profunda no polo negativo, frequentemente caracterizado por um senso de finalidade e desesperança. A esperança, por outro lado, reside no polo positivo, caracterizada pela antecipação e pela crença em um futuro melhor. Para sair do desespero, é preciso primeiro encontrar uma única razão, mesmo minúscula, para ter esperança. Isso pode ser uma memória de resiliência passada, uma palavra gentil de outra pessoa ou uma simples apreciação pelo momento presente. Ao focar e nutrir essa pequena centelha de esperança, ela pode começar a crescer, iluminando a escuridão e gradualmente dissipando o desespero. É o processo de transformar uma brasa fraca em uma chama.

Em última análise, a transmutação mental trata de dominar a arte da criação consciente. Ela reconhece que nossos pensamentos e sentimentos não são ocorrências aleatórias, mas forças poderosas que moldam nossa realidade. Ao compreender a Lei da Polaridade e praticar mudanças mentais e emocionais deliberadas, podemos passar de vítimas das circunstâncias a arquitetos de nosso destino financeiro. Isso envolve um esforço contínuo e consciente para identificar e desabilitar estados negativos, e para cultivar e amplificar estados positivos. É a chave alquímica que desbloqueia o potencial de transformar até mesmo as circunstâncias financeiras mais desafiadoras em caminhos de crescimento, prosperidade e bem-estar duradouro. O poder não reside em mudar diretamente as condições externas, mas em alterar profundamente nossa assinatura energética interna, que por sua vez influencia o mundo externo. É a expressão máxima da sabedoria hermética no domínio das finanças: dominar o mundo interior para comandar o exterior.

## Capítulo 6: A Lei do Ritmo – Surfando as Ondas dos Ciclos Financeiros

O axioma hermético fundamental, "Tudo flui, para fora e para dentro; tudo tem suas marés; tudo sobe e desce", serve como alicerce para compreender a Lei do Ritmo. Este princípio não é um conceito filosófico abstrato; é uma força tangível e observável que dita a natureza pulsante da existência, desde o grande balé cósmico até os detalhes de nossas vidas financeiras pessoais. Compreender essa lei é reconhecer que prosperidade e dificuldade financeiras não são estados estáticos, mas fases transitórias dentro de um ciclo perpétuo de expansão e contração, acumulação e dispersão, crescimento e declínio. Os mercados financeiros, por exemplo, são um teatro dinâmico onde essa lei se manifesta com consistência implacável. Eles não se movem em linhas retas, nem permanecem estáticos. Em vez disso, exibem padrões discerníveis de tendências de alta, períodos de consolidação e inevitáveis quedas. Esses movimentos não são atos aleatórios de caos; são manifestações do pulso universal, a respiração rítmica do organismo econômico.

Considere a trajetória histórica das economias. Impérios sobem e caem, indústrias prosperam e entram em colapso, e períodos de crescimento sustentado são invariavelmente seguidos por contrações. Esses não são anomalias, mas sim as marés inerentes do ritmo financeiro. Mesmo em nível pessoal, nossas fortunas financeiras frequentemente seguem uma curva sinusoidal semelhante. Existem períodos de abundância, em que a renda flui livremente e as oportunidades parecem abundar, e períodos de escassez, em que os recursos diminuem e os desafios aumentam. O indivíduo que reconhece esse ritmo inerente entende que nem o pico da prosperidade nem o vale da adversidade são permanentes. Esse entendimento promove um senso de equanimidade, permitindo navegar os altos com gratidão e os baixos com resiliência.

A Lei do Ritmo está profundamente entrelaçada com o conceito de momentum. Assim como um pêndulo oscila de um extremo a outro, também os ciclos financeiros ganham impulso. Quando um mercado está em tendência de alta, há uma força poderosa impulsionando os preços para cima, alimentada pelo otimismo coletivo, aumento de investimentos e indicadores econômicos positivos. Esse momentum pode levar a tendência mais longe do que inicialmente pareceria lógico. Por outro lado, durante uma tendência de baixa, o medo e o pessimismo podem criar um momentum descendente que puxa os preços para baixo, muitas vezes abaixo de seu valor intrínseco, impulsionado por vendas em pânico e sentimento negativo. Reconhecer esse momentum é crucial. Ele nos permite antecipar a continuação das tendências existentes, mas, mais importante, nos prepara para a inevitável mudança de direção. Quanto maior o momentum em uma direção, mais significativo será o eventual movimento no sentido oposto.

Essa lei também aborda o conceito de "atraso" e "antecedência". Os ciclos financeiros frequentemente exibem um atraso entre causa e efeito, e entre diferentes setores ou indicadores. Por exemplo, uma mudança nas taxas de juros pode não ter impacto imediato no consumo ou na inflação. Da mesma forma, certos indicadores econômicos antecedentes podem sinalizar uma mudança iminente no mercado antes que ela se reflita plenamente nos dados econômicos mais amplos. O observador atento dos ritmos financeiros aprende a identificar esses sinais de antecedência e atraso, usando-os como pistas para antecipar movimentos futuros. Isso requer observação paciente e uma compreensão profunda da interconexão das várias forças financeiras. É como observar a maré recuar, sabendo que eventualmente retornará.

O princípio hermético da Correspondência, "Assim como acima, assim abaixo; assim como dentro, assim fora", é particularmente relevante aqui. Os ritmos que observamos no mundo financeiro externo espelham os ritmos dentro de nossa própria consciência e de nossas vidas pessoais. Nossos humores, níveis de energia e até mesmo nosso bem-estar físico tendem a flutuar em ciclos. Quando estamos internamente alinhados e energeticamente vibrantes, tendemos a atrair circunstâncias e oportunidades favoráveis, criando um ritmo financeiro positivo. Por outro lado, períodos de desarmonia interna, estresse ou baixa energia podem se manifestar como desafios financeiros. Entender que esses ritmos internos são refletidos externamente nos permite influenciar conscientemente nosso fluxo financeiro ao primeiro harmonizar nosso estado interior.

A Lei do Ritmo nos ensina que tentar manter perpetuamente um estado de alto crescimento ou renda é como tentar segurar a maré em seu ponto mais alto – é contra a ordem natural. Da mesma forma, sucumbir ao desespero durante um período de declínio, acreditando que seja permanente, é ignorar o pulso fundamental da vida. A sabedoria está em reconhecer a fase em que estamos e agir de acordo. Durante períodos de ascensão, é sábio assegurar ganhos, reinvestir estrategicamente e se preparar para possíveis correções. Este é o momento para acumulação e expansão prudentes. Durante períodos de descida, é hora de conservação, reavaliação e espera paciente. Não é um momento para capitulação imprudente, mas para posicionamento estratégico, conservação de recursos e aprendizado com a contração.

O conceito de "yin e yang", emprestado das filosofias orientais, também é uma lente poderosa através da qual se pode ver a Lei do Ritmo. Todo pico tem seu vale, toda expansão sua contração, todo influxo seu refluxo. Essas não são forças opostas a serem combatidas, mas aspectos complementares de um todo unificado. Nas finanças, um período de crescimento acelerado (yang) é inerentemente seguido por um período de consolidação ou declínio (yin), e vice-versa. O praticante financeiro sábio aprende a abraçar ambas as fases, entendendo que cada uma é necessária para a saúde e sustentabilidade do todo. O mercado em alta (yang) é essencial para a criação de riqueza, mas o mercado em baixa (yin) é crucial para redefinir avaliações, eliminar ineficiências e criar oportunidades para crescimento futuro.

A analogia da "expiração" e "inspiração" é particularmente potente. A economia, como um organismo vivo, expande-se (expiração) e contrai-se (inspiração). Períodos de expansão econômica são caracterizados por aumento da produção, consumo e investimento, assim como uma expiração em que a energia é liberada e o organismo cresce. Períodos de contração econômica, por outro lado, são como uma inspiração, em que os recursos são conservados, a demanda pode diminuir e ocorre um período de ajuste. Ambos são essenciais para a sobrevivência e vitalidade do organismo. O indivíduo que entende esse ritmo pode adaptar suas estratégias financeiras para alinhar-se à fase predominante. Durante uma expiração econômica, pode-se focar em crescimento e expansão. Durante uma inspiração econômica, o foco se desloca para preservação, eficiência e reposicionamento estratégico.

Além disso, a Lei do Ritmo sugere que os ciclos nem sempre são perfeitamente simétricos. Algumas expansões são mais longas e pronunciadas do que outras, e algumas contrações são rápidas e intensas, enquanto outras são prolongadas e graduais. Essa assimetria adiciona uma camada de complexidade que requer uma compreensão mais sutil em vez de uma abordagem rígida e formulaica. Isso significa que, embora existam padrões, prever o momento exato e a magnitude das mudanças é um exercício de probabilidade e julgamento informado, não de certeza absoluta. A capacidade de se adaptar a essas variações, de permanecer flexível diante de ritmos imprevisíveis, é uma marca da maestria financeira.

O princípio hermético da Vibração também está intimamente relacionado. Tudo no universo vibra em uma certa frequência, e essas frequências interagem. Mercados financeiros, ciclos econômicos e até mesmo fortunas financeiras individuais podem ser vistos como tendo uma assinatura vibracional que flutua. Quando o sentimento coletivo é positivo e otimista, a vibração financeira é alta, atraindo mais energia positiva e investimento. Quando o sentimento se torna negativo, a vibração cai, e o fluxo de capital e oportunidades torna-se mais pronunciado. A Lei do Ritmo é essencialmente a manifestação observável dessas frequências vibracionais em mudança. Surfando as ondas dos ciclos financeiros significa aprender a discernir essas mudanças de vibração e alinhar nossas ações com o fluxo energético predominante.

Considere o fenômeno dos ciclos de mercado, como as ondas de Kondratiev, que sugerem ciclos econômicos de longo prazo de 40 a 60 anos impulsionados pela inovação tecnológica. Essas ondas demonstram a manifestação em larga escala da Lei do Ritmo, mostrando como períodos de avanço tecnológico levam a booms econômicos, seguidos por períodos de saturação e eventual declínio até que uma nova onda de inovação surja. Compreender esses macro-ritmos pode fornecer um contexto mais amplo para navegar ciclos de curto prazo. Isso ajuda a diferenciar entre flutuações temporárias e mudanças fundamentais no cenário econômico.

Os "booms e colapsos" das bolhas especulativas são talvez uma das ilustrações mais dramáticas da Lei do Ritmo. Impulsionados pela euforia e pela crença de que "desta vez é diferente", os preços são levados a níveis insustentáveis, representando o ápice de um movimento ascendente. Eventualmente, a realidade se impõe, o sentimento muda e ocorre a inevitável correção ou queda, marcando o movimento descendente acentuado. A Lei do Ritmo nos ensina que as sementes do colapso são semeadas durante o boom. O otimismo excessivo, o desprezo pelos fundamentos e a crença generalizada em uma ascensão perpétua são todos indicadores de que o pêndulo está se aproximando de seu ponto extremo e inevitavelmente balançará de volta.

A aplicação prática de compreender os ritmos financeiros está em desenvolver uma mentalidade de paciência e perspectiva. Isso significa resistir ao impulso de tomar decisões precipitadas com base em flutuações de curto prazo. Em vez disso, envolve uma visão de longo prazo, reconhecendo que períodos de estagnação ou declínio são fases temporárias dentro de um arco maior e ascendente de progresso, desde que se permaneça adaptável e continue aprendendo. Essa perspectiva nos permite evitar as armadilhas emocionais da venda em pânico durante quedas ou da perseguição de ativos supervalorizados durante os picos.

Essa lei também destaca a importância da diversificação. Assim como um agricultor sábio não planta apenas um tipo de cultura, um investidor sábio não coloca todos os seus recursos em uma única classe de ativos ou setor. Diferentes instrumentos financeiros e mercados têm seus próprios ritmos, e eles nem sempre se movem em perfeita sincronia. Ao diversificar, pode-se mitigar o impacto de uma queda em uma área ao se beneficiar da estabilidade ou crescimento em outra. Isso cria um portfólio financeiro mais equilibrado e resiliente, capaz de suportar melhor o inevitável fluxo e refluxo dos ciclos financeiros.

A Lei do Ritmo não é uma profecia determinista de desgraça nem uma garantia de fortuna perpétua. Em vez disso, é um princípio que descreve a natureza pulsante inerente a todos os processos. Ela fornece uma estrutura para compreender, antecipar e se adaptar às mudanças. Ao reconhecer que os fluxos financeiros são cíclicos, podemos passar de uma posição de luta reativa contra essas correntes para uma de navegação consciente, utilizando o momentum das ondas a nosso favor. É o entendimento de que toda maré eventualmente muda, e que a sabedoria está em se preparar para a virada, não em lutar contra a maré. Trata-se de trabalhar com as forças naturais em vez de contra elas, alcançando assim um estado de fluxo próspero e sustentável. Esse entendimento transforma desafios financeiros de obstáculos intransponíveis em fases previsíveis, ainda que desafiadoras, dentro de um desdobramento rítmico maior.

O cenário econômico não é uma planície estática, mas um oceano dinâmico, perpetuamente em movimento, caracterizado por mudanças previsíveis, embora muitas vezes dramáticas. Esses movimentos não são aleatórios; são as manifestações observáveis de correntes energéticas subjacentes, o pulso visível do que podemos chamar de ciclos econômicos e de mercado. Compreender esses ciclos é fundamental para navegar no campo financeiro com visão e sabedoria. A Lei do Ritmo, como discutido anteriormente, dita que todos os fenômenos fluem e refluem, e em nenhum lugar isso é mais evidente do que na esfera das finanças. Reconhecer as fases distintas desses ciclos e suas assinaturas energéticas associadas nos permite alinhar nossas ações com as correntes predominantes, em vez de lutar contra elas.

Existem geralmente quatro fases discerníveis dentro de qualquer ciclo econômico ou de mercado: expansão, pico, contração e vale. Cada uma dessas fases carrega uma assinatura energética única, um sentimento coletivo distinto e um momentum característico que pode ser observado e compreendido.

A fase de expansão, frequentemente chamada de mercado de alta na linguagem financeira, é caracterizada por um senso de otimismo e confiança crescente. É o equivalente energético de uma "expiração", um período de projeção externa e crescimento. Durante essa fase, o humor geral é animado. Indivíduos e empresas sentem-se seguros, e há um senso palpável de oportunidade. A renda tende a aumentar, o emprego é robusto e o consumo cresce. Nos mercados financeiros, isso se traduz em preços de ativos em ascensão – ações sobem, valores imobiliários se valorizam e o capital de investimento flui livremente. A assinatura energética da expansão é de energia em crescimento, uma sensação de que as coisas estão avançando e que essa trajetória ascendente provavelmente continuará indefinidamente. O momentum é decididamente otimista; as tendências ganham força, e notícias positivas frequentemente ofuscam indicadores negativos. Os investidores sentem um FOMO (medo de ficar de fora), levando-os a investir mais agressivamente para capturar os ganhos percebidos. Psicologicamente, essa fase gera um senso de invencibilidade, onde os riscos parecem diminuídos e as recompensas parecem facilmente alcançáveis. A "vibração" dessa fase é alta, caracterizada por entusiasmo, ambição e uma orientação voltada para o futuro. Este é um momento em que o princípio "Assim como acima, assim abaixo" é vividamente ilustrado; um senso interno de abundância e otimismo dentro dos indivíduos se traduz em prosperidade e oportunidade financeiras externas. A consciência coletiva está focada em crescimento, aquisição e investimento externo. A narrativa predominante é de progresso e sucesso inevitável. Essa energia expansiva pode levar a maior inovação e produtividade, à medida que empresas investem em novos empreendimentos e tecnologias para capitalizar o clima econômico favorável. A facilidade com que o capital é levantado alimenta mais investimentos, criando um ciclo virtuoso que impulsiona a expansão adiante. No entanto, é também durante essa fase que as sementes de futuros desequilíbrios são frequentemente semeadas, já que o otimismo excessivo pode levar a avaliações infladas e ao desprezo pela gestão prudente de riscos.

Após a expansão, o ciclo atinge seu pico. Este é um ponto crítico, um momento de equilíbrio antes da mudança inevitável. A assinatura energética do pico é frequentemente de tensão e exuberância, uma culminação da energia expansiva. É o momento em que a respiração é retida antes que a expiração se complete totalmente. O otimismo permanece alto, mas frequentemente há sinais subjacentes de pressão. O momentum pode começar a desacelerar e, embora os preços ainda possam estar subindo, o ritmo da ascensão pode diminuir. É um momento em que a cautela pode começar a surgir na mente dos mais perceptivos, mas para a maioria, o sentimento predominante ainda é de confiança extrema, até euforia. É frequentemente quando a mentalidade de "Desta vez é diferente" se instala, justificando avaliações anteriormente insustentáveis.

A assinatura energética aqui é de um acúmulo poderoso, quase frenético, de energia, um desejo de capturar cada último grão da tendência ascendente. É o ápice do balanço do pêndulo. A consciência coletiva está focada em maximizar os ganhos atuais, muitas vezes à custa de considerações de longo prazo. A "vibração" no pico é intensa, carregada de tanto êxtase quanto de uma consciência subjacente, talvez subconsciente, da virada iminente. Psicologicamente, essa fase pode levar à autoconfiança excessiva e à crença na própria infalibilidade. O risco de complacência é maior no pico, já que a facilidade dos sucessos passados pode cegar os indivíduos para os perigos incipientes. O princípio "Assim como dentro, assim fora" sugere que o sentimento interno de ter "chegado lá" pode levar a um desejo de solidificar ganhos, mas isso frequentemente se manifesta externamente como uma busca contínua por mais, em vez de uma retirada estratégica. O momentum no pico ainda é forte, mas começa a se dissipar, como um corredor cruzando a linha de chegada e momentaneamente mantendo sua velocidade antes de desacelerar. É um momento em que o volume pode aumentar, indicando atividade significativa, mas também um momento em que sinais divergentes podem começar a aparecer. Alguns indicadores podem mostrar força enquanto outros começam a vacilar, criando um senso de inquietação para aqueles que prestam atenção. Os mercados financeiros frequentemente exibem maior volatilidade em torno do pico, com altas acentuadas seguidas por quedas rápidas, sinalizando que o suporte subjacente para a tendência ascendente está enfraquecendo. Essa fase é a mais enganosa, pois frequentemente parece ser a continuação da expansão, mascarando a mudança fundamental que já está em andamento. É crucial reconhecer que o pico não é um platô estável, mas um momento fugaz de energia máxima antes que as forças da contração comecem a exercer sua influência.

Em seguida vem a fase de contração, também conhecida como mercado de baixa. Esta é a "inspiração" energética, um período de retração, consolidação e reavaliação. O sentimento predominante muda do otimismo para a cautela e, muitas vezes, para o medo e o pessimismo. O humor coletivo escurece, e a incerteza começa a dominar. A renda pode estagnar ou diminuir, o desemprego pode aumentar e o consumo geralmente se contrai. Nos mercados financeiros, essa fase é marcada pela queda dos preços dos ativos. O momentum torna-se decididamente descendente. O que antes era uma tendência ascendente suave torna-se uma série de máximas e mínimas cada vez menores. A assinatura energética da contração é de energia em declínio, uma sensação de pressão e de que as coisas estão se desfazendo ou tornando-se mais difíceis. A "vibração" cai, tornando-se mais pesada e sombria. Psicologicamente, essa fase gera ansiedade, medo e um desejo de preservar o que foi acumulado. O princípio "Assim como dentro, assim fora" vê sentimentos internos de escassez e medo se manifestarem como perdas e limitações financeiras externas. O foco muda da aquisição para a preservação. Este é um período de maior pressão de venda, à medida que investidores tentam sair de mercados em queda, muitas vezes exacerbando a tendência descendente. A força energética puxa para baixo, e muitos se sentem presos pela maré em declínio. A narrativa torna-se de perda, risco e incerteza. Oportunidades que pareciam abundantes durante a expansão agora parecem escassas ou arriscadas demais. O momentum da contração pode ser poderoso, alimentado por vendas em pânico e sentimento negativo, muitas vezes empurrando os preços abaixo de seu valor intrínseco. Este é o momento em que a "lei das médias" muitas vezes parece invertida, já que as perdas podem parecer cumulativas e implacáveis. O investidor contrarian pode ver oportunidades emergindo dos destroços, mas para a maioria, essa fase é caracterizada por uma sensação de estar sobrecarregado por forças negativas. O "organismo" econômico e financeiro está puxando energia para dentro, conservando recursos e eliminando excessos acumulados durante a expansão. Essa fase, embora dolorosa, é essencial para eliminar ineficiências, corrigir superavaliações e preparar o terreno para o crescimento futuro. É um período de recalibração em que modelos de negócios insustentáveis e excessos especulativos são expurgados do sistema. A consciência coletiva está focada na sobrevivência, no controle de danos e na compreensão de como ocorreu a queda. A intensidade do movimento descendente muitas vezes depende dos excessos acumulados durante a expansão anterior. Um boom mais especulativo geralmente leva a uma contração mais acentuada e dolorosa.

Finalmente, o ciclo chega ao seu vale, o ponto mais baixo antes da próxima retomada. Esta é uma fase de dormência, estabilização e os primeiros sinais de recuperação. A assinatura energética do vale é de exaustão, quietude e uma sensação de estar no fundo. O pessimismo pode ainda prevalecer, mas a intensidade do medo começa a diminuir. O momentum descendente desacelera, e o mercado pode começar a negociar lateralmente, indicando um período de consolidação. A "vibração" está em seu nível mais baixo, um período de reflexão silenciosa. Psicologicamente, este é um momento para avaliar os danos, aprender com os erros e começar a identificar oportunidades potenciais para o próximo ciclo. O princípio "Assim como dentro, assim fora" sugere que o estado interno de energia esgotada e reflexão sóbria começa a criar uma base para o crescimento renovado. É frequentemente durante o vale que os primeiros sinais de recuperação aparecem, embora possam ser sutis e facilmente ignorados em meio à negatividade persistente. A consciência coletiva está em seu estado mais fundamentado, focada em necessidades essenciais e realidades práticas. Este é o momento em que a "expiração" foi totalmente concluída, e a "inspiração" inicial e superficial está em andamento, preparando para a próxima expansão. O vale é caracterizado por uma falta de movimento decisivo, um período em que compradores e vendedores estão em equilíbrio cauteloso. É a calma após a tempestade, um período crucial de preparação. A assinatura energética é de quietude, um padrão de espera antes que a próxima onda de momentum se forme. Embora o sentimento dominante ainda possa ser negativo, uma mudança está ocorrendo, passando do medo ativo para uma resignação mais passiva ou até uma esperança nascente. Este é o momento em que investidores de valor podem começar a reentrar cautelosamente no mercado, reconhecendo que os ativos estão em seu ponto mais subvalorizado. O vale é uma pausa necessária, um período de reabastecimento antes que as forças da expansão possam começar a ganhar força novamente. É um tempo de reconstrução silenciosa e reposicionamento estratégico. A assinatura energética é de quietude profunda, uma inspiração que contém o potencial para o próximo surto de vida. É o solo de onde surgirá o novo crescimento.

Reconhecer essas fases e suas assinaturas energéticas não é sobre previsão precisa, mas sobre desenvolver uma compreensão intuitiva das forças predominantes. Trata-se de sentir o humor coletivo, observar o momentum e discernir as mudanças sutis que sinalizam uma mudança de direção.

Durante a expansão, a energia é externa; ação, investimento e crescimento são favorecidos. No pico, vigilância e assegurar ganhos são fundamentais. Na contração, conservação, gestão de riscos e reposicionamento estratégico tornam-se o foco. E no vale, observação, paciência e busca por sinais iniciais de recuperação são essenciais. Ao alinhar nossas ações financeiras com esses ritmos naturais, passamos de sujeitos às forças da mudança econômica para navegadores habilidosos de suas marés inevitáveis. Esse entendimento promove um senso de agência e nos capacita a tomar decisões mais informadas e menos emocionais, aumentando assim nossa capacidade de alcançar bem-estar financeiro sustentado. A assinatura energética é o zumbido sutil ou vibração que acompanha cada fase, uma frequência ressonante que pode ser sentida por aqueles que estão sintonizados com ela. É o inconsciente coletivo dos participantes do mercado se expressando através do sentimento, da ação e, em última análise, do preço.

A arte da maestria financeira não é sobre prever o futuro com absoluta certeza, mas sobre cultivar uma compreensão profunda do ritmo presente e alinhar nossas ações de acordo. Assim como um surfista experiente não tenta forçar o oceano a obedecer à sua vontade, mas lê as ondas, antecipa seus movimentos e manobra habilmente para surfá-las, também o investidor sábio deve abordar as correntes sempre mutáveis do mundo financeiro. Esta subseção aprofunda-se na aplicação prática da Lei do Ritmo, traduzindo o conceito abstrato de ciclos financeiros em estratégias acionáveis para criação e preservação de riqueza. Trata-se de desenvolver um senso aguçado de timing, não através de uma bola de cristal, mas através da sintonia com as assinaturas energéticas de expansão, pico, contração e vale.

Durante a fase expansiva, a consciência coletiva está iluminada pelo otimismo, e os mercados financeiros refletem esse impulso externo. Este é o momento para ousadia calculada, para plantar sementes que florescerão em solo fértil. É o momento de surfar a onda do crescimento, de participar ativamente do momentum ascendente. A assinatura energética da expansão é de energia abundante, uma sensação de que as oportunidades são abundantes e que o futuro guarda promessas. Isso se alinha com o princípio hermético de que "assim como acima, assim abaixo", onde um senso interno de otimismo e possibilidade se traduz em ganhos financeiros externos. Em termos práticos, isso significa estar aberto a investir em ativos que estão prontos para se beneficiar do crescimento econômico. Isso pode envolver alocar capital em ações, particularmente aquelas em setores que estão passando por inovação e aumento da demanda, ou investir em imóveis durante períodos de valorização. No entanto, mesmo dentro da expansão, o discernimento é fundamental. Nem todos os investimentos terão desempenho igual, e o surfista ainda deve identificar as correntes mais fortes dentro da onda maior. Isso envolve pesquisa aprofundada, compreensão dos fundamentos do que se está investindo e garantir que os ativos escolhidos não estejam apenas envolvidos em fervor especulativo, mas possuam valor subjacente genuíno. Trata-se de reconhecer que, embora a maré esteja subindo para todos, alguns barcos serão elevados mais alto e com mais segurança do que outros. A tendência psicológica durante a expansão é tornar-se complacente, assumir que os bons tempos continuarão para sempre. O surfista, no entanto, permanece consciente da natureza sempre presente dos ciclos e entende que essa fase, por mais agradável que seja, é temporária. Portanto, enquanto participa plenamente do crescimento, um investidor prudente também começa a considerar estratégias de preservação de capital e gestão de riscos, preparando o terreno para a virada inevitável. Isso pode envolver diversificação de portfólios para mitigar riscos específicos de setores ou estabelecer um sistema para, periodicamente, realizar alguns lucros, não por medo, mas como medida proativa para assegurar ganhos. A "vibração" dessa fase é alta e voltada para frente, incentivando a participação ativa, mas a sabedoria dita que, mesmo nessa ascensão alegre, deve-se manter uma conexão com o pulso subjacente do mercado, ouvindo qualquer mudança sutil em seu ritmo.

À medida que a onda expansiva se aproxima de seu zênite, o mundo financeiro frequentemente experimenta um surto de exuberância, um desejo coletivo de capturar cada última gota da tendência ascendente. Este é o pico, um ponto crítico onde a energia é mais potente, mas também mais precária. O surfista vê a crista da onda, o momento de altura máxima e energia potencial antes de começar sua descida. Este não é um momento para novos investimentos agressivos, mas sim para observação astuta e consolidação estratégica. A assinatura energética do pico é um acúmulo poderoso, quase frenético, uma sensação de culminação. A tentação é acreditar que o pico é um platô sustentável, um ponto de prosperidade permanente. O princípio hermético de "Assim como dentro, assim fora" pode se manifestar aqui como uma sensação interna de ter "chegado lá", levando a um desejo de manter os ganhos e talvez até buscar mais. No entanto, o indivíduo sábio reconhece este como um momento de tensão elevada, onde as forças da expansão estão atingindo seu limite. Psicologicamente, é quando o FOMO (medo de ficar de fora) está em seu ponto mais intenso, levando indivíduos a assumir riscos excessivos. O surfista entende que o pico é um momento fugaz, e seu foco muda de maximizar ganhos para preservar o que foi conquistado. Isso pode envolver vender uma parte dos ativos que tiveram valorização significativa, reduzindo assim a exposição a possíveis quedas. É um momento para reequilibrar portfólios, migrar para alocações mais conservadoras e fortalecer reservas de caixa. O momentum no pico ainda é forte, mas o suporte subjacente pode estar enfraquecendo. Sinais divergentes frequentemente emergem – alguns indicadores ainda mostram força, enquanto outros começam a vacilar, criando uma mudança sutil, mas significativa, na assinatura energética do mercado. Para o surfista, este é o momento de se preparar para a queda, não abandonando a água, mas ajustando sua postura e preparando sua prancha para a mudança na forma da onda. A consciência coletiva neste estágio é frequentemente impulsionada pela crença de que "desta vez é diferente", um encantamento perigoso que cega muitos para a natureza cíclica da realidade. O investidor perspicaz, no entanto, permanece fundamentado nos princípios atemporais do ritmo e entende que todos os picos estão destinados a serem seguidos por vales. É um momento de vigilância, de monitorar cuidadosamente o sentimento do mercado e os indicadores econômicos, e de ouvir as mudanças sutis na vibração coletiva, que frequentemente se torna carregada tanto de êxtase quanto de uma sensação subjacente de inquietação. O investidor disciplinado, tendo surfado a onda da expansão, agora está em sua crista, preparando-se para navegar a descida com habilidade e visão, assegurando sua posição e preparando-se para os desafios à frente.

A mudança inevitável do pico para o vale traz a fase de contração, um período de retração e recalibração. Esta é a "inspiração" energética do mercado, onde a energia expansiva começa a se recolher. O surfista encontra-se nas águas desafiadoras de uma onda em declínio, onde a viagem antes suave pode tornar-se turbulenta e imprevisível. O sentimento predominante muda do otimismo para a cautela e, muitas vezes, para o medo e o pessimismo. Este é o momento em que o princípio de "Assim como dentro, assim fora" pode ser sentido intensamente, já que sentimentos internos de escassez e ansiedade se manifestam como perdas financeiras externas. O momentum é decididamente descendente, e o foco deve mudar do crescimento agressivo para a preservação prudente e o reposicionamento estratégico. Psicologicamente, esta fase gera um desejo de escapar, de vender a qualquer preço para evitar mais dor. No entanto, o surfista sábio entende que lutar contra a corrente é inútil. Em vez disso, ele foca em navegar as águas turbulentas com habilidade. Isso significa ter uma estratégia robusta de gestão de riscos em vigor. Durante a contração, a preservação de capital torna-se primordial. Investimentos que antes eram considerados oportunidades de crescimento podem agora representar passivos. Este é o momento de revisar portfólios com olhar crítico, identificando ativos que provavelmente resistirão à tempestade e aqueles mais vulneráveis. Vender ativos em forte declínio, mesmo com prejuízo, pode ser um ato necessário de autopreservação, prevenindo um efeito bola de neve de perdas crescentes. A assinatura energética da contração é de energia em declínio e pressão crescente. É essencial resistir ao impulso de vender em pânico, pois isso frequentemente consolida perdas no pior momento possível. Em vez disso, uma avaliação calma e racional da viabilidade de longo prazo de cada ativo é crucial. Este é o momento em que o pensamento contrarian pode ser mais valioso. Enquanto a maioria foge com medo, investidores perspicazes podem começar a identificar ativos subvalorizados que foram punidos injustamente pela queda do mercado. No entanto, a cautela ainda é a palavra de ordem. Ainda não é hora de comprar agressivamente, mas de identificar oportunidades potenciais para investimento futuro quando o mercado se estabilizar. O surfista não está tentando fugir da onda, mas permanecer equilibrado e ereto, antecipando as mudanças em sua forma e direção. Isso pode envolver reduzir alavancagem, pagar dívidas e acumular reservas de caixa para fornecer um colchão contra a incerteza financeira e estar pronto para a eventual recuperação. A narrativa desta fase é frequentemente dominada por perda e risco, mas para o indivíduo atento, é também um período de aprendizado imenso e preparação estratégica.

A consciência coletiva está focada na sobrevivência e na compreensão das causas da queda, expurgando excessos e preparando o palco para o crescimento futuro. A "vibração" desta fase é mais baixa e sombria, exigindo uma mentalidade disciplinada e resiliente.

Finalmente, o ciclo chega ao seu vale, o ponto mais profundo antes da próxima ascensão. Esta é a "expiração" energética totalmente concluída, e a "inspiração" inicial e superficial da renovação está em andamento. O surfista encontra-se nas águas calmas, quase imóveis, no fundo da onda, um período de quietude e potencial. O sentimento predominante pode ainda ser de pessimismo, mas a intensidade do medo começa a diminuir. O momentum descendente cessou, e o mercado pode começar a negociar lateralmente, indicando um período de consolidação e estabilização. A assinatura energética do vale é de exaustão, mas também de quietude – a pausa necessária antes que um novo ciclo possa começar. Psicologicamente, esta fase pode ser caracterizada por um senso de desânimo, uma sensação de que o pior já passou, mas o caminho à frente é incerto. No entanto, para o investidor sábio, o vale representa uma oportunidade crucial de observação, paciência e identificação de sinais iniciais de recuperação. O princípio hermético de "Assim como dentro, assim fora" sugere que o estado interno de energia esgotada e reflexão sóbria começa a criar uma base para o crescimento renovado. Este é o momento em que investidores de valor, aqueles que conseguem ver além da negatividade predominante, começam a procurar oportunidades. Ativos que antes eram considerados tóxicos podem agora estar disponíveis a preços profundamente descontados, representando potencial para retornos significativos no próximo ciclo. O surfista, descansando na calma do fundo, observa o horizonte em busca dos primeiros sinais da próxima onda. Isso requer uma mudança de foco da preservação para o potencial. Não é hora de investir de forma imprudente, mas de realizar pesquisas cuidadosas e construir convicção em ativos subvalorizados. A "vibração" no vale está em seu nível mais baixo, um período de introspecção silenciosa. Este é o momento de aprender com os erros do ciclo anterior, analisar o que deu errado e o que foi aprendido. É também um momento de preparar-se para o retorno da expansão. Isso pode envolver aportes regulares em ativos cuidadosamente selecionados, aumentando gradualmente a exposição à medida que sinais de recuperação se tornam mais evidentes. A consciência coletiva neste estágio está frequentemente focada em realidades práticas e necessidades essenciais. A narrativa muda da perda para uma esperança silenciosa pelo futuro. O vale é um período de recalibração, onde os excessos do passado foram expurgados e o palco está preparado para um novo crescimento. Para o surfista, é a calma antes da próxima onda, um momento para recuperar o equilíbrio, avaliar seu entorno e preparar-se para a emocionante jornada que está por vir. Paciência e visão são os maiores aliados do surfista nesta fase, permitindo-lhe identificar os sutis sinais de energia renovada e posicionar-se para o inevitável movimento ascendente. É nessa quietude que as sementes da prosperidade futura são semeadas, nutridas pela sabedoria adquirida ao navegar por todo o ciclo.

Embora compreender os grandes e amplos ritmos do mercado e da economia seja crucial, a verdadeira maestria financeira também exige uma consciência íntima de nossos ritmos financeiros pessoais. Estes são as marés e refluxos internos que influenciam nossa energia, nossa capacidade de trabalho produtivo, nossa acuidade na tomada de decisões e, consequentemente, nosso fluxo de entrada e saída financeira. Assim como a lua influencia os oceanos, nossos estados internos afetam profundamente nosso bem-estar financeiro. Ignorar esses ciclos pessoais pode levar ao esgotamento, a decisões financeiras ruins tomadas durante períodos de baixa energia ou a oportunidades perdidas quando nossa vitalidade está alta.

Esses ritmos financeiros pessoais não estão necessariamente ligados aos ciclos econômicos mais amplos, embora às vezes possam se cruzar ou ser influenciados por eles. Em vez disso, eles estão frequentemente mais diretamente conectados aos nossos estados físicos, mentais e emocionais. Pense em períodos de alta energia pessoal, criatividade e foco. São momentos em que podemos nos sentir excepcionalmente produtivos, gerando novas ideias, executando tarefas com eficiência e atraindo oportunidades que levam a ganhos financeiros. Esta é a nossa fase pessoal de "expansão", onde nossa fonte interna de vitalidade transborda, traduzindo-se em resultados financeiros tangíveis. Durante esses momentos, é sábio aproveitar esse momentum. Isso pode significar assumir projetos desafiadores, investir mais tempo e energia em atividades geradoras de renda ou tomar decisões financeiras estratégicas que aproveitem essa capacidade ampliada. O princípio hermético de "Assim como dentro, assim fora" é particularmente potente aqui. Nosso estado interno de alta energia e capacidade é refletido externamente por abundância e progresso financeiro. É um período em que nosso foco parece afiado, nossa motivação está alta e o esforço percebido necessário para alcançar metas financeiras parece significativamente reduzido. Não se trata apenas de trabalhar mais, mas de trabalhar de forma mais inteligente, guiado pelo fluxo natural de nossa própria energia.

Por outro lado, há períodos em que nossa energia naturalmente diminui. Podemos nos sentir mais fatigados, menos motivados ou perceber nossas habilidades cognitivas um pouco enfraquecidas. Estas são nossas fases pessoais de "contração" ou "vale". Tentar forçar produtividade nesses períodos com a mesma intensidade das fases de alta energia pode ser contraproducente. Frequentemente leva a erros, redução da qualidade do trabalho, sentimentos de frustração e, em última análise, tensão financeira. Em vez de forçar a produtividade, esses períodos exigem uma abordagem diferente: conservação, recalibração e descanso. Isso não é um convite à inércia, mas um chamado para uma gestão inteligente de recursos. Assim como um agricultor permite que os campos fiquem em repouso para recuperar sua fertilidade, nós também devemos permitir que nossos recursos internos se reabasteçam.

Gerenciar ritmos financeiros pessoais de forma eficaz requer um nível profundo de autoconsciência e introspecção. Começa com o reconhecimento de que esses ciclos são naturais e inevitáveis. Lutar contra eles é como tentar nadar contra uma corrente forte; consome imensa energia com pouco resultado. Em vez disso, devemos aprender a dançar com eles. Isso envolve observar ativamente nossos próprios padrões. Quando você se sente mais energético e produtivo? Quando percebe uma queda em sua motivação ou foco? Quais atividades ou circunstâncias tendem a aumentar sua energia, e quais a drenam? Manter um diário, mesmo simples, pode ser incrivelmente revelador. Anote seus níveis de energia, seu humor, sua produtividade e quaisquer entradas ou saídas financeiras significativas. Com o tempo, você provavelmente identificará padrões recorrentes que são únicos para você.

Uma vez identificados esses padrões, o próximo passo é alinhar nossas estratégias financeiras a eles. Durante períodos de alta energia e produtividade pessoal (nossa expansão interna), devemos capitalizar estrategicamente isso. Isso pode envolver:

- **Intensificar atividades geradoras de renda:** Se você tem um negócio, este é o momento de lançar novos produtos ou serviços, focar em esforços de vendas e marketing e buscar projetos de alto impacto. Se você é empregado, este pode ser o momento de se voluntariar para tarefas exigentes, buscar promoções ou desenvolver habilidades que aumentem seu potencial de ganhos.

- **Investimentos estratégicos:** Com foco e clareza ampliados, é um momento oportuno para pesquisar e tomar decisões de investimento. É quando você pode se sentir mais confiante em analisar dados de mercado, avaliar riscos e fazer apostas calculadas em ativos que se alinham às suas metas financeiras de longo prazo.

- **Planejamento financeiro e definição de metas:** Sua mente provavelmente está mais afiada e voltada para o futuro nesses períodos, tornando-os ideais para definir metas financeiras ambiciosas, criar orçamentos detalhados e desenvolver planos financeiros de longo prazo. A clareza mental permite uma previsão mais eficaz.

- **Networking e construção de relacionamentos:** Sua energia e entusiasmo aumentados podem ser contagiosos, tornando este um excelente momento para se conectar com potenciais clientes, parceiros ou mentores. Isso pode abrir portas para novas oportunidades e fortalecer relacionamentos profissionais existentes.

A chave durante esses ciclos pessoais expansivos é agir de forma decisiva e intencional. A energia está presente, a clareza está presente e o momentum está com você. Trata-se de maximizar a colheita do solo fértil de sua própria vitalidade. Essa abordagem proativa garante que você não esteja apenas vivenciando passivamente essas fases de alta energia, mas as aproveitando ativamente para construir segurança e crescimento financeiro. Trata-se de reconhecer que sua produção energética pessoal é um recurso valioso, embora temporário, que pode ser convertido em capital financeiro.

Por outro lado, durante períodos de menor energia e vitalidade pessoal (nossa contração ou vale interno), a estratégia deve mudar. Este não é um momento para autocrítica ou para tentar forçar uma produtividade que não existe. Em vez disso, é um momento para:

- **Conservação de recursos:** Assim como uma empresa pode reduzir despesas não essenciais durante uma queda, devemos ser conscientes de nossos recursos energéticos e financeiros. Isso significa evitar gastos desnecessários, tanto de tempo quanto de dinheiro, que não contribuem significativamente para nosso bem-estar ou metas financeiras essenciais.

- **Foco em manutenção e tarefas essenciais:** Em vez de buscar projetos complexos e exigentes, concentre-se em manter sistemas existentes, concluir tarefas rotineiras e atender às necessidades imediatas. Isso pode significar lidar com trabalho administrativo essencial, pagar contas ou realizar manutenção necessária em ativos. O objetivo é manter as coisas funcionando sem gastar energia excessiva.

- **Descanso e recuperação:** Este é talvez o aspecto mais crucial da gestão de fases de baixa energia. Sono adequado, nutrição saudável e atividades que realmente recarregam você não são luxos; são necessidades para a sustentabilidade financeira de longo prazo. Forçar-se durante a exaustão leva a retornos reduzidos e maior probabilidade de burnout, o que pode ter consequências financeiras significativas. Pense nisso como uma pausa estratégica, um investimento necessário em sua capacidade futura.

- **Reflexão e aprendizado:** Esses períodos mais tranquilos podem ser ideais para introspecção e aprendizado. Em vez de tentar criar novas iniciativas intensivas em energia, dedique tempo para revisar decisões financeiras passadas, analisar o que funcionou e o que não funcionou e identificar lições aprendidas. Isso pode envolver leitura de literatura financeira, ouvir podcasts educativos ou simplesmente refletir sobre suas experiências.

- **Consumo consciente:** Embora seja importante evitar despesas desnecessárias, também é essencial estar atento aos padrões de consumo durante períodos de baixa energia. Fadiga e mau humor podem às vezes levar a compras impulsivas ou motivadas por conforto que podem atrapalhar seus planos financeiros. Praticar a atenção plena antes de qualquer compra, especialmente as não essenciais, pode ajudar a mitigar esse risco. Pergunte a si mesmo: Esta compra é realmente necessária? Ela se alinha às minhas metas financeiras de longo prazo? Ou é apenas uma solução emocional temporária?

O aspecto psicológico de gerenciar esses ritmos pessoais também é fundamental. Durante fases de alta energia, a tentação pode ser assumir compromissos excessivos, acreditar que esse pico durará para sempre. Isso pode levar a um ritmo insustentável e, em última análise, a uma queda mais profunda. A sabedoria está em reconhecer a natureza temporária desse estado elevado e planejar de acordo. Da mesma forma, durante fases de baixa energia, o perigo é cair em um espiral de autocrítica e desespero, acreditando que essa queda é permanente. É vital lembrar que isso é um fluxo natural, uma fase que passará. O princípio hermético de "A vibração do Todo está em todas as coisas" nos lembra que mesmo na quietude, há movimento, e que a energia eventualmente retornará.

Considere a aplicação prática da gestão de energia. Se você sabe que terá um período de baixa energia se aproximando, talvez devido a mudanças sazonais, um evento pessoal exigente ou simplesmente um ciclo natural, pode ajustar proativamente suas atividades financeiras. Você pode adiantar projetos importantes durante sua fase de alta energia ou agendar tarefas menos exigentes para o período de baixa energia previsto. Se você tiver flexibilidade em seu trabalho gerador de renda, pode considerar tirar um curto sabático ou reduzir sua carga de trabalho nesses momentos para priorizar descanso e recuperação. Para aqueles com menos flexibilidade, isso pode significar reduzir conscientemente compromissos sociais ou gastos recreativos que drenam energia e finanças.

Além disso, seus ritmos financeiros pessoais também podem informar suas escolhas de investimento. Durante períodos de alta clareza mental e foco, você pode se sentir mais inclinado a se envolver com estratégias de investimento complexas ou a mergulhar em análises detalhadas de mercado. Quando sua energia está mais baixa, pode ser mais sábio manter estratégias de investimento mais simples e passivas, ou confiar em planos de investimento pré-determinados que exigem menos tomada de decisão ativa. Isso evita decisões precipitadas motivadas pela fadiga ou pelo desejo de "fazer algo" quando sua capacidade de ação informada está comprometida.

A interseção entre ciclos pessoais e econômicos também merece atenção. Um período de alta energia pessoal coincidindo com uma expansão econômica pode ser incrivelmente potente para a criação de riqueza. Por outro lado, um período de baixa energia pessoal durante uma contração econômica pode parecer esmagador e levar a dificuldades financeiras significativas se não for gerido com cuidado. Compreender ambas as camadas de ritmo permite uma abordagem mais sutil e resiliente. Se você prevê uma queda pessoal de energia, pode optar por ser mais conservador em seus investimentos, mesmo que o mercado mais amplo pareça estar em fase de expansão. Por outro lado, se você estiver experimentando alta vitalidade pessoal durante uma recessão econômica, pode estrategicamente procurar ativos subvalorizados, sabendo que tem a capacidade mental para realizar a pesquisa e a devida diligência necessárias.

Em última análise, dominar os ritmos financeiros pessoais é um ato de auto-honra. Reconhece que não somos máquinas, mas seres complexos cuja capacidade de sucesso financeiro está inextricavelmente ligada ao nosso bem-estar geral. Ao compreender, respeitar e trabalhar com nossos ciclos internos, podemos cultivar uma vida financeira mais sustentável, menos estressante e, em última análise, mais próspera. Essa abordagem vai além do puramente analítico e abraça o holístico, reconhecendo que nosso panorama energético interno é um componente vital de nossa arquitetura financeira. Trata-se de construir riqueza não lutando contra nossa natureza, mas alinhando-se a ela, criando uma poderosa sinergia entre nossa vitalidade pessoal e nossas atividades financeiras. Essa integração harmoniosa previne o esgotamento, reduz a ansiedade financeira e promove um senso mais profundo de realização em nossa jornada financeira, permitindo-nos surfar as ondas dos ciclos externos e internos com maior graça e eficácia.

A interação entre paciência e momentum forma a base de uma estratégia financeira resiliente, particularmente ao navegar pelos ritmos inerentes dos ciclos econômicos e pessoais. É uma dança sutil, que exige não apenas previsão, mas também disciplina para agir de forma decisiva quando o momento é oportuno e sabedoria para exercer contenção quando as condições ainda não são favoráveis. Não se trata de um jogo passivo de espera, nem de um empurrão implacável e forçado. Em vez disso, trata-se de sintonizar-se com as correntes sutis do fluxo financeiro, entendendo quando se inclinar contra o vento e quando deixar que ele o carregue, ou quando se ancorar até que a tempestade passe.

Momentum, em termos financeiros, é uma força poderosa, semelhante à energia cinética de um objeto em movimento. Uma vez estabelecido, pode impulsionar um indivíduo ou um investimento para frente com velocidade crescente, muitas vezes exigindo menos esforço relativo para manter do que para iniciar. Este é o momento em que a confluência de condições externas favoráveis – como um mercado em alta, expansão econômica ou tendências setoriais emergentes – se alinha com seu próprio estado interno de alta energia, clareza e produtividade, como discutido na seção anterior. Durante esses períodos, hesitar é perder a vantagem. É quando investimentos estratégicos devem ser feitos, quando empreendimentos ambiciosos devem ser lançados e quando metas financeiras significativas devem ser perseguidas com esforço concentrado. O princípio hermético de "A vibração do Todo está em todas as coisas" pode ser entendido aqui como o alinhamento de forças externas e prontidão interna criando um potente surto energético. Aproveitar esse surto exige reconhecer sua presença e canalizar seus recursos – sejam eles capital, tempo ou esforço – em atividades que amplifiquem esse momentum existente. Isso pode envolver reforçar estratégias bem-sucedidas, expandir operações ou assumir riscos calculados que estejam bem dentro de sua capacidade avaliada durante esse período de capacidade ampliada. A essência de construir momentum é aproveitar períodos de crescimento e oportunidade, criando um efeito bola de neve que gera mais prosperidade. Trata-se de surfar a onda, não apenas estar nela. Isso envolve uma abordagem ativa e voltada para o futuro, antecipando os próximos passos que capitalizarão a trajetória atual. Para um investidor, isso pode significar aumentar sua alocação em um ativo que já está tendo desempenho excepcional, com base em análise sólida em vez de mera especulação. Para um empresário, pode ser investir em novos equipamentos ou contratar mais funcionários para atender à demanda crescente. Para um indivíduo em busca de avanço na carreira, pode ser assumir um projeto de alto perfil que pode levar a uma promoção. A chave é reconhecer que o momentum, uma vez perdido, pode ser extremamente difícil de recuperar e, portanto, períodos de forte movimento para frente devem ser explorados ao máximo.

No entanto, a lei do ritmo dita que nenhuma tendência dura para sempre. O que sobe deve eventualmente descer, e o que está em movimento eventualmente desacelera. É durante essas transições, ou quando as condições externas são desfavoráveis, que a virtude da paciência se torna não apenas benéfica, mas essencial. Paciência, neste contexto, não é resignação passiva, mas uma escolha ativa e consciente de reter ação, observar e esperar por um momento mais oportuno. É o reconhecimento de que tentar forçar o progresso contra a corrente predominante não apenas é inútil, mas pode ser prejudicial. Este é o momento para conservação, consolidação e recalibração estratégica. É quando o mercado está volátil, quando os indicadores econômicos são pessimistas ou quando seus níveis de energia pessoal estão esgotados, que a paciência se torna seu ativo financeiro mais valioso. É quando você resiste ao impulso de tomar decisões impulsivas motivadas por medo, ganância ou impaciência. Em vez disso, você observa os padrões, reúne informações e permite que as forças se desenrolem. Isso é semelhante ao princípio hermético de "Tudo flui, para fora e para dentro; tudo tem suas marés; todas as coisas sobem e descem; o balanço do pêndulo está em tudo; a medida do balanço para a direita é a medida do balanço para a esquerda; o ritmo compensa." Compreender essa natureza cíclica nos permite evitar ser arrastados por flutuações temporárias e, em vez disso, nos ancorar em uma perspectiva de longo prazo.

A arte está em discernir os sinais sutis que diferenciam uma pausa temporária de uma mudança fundamental, e um período de consolidação de uma verdadeira recessão. Isso requer uma intuição cultivada, aprimorada pela experiência e informada por uma compreensão profunda dos princípios financeiros e dos vieses psicológicos. Significa questionar a narrativa predominante e procurar as forças subjacentes em ação. Quando um mercado experimenta uma correção, por exemplo, o investidor impaciente pode entrar em pânico e vender, consolidando perdas. O investidor paciente, no entanto, entende que correções são parte natural dos ciclos de mercado. Ele pode optar por manter suas posições existentes ou até identificar ativos subvalorizados que foram injustamente punidos pela queda mais ampla. Isso requer um grau de fortaleza mental, a capacidade de permanecer calmo e objetivo em meio à tempestade emocional que frequentemente acompanha a volatilidade financeira. Isso também se aplica às finanças pessoais. Se você está em um período de baixa energia pessoal, tentar lançar um novo negócio ou buscar agressivamente uma mudança de carreira exigente provavelmente será frustrante e resultará em resultados abaixo do esperado. Paciência, nesse cenário, significa aceitar as limitações temporárias e focar na recuperação, no desenvolvimento de habilidades ou na manutenção de compromissos existentes. Trata-se de saber quando conservar sua energia e recursos, em vez de desperdiçá-los em uma batalha perdida.

O conceito de momentum também se estende além de investimentos individuais ou empreendimentos comerciais para abranger a trajetória financeira geral de uma pessoa. Construir momentum positivo na vida financeira pode criar um ciclo virtuoso. Poupança consistente, investimento regular, redução de dívidas e desenvolvimento contínuo de habilidades contribuem para um crescente senso de bem-estar e capacidade financeira. Essa acumulação de passos positivos, quando perseguida com convicção, pode gerar um poderoso momentum interno que torna desafios financeiros maiores mais administráveis. Por outro lado, uma série de contratempos ou decisões ruins pode criar momentum negativo, levando a uma espiral descendente difícil de quebrar. É por isso que o processo inicial de tomada de decisão é tão crítico, e por que a paciência diante da incerteza pode evitar o início de tais ciclos negativos.

Além disso, a compreensão de momentum e paciência está profundamente entrelaçada com a gestão de riscos. Quando o momentum está fortemente a seu favor, o risco percebido de assumir riscos calculados pode diminuir, e a recompensa potencial parece ampliada. É nesse momento que a análise do potencial de alta versus baixa é crucial, garantindo que mesmo em períodos de invencibilidade percebida você não esteja se expondo a perdas catastróficas. Por outro lado, durante períodos em que a paciência é a ordem do dia, o foco se desloca para a preservação de capital. O risco da inação pode ser baixo, mas o risco de uma ação mal cronometrada pode ser extremamente alto. A abordagem paciente, portanto, frequentemente envolve uma redução estratégica na exposição a ativos altamente especulativos e uma ênfase maior na diversificação e na qualidade. Isso não significa abandonar a busca pelo crescimento, mas sim garantir que sua capacidade de participar de oportunidades futuras não seja comprometida por ações prematuras ou mal aconselhadas.

O princípio hermético de "Assim como dentro, assim fora" é profundamente relevante aqui. Nosso estado interno de paciência, nossa capacidade de permanecer compostos sob pressão e nossa convicção em nossa estratégia de longo prazo influenciam diretamente nossos resultados financeiros externos. Se estamos internamente agitados e propensos a decisões impulsivas, nosso mundo financeiro provavelmente refletirá esse caos. Por outro lado, uma disposição interna de calma e paciência racional, mesmo diante da turbulência do mercado, promove um ambiente onde decisões financeiras sólidas podem ser tomadas, permitindo-nos capitalizar as oportunidades que surgem do inevitável fluxo e refluxo. Essa disciplina mental não é inata para a maioria; ela é cultivada por meio de prática consistente, autoconsciência e um compromisso de aprender tanto com os sucessos quanto com os fracassos.

Para realmente dominar a arte da paciência e do momentum, é necessário desenvolver uma estrutura sofisticada de tomada de decisão que integre tanto a dinâmica de mercado de curto prazo quanto os objetivos financeiros de longo prazo, tudo filtrado pela lente dos ritmos e capacidades pessoais. Isso envolve estabelecer metas financeiras claras, definir critérios pré-determinados para ação e inação e revisar e ajustar regularmente as estratégias em resposta às condições em mudança. Por exemplo, um investidor pode ter uma regra para aumentar sua alocação em um determinado setor quando este mostra momentum positivo sustentado e indicadores econômicos favoráveis, mas reduzir sua exposição se esse momentum enfraquecer ou surgirem indicadores negativos. Da mesma forma, um empreendedor pode ter um plano para ampliar a produção quando as vendas excedem um determinado limite por um período sustentado, mas reduzir gastos discricionários se as vendas caírem abaixo de um nível crítico. Essas regras pré-definidas atuam como um âncora psicológica, prevenindo decisões emocionais diante das incertezas inerentes aos mercados financeiros.

A maestria dos ritmos financeiros, portanto, não se trata de prever o futuro com certeza, o que é impossível. Em vez disso, trata-se de desenvolver a capacidade de se adaptar e prosperar em meio à incerteza. Trata-se de cultivar uma compreensão profunda das leis naturais que regem os mercados financeiros e o comportamento humano, e então alinhar nossas ações a essas leis. A paciência nos permite enfrentar as tempestades e esperar o sol brilhar novamente, enquanto a compreensão do momentum nos permite aproveitar as oportunidades quando elas surgem, impulsionando-nos com uma força que é ao mesmo tempo poderosa e sustentável. Ao respeitar a Lei do Ritmo, os indivíduos podem cultivar uma estratégia financeira que não apenas seja resiliente, mas também dinâmica, capaz de aproveitar os padrões naturais de expansão e contração, entrada e saída, para construir riqueza duradoura e alcançar bem-estar financeiro. Essa abordagem integrada, equilibrando ação decisiva com espera judiciosa, nos permite mover com as correntes da vida financeira em vez de contra elas, levando, em última análise, a uma jornada financeira mais próspera e gratificante.

## Capítulo 7: A Lei de Causa e Efeito – Dominando Seu Karma Financeiro

O universo opera sob um princípio imutável, uma verdade fundamental que sustenta toda a existência: a Lei de Causa e Efeito. Isso não é apenas um constructo filosófico, mas uma lei verificável, semelhante à gravidade, que governa todos os aspectos da realidade, incluindo nossas vidas financeiras. Frequentemente mencionada em contextos espirituais ou éticos como Karma, essa lei afirma, em sua interpretação financeira mais direta, que todo efeito tem uma causa e, inversamente, toda causa tem seu efeito. Nada no reino financeiro, ou em qualquer outro, se manifesta espontaneamente ou por acidente. Todo resultado, todo ganho, toda perda, todo momento de prosperidade e todo período de escassez é o resultado direto e rastreável de ações, intenções, crenças e até pensamentos anteriores.

Esse princípio é inerentemente fortalecedor. Ele desloca o centro de controle de forças externas e imprevisíveis para nosso próprio cenário interno e nossas ações externas. Se nossas circunstâncias financeiras são os efeitos, então nós, por meio de nossas escolhas e comportamentos, somos as causas primárias. Não se trata de atribuir culpa, mas de reconhecer agência. Isso significa que nosso destino financeiro não é um fado predeterminado ditado pela sorte ou circunstância, mas uma criação dinâmica, um tecido fio a fio por nossas próprias mãos. A situação financeira quebrada é um efeito; as causas estão em decisões passadas, hábitos ou falta de conhecimento. O negócio próspero é um efeito; as causas estão em planejamento estratégico, execução diligente e uma visão clara. Compreender essa lei nos liberta da crença desmotivadora de que somos meros peões em um jogo de acaso. Em vez disso, nos posiciona como participantes ativos, arquitetos de nossa realidade financeira.

Considere o ato aparentemente simples de economizar dinheiro. O efeito é um saldo bancário crescente, um portfólio de investimentos em expansão e uma maior sensação de segurança financeira. A causa? Ação consistente, disciplina, gratificação adiada e uma intenção clara de construir riqueza. Por outro lado, o efeito de gastar constantemente de forma impulsiva, sem considerar necessidades futuras, é dívida, ansiedade financeira e oportunidades limitadas. A causa? Falta de previsão, rendição a desejos imediatos e talvez uma crença subjacente de que o planejamento financeiro é desnecessário ou muito difícil. Em ambos os cenários, o efeito é uma consequência direta e previsível da causa. Não há mistério, não há infortúnio aleatório; há apenas o desdobramento de uma lei natural.

Esse princípio vai além de ações simples para abranger nossos padrões de pensamento e crenças subjacentes. Se alguém abriga uma crença profunda de que o dinheiro é escasso, que a riqueza é inatingível ou que é inerentemente indigno de sucesso financeiro, esses pensamentos, atuando como causas sutis mas potentes, inevitavelmente se manifestarão como efeitos correspondentes em sua vida financeira. Essas crenças subconscientes podem sabotar esforços, levar a oportunidades perdidas e perpetuar ciclos de escassez, mesmo diante de condições externas favoráveis. A Lei de Causa e Efeito, portanto, exige não apenas uma revisão de nossas ações, mas uma escavação profunda de nosso mundo interior.

Por exemplo, um indivíduo pode seguir diligentemente todos os conselhos financeiros "corretos": fazer orçamento, economizar, investir. No entanto, se sua crença subjacente for "Eu não sou bom com dinheiro" ou "O sucesso financeiro é apenas para os outros", esses programas subconscientes podem influenciar sutilmente suas decisões. Ele pode inconscientemente gastar demais em momentos de estresse, hesitar em fazer um investimento ousado que poderia gerar retornos significativos ou racionalizar oportunidades de crescimento. O efeito dessa dissonância interna é um estagnamento persistente de seu progresso financeiro, uma desconexão frustrante entre seus esforços e seus resultados. A causa, nesse caso, não é a falta de ação, mas um desalinhamento entre comportamento consciente e programação subconsciente. Para dominar o karma financeiro, é preciso abordar tanto as manifestações externas quanto as causas internas.

O axioma hermético, "Assim como acima, assim abaixo; assim como dentro, assim fora", encontra aqui uma ilustração profunda. O mundo interno de pensamentos, crenças e intenções é o "acima" ou o "dentro", e a realidade financeira externa é o "abaixo" ou o "fora". A qualidade do cenário interno molda diretamente a qualidade da experiência externa. Um ambiente interno fértil e positivo, cultivado com pensamentos construtivos e crenças fortalecedoras, naturalmente produzirá uma realidade financeira próspera.

Por outro lado, um cenário interno árido e negativo inevitavelmente resultará em esterilidade financeira.

Esse entendimento exige uma mudança de perspectiva. Em vez de lamentar contratempos financeiros como infortúnios, somos convidados a vê-los como feedback valioso, como efeitos que iluminam as causas que os produziram. Uma perda financeira pode ser um poderoso professor, revelando estratégias falhas, riscos imprudentes ou decisões emocionais. O indivíduo sábio não apenas lamenta a perda, mas examina meticulosamente a cadeia de eventos, os pensamentos e as decisões que a levaram. Esse exame não é um ato de autoflagelação, mas um ato de empoderamento, pois ao identificar a causa, ganhamos o poder de alterá-la para efeitos futuros.

Considere o caso de um negócio que fracassa. O efeito imediato é falência, perda de investimento e desemprego. As causas, no entanto, raramente são um único evento. Elas podem incluir pesquisa de mercado deficiente (causa), planejamento financeiro inadequado (causa), falta de visão de liderança (causa), estratégias de marketing ineficazes (causa) ou incapacidade de se adaptar às demandas mutáveis dos consumidores (causa). Cada uma dessas é uma causa que, quando suficientemente forte, gera seu efeito correspondente. Ao dissecar o fracasso empresarial, o empreendedor pode identificar as causas específicas que precisam de correção, garantindo que empreendimentos futuros sejam construídos sobre uma base mais robusta.

A Lei de Causa e Efeito também destaca a interconexão de todas as coisas. Uma decisão financeira tomada hoje, por menor que pareça, envia ondas através do tecido da causalidade, impactando resultados futuros. A decisão de evitar uma pequena despesa recorrente, como a compra diária de café, pode parecer insignificante. No entanto, quando acumulada ao longo dos anos, essa pequena causa consistente pode levar ao efeito significativo de uma poupança substancial, uma entrada em um imóvel ou um fundo de aposentadoria robusto. Por outro lado, uma pequena indulgência recorrente, repetidamente praticada, pode contribuir para o efeito significativo de dívida acumulada ou uma oportunidade financeira perdida.

A implicação profunda dessa lei é que estamos constantemente engajados no ato de criação. Cada pensamento que passa por nossa mente, cada palavra que falamos, cada ação que tomamos é uma semente plantada no solo fértil da causalidade. Essas sementes, quando nutridas por nosso foco e energia, inevitavelmente brotarão e darão frutos. Isso exige um nível elevado de consciência e atenção plena em relação às nossas comunicações internas e externas. Nossos pensamentos estão alinhados com nossas aspirações financeiras? Nossas palavras reforçam nossos objetivos ou os minam? Nossas ações são consistentes com o futuro financeiro que desejamos criar?

Por exemplo, alguém que deseja abundância financeira, mas constantemente fala em estar "quebrado" ou "pobre", está ativamente, embora inconscientemente, criando a própria realidade que deseja escapar. A causa é o discurso interno negativo e as crenças limitantes; o efeito é a continuação da escassez financeira. Para alterar isso, é preciso escolher conscientemente reformular o diálogo interno e as expressões externas, alinhando palavras e pensamentos com o efeito desejado de abundância. Isso não se trata de mero pensamento positivo superficial, mas de direcionar conscientemente nossa energia causal para nossos objetivos pretendidos.

Esse princípio também enfatiza a importância da paciência e da persistência. Raramente as sementes do sucesso financeiro brotam da noite para o dia. A Lei de Causa e Efeito opera em seu próprio cronograma e, muitas vezes, o efeito completo de uma causa pode não ser imediatamente aparente. Um investidor diligente que planta as sementes de investimentos diversificados ao longo de décadas colherá, em devido tempo, os efeitos do crescimento composto. Um empreendedor que constrói meticulosamente um negócio, enfrentando inúmeras pequenas causas de desafio e refinamento, eventualmente verá o efeito de uma empresa próspera. Esperar resultados imediatos de cada causa pode levar à impaciência e ao abandono, rompendo a cadeia causal antes que o efeito tenha tido a chance de se manifestar plenamente.

O princípio hermético de "O Todo é Mente; o Universo é Mental" está profundamente entrelaçado com a Lei de Causa e Efeito. Se o universo é fundamentalmente mental, então nossos pensamentos e intenções são os principais agentes causais. Nossas crenças, nossas expectativas e nossos modelos mentais sobre dinheiro e riqueza não são apenas observações passivas; são forças ativas que moldam nossa realidade. Ao compreender que nossos pensamentos são causas, ganhamos o poder de direcioná-los intencionalmente, transformando nosso cenário financeiro de um estado de limitação para um de possibilidade. Isso requer um esforço consciente para cultivar um ambiente mental que seja propício ao crescimento e ao bem-estar financeiro.

Além disso, a Lei de Causa e Efeito nos incentiva a abraçar a responsabilidade. Ela nos chama a sair do papel de vítima e entrar no papel de criador. Quando aceitamos que nossos resultados financeiros são o resultado direto de nossa própria causalidade, nos empoderamos para assumir a responsabilidade por nosso presente e nosso futuro. Isso não é um fardo, mas uma libertação. Significa que não estamos à mercê de forças externas, mas possuímos a capacidade inerente de influenciar e direcionar nossa jornada financeira. Cada decisão, cada hábito, cada crença torna-se um ponto de intervenção, uma oportunidade de semear conscientemente sementes que produzirão uma colheita mais próspera. A consciência dessa lei é o primeiro passo para dominar o próprio karma financeiro, pois ilumina o caminho para a criação intencional e o bem-estar financeiro sustentável.

A difundida "mentalidade de vítima" é uma barreira formidável ao bem-estar financeiro, um sabotador sutil mas persistente que prospera ao externalizar a culpa e renunciar à agência pessoal. É a voz que sussurra: "Não é minha culpa estar endividado; a economia está ruim", ou "Nunca serei rico porque não tive as conexões certas". Essa mentalidade, embora ofereça um alívio temporário de validação externa, acaba por aprisionar os indivíduos em um ciclo de impotência e estagnação. Reconhecer e desmantelar ativamente essa vitimização não é apenas um exercício emocional; é um imperativo financeiro crítico, um passo necessário para transformar o próprio poder causal.

Quando adotamos uma mentalidade de vítima, negamos implicitamente nosso papel como arquitetos de nossa realidade financeira. Tornamo-nos observadores passivos de nossas próprias vidas, atribuindo nossos sucessos e fracassos a forças além de nosso controle: mercados caprichosos, empregadores injustos ou simplesmente má sorte. Essa perspectiva, embora compreensível diante das dificuldades, é fundamentalmente falha e contraproducente segundo a Lei de Causa e Efeito. Todo resultado financeiro, do menor déficit à maior dívida, é um efeito que tem uma causa rastreável. E, na vasta maioria desses casos, as causas originárias estão dentro de nossa própria esfera de influência – nossas decisões, nossos hábitos, nossas crenças e nossas ações.

A jornada de vítima a criador começa com um ato profundo de honestidade e responsabilidade pessoal. Significa olhar sem desviar para a própria situação financeira e reconhecer: "É aqui que estou, e sou a principal razão disso." Isso não é uma admissão de falha pessoal em um sentido condenatório, mas um reconhecimento corajoso do próprio poder causal. É o entendimento de que, embora fatores externos possam existir e exercer influência, nossa resposta a esses fatores, nossas escolhas ao navegar por eles, são os determinantes finais de nossa trajetória financeira. Abraçar essa responsabilidade não é um fardo; é a libertação definitiva, a abertura das comportas para uma mudança genuína.

Considere o indivíduo sobrecarregado por dívidas de cartão de crédito. A narrativa de vítima pode focar nos juros crescentes, nas contas médicas inesperadas ou no salário insuficiente. Embora esses fatores possam ter contribuído, as causas fundamentais frequentemente residem em padrões consistentes de gastos excessivos, falta de orçamento, falha em priorizar o pagamento da dívida ou uma crença subjacente de que a gratificação imediata é primordial. Ao mudar de "Os juros estão me matando" para "Sou responsável por como gerenciei meu crédito e meus gastos", o indivíduo recupera seu poder. Essa mudança permite que ele faça perguntas mais construtivas: "Quais hábitos específicos de consumo levaram a essa dívida?" "Quais estratégias de orçamento posso implementar para interromper esse ciclo?" "Quais são minhas crenças sobre dinheiro que podem estar impulsionando esse comportamento?" Essas perguntas, nascidas da responsabilidade, abrem caminho para soluções práticas.

Os fundamentos psicológicos da mentalidade de vítima estão profundamente enraizados no medo e no desejo de conforto. Reconhecer o próprio papel causal pode ser assustador. Isso implica que, se alguém é a causa de seus problemas, também é a causa de suas soluções potenciais, e a responsabilidade por implementá-las recai diretamente sobre seus ombros. Isso pode parecer esmagador. Muitas vezes é mais fácil apontar fatores externos e permanecer em um estado de reclamação passiva, buscando simpatia em vez de soluções. No entanto, a Lei de Causa e Efeito oferece um caminho mais potente. Ela sugere que, ao compreender e alterar as causas dentro de nosso controle, podemos indiscutivelmente alterar os efeitos.

Psicologicamente, a mentalidade de vítima pode estar ligada à impotência aprendida, um estado em que o indivíduo acredita não ter controle sobre suas circunstâncias e, portanto, para de tentar mudá-las. Em finanças, isso se traduz em uma resignação de que sempre haverá dificuldades, de que a riqueza é um sonho inatingível reservado para outros. O princípio hermético de "O Todo é Mente" é particularmente relevante aqui. Se nossos pensamentos e crenças são as principais forças causais, então uma crença persistente em nossa própria inadequação ou impotência financeira torna-se uma profecia autorrealizável. A mente, atuando como agente causal universal, manifesta a realidade externa que se alinha às suas crenças dominantes.

Para romper esse ciclo, é necessária uma reorientação consciente e deliberada do pensamento e da ação. Isso envolve desafiar ativamente narrativas baseadas em vitimização e substituí-las por narrativas baseadas em criação. Em vez de dizer "Não posso pagar por isso", o que implica falta de agência, pode-se reformular como "Como posso pagar por isso?" ou "O que precisa acontecer para que eu possa pagar por isso?" Essa simples mudança linguística é um poderoso indicador de uma perspectiva causal em transformação. Ela move de uma declaração de limitação para uma investigação sobre possibilidade e ação.

O processo de tornar-se um criador financeiro não é um único evento, mas uma prática contínua. Exige autorreflexão consistente e disposição para aprender com cada interação financeira. Cada transação, cada decisão de investimento, cada meta de poupança, cada momento de impulso ou disciplina é uma oportunidade de reforçar uma narrativa de vítima ou fortalecer uma identidade de criador. Quando escolhemos assumir a responsabilidade por uma decisão financeira ruim, aprendemos com ela. Identificamos a causa – talvez falta de pesquisa, impulso emocional ou falha em consultar um plano – e nos comprometemos a alterar essa causa no futuro. Esse ciclo contínuo de feedback, alimentado pela responsabilidade, é o motor da transformação financeira.

Considere o conceito de "karma financeiro" como os efeitos acumulados de nossas causas financeiras. Uma mentalidade de vítima perpetua um ciclo de karma financeiro negativo. Culpar fatores externos por perdas ou dívidas nos impede de compreender e corrigir as causas subjacentes, garantindo que efeitos negativos semelhantes se manifestem novamente. Por outro lado, abraçar o papel de criador promove um karma financeiro positivo. Ao assumir a responsabilidade por nossas ações, aprender com os erros e tomar decisões intencionais e informadas, semeamos sementes de prosperidade que, em devido tempo, produzirão uma colheita abundante.

Essa mudança também envolve uma reavaliação de nossa relação com o risco. As vítimas frequentemente percebem o risco como uma força puramente negativa, algo a ser evitado a todo custo, reforçando sua tendência à inação e à estagnação. Os criadores, no entanto, entendem que o risco é inerente a qualquer empreendimento que busca crescimento. Eles aprendem a avaliar o risco, gerenciá-lo e distinguir entre riscos calculados, potencialmente recompensadores, e apostas imprudentes. Eles entendem que evitar todo risco pode ser o maior risco de todos, levando a oportunidades perdidas e a uma vida de mediocridade financeira.

Além disso, abraçar a mentalidade de criador exige disposição para enfrentar o desconforto. Construir riqueza, alcançar liberdade financeira e dominar o próprio karma financeiro raramente são processos confortáveis. Eles envolvem gratificação adiada, poupança disciplinada, aprendizado diligente e, às vezes, fazer escolhas difíceis que renunciam ao prazer imediato em prol de ganhos de longo prazo. A vítima, em busca de conforto e validação externa, frequentemente evita esses desafios. O criador, no entanto, entende que o verdadeiro conforto e a realização duradoura são encontrados do outro lado desse desconforto temporário.

O princípio hermético da “Vibração” também desempenha um papel aqui. A mentalidade de vítima frequentemente opera em uma frequência vibracional baixa de medo, escassez e reclamação. Essa baixa vibração atrai circunstâncias e experiências que ressoam com ela, perpetuando o ciclo de dificuldades financeiras. Ao escolher conscientemente mudar para uma mentalidade de criador, focando em empoderamento, gratidão e possibilidade, elevamos nossa frequência vibracional. Essa vibração mais alta começa a atrair resultados financeiros mais positivos, oportunidades e recursos. É um mecanismo sutil, mas poderoso, da Lei de Causa e Efeito.

O antídoto para a mentalidade de vítima não é simplesmente “pensamento positivo” em um sentido superficial, mas um compromisso profundo, ativo e inabalável com a responsabilidade causal. Trata-se de compreender que, embora não possamos sempre controlar as circunstâncias que surgem, sempre controlamos nossa resposta a elas. Este é o poder supremo que possuímos. Quando escolhemos responder com responsabilidade, com disposição para aprender e com compromisso com a ação, nos transformamos de vítimas passivas das circunstâncias em criadores ativos de nosso destino.

Essa transformação exige uma auditoria interna de nossas crenças e suposições sobre dinheiro, riqueza e nossas próprias capacidades. Existem crenças profundamente enraizadas que nos dizem que não somos dignos de abundância? Estamos inconscientemente nos protegendo do sucesso porque ele parece desconhecido ou assustador? Esses fatores causais subconscientes devem ser trazidos à luz e reprogramados ativamente. Isso pode envolver escrever em um diário, trabalhar com um terapeuta ou coach, ou engajar-se em práticas que construam autoconfiança e senso de merecimento.

A Lei de Causa e Efeito, quando compreendida pela lente do desmantelamento da vitimização, torna-se uma ferramenta poderosa de empoderamento. Ela transforma desafios financeiros de obstáculos intransponíveis em problemas solucionáveis. Ela desloca o foco de lamentar o que está errado para criar ativamente o que pode estar certo. Ao assumir total responsabilidade, ao compreender que somos a causa primária de nossas realidades financeiras, desbloqueamos nosso verdadeiro potencial para criar riqueza, segurança e liberdade. O caminho de vítima a criador nem sempre é fácil, mas é inegavelmente o caminho para dominar o próprio karma financeiro e viver uma vida de prosperidade intencional.

O discurso precedente iluminou a distinção crucial entre sucumbir à mentalidade de vítima e abraçar o papel fortalecedor de criador financeiro. Entendemos que a verdadeira maestria sobre nosso destino financeiro depende do reconhecimento de nosso poder causal inerente – o entendimento de que nossas circunstâncias presentes são, em grande parte, o efeito cumulativo de nossas escolhas e ações passadas. Essa realização não é apenas um exercício intelectual; é o pré-requisito fundamental para aplicar a Lei de Causa e Efeito na cultivação da abundância. Tendo deixado o manto da vitimização e vestido o manto da responsabilidade, estamos agora prontos para transitar de meramente reagir à nossa realidade financeira para moldá-la ativamente. Esse engajamento proativo, essa semeadura deliberada de resultados desejáveis, é a essência do que exploraremos como o protocolo de plantar valor.

Plantar valor é, em sua forma mais simples, a aplicação consciente e intencional da Lei de Causa e Efeito na esfera financeira. É o entendimento de que, assim como um agricultor seleciona meticulosamente sementes, prepara o solo e cuida da colheita com a expectativa de um resultado, nós também devemos abordar nossos empreendimentos financeiros. Não somos receptores passivos do que o destino possa nos conceder; somos participantes ativos, cultivadores de nosso próprio jardim econômico. O ato de "plantar valor" é a criação deliberada de algo benéfico, útil ou desejável para os outros, com o entendimento inerente de que esse ato, em devido tempo e de acordo com as leis imutáveis da causalidade, produzirá um retorno proporcional. Não se trata de engajar-se em transações apenas para ganho pessoal, desprovidas de qualquer contribuição para o ecossistema mais amplo. Trata-se de reconhecer que a riqueza genuína e sustentável é um subproduto inevitável da criação e entrega de valor genuíno.

Para realmente compreender esse protocolo, devemos primeiro identificar os terrenos férteis e as sementes potentes disponíveis para nós. As sementes, neste contexto, representam as habilidades, o conhecimento, o esforço, a criatividade e os recursos que possuímos. Os terrenos férteis são as necessidades não atendidas, as oportunidades negligenciadas e as áreas onde melhorias ou inovações podem trazer mudanças positivas para indivíduos, empresas ou a sociedade em geral. O ato de plantar é a aplicação de nossas sementes nesses terrenos férteis – a tradução de nosso potencial em contribuições tangíveis.

Considere o empreendedor que identifica uma frustração persistente em um setor específico. Em vez de apenas reclamar da ineficiência, ele dedica seu tempo e intelecto ao desenvolvimento de uma solução de software que agiliza processos, economiza tempo e reduz custos para empresas desse setor. Isso é plantar valor. A habilidade do empreendedor em programação e resolução de problemas são as sementes, e a necessidade de eficiência da indústria é o terreno fértil. O software resultante é a semente plantada, projetada para crescer em uma empresa lucrativa. O retorno financeiro – a receita gerada pelas vendas, a valorização do negócio – é a colheita, consequência direta do valor criado e entregue.

Da mesma forma, um consultor pode possuir profunda expertise em uma área específica, como marketing, recursos humanos ou desenvolvimento organizacional. Ele identifica empresas que enfrentam dificuldades nesses domínios, muitas vezes sem consciência das causas raízes de seus desafios. Ao oferecer seu conhecimento, insights e orientação estratégica, ajuda essas empresas a superar obstáculos, melhorar o desempenho e alcançar seus objetivos. A expertise do consultor é a semente, a necessidade da empresa em dificuldade é o terreno fértil, e a implementação bem-sucedida de seus conselhos é o plantio. Os honorários recebidos por seus serviços são a manifestação direta do valor que cultivou.

Esse princípio vai além de empreendimentos formais. Um indivíduo que dedica tempo a orientar profissionais aspirantes, compartilhando sua experiência e orientação adquiridas com esforço, está plantando valor. O mentorado ganha insights inestimáveis, acelera sua curva de aprendizado e evita erros custosos, tudo isso contribuindo para seu crescimento pessoal e profissional. Embora a recompensa financeira imediata para o mentor possa não ser aparente, a construção de uma rede profissional sólida, a reputação aprimorada e a satisfação intrínseca de contribuir para o sucesso de outra pessoa são formas de retorno. Além disso, em um cenário futuro, esse mentorado, agora bem-sucedido, pode se tornar um cliente, um investidor ou uma referência valiosa, demonstrando a cadeia causal de longo prazo iniciada pelo ato de plantar.

O princípio hermético de "Assim como acima, assim abaixo; assim como dentro, assim fora" está intrinsecamente ligado a esse protocolo. O valor que buscamos manifestar externamente em nossas vidas financeiras deve primeiro ser cultivado internamente. Isso significa desenvolver as habilidades, a mentalidade e o caráter necessários para criar valor. Exige um compromisso interno com excelência, integridade e aprendizado contínuo. Se nosso cenário interno é de escassez, preguiça ou falta de fundamentos éticos, então o "plantio" externo será frágil, mal concebido e improvável de produzir uma colheita abundante. O cultivo interno de competência e integridade é o primeiro passo indispensável na preparação do solo e na nutrição das sementes nascente de criação de valor.

Compreender esse protocolo também exige uma mudança de perspectiva em relação à concorrência. Em vez de ver os outros como rivais por uma fatia finita, devemos vê-los como potenciais colaboradores ou como indicadores de necessidades não atendidas. Quando focamos em criar valor único que atende a uma necessidade específica, nos diferenciamos de forma inerente. Não estamos simplesmente competindo pelos mesmos clientes; estamos criando nosso próprio espaço ao oferecer algo distinto e benéfico. O mercado, em sua intrincada interconexão, recompensará aqueles que atendem efetivamente às suas necessidades. Não se trata de superar os outros, mas de servi-los melhor.

O processo de identificar oportunidades para plantar valor é ativo e contínuo. Exige observação, empatia e uma curiosidade genuína sobre o mundo e as pessoas nele. Que problemas as pessoas estão tentando resolver? Quais tarefas são tediosas ou ineficientes? Onde há uma lacuna entre o que é desejado e o que está disponível? Essas perguntas, quando ponderadas com sinceridade, podem revelar inúmeras vias para plantar valor.

Por exemplo, considere o campo das finanças pessoais. Muitos indivíduos têm dificuldade em compreender produtos financeiros complexos, fazer orçamentos ou estratégias de investimento. Um educador financeiro que consegue destilar essa complexidade em conselhos claros e acionáveis, talvez por meio de livros, cursos ou workshops, está plantando imenso valor. Ele está capacitando indivíduos a tomar melhores decisões financeiras, reduzir o estresse e construir segurança. As recompensas financeiras que seguem tal empreendimento são um reflexo direto do valor significativo fornecido.

O conceito de "valor" em si é multifacetado. Pode ser tangível, como um produto bem elaborado ou um serviço eficiente. Pode ser intangível, como aconselhamento especializado, apoio emocional ou tranquilidade. Pode ser educacional, como compartilhar conhecimento que capacita outros. Pode ser inovador, como introduzir uma nova solução para um problema antigo. A chave é que deve ser percebido como benéfico pelo destinatário. O que uma pessoa ou grupo considera valioso, outro pode não considerar. Portanto, compreender o público-alvo e suas necessidades específicas é fundamental para o sucesso no plantio de valor.

Além disso, o ato de plantar valor é inerentemente iterativo. Raramente uma solução perfeita é concebida e executada em uma única tentativa. O plantio inicial pode ser um Produto Mínimo Viável (MVP) no mundo dos negócios ou um rascunho preliminar em empreendimentos criativos. O feedback recebido do mercado – as reações, os padrões de uso, o input direto daqueles que interagem com o valor criado – fornece informações cruciais para o refinamento. Esse ciclo de feedback é essencial para nutrir a semente plantada, permitindo que ela se adapte e cresça em uma forma mais robusta e impactante. Ignorar o feedback é como recusar-se a regar uma planta ou fornecer-lhe luz solar; isso impede o crescimento e garante a decadência eventual.

Psicologicamente, abraçar o protocolo de plantar valor está profundamente alinhado com a mentalidade de crescimento. Ele promove a crença na capacidade de aprender, adaptar-se e melhorar. Quando focamos em criar valor, estamos inerentemente focados em resolver problemas e contribuir, atividades que são orientadas para o crescimento. Isso contrasta fortemente com a mentalidade fixa, que frequentemente se concentra em habilidades inatas percebidas e teme o fracasso, dificultando a disposição de se engajar em atividades que podem levar ao crescimento, mas também carregam o risco de não ter sucesso imediato. O ato de plantar, por sua própria natureza, envolve um elemento de risco – a incerteza da colheita. Mas, para o indivíduo com mentalidade de crescimento, isso é uma parte aceitável e até necessária do processo.

Do ponto de vista hermético, o princípio da "Correspondência" também é evidente aqui. O estado interno de um indivíduo ou organização – sua disposição e capacidade de criar valor – corresponde diretamente aos resultados financeiros externos que alcançam. Se os processos internos estão voltados para eficiência, qualidade e satisfação do cliente, os resultados externos provavelmente refletirão prosperidade. Por outro lado, um foco interno em cortar caminhos, priorizar ganhos de curto prazo em detrimento do valor de longo prazo ou negligenciar as necessidades dos outros inevitavelmente levará a uma colheita externa diminuída. O cenário financeiro externo é um espelho que reflete o compromisso interno com a criação de valor.

A prática de plantar valor também está profundamente entrelaçada com o conceito de "dar" como precursor de "receber". Isso não é um idealismo ingênuo, mas uma compreensão profunda das dinâmicas econômicas e universais. Quando você oferece algo de valor genuíno sem uma expectativa transacional imediata de retorno equivalente, você inicia um fluxo. Esse fluxo pode se manifestar de várias formas: boa vontade, indicações, negócios futuros, oportunidades serendipitosas ou até mesmo uma mudança no próprio estado energético interno, tornando-o mais receptivo a receber abundância. O universo, em sua sabedoria infinita e equilíbrio intrincado, tende a devolver o que é enviado, amplificado e muitas vezes em formas inesperadas.

Considere o ato de compartilhar conhecimento livremente. Um especialista pode publicar artigos, dar palestras gratuitas ou contribuir para projetos de código aberto. Embora essas ações não gerem receita direta, elas constroem reputação, estabelecem autoridade e criam uma comunidade de seguidores. Esses seguidores, por sua vez, tornam-se os clientes mais prováveis de futuras ofertas pagas. O ato inicial de plantar conhecimento semeou as sementes para retornos financeiros futuros. Isso não é uma transação; é um investimento em relacionamentos e reputação, um bloco fundamental do sucesso financeiro de longo prazo.

Além disso, o ato de plantar valor cultiva um senso de propósito. Quando indivíduos estão engajados em trabalhos que percebem como significativos e que contribuem para algo maior do que eles mesmos, experimentam maior satisfação e motivação. Essa motivação intrínseca frequentemente leva a níveis mais altos de desempenho e criatividade, o que, por sua vez, melhora a qualidade e o impacto do valor que criam. Um forte senso de propósito atua como um catalisador poderoso, transformando o ato de trabalhar de um mero meio para um fim em uma jornada gratificante de contribuição e crescimento.

O compromisso de plantar valor também exige um grau de paciência. A colheita, embora inevitável de acordo com a Lei de Causa e Efeito, nem sempre é imediata. Algumas sementes demoram mais para germinar e amadurecer do que outras. Uma empresa iniciante pode passar anos desenvolvendo uma tecnologia revolucionária antes de ganhar aceitação generalizada no mercado e lucratividade. Um escritor pode trabalhar por anos, aprimorando sua arte e construindo um público, antes de alcançar sucesso comercial significativo. A impaciência, e a tentação de abandonar o processo de plantio prematuramente, é uma armadilha comum que impede muitos de colherem as recompensas de seus esforços. Compreender que o crescimento financeiro, assim como o crescimento natural, segue seu próprio cronograma é crucial.

O protocolo de plantar valor também trata de alinhar ações financeiras com princípios éticos. A verdadeira criação de valor sustentável é construída sobre uma base de honestidade, integridade e respeito pelos outros. Práticas enganosas, exploração ou a criação de produtos superficiais ou prejudiciais podem gerar ganhos de curto prazo, mas são inerentemente insustentáveis. São como plantar ervas daninhas que podem brotar rapidamente, mas acabarão sufocando qualquer chance de uma colheita saudável. A Lei de Causa e Efeito, quando vista por uma lente mais ampla, abrange não apenas resultados transacionais imediatos, mas as consequências kármicas de longo prazo de nossas ações. Plantar valor de forma ética garante que a colheita seja não apenas abundante, mas também saudável e duradoura.

Para implementar esse protocolo de forma eficaz, é benéfico adotar uma abordagem estruturada.

Isso pode envolver:

1. **Autoavaliação:** Compreender suas habilidades, paixões, conhecimentos e recursos únicos. Em que você é bom? O que você gosta de fazer? Que problemas pode resolver com o que tem? Este é o inventário de suas sementes.

2. **Observação de Mercado:** Identificar necessidades, desejos e ineficiências no mundo ao seu redor. Onde estão as lacunas? Com o que as pessoas estão lutando? O que poderia ser melhorado? Esta é a identificação do terreno fértil.

3. **Desenvolvimento da Proposta de Valor:** Definir claramente como suas habilidades e recursos podem atender a uma necessidade específica, criando uma oferta clara e atraente. Qual é o valor específico que você fornecerá e para quem?

4. **Ação e Execução:** Dar passos consistentes e deliberados para entregar esse valor. Isso envolve o plantio real – o trabalho, a criação, a prestação de serviços.

5. **Integração de Feedback:** Buscar ativamente, ouvir e incorporar feedback para refinar e melhorar sua oferta. Este é o cuidado e a nutrição da semente plantada.

6. **Paciência e Persistência:** Confiar no processo, compreender que os resultados levam tempo e permanecer comprometido mesmo

durante períodos de crescimento lento. Isso é permitir que as leis naturais de crescimento e colheita se desenrolem.

Os retornos financeiros que surgem desse plantio intencional de valor não são meras recompensas arbitrárias; são as consequências naturais, lógicas e inevitáveis de contribuir positivamente para o ecossistema econômico. Quando você cria algo que genuinamente beneficia os outros, torna-se uma parte indispensável do sucesso deles. E, na teia interconectada do esforço humano, tal indispensabilidade é invariavelmente recompensada com abundância financeira. Isso não é uma fórmula secreta ou um encantamento mágico; é a aplicação direta das leis universais fundamentais. Ao dominar a arte e a ciência de plantar valor, você está, em essência, dominando seu karma financeiro, garantindo que as sementes que semear inevitavelmente produzirão uma colheita rica e sustentável.

A transição de experimentar passivamente resultados financeiros para orquestrá-los ativamente é a pedra angular da criação consciente. Vai além do mero reconhecimento de causa e efeito para uma aplicação deliberada e estratégica desses princípios. É onde a intenção encontra a execução, onde o reino etéreo do desejo é fundamentado em ação tangível, garantindo assim que os efeitos que experimentamos em nossas vidas financeiras sejam precisamente aqueles que escolhemos conscientemente. Para alcançar isso, devemos primeiro cultivar uma clareza profunda em relação às nossas intenções. Isso não é simplesmente um desejo passageiro ou uma esperança vaga; é uma visão bem definida, profundamente sentida e precisamente articulada de nosso futuro financeiro desejado.

Considere a diferença sutil, mas profunda, entre querer "ser rico" e pretender "estabelecer uma fonte de renda sustentável de X valor por mês fornecendo Y serviço/produto para o público Z". O primeiro é uma aspiração nebulosa, facilmente sujeita aos caprichos das circunstâncias externas e propensa a gerar ações difusas e sem foco. O segundo, no entanto, é uma declaração potente de intenção, uma diretriz clara que orienta nossas ações subsequentes. É como um navegador definindo um destino preciso em uma bússola, em vez de simplesmente desejar viajar. Essa especificidade é crucial porque nossas ações, as causas que iniciamos, devem ser calibradas para produzir efeitos específicos. Intenções vagas levam a causas vagas e, consequentemente, a efeitos vagos e muitas vezes decepcionantes.

Psicologicamente, o poder de intenções claramente definidas reside em sua capacidade de preparar nossa mente para o sucesso. Quando articulamos nossos desejos financeiros com precisão, engajamos nosso sistema de ativação reticular (SAR), um filtro neurológico que prioriza informações relevantes para nossos objetivos. Isso significa que começamos a notar oportunidades, recursos e conexões que se alinham às nossas intenções, que antes poderiam ter passado despercebidas. Além disso, intenções claras fornecem uma âncora motivacional, um farol que nos guia através dos inevitáveis desafios e distrações que surgem no caminho da conquista financeira. Elas servem como um lembrete constante do porquê estamos tomando certas ações, reforçando nosso compromisso e resiliência.

Do ponto de vista hermético, esse alinhamento de intenção e ação reflete o princípio do "Mentalismo" – o entendimento de que o Todo é Mente, e o universo é fundamentalmente mental. Nossos pensamentos e intenções não são meros epifenômenos efêmeros; são forças criativas poderosas. Quando nosso estado mental, nossas intenções, estão em correspondência direta com as ações que tomamos, estamos, em essência, alinhando nosso mundo interno com o mundo externo da manifestação. Isso cria uma sinergia poderosa, uma ressonância que amplifica nossa capacidade de atrair e gerar os resultados financeiros que desejamos. É o ato de imprimir nossa vontade sobre o tecido da realidade, não por força ou manipulação, mas por meio de energia criativa focada e alinhada.

O processo de criação consciente, portanto, começa com clareza intencional. Isso envolve introspecção e autoindagação. O que o bem-estar financeiro realmente significa para você? É segurança, liberdade, a capacidade de prover para os entes queridos, a possibilidade de perseguir paixões ou uma combinação desses fatores? É vital ir além dos desejos superficiais e conectar-se com o "porquê" mais profundo por trás de suas aspirações financeiras. Uma vez identificadas essas intenções centrais, elas devem ser traduzidas em objetivos concretos e mensuráveis. Isso pode envolver estabelecer metas específicas de renda, objetivos de poupança, marcos de investimento ou cronogramas de redução de dívidas.

No entanto, intenções sozinhas são insuficientes. Elas são o projeto, mas não a construção. O segundo passo crucial na criação consciente é o alinhamento das ações. Isso significa garantir que cada empreendimento, cada decisão, cada gasto e cada momento do seu tempo seja um passo deliberado na direção de suas intenções declaradas. Isso requer uma auditoria rigorosa de suas atividades e hábitos atuais. Suas ações diárias contribuem para seus objetivos financeiros ou os minam sutilmente? Você está investindo seu tempo e energia em atividades que plantam sementes para abundância futura ou está apenas envolvido em tarefas sem retorno significativo?

Por exemplo, se sua intenção é construir um negócio online de sucesso, apenas ter um site e presença nas redes sociais não é suficiente. Suas ações devem estar alinhadas. Isso significa criar conteúdo valioso de forma consistente, engajar-se com seu público, divulgar suas ofertas de maneira eficaz e refinar seus produtos ou serviços com base no feedback dos clientes. Cada uma dessas ações é uma causa específica projetada para gerar o efeito de um negócio próspero. Se, em vez disso, suas ações consistem em postar esporadicamente nas redes sociais sem uma estratégia clara ou em procrastinar sem fim, então suas ações estão desalinhadas com sua intenção, e o efeito financeiro esperado provavelmente não se materializará.

Considere o princípio hermético da "Vibração". Tudo no universo vibra em uma frequência específica. Nossas intenções, quando claramente definidas e acompanhadas de ação focada, criam uma vibração energética poderosa. Essa vibração atrai experiências, pessoas e oportunidades que ressoam com ela. Por outro lado, a falta de alinhamento entre intenção e ação cria uma vibração dissonante – um conflito entre o que você diz que quer e o que está energeticamente transmitindo por meio de seus atos. Essa dissonância pode se manifestar como uma sensação de estar preso, de enfrentar obstáculos constantes ou de experimentar resultados financeiros imprevisíveis e muitas vezes indesejáveis.

O alinhamento das ações também exige uma abordagem consciente da alocação de recursos, particularmente tempo e dinheiro. Se sua intenção é alcançar liberdade financeira, e uma parte significativa de sua renda está sendo gasta em itens discricionários que não contribuem para esse objetivo, então suas ações estão desalinhadas. Isso não implica uma vida de privação, mas sim uma priorização consciente. Cada dólar gasto deve ser visto como um investimento em seu futuro desejado. Essa compra o aproxima de suas intenções financeiras ou o afasta delas? O mesmo se aplica ao seu tempo. O tempo que você dedica às atividades está alinhado com seus objetivos ou você está inadvertidamente investindo seu recurso mais precioso em maneiras que não servem à sua visão final?

Um exercício prático para fomentar esse alinhamento é manter um "Diário de Causalidade". A cada dia, ou pelo menos semanalmente, reflita sobre suas ações e seus resultados percebidos. Pergunte a si mesmo: "Quais ações tomei hoje/esta semana? Quais foram os resultados ou impactos financeiros dessas ações? Esses resultados estavam alinhados com minhas intenções? Se não, por quê? Que ações eu poderia ter tomado de forma diferente para produzir um resultado mais desejável?" Esse diário funciona como um mecanismo de feedback, permitindo identificar padrões de ação desalinhada e fazer os ajustes necessários. É um processo contínuo de refinamento, garantindo que suas ações estejam sempre a serviço de suas intenções.

Além disso, a criação consciente exige uma postura proativa em vez de reativa. Quando estamos apenas reagindo a estímulos externos – respondendo a contas conforme chegam, tomando decisões financeiras sob pressão ou aceitando passivamente as flutuações do mercado – não estamos criando conscientemente. Estamos sendo conduzidos pelas circunstâncias. A criação consciente significa antecipar necessidades e oportunidades futuras, fazendo escolhas deliberadas hoje que moldarão um futuro mais favorável. Por exemplo, antecipar a necessidade de uma entrada para um imóvel ao poupar consistentemente uma parte da renda, mesmo quando não há compra imediata planejada, é uma forma de criação consciente. Essa ação está diretamente alinhada com a intenção de adquirir uma casa, colocando as causas necessárias em movimento com antecedência.

O aspecto psicológico dessa abordagem proativa envolve cultivar disciplina e gratificação adiada. É frequentemente mais fácil ceder a impulsos imediatos – gastar dinheiro agora em vez de economizar, buscar um caminho rápido e fácil em vez de um mais desafiador, porém mais recompensador. A criação consciente requer disciplina para resistir a esses impulsos e escolher consistentemente ações que se alinhem com sua visão financeira de longo prazo. Isso constrói um poderoso locus interno de controle, reforçando a crença de que você é o arquiteto de seu destino financeiro.

O princípio hermético do "Ritmo" também desempenha um papel crucial aqui. A vida, e por extensão os ciclos financeiros, frequentemente se movem em padrões de fluxo e refluxo. A criação consciente não significa forçar um estado constante de abundância contra as marés naturais. Em vez disso, significa compreender esses ritmos e alinhar suas ações de acordo. Durante períodos de crescimento e oportunidade, você pode acelerar seus esforços, investindo mais tempo e recursos em seus empreendimentos. Durante períodos de contração ou desafio, pode exercer maior cautela, conservar recursos e focar em refinar suas bases existentes, garantindo que suas ações sejam sempre apropriadas ao ritmo predominante. Não se trata de lutar contra os ciclos naturais, mas de harmonizar-se com eles.

O alinhamento de intenção e ação também tem implicações profundas sobre como percebemos e gerenciamos o risco. Quando nossas ações estão alinhadas com nossas intenções, não estamos assumindo apostas imprudentes. Em vez disso, estamos tomando decisões calculadas, compreendendo as potenciais causas e efeitos envolvidos. Por exemplo, investir em uma nova habilidade ou programa educacional que apoie diretamente sua intenção de avanço na carreira é uma ação deliberada com potencial calculável de retorno financeiro positivo. Não é uma aposta cega, mas um investimento estratégico projetado para gerar um efeito específico e desejado. Por outro lado, envolver-se em empreendimentos especulativos sem compreender os princípios subjacentes ou sem preparação adequada, motivado apenas por um desejo vago de riqueza rápida, é uma ação desalinhada, frequentemente levando a resultados financeiros indesejáveis.

Além disso, a criação consciente envolve cultivar um ambiente que apoie suas intenções. Isso pode significar cercar-se de indivíduos com objetivos semelhantes que ofereçam encorajamento e responsabilidade. Pode também significar criar um espaço físico propício ao foco e à produtividade, ou gerenciar seu ambiente digital para minimizar distrações. Esses fatores externos, quando conscientemente organizados, podem melhorar significativamente sua capacidade de alinhar ações às intenções.

O objetivo final da criação consciente é alcançar um estado de fluxo sem esforço, onde suas ações estejam tão intrinsecamente alinhadas às suas intenções que pareçam naturais e até prazerosas. Isso não significa que os desafios desapareçam, mas sim que sua capacidade de enfrentá-los com graça e eficácia é ampliada. Quando suas ações são uma expressão genuína de seus desejos financeiros mais profundos, o trabalho deixa de ser um fardo e se torna uma jornada gratificante. Essa motivação intrínseca alimenta persistência e criatividade, fortalecendo ainda mais a cadeia causal que leva aos efeitos financeiros desejados.

Em essência, a criação consciente é a arte de se tornar um maestro de sua orquestra financeira. Suas intenções são a partitura musical, e suas ações são os instrumentos e os músicos. Quando o maestro interpreta meticulosamente a partitura e dirige os músicos com precisão, surge uma sinfonia harmoniosa e bela. Da mesma forma, quando suas intenções são claras e suas ações estão perfeitamente alinhadas a elas, sua vida financeira refletirá uma sinfonia de abundância, segurança e realização. Esta é a aplicação prática da Lei de Causa e Efeito, não como uma observação passiva, mas como um ato ativo e empoderado de criação. Ao compreender e implementar essa sinergia entre intenção e ação, você deixa de ser espectador de sua vida financeira para se tornar seu principal arquiteto, criando conscientemente uma realidade que reflete verdadeiramente suas aspirações mais profundas.

A jornada de compreender a Lei de Causa e Efeito até utilizá-la ativamente para abundância financeira é marcada por uma mudança crítica: da observação para a causação deliberada. Essa fronteira final de nossa exploração não trata de esperar passivamente por resultados favoráveis; trata de se tornar os arquitetos de nosso destino financeiro. Exige que não apenas compreendamos o vínculo imutável entre nossas ações e suas consequências, mas que também orquestremos estrategicamente essas ações para projetar a prosperidade que imaginamos. Isso envolve uma abordagem dupla: dissecar a causalidade de nosso passado para extrair sabedoria inestimável e, em seguida, plantar proativamente as sementes para um futuro financeiro abundante por meio da criação ética de valor e da administração disciplinada das finanças.

Para embarcar nesse caminho de causação deliberada, devemos primeiro realizar uma análise rigorosa, mas compassiva, de nossa história financeira. Todo resultado financeiro, seja um momento de escassez ou um ganho inesperado, é um efeito direto decorrente de uma série de causas, conscientes e inconscientes. Esse exame retrospectivo não é um exercício de autocrítica ou culpa. Em vez disso, é uma ferramenta diagnóstica, um meio de identificar os padrões de causalidade que moldaram nossa realidade financeira atual. Devemos nos perguntar: Quais foram as crenças, atitudes e comportamentos subjacentes que levaram a decisões financeiras passadas? Quais foram as consequências imediatas e de longo prazo dessas decisões? Houve oportunidades perdidas devido ao medo ou à inércia? Houve riscos assumidos sem previsão adequada?

Considere o princípio de "Assim como acima, assim abaixo", um pilar da filosofia hermética. Esse princípio sugere que o macrocosmo – o universo em geral – é refletido no microcosmo – nossas vidas individuais e experiências financeiras. Se observamos um padrão recorrente de dificuldades financeiras em nossas vidas, isso é um reflexo de forças causais mais profundas em ação. Talvez uma crença em escassez inerente, herdada da família ou da sociedade, tenha subconscientemente guiado nossas ações, levando-nos a escolhas que perpetuam a falta. Ou talvez um medo do sucesso, enraizado em ansiedades sobre responsabilidade ou visibilidade, tenha nos levado a sabotar nosso próprio progresso em momentos cruciais. Ao compreender essas causas raízes, ganhamos o poder de arrancá-las.

Do ponto de vista psicológico, essa autoanálise acessa o poder da metacognição – a consciência dos próprios processos de pensamento. Ao observar nossa tomada de decisão financeira sem julgamento imediato, podemos identificar vieses cognitivos que podem estar atrapalhando nossos esforços. Por exemplo, o viés de confirmação pode nos levar a buscar informações que validem nossas crenças financeiras existentes, mesmo que essas crenças sejam prejudiciais. A heurística da disponibilidade pode nos fazer superestimar a probabilidade de eventos facilmente lembrados, como a súbita riqueza de um amigo por meio de um investimento arriscado, levando-nos a seguir caminhos imprudentes semelhantes. Desconstruir esses vieses nos permite ajustar nossos modelos mentais, abrindo espaço para um planejamento financeiro mais objetivo e eficaz.

Além disso, essa retrospectiva frequentemente revela a interação sutil entre fatores externos e nossas respostas internas. Embora não possamos controlar mudanças econômicas globais ou quedas inesperadas do mercado, podemos controlar como reagimos a elas. Ficamos em pânico e tomamos decisões impulsivas durante uma recessão, ou mantivemos uma abordagem calma e estratégica? Aproveitamos as oportunidades apresentadas pelos avanços tecnológicos, ou resistimos à mudança? As causas que colocamos em movimento nem sempre são grandes gestos; muitas vezes, são a soma de pequenas escolhas consistentes em resposta às circunstâncias em evolução.

Uma vez que analisamos meticulosamente as causas e efeitos de nosso passado financeiro, o próximo passo crucial é projetar e implementar intencionalmente novas causas. É aqui que a lei de causa e efeito se transforma de um princípio descritivo em uma ferramenta prescritiva. Passamos de uma vida reativa para uma criação proativa. A base dessa abordagem proativa repousa sobre o princípio da criação ética de valor. Na tradição hermética, o ato de criar é inerentemente divino. Quando criamos valor no mundo, alinhamos-nos com essa força criativa universal. Financeiramente, isso se traduz em oferecer produtos, serviços ou habilidades que genuinamente beneficiem os outros, resolvendo seus problemas, atendendo às suas necessidades ou melhorando suas vidas.

Isso não é apenas altruísmo; trata-se de compreender que a abundância genuína e sustentável é um subproduto de servir aos outros. Quando você contribui de forma significativa para o bem-estar dos outros, cria um efeito positivo em cadeia que inevitavelmente retorna para você. As causas que você coloca em movimento são de contribuição, inovação e serviço. Os efeitos que pode esperar são confiança, lealdade, reputação positiva e, em última análise, recompensa financeira. Isso ressoa com o princípio psicológico da reciprocidade, onde os indivíduos sentem uma inclinação natural para retribuir favores ou gentilezas. Ao oferecer valor, você está, em essência, iniciando um ciclo de troca positiva.

Considere o exemplo de um empreendedor que identifica uma necessidade genuína no mercado por um produto de limpeza acessível e ecológico. Sua intenção é fornecer uma solução superior que beneficie tanto os consumidores quanto o meio ambiente. As causas que ele coloca em movimento incluem pesquisa e desenvolvimento, aquisição ética de materiais, processos de fabricação responsáveis e marketing transparente. Os efeitos que pode antecipar não são apenas vendas, mas também lealdade do cliente, boca a boca positivo e uma reputação de integridade. Isso é causação deliberada: uma intenção clara traduzida em ações orientadas por valor, projetadas para produzir resultados financeiros e sociais específicos e desejáveis.

Por outro lado, uma empresa que foca apenas em extrair o máximo de lucro sem se importar com a qualidade de seu produto ou o impacto sobre seus clientes ou o meio ambiente está colocando em movimento causas que provavelmente levarão a efeitos negativos. Tais ações podem gerar ganhos de curto prazo, mas são como construir uma casa sobre areia. A falta de criação genuína de valor eventualmente levará à queda da reputação, perda de clientes e possíveis problemas regulatórios – todos efeitos negativos decorrentes de causas eticamente questionáveis.

Práticas financeiras responsáveis são outro componente crítico da causação deliberada. Isso inclui poupança disciplinada, investimento prudente, gestão diligente de dívidas e educação financeira contínua. Cada uma dessas práticas representa uma causa específica destinada a gerar o efeito de segurança e crescimento financeiro de longo prazo. Economizar uma parte da renda, por exemplo, é uma causa que gera o efeito de uma reserva financeira, proporcionando segurança contra despesas imprevistas e oportunidades de investimento futuro. Investir com sabedoria, seja em ações, imóveis ou no próprio negócio, é uma causa que visa gerar o efeito de acumulação de riqueza ao longo do tempo.

Do ponto de vista hermético, a disciplina financeira se alinha ao princípio da "Ordem". O universo opera de acordo com leis e ritmos previsíveis. Ao impor ordem em nossas vidas financeiras por meio de práticas responsáveis, harmonizamos com essa ordem cósmica. Criamos um ambiente interno estável e previsível que nos permite navegar melhor pelas flutuações externas do mundo financeiro. Essa disciplina não se trata de privação, mas de gestão consciente e alinhamento. Trata-se de garantir que nossas ações financeiras estejam sempre a serviço de nossas intenções, e não ditadas por impulsos ou pressões externas.

Psicologicamente, o comportamento financeiro responsável e consistente constrói autoeficácia – a crença na própria capacidade de ter sucesso em situações específicas ou realizar uma tarefa. Cada vez que você economiza, investe ou paga dívidas com sucesso, reforça essa crença. Isso fortalece seu locus interno de controle, tornando-o menos suscetível à validação externa ou ao desânimo. Cultiva resiliência, permitindo enfrentar tempestades financeiras sem sucumbir ao desespero. O ato de escolher consistentemente ações responsáveis, mesmo quando difíceis, é uma causa poderosa que gera o efeito de maior confiança e empoderamento financeiro.

Além disso, a causação deliberada exige que cultivemos gratidão pelo que temos. Gratidão não é apenas uma emoção agradável; é uma força energética poderosa que amplifica nossa capacidade de receber. Quando focamos no que nos falta, transmitimos uma vibração de escassez que, de acordo com a lei da atração, atrai mais escassez para nossas vidas. Por outro lado, quando praticamos gratidão pela abundância que já existe – seja um teto sobre nossas cabeças, um relacionamento de apoio ou uma renda modesta – transmitimos uma vibração de apreciação e abundância. Essa vibração positiva atrai mais do que apreciamos, criando um ciclo virtuoso.

O princípio hermético da "Correspondência" é profundamente relevante aqui: "Assim como dentro, assim fora." Nosso estado interno de gratidão influencia diretamente nossa realidade financeira externa. Se estamos constantemente reclamando da situação financeira, estamos essencialmente criando causas para insatisfação contínua. Se, no entanto, cultivamos apreciação genuína pelos recursos que possuímos e pelas oportunidades que temos, alinhamos nosso mundo interno com uma experiência externa mais próspera. Isso não significa ignorar desafios, mas escolher conscientemente focar no positivo, gerando assim causalidade positiva.

Para implementar efetivamente a causação deliberada, é imperativo manter uma visão clara de seu futuro financeiro desejado e revisar e ajustar regularmente suas estratégias. É aqui que o conceito de um roteiro financeiro se torna essencial. Esse roteiro não deve ser um documento rígido e imutável, mas um guia vivo que é periodicamente revisitado e refinado. Deve delinear seus objetivos de longo prazo, os marcos-chave que você pretende alcançar e as ações específicas que tomará para alcançá-los. Consultar regularmente esse roteiro garante que suas ações diárias permaneçam alinhadas com suas intenções finais.

Pense nesse processo como semelhante a um agricultor cultivando um campo. O agricultor não simplesmente espalha sementes e espera pelo melhor. Ele prepara meticulosamente o solo (analisa causas passadas), seleciona as sementes certas (define intenções claras), planta com cuidado (toma ações éticas e responsáveis), nutre o crescimento (mantém disciplina e gratidão consistentes) e protege as colheitas contra pragas (gerencia riscos proativamente). O agricultor entende que uma colheita abundante é o resultado de esforço deliberado, consistente e informado. Da mesma forma, a abundância financeira é o resultado natural da aplicação da Lei de Causa e Efeito com intenção, sabedoria e compromisso inabalável.

A aplicação prática da causação deliberada envolve um ciclo contínuo de feedback. Nós agimos, observamos os efeitos, aprendemos com esses efeitos e ajustamos nossas ações de acordo. Esse processo iterativo nos permite refinar nossas estratégias e aprofundar nossa compreensão das forças causais em ação. É um engajamento dinâmico com a realidade, onde não somos receptores passivos do destino, mas participantes ativos na criação de nossas vidas financeiras.

Por exemplo, se sua intenção é construir um fundo de aposentadoria substancial, e você estabeleceu como causa investir uma certa porcentagem de sua renda a cada mês, então monitoraria o desempenho de seus investimentos. Se as condições de mercado mudarem, ou se você descobrir um veículo de investimento mais vantajoso, ajustaria suas ações. Isso pode envolver o reequilíbrio de seu portfólio, o aumento da taxa de poupança durante um período de renda excedente ou a busca de aconselhamento especializado. Cada ajuste é um ato deliberado para garantir que suas causas permaneçam alinhadas de forma ideal com sua intenção.

Em conclusão, cultivar abundância por meio da causação deliberada é a maestria suprema de seu karma financeiro. Isso transcende o mero pensamento desejoso e entra no reino da ação intencional, ética e disciplinada. Ao analisar diligentemente as causas que moldaram seu passado, estabelecer intenções claras e significativas para seu futuro e implementar consistentemente ações enraizadas na criação de valor e na administração responsável, você pode projetar uma realidade financeira que não apenas o sustente, mas também lhe permita prosperar. Esse é o poder de escolher conscientemente suas causas, tornando-se assim o arquiteto empoderado de seu destino financeiro, vivendo uma vida de prosperidade e realização duradouras.

**Capítulo 8: A Lei de Gênero – A Dança da Estratégia e da Intuição**

O princípio hermético do Gênero, frequentemente mal compreendido e envolto na mística da sabedoria antiga, é talvez uma das leis mais profundas e, ao mesmo tempo, universalmente aplicáveis que regem a criação – incluindo a criação da abundância financeira. Longe de qualquer constructo biológico ou social de sexo, este princípio afirma que "O gênero está em tudo; tudo possui seus princípios masculino e feminino." Isso não é uma afirmação de dualidade no sentido de oposição, mas sim o reconhecimento de forças complementares que, em sua interação dinâmica, impulsionam todos os processos da existência. Tudo o que vem a existir o faz por meio da união e interação dessas duas energias fundamentais. Para realmente dominar a arte da criação financeira, é preciso primeiro compreender essa dança energética inerente.

Considere o universo como uma grande entidade pulsante, constantemente engajada no ato de gerar e regenerar. Esse movimento perpétuo é alimentado pelos princípios masculino e feminino. O princípio masculino, em sua forma mais pura, é a força ativa, penetrante, iniciadora. É a centelha de uma ideia, o impulso para agir, o foco da intenção e o poder da vontade. É o yang, o sol, a semente que rompe o solo. No domínio das finanças, essa energia se manifesta como decisão, planejamento estratégico, coragem para assumir riscos calculados, inovação e a busca firme por objetivos. É o espírito empreendedor que concebe um novo empreendimento, o investidor que aloca capital com objetivos claros e o planejador que traça meticulosamente um curso para a acumulação de riqueza. Essa energia é caracterizada por sua direção, sua capacidade de romper a inércia e seu impulso inerente para a manifestação. É a expressão externa do poder criativo.

Por outro lado, o princípio feminino é a força receptiva, nutridora e expansiva. É o solo fértil que recebe a semente, o útero que gesta, a compreensão intuitiva e a capacidade ilimitada de crescimento e transformação. É o yin, a lua, o oceano. Na criação financeira, o princípio feminino incorpora intuição, empatia, paciência, adaptabilidade e a habilidade de cultivar e nutrir o que foi iniciado. É a escuta profunda dos sinais do mercado, a compreensão empática das necessidades dos clientes, o cultivo paciente de investimentos de longo prazo e o ajuste flexível das estratégias em resposta às circunstâncias em evolução. Essa energia é caracterizada por sua inclusividade, sua capacidade de absorver, sintetizar e permitir o desenvolvimento orgânico. É o aspecto interno do poder criativo, essencial para a sustentabilidade e o florescimento.

O erro frequentemente cometido é associar esses princípios a papéis de gênero ou percebê-los como facções em guerra. Nada poderia estar mais distante da verdade. Ambas as energias estão presentes em cada indivíduo e em cada fenômeno. Um empreendedor de sucesso, por exemplo, precisa da força masculina para lançar um negócio, mas também da intuição feminina para compreender as necessidades dos clientes e da paciência nutridora para construir uma cultura empresarial duradoura. Um investidor sábio emprega o foco masculino da pesquisa analítica, mas confia na intuição feminina para perceber mudanças de mercado ou manter-se firme durante períodos de volatilidade. O estado ideal não é a predominância de uma sobre a outra, mas sua integração harmoniosa e expressão equilibrada. Quando essas energias estão em desequilíbrio, os resultados financeiros sofrem. Um excesso de masculino, sem a influência moderadora do feminino, pode levar a decisões impulsivas, esgotamento, falta de empatia com as partes interessadas e, em última análise, empreendimentos insustentáveis. Por outro lado, um excesso de feminino, sem a força diretiva do masculino, pode resultar em inércia, indecisão, medo de assumir riscos necessários e falha em aproveitar oportunidades.

Essa interação é crucial para compreender estratégia e intuição financeiras. A estratégia, em sua forma mais eficaz, é a manifestação do princípio masculino em ação – o planejamento lógico, analítico e orientado a objetivos. Envolve dissecar possibilidades, avaliar riscos e traçar um curso com precisão. No entanto, a estratégia sozinha, desprovida de intuição, pode ser frágil. Pode falhar em considerar circunstâncias imprevistas, mudanças sutis no cenário energético ou necessidades não articuladas do mercado. É aqui que o princípio feminino, por meio da intuição, torna-se indispensável. A intuição não é um jogo místico de adivinhação; é o processamento sutil, muitas vezes inconsciente, de vastas quantidades de informação, um saber profundo que surge do estado receptivo. É a capacidade de sentir a correção ou incorreção de uma situação, de perceber oportunidades antes que se tornem óbvias e de navegar em dinâmicas humanas complexas com graça.

Considere a arte da negociação. O princípio masculino traz a assertividade, a articulação clara dos termos e o posicionamento estratégico. O princípio feminino, no entanto, permite empatia, a capacidade de compreender as necessidades e motivações subjacentes da outra parte e a flexibilidade para encontrar soluções mutuamente benéficas. Sem essa receptividade feminina, a negociação pode se transformar em uma batalha de soma zero, prejudicando relacionamentos e levando a um resultado menos ideal para ambas as partes. Com ela, pode se transformar em um processo colaborativo, fomentando confiança e criando acordos sustentáveis.

A lei do Gênero também ilumina o processo de crescimento financeiro em si. Imagine uma semente – o capital inicial, a ideia de negócio, o investimento. O princípio masculino fornece o ímpeto para plantar essa semente, alocar os recursos, iniciar a ação. Mas é o princípio feminino que a nutre. É a rega consistente, o fornecimento de solo fértil (um ambiente financeiro de apoio), a paciência para permitir que cresça e a adaptabilidade para protegê-la de condições adversas. Esse processo de nutrição não é passivo; exige atenção ativa, cuidado e uma compreensão profunda das necessidades em evolução da entidade em crescimento. Ativos financeiros, como plantas, exigem cuidados consistentes, não apenas investimento inicial. Isso pode envolver reequilíbrio regular de portfólio, aprendizado contínuo para adaptar estratégias de investimento ou reinvestimento de lucros para alimentar expansão adicional.

No domínio da criação de riqueza, o princípio masculino é frequentemente associado ao ato de ganhar e adquirir. É o impulso para trabalhar, inovar, criar valor que pode ser trocado por dinheiro. O princípio feminino, por outro lado, está associado a receber e reter. É a capacidade de aceitar a abundância com gratidão, de administrar recursos com sabedoria e de cultivar um ambiente onde a riqueza possa florescer e crescer. Muitos indivíduos têm dificuldade em receber abundância, frequentemente bloqueando inconscientemente o fluxo de riqueza devido a crenças enraizadas ou falta de autoestima. Isso é uma falha em abraçar plenamente o princípio feminino da receptividade. Eles podem ser excelentes em ganhar, mas têm dificuldade em manter ou crescer o que ganham, como se seu recipiente financeiro tivesse vazamentos.

É aqui que a psicologia financeira encontra os princípios herméticos. Nossas crenças enraizadas e padrões emocionais frequentemente ditam qual energia predominamos e como a expressamos. Se alguém experimentou escassez financeira ou se sente indigno de abundância, pode operar inconscientemente a partir de um lugar de falta, inibindo sua capacidade de receber. Isso é uma manifestação de um princípio feminino desequilibrado, onde a receptividade é prejudicada pelo medo e pela dúvida. Por outro lado, uma busca implacável por riqueza sem uma capacidade correspondente de administração cuidadosa pode ser uma superextensão do masculino, impulsionada por uma necessidade de validação em vez de um desejo de prosperidade genuína.

A aplicação prática da Lei de Gênero nas finanças envolve o cultivo consciente de ambas as energias. Exige desenvolver a clareza de intenção e a decisão do masculino, ao mesmo tempo em que se promove a sabedoria intuitiva e a paciência nutridora do feminino. Para o empreendedor, isso significa não apenas ter um plano de negócios brilhante (masculino), mas também cultivar relacionamentos fortes com funcionários e clientes, compreender suas necessidades mais profundas e fomentar uma cultura empresarial positiva (feminino). Para o investidor, significa realizar uma diligência rigorosa e tomar decisões estratégicas de alocação (masculino), enquanto também desenvolve a intuição para reconhecer o sentimento do mercado e a paciência para enfrentar quedas sem reação emocional exagerada (feminino).

Considere o processo de poupar e investir. A decisão de economizar uma parte da renda é uma manifestação do princípio masculino – uma escolha deliberada e um compromisso. No entanto, a capacidade de aderir consistentemente a esse compromisso, de resistir à gratificação imediata e de confiar nos benefícios de longo prazo da poupança disciplinada, recorre ao princípio feminino da paciência e da fortaleza interior. Ao investir, a pesquisa analítica e a avaliação de riscos são ações masculinas. A decisão de manter um investimento durante tempos turbulentos, confiando nos fundamentos subjacentes ou pressentindo uma recuperação futura, é uma poderosa expressão do princípio feminino de fé e paciência receptiva.

O princípio hermético da Correspondência, "Assim como acima, assim abaixo; assim como dentro, assim fora", é profundamente relevante aqui. O equilíbrio das energias masculina e feminina dentro de um indivíduo espelha diretamente o equilíbrio dessas energias em sua vida financeira. Se o mundo interno de alguém é caracterizado por uma mistura caótica e não integrada de assertividade e passividade, lógica e emoção, então sua realidade financeira provavelmente refletirá um desequilíbrio semelhante. Por outro lado, alcançar harmonia interna entre essas energias universais inevitavelmente levará a uma existência financeira mais equilibrada, harmoniosa e próspera.

Para cultivar esse equilíbrio, a introspecção é fundamental. É preciso identificar qual energia tende a dominar a tomada de decisões financeiras e explorar as razões subjacentes para esse desequilíbrio. Você é excessivamente agressivo, talvez impulsionado por medo de escassez ou necessidade de provar algo? Ou é excessivamente passivo, hesitante em agir, talvez temendo fracasso ou desconforto? A consciência é o primeiro passo para a integração. Uma vez identificado, pode-se praticar conscientemente o fortalecimento da energia menos dominante. Isso pode envolver estabelecer pequenas metas alcançáveis para ações assertivas, se a passividade for o problema, ou praticar pausas conscientes e reflexão intuitiva antes de tomar decisões, se a agressividade for a tendência.

O princípio feminino também fala da importância de criar um ambiente propício ao crescimento financeiro. Isso se relaciona não apenas a fatores externos, mas ao ambiente interno. Um espaço pessoal desorganizado e caótico pode refletir e perpetuar uma mente financeira igualmente desordenada. Por outro lado, criar ordem, beleza e um senso de acolhimento nos arredores imediatos pode fomentar um estado financeiro mais receptivo e abundante. Isso se estende também ao ambiente social. Cercar-se de indivíduos solidários e com mentalidade de abundância pode amplificar o princípio feminino da receptividade e do crescimento, enquanto a exposição constante à negatividade ou à mentalidade de escassez pode sufocá-lo.

Além disso, a Lei de Gênero nos lembra que a criação é um ciclo contínuo. O masculino inicia, o feminino nutre e expande, e essa expansão então fornece o terreno fértil para novas iniciações. Nas finanças, isso significa que a riqueza em si não é estática. É uma força dinâmica que exige engajamento contínuo. Simplesmente ganhar dinheiro é apenas uma parte da equação. Retê-lo, fazê-lo crescer e aplicá-lo sabiamente para criar novas oportunidades é a dança contínua das energias masculina e feminina. Trata-se de compreender que cada ação financeira possui uma qualidade de gênero e que, ao equilibrar conscientemente essas energias, podemos orquestrar uma sinfonia de abundância.

Para realmente aproveitar a Lei de Gênero para o sucesso financeiro, é preciso abraçar a totalidade da criação. Trata-se de reconhecer que planejamento estratégico e insight intuitivo não são forças opostas, mas parceiros essenciais. Trata-se de compreender que decisão e paciência, ação e receptividade, são dois lados da mesma moeda da criação. Quando aprendemos a dançar com essas energias, integrando o poder penetrante do masculino com o nutrir expansivo do feminino, desbloqueamos uma capacidade profunda de gerar e sustentar riqueza, transformando nossas vidas financeiras em um testemunho da interação harmoniosa das forças criativas universais. O universo é inerentemente gerador e, ao nos alinharmos com suas leis fundamentais, tornamo-nos seres geradores, capazes de criar não apenas riqueza, mas uma vida de abundância e realização profundas. Esse entendimento nos leva além da mera mecânica financeira para o reino da verdadeira co-criação, onde nosso estado interno e nossas ações externas, alimentados por princípios energéticos equilibrados, manifestam nossa realidade desejada.

O princípio masculino, quando visto pela lente da criação financeira, é o motor da intenção, o arquiteto da visão e a força inabalável que traduz o pensamento em realidade tangível. É o alicerce da estratégia, o fio afiado da análise e a vontade resoluta que impulsiona iniciativas contra a inércia do status quo. Sem essa energia penetrante, ideias permanecem efêmeras, potenciais ficam dormentes e o terreno fértil da oportunidade não é cultivado. No domínio das finanças, isso se manifesta como a construção meticulosa de um plano de negócios, a análise rigorosa de dados de mercado, a alocação corajosa de capital e a execução disciplinada de um curso de ação bem definido.

Considere a gênese de qualquer empreendimento bem-sucedido. Ela não começa com um desejo passivo, mas com um potente surto de energia masculina – uma ideia que exige expressão, um problema que clama por solução. Essa centelha inicial acende o processo de pensamento estratégico. É a fase em que conceitos são dissecados, possibilidades são mapeadas e uma direção clara é estabelecida. Este é o domínio do estrategista, do planejador, do visionário que consegue perceber o resultado desejado e então traçar meticulosamente o caminho para alcançá-lo. Isso envolve dividir um grande objetivo em etapas menores e gerenciáveis, cada uma com seu propósito definido e resultado mensurável. Essa abordagem granular, impulsionada pelo raciocínio lógico e pela clara compreensão de causa e efeito, é a marca do princípio masculino na estratégia financeira.

O rigor analítico que sustenta a tomada de decisões financeiras sólidas é uma expressão profunda dessa energia masculina. É a capacidade de abordar situações complexas com objetividade, de filtrar dados sem sucumbir ao viés emocional e de identificar padrões, riscos e oportunidades que poderiam escapar a uma mente menos focada. Isso envolve mergulhar profundamente em demonstrações financeiras, testar hipóteses de forma rigorosa e avaliar objetivamente retornos potenciais em relação a níveis aceitáveis de risco. É o compromisso inabalável com evidências factuais, a preferência por métricas quantificáveis e a aplicação disciplinada de estruturas lógicas. Sem essa capacidade analítica, empreendimentos financeiros ficariam à deriva, suscetíveis aos caprichos das circunstâncias e às distorções da percepção subjetiva.

Além disso, o princípio masculino confere às finanças a capacidade de decisão. Em um mundo repleto de incertezas, a capacidade de tomar decisões claras e firmes é primordial. Não se trata de imprudência, mas da afirmação confiante da vontade baseada em preparação minuciosa e julgamento racional. É a capacidade de se comprometer com um curso de ação, mesmo diante de oposição ou dúvida. Essa decisão é o que permite que negócios sejam lançados, investimentos sejam feitos e oportunidades sejam aproveitadas antes que desapareçam. É a coragem de sair da zona de conforto da indecisão e entrar na arena ativa da manifestação. Imagine um investidor que, após extensa pesquisa, identifica uma oportunidade atraente. O princípio masculino o impulsiona a agir, a alocar o capital necessário e a iniciar o processo de investimento, em vez de permitir que a paralisia da análise se instale.

A execução focada de um plano é outra manifestação crítica do princípio masculino. Uma estratégia brilhante, por mais bem concebida, permanece inerte sem esforço diligente e sustentado. É aqui que entram o impulso incansável, a perseverança e o poder da vontade aplicada. Envolve o compromisso diário com a excelência operacional, a busca incansável por objetivos e a resistência firme a distrações e contratempos. Este é o princípio que garante que projetos permaneçam no caminho certo, que prazos sejam cumpridos e que os resultados pretendidos sejam alcançados. É a marcha constante e determinada em direção ao objetivo, superando obstáculos não apenas pela força bruta, mas pela aplicação persistente e focada do esforço.

Considere a jornada empreendedora. A ideia inicial e o plano de negócios pertencem ao domínio do princípio masculino. No entanto, o sucesso contínuo do empreendimento depende fortemente de sua execução. Isso envolve gerenciar equipes, otimizar processos, inovar produtos e atender clientes de forma consistente. Cada uma dessas ações requer a energia focada e direcionada do masculino. É a busca incansável pela eficiência, o impulso para melhorar e a determinação para superar desafios operacionais que distinguem empreendimentos bem-sucedidos daqueles que fracassam. Não se trata de ser agressivo por pura agressividade, mas de canalizar energia direcionada com propósito e precisão.

No contexto do investimento, o princípio masculino é evidente no estabelecimento de objetivos claros e na adesão disciplinada a uma estratégia de investimento. Por exemplo, um indivíduo pode definir a meta de acumular uma determinada quantia para a aposentadoria até certa idade. Esse objetivo, uma vez definido, exige a energia masculina de planejamento e execução para ser alcançado. Isso envolve selecionar veículos de investimento apropriados, determinar a alocação de ativos e contribuir regularmente para contas de investimento. Também implica resistir à tentação de tomar decisões impulsivas de negociação baseadas em flutuações de curto prazo do mercado, mantendo o foco no objetivo de longo prazo. Essa abordagem sustentada e disciplinada, impulsionada por uma intenção clara, é uma poderosa demonstração do princípio masculino em ação.

Além disso, o princípio masculino nas finanças enfatiza a importância da estrutura e da ordem. Isso se aplica tanto às finanças pessoais quanto às corporativas. Envolve criar orçamentos, estabelecer sistemas para rastrear despesas e desenvolver processos claros para gerenciar ativos financeiros. Essa abordagem estruturada fornece um quadro dentro do qual a riqueza pode ser acumulada com segurança e gerida de forma eficaz. É a organização disciplinada dos recursos, a criação de fluxos de trabalho eficientes e o estabelecimento de linhas claras de responsabilidade. Sem essa estrutura subjacente, até mesmo as ideias mais brilhantes podem se tornar caóticas e, em última análise, insustentáveis. Pense na manutenção meticulosa de registros e nos controles financeiros essenciais para qualquer empresa bem administrada; essas são manifestações diretas da necessidade de ordem e clareza do princípio masculino.

A capacidade de inovação, frequentemente celebrada como um ato puramente criativo, também está profundamente enraizada no princípio masculino. Embora a criatividade em si possa recorrer tanto às energias masculinas quanto femininas, o ato de inovar – de trazer um conceito novo à existência, de romper paradigmas existentes e de implementar novas soluções – é inerentemente um empreendimento masculino. Exige coragem para desafiar o status quo, habilidade analítica para identificar lacunas e vontade decisiva para trazer uma nova criação à existência. Este é o espírito do inventor, do disruptor, do empreendedor que vê possibilidades onde outros veem apenas limitações, e que possui o impulso e a acuidade estratégica para transformar essas possibilidades em realidade. É a força penetrante que rompe normas estabelecidas e introduz algo inteiramente novo no mundo.

O conceito de “agir” em finanças é quase sinônimo do princípio masculino. É a postura proativa, a recusa em ser um observador passivo do próprio destino financeiro. Isso significa buscar ativamente oportunidades, iniciar conversas, propor soluções e assumir riscos calculados. É o engajamento direto, muitas vezes vigoroso, com o cenário financeiro. É o oposto da procrastinação ou de esperar que as circunstâncias se alinhem perfeitamente. Em vez disso, envolve moldar ativamente as circunstâncias por meio de ação deliberada. Por exemplo, um pequeno empresário pode abordar proativamente clientes potenciais, oferecer novos serviços ou buscar parcerias estratégicas para expandir seu alcance. Esse engajamento ativo, impulsionado por uma intenção clara de crescer e ter sucesso, é uma expressão quintessencial do princípio masculino.

A busca por conhecimento e domínio em finanças também é guiada pelo princípio masculino. Isso envolve um compromisso dedicado com o aprendizado, com a compreensão de instrumentos financeiros complexos, dinâmicas de mercado e princípios econômicos. É o impulso intelectual para adquirir expertise, refinar habilidades e tornar-se proficiente na arte e ciência da gestão financeira. Esse processo contínuo de aprendizado exige foco, disciplina e esforço persistente para expandir a compreensão. É por meio dessa busca dedicada pelo conhecimento que indivíduos e organizações podem desenvolver a acuidade estratégica necessária para navegar pelas complexidades do mundo financeiro e tomar decisões informadas e eficazes.

Em essência, o princípio masculino nas finanças trata de energia direcionada, intenção focada e o poder da ação estruturada. Ele fornece o ímpeto para a criação, a estrutura para o planejamento estratégico, a coragem para a ação decisiva e a perseverança para a execução sustentada. É a força fundamental que impulsiona o progresso, supera obstáculos e transforma visões abstratas em realidades financeiras concretas. Embora trabalhe em conjunto com o princípio feminino, sua contribuição única reside em sua capacidade de iniciar, penetrar e trazer ao mundo. Sem essa força potente e orientadora, o cenário da criação financeira permaneceria uma extensão árida de potencial não realizado. É a centelha que acende, o arquiteto que projeta e o construtor que ergue o edifício do sucesso financeiro.

O conceito do princípio feminino nas finanças não trata da ausência de lógica ou estratégia, mas sim de seu contraponto complementar. Onde o princípio masculino é a força focada e penetrante que planeja e executa, o princípio feminino é a energia expansiva e receptiva que nutre, sente e permite a manifestação. É a arte sutil de ouvir os sussurros internos, as sensações instintivas e os impulsos intuitivos que frequentemente precedem a compreensão lógica ou a oportunidade evidente. No domínio das finanças, isso se traduz em uma profunda confiança na intuição, em um poço criativo de insights e em uma inteligência emocional sofisticada que permite reconhecer fluxos e potenciais invisíveis para mentes puramente analíticas.

A intuição, frequentemente descrita como um "sentimento instintivo", é o princípio feminino em sua forma mais bruta e acessível. É o processamento subconsciente de vastas quantidades de informação, recorrendo a experiências passadas, sinais ambientais sutis e uma sensibilidade refinada a mudanças energéticas. Em finanças, isso pode se manifestar como uma súbita sensação de certeza sobre um investimento, um sinal de alerta sobre um empreendimento potencialmente arriscado ou uma ideia criativa que surge aparentemente do nada. É a capacidade de "saber" algo sem conseguir articular exatamente como se sabe. Isso não é um fenômeno místico ou anticientífico; é uma forma sofisticada de reconhecimento de padrões operando em um nível além da racionalização consciente. Pense em um empreendedor experiente que, após conhecer um potencial parceiro, sente imediatamente confiança e sinergia, mesmo que todas as métricas lógicas pareçam neutras. Essa ressonância intuitiva pode ser a base de uma parceria bem-sucedida, uma conexão que transcende números e planilhas.

Essa capacidade receptiva é crucial para identificar oportunidades que ainda não são aparentes no mercado tangível. Enquanto o planejamento estratégico identifica caminhos conhecidos e analisa dados estabelecidos, a intuição pode perceber tendências emergentes, mercados nascente e potenciais subvalorizados antes que se tornem óbvios. É como sentir as mudanças sutis no vento que indicam uma tempestade iminente ou uma mudança de estação. No mundo financeiro, isso significa estar sintonizado com as correntes energéticas dos mercados, os desejos em evolução dos consumidores e as mudanças sutis nos valores sociais. Este é o domínio do visionário que consegue perceber o futuro não como um destino fixo, mas como uma paisagem fluida de possibilidades, reconhecendo para onde as correntes estão se movendo e onde a abundância provavelmente se reunirá.

Insights criativos são outra poderosa manifestação do princípio feminino nas finanças. São os momentos de "aha!", os lampejos de inspiração que levam a produtos inovadores, modelos de negócios únicos ou soluções inéditas para problemas persistentes. Muitas vezes, eles não surgem de um esforço deliberado e focado, mas de um estado de receptividade relaxada, quando a mente está aberta e permite que ideias aflorem. É por isso que períodos de descanso, atenção plena e busca criativa podem ser tão frutíferos financeiramente. O ato de se engajar em atividades que nutrem a alma, seja arte, música, natureza ou meditação, abre canais para que a inspiração divina flua para o reino material. Considere a descoberta serendipítica de um novo produto ou serviço financeiro que surgiu da exploração de um artista em um meio diferente, ou da contemplação de um cientista sobre os padrões da natureza. Esses insights, nascidos de um lugar de liberdade criativa, podem ter implicações financeiras profundas.

A inteligência emocional está inextricavelmente ligada à aplicação financeira do princípio feminino. É a capacidade de compreender e gerenciar as próprias emoções, além de perceber e responder de forma eficaz às emoções dos outros. Nas finanças, isso se traduz em uma consciência ampliada do sentimento de mercado, dos motores psicológicos do comportamento do consumidor e das dinâmicas interpessoais nas negociações de negócios. Um financista emocionalmente inteligente pode avaliar o medo e a ganância que impulsionam os movimentos do mercado, compreender as motivações subjacentes de clientes e parceiros e conduzir negociações com empatia e clareza. Esse entendimento permite relações mais autênticas, comunicação mais eficaz e, em última análise, resultados financeiros mais robustos e sustentáveis. Ele impede que decisões sejam tomadas apenas com base em números frios e duros, reconhecendo o elemento profundamente humano que sustenta todas as transações financeiras.

A capacidade de criar um estado receptivo para que a riqueza se manifeste é talvez o aspecto mais potente do princípio feminino nas finanças. Trata-se de cultivar um ambiente interno aberto, confiante e abundante, permitindo que oportunidades e recursos fluam naturalmente. Isso envolve liberar crenças limitantes sobre escassez, abandonar a necessidade de controlar cada resultado e render-se ao desdobramento das possibilidades. Isso não é passividade, mas uma entrega dinâmica, uma confiança na capacidade do universo de prover. Quando alguém está em um estado de receptividade, torna-se um ímã para a abundância, atraindo oportunidades e recursos que se alinham com seu estado interno. Isso pode ser cultivado por meio de práticas como gratidão, visualização e afirmações que reforçam a crença na abundância e no fluxo natural da riqueza.

Por exemplo, considere a prática da gratidão. Ao apreciar conscientemente o que já se tem, a pessoa desloca seu foco da falta para a abundância. Isso cria uma vibração energética positiva que atrai mais daquilo pelo qual se é grato. Da mesma forma, a visualização, quando praticada com emoção e crença, permite vivenciar vividamente os resultados financeiros desejados, alinhando assim o estado interno com os objetivos externos. Não se trata de mero pensamento ilusório, mas de criar uma poderosa impressão energética que influencia o fluxo de oportunidades e recursos.

O aspecto de nutrição do princípio feminino também desempenha um papel vital. Assim como um jardineiro nutre uma semente, permitindo que ela cresça e floresça, esse princípio incentiva o cultivo cuidadoso de empreendimentos e investimentos financeiros. Envolve paciência, atenção às necessidades e fornecimento das condições adequadas para o crescimento. É o antônimo da abordagem de lucro rápido e exploratória. Em vez disso, trata-se de promover a sustentabilidade de longo prazo, construir valor duradouro e permitir que a prosperidade se desenvolva organicamente. Essa energia de nutrição pode ser aplicada a um negócio, a um portfólio de investimentos ou até mesmo à própria educação financeira. É a força suave e persistente que garante resiliência e crescimento contínuo.

Além disso, o princípio feminino incentiva uma visão holística da riqueza. Reconhece que a verdadeira prosperidade vai além da mera acumulação monetária para abranger bem-estar, relacionamentos e realização espiritual. Essa perspectiva mais ampla ajuda a evitar que a busca pela riqueza se torne um empreendimento isolador e consumista. Em vez disso, integra objetivos financeiros com uma visão maior de uma vida rica e significativa. Isso permite uma abordagem mais equilibrada e sustentável para o sucesso financeiro, onde a riqueza é vista como uma ferramenta para melhorar a vida, e não como um fim em si mesma.

Na prática, integrar o princípio feminino na tomada de decisões financeiras envolve sintonizar conscientemente a intuição. Isso pode significar reservar tempo para reflexão silenciosa antes de assumir um compromisso financeiro significativo, escrever em um diário sobre desejos e medos financeiros ou engajar-se em práticas que silenciem a mente analítica e abram canais para a orientação interior. Trata-se de honrar os sinais sutis que o corpo e o subconsciente fornecem, mesmo quando parecem contradizer a análise lógica. Por exemplo, se uma oportunidade de investimento parece "errada" apesar de parecer financeiramente sólida, o princípio feminino sugere pausar, explorar o desconforto e buscar uma compreensão mais profunda antes de prosseguir.

Essa receptividade também se estende a permitir que a riqueza flua de maneiras inesperadas. Enquanto o princípio masculino pode se concentrar em perseguir diligentemente fontes de renda estabelecidas e estratégias de investimento, o princípio feminino está aberto a ganhos serendipíticos, presentes inesperados e oportunidades que surgem de atividades aparentemente não relacionadas. Não se trata de abandonar o planejamento, mas de estar aberto às formas abundantes e muitas vezes surpreendentes pelas quais o universo entrega prosperidade. Trata-se de reconhecer que o universo não está limitado por nossa compreensão atual ou por nossos planos meticulosamente elaborados.

O princípio feminino nas finanças não trata de abandonar lógica ou estratégia, mas de enriquecê-las com uma compreensão mais profunda e sutil de fluxo, energia e experiência humana. É o complemento essencial ao princípio masculino, criando um equilíbrio dinâmico que leva à verdadeira abundância sustentável. Sem as energias receptivas, intuitivas e nutridoras do feminino, as buscas financeiras podem se tornar rígidas, insustentáveis e, em última análise, insatisfatórias. Ao abraçar e cultivar essas qualidades, os indivíduos podem desbloquear um caminho mais profundo e expansivo para o bem-estar financeiro, onde a riqueza flui naturalmente e harmoniosamente em suas vidas, sustentando não apenas necessidades materiais, mas também uma existência rica e vibrante. É a força suave, mas poderosa, que permite que a abundância floresça.

A busca pelo bem-estar financeiro, assim como o grande tecido da existência, é tecida a partir de fios de forças aparentemente opostas. Exploramos a energia potente e penetrante do princípio masculino – o impulso pela estratégia, lógica e ação decisiva. No entanto, defender apenas essa abordagem vigorosa é correr o risco de criar um cenário financeiro árido, frágil e, em última análise, incompleto. A verdadeira maestria financeira, aquela que ressoa com abundância duradoura e realização profunda, não emerge da predominância de um princípio, mas da dança requintada de ambos, uma integração harmoniosa do masculino e do feminino. Esta subseção explora o poder dessa criação financeira equilibrada, ilustrando por que a dependência exclusiva da estratégia ou da intuição pode levar à estagnação, e como sua fusão sinérgica desbloqueia um caminho mais potente e expansivo para a riqueza.

Quando o mundo financeiro é dominado por uma adesão inflexível à estratégia, pode se instalar certa rigidez. O princípio masculino, em sua forma estratégica pura, é inestimável para dissecar mercados, calcular riscos e traçar um curso. Ele fornece a estrutura, os planos e a execução disciplinada necessários para passar da concepção aos resultados tangíveis. No entanto, quando essa estrutura se torna rígida demais, pode se transformar em uma prisão. O planejamento meticuloso que busca contabilizar todas as variáveis pode, inadvertidamente, nos cegar para as oportunidades imprevistas que estão além da borda de nossos cálculos. O universo, em sua criatividade infinita, raramente apresenta oportunidades em formatos organizados e pré-aprovados. Em vez disso, elas frequentemente chegam disfarçadas de desvios inesperados, propostas não convencionais ou situações que desafiam a lógica financeira tradicional.

Considere o empreendedor que, guiado por um plano de negócios estrito e pré-definido, descarta uma oportunidade de mercado tangencial porque ela está fora do escopo inicial de sua visão estratégica. Essa visão estratégica limitada pode levar à perda de uma janela de imenso potencial. O mercado tem uma natureza fluida e em constante mudança, influenciada por inúmeros fatores — tendências culturais, avanços tecnológicos e até correntes energéticas sutis — que muitas vezes estão além do alcance preditivo de planilhas e projeções de cinco anos. Ao se apegar excessivamente a uma estratégia predeterminada, corre-se o risco de se tornar um mero observador da dinâmica em evolução da vida, em vez de um participante ativo e adaptável. O cenário financeiro não é um mapa estático; é um ecossistema vivo e pulsante, e navegá-lo de forma eficaz exige capacidade de improvisação e abertura para possibilidades emergentes.

Além disso, o excesso de ênfase na estratégia pode fomentar uma abordagem baseada no medo em relação às finanças. O impulso de controlar cada resultado, de mitigar meticulosamente cada risco percebido, pode surgir de uma insegurança profunda ou da falta de confiança no fluxo natural da abundância. Essa mentalidade orientada pelo controle pode levar a um conservadorismo sufocante, onde o crescimento potencial é sacrificado pela ilusão de segurança absoluta. Ela gera uma mentalidade de escassez, em que cada decisão é ponderada contra o medo da perda, em vez do potencial de ganho. Esse estado constante de vigilância e apreensão drena energia vital e pode até se manifestar em comportamentos de auto-sabotagem, paradoxalmente aumentando os próprios riscos que se busca evitar. O campo financeiro, quando abordado apenas pela lente do controle estratégico, pode se tornar uma fonte de ansiedade em vez de um veículo de libertação e realização.

Por outro lado, um foco exclusivo na intuição, embora possua suas próprias forças profundas, também pode levar a um estado de inércia financeira. O princípio feminino, em seu aspecto intuitivo, é uma bússola poderosa, capaz de perceber mudanças sutis e nos guiar em direção a momentos oportunos. Ele nos permite acessar uma sabedoria mais profunda que transcende a análise lógica. No entanto, a intuição sem direção pode ser como um navio sem leme — à deriva, impulsionado pelos ventos da emoção ou da inspiração passageira, mas sem um destino claro ou meios para chegar lá.

Imagine um indivíduo que constantemente experimenta fortes impulsos intuitivos sobre oportunidades de investimento específicas, mas não realiza nem mesmo um nível básico de diligência ou desenvolve um plano coerente para agir sobre esses insights. Ele pode sentir uma forte "atração" por uma determinada ação ou uma vaga sensação de que um empreendimento é "destinado a ser". Embora esses sentimentos possam ser sinais valiosos, sem a estrutura estratégica para avaliar sua viabilidade, gerenciar os riscos associados e implementá-los de forma eficaz, eles permanecem meros sussurros ao vento. O potencial de criação de riqueza é reconhecido, mas a capacidade de traduzir esse reconhecimento em ação concreta e lucrativa está ausente. Isso pode levar à frustração, a uma sensação de potencial não realizado e ao sentimento de estar perpetuamente à beira de algo significativo, mas nunca realmente alcançá-lo.

Além disso, uma confiança desenfreada na intuição sem o fundamento da estratégia pode tornar alguém suscetível a decisões impulsivas, guiadas por emoções passageiras ou influências externas. O senso intuitivo pode ser facilmente mal interpretado ou influenciado pelo pensamento ilusório, pela gratificação do ego ou até pelo desejo subconsciente de gratificação imediata. Sem o escrutínio racional de uma abordagem estratégica, esses impulsos podem levar a apostas imprudentes, julgamentos equivocados e, em última análise, perdas financeiras. O celebrado "sentimento instintivo" precisa ser temperado com um processo disciplinado de avaliação. É necessário discernimento para distinguir entre um insight intuitivo genuíno e um impulso emocional transitório.

A chave para desbloquear a verdadeira maestria financeira está no cultivo deliberado do equilíbrio — a união sinérgica dos princípios masculino e feminino. Não se trata de encontrar uma divisão 50/50, mas de criar uma interação dinâmica onde cada princípio informa e aprimora o outro. Trata-se de entrelaçar o foco agudo da estratégia com a consciência expansiva da intuição, a ação decisiva com a receptividade, e a mente analítica com o coração empático.

O princípio masculino fornece a estrutura, a arquitetura estratégica e a execução disciplinada. Ele faz as perguntas cruciais: Quais são os objetivos? Quais são os passos mensuráveis? Quais são os riscos potenciais e como podem ser mitigados? É o arquiteto que desenha os planos detalhados para um edifício magnífico. O princípio feminino, por sua vez, infunde essa estrutura com vida, adaptabilidade e um senso mais profundo de propósito. É a intuição que percebe o melhor local para o edifício, o toque criativo que adiciona beleza única ao seu design e o cuidado nutridor que garante sua estabilidade de longo prazo e ressonância com o ambiente.

Considere um investimento imobiliário. A estratégia masculina envolve pesquisa de mercado, projeções financeiras, análise de propriedades e táticas de negociação. Esses elementos são essenciais para identificar um investimento sólido e garantir condições favoráveis. No entanto, o princípio feminino entra em ação quando alguém percebe um bairro em desenvolvimento antes que ele apareça em qualquer relatório convencional de mercado, ou quando a intuição guia em direção a uma propriedade que, embora precise de reforma, possui uma certa ressonância energética ou potencial de transformação que outros ignoram. É também a compreensão empática dos futuros inquilinos ou compradores e a capacidade de criar um espaço que realmente atenda às suas necessidades, promovendo valor e satisfação de longo prazo. A abordagem equilibrada combina a análise financeira rigorosa com o discernimento intuitivo do valor futuro e da conexão humana.

No campo dos negócios, um novo empreendimento exige um plano de negócios robusto — a estratégia masculina. Esse plano descreve a entrada no mercado, o desenvolvimento de produtos, os procedimentos operacionais e as projeções financeiras. No entanto, o sucesso desse empreendimento muitas vezes depende da contribuição do princípio feminino: a compreensão intuitiva do empreendedor sobre as necessidades emergentes dos clientes, sua capacidade de fomentar uma cultura de equipe coesa e inspiradora e sua adaptabilidade a mudanças imprevistas no mercado. Um negócio puramente orientado pela estratégia pode ser eficiente, mas estéril, carecendo da centelha inovadora e da conexão humana que promove lealdade e crescimento sustentado. Por outro lado, um negócio que depende apenas da intuição pode estar cheio de energia criativa, mas carecer da disciplina operacional para escalar e permanecer lucrativo. A criação equilibrada integra planejamento estratégico com visão intuitiva e liderança empática.

Essa criação equilibrada também é evidente nas finanças pessoais. Definir um orçamento, gerenciar dívidas e planejar a aposentadoria são todos componentes estratégicos essenciais. No entanto, a capacidade de gerar riqueza além da mera sobrevivência muitas vezes exige um alinhamento mais profundo com os desejos e valores pessoais. É aqui que o princípio feminino se destaca. Ele envolve cultivar uma mentalidade de abundância, confiar na capacidade do universo de prover e permitir que oportunidades fluam de maneiras inesperadas. Significa compreender que a verdadeira riqueza não se trata apenas de acumular dinheiro, mas de criar uma vida de propósito, alegria e liberdade. A abordagem equilibrada integra as práticas da gestão financeira com uma visão clara dos resultados desejados e uma profunda confiança no processo de manifestação.

O processo de alcançar esse equilíbrio é uma prática contínua. Exige consciência sobre qual princípio é dominante em determinada situação e disposição para engajar a energia complementar. Quando se sentir sobrecarregado pela paralisia analítica, pode-se invocar conscientemente a capacidade intuitiva, talvez por meio da meditação, da visualização criativa ou simplesmente dando um passo atrás e permitindo que o subconsciente processe as informações. Quando se sentir à deriva ou sem direção, pode-se engajar ativamente a mente estratégica, definindo intenções claras, dividindo grandes objetivos em etapas acionáveis e estabelecendo métricas de progresso.

O princípio hermético de "Assim como acima, assim abaixo" encontra aqui um eco profundo. O macrocosmo do universo opera por meio dessa dança de forças complementares, e assim também devem nossas vidas financeiras. A adesão rígida a um princípio cria um desequilíbrio espiritual e energético que inevitavelmente se manifesta na forma material. O excesso de controle estratégico pode levar à sensação de estar preso, enquanto a confiança desenfreada na intuição sem ação fundamentada pode levar a uma sensação de impotência.

A verdadeira criação financeira, portanto, é uma forma de arte. É a mistura habilidosa do rigor analítico com o insight intuitivo, da ação decisiva com a receptividade, e do planejamento disciplinado com a improvisação inspirada. Trata-se de compreender que a estratégia fornece o caminho, mas a intuição ilumina a jornada e revela os tesouros ocultos ao longo dela. Trata-se de reconhecer que, enquanto o princípio masculino constrói a estrutura, o princípio feminino lhe dá vida, garantindo sua resiliência, beleza e valor duradouro. Essa abordagem equilibrada promove um ecossistema financeiro que não é apenas robusto e lucrativo, mas também profundamente gratificante, alinhado com nosso propósito mais elevado e em harmonia com o fluxo natural da abundância. É nesse equilíbrio dinâmico, nesse casamento sagrado do intelecto estratégico com a sabedoria intuitiva, que as sementes da verdadeira prosperidade duradoura são plantadas e colhidas.

A profunda interação entre ação direcionada e consciência receptiva forma a base da prosperidade financeira sustentável. É um princípio que ecoa nas tradições de sabedoria antiga e encontra sua manifestação mais potente na busca moderna pela riqueza. Há muito entendemos a necessidade do esforço diligente, o "hustle" que nos impulsiona para frente, que transforma ideias incipientes em realidades tangíveis. Este é o domínio do princípio masculino, a energia da intenção focada, do planejamento estratégico e da execução inabalável. É o arquiteto que desenha meticulosamente os planos, o construtor que assenta tijolos, o empreendedor que incansavelmente faz networking e marketing. Sem esse impulso fundamental, até os insights mais brilhantes permanecem etéreos, meros fragmentos de imaginação.

No entanto, o foco exclusivo no "hustle" pode inadvertidamente criar um cenário de esgotamento e retornos decrescentes. Quando toda nossa energia financeira é canalizada para a busca constante, em um ciclo interminável de esforço e imposição, corremos o risco de ignorar as correntes sutis que podem nos conduzir a uma abundância maior com menos atrito. É aqui que o aspecto do "flow", a energia receptiva e feminina, torna-se não apenas complementar, mas essencial. O "flow" é a arte de alinhar-se com os ritmos naturais da oportunidade, de reconhecer e harmonizar-se com os ventos predominantes em vez de tentar forçá-los à submissão. É o empreendedor que, após estabelecer uma base estratégica sólida, torna-se atento às necessidades emergentes do mercado antes que sejam amplamente reconhecidas, ou o investidor que percebe uma mudança de sentimento muito antes de ela se refletir nos relatórios financeiros.

Considere o empreendedor que elaborou meticulosamente um plano de negócios, identificou seu mercado-alvo e desenvolveu um produto robusto. Este é o "hustle" em plena força. Agora, imagine que esse empreendedor também possui a capacidade de "flow". Em vez de aderir rigidamente ao plano inicial, ele permanece aberto ao feedback, constantemente observando o horizonte em busca de oportunidades inesperadas. Talvez uma indústria aparentemente não relacionada experimente um salto tecnológico que, com um pequeno ajuste, possa se integrar às suas ofertas existentes, abrindo uma nova fonte de receita. Esse ajuste não é uma mudança caótica; é uma adaptação estratégica guiada pela intuição, uma dança entre o caminho planejado e a possibilidade emergente. O "hustle" forneceu o impulso inicial e a estrutura, enquanto o "flow" permitiu uma redireção e expansão graciosas.

Essa integração harmoniosa, o "hustle encontra o flow", não trata de abandonar o esforço em favor da passividade. Trata-se de engajar-se em uma forma mais sofisticada de criação. Envolve compreender que, embora o esforço seja crucial para construir impulso e estabelecer a base, a receptividade é vital para reconhecer e aproveitar oportunidades que surgem organicamente. É a diferença entre tentar forçar a abertura de uma porta emperrada e esperar pelo momento oportuno em que o mecanismo se solta e a porta se abre com facilidade. Em termos financeiros, significa compreender quando é hora de pressionar e quando é hora de ceder, quando é hora de planejar e quando é hora de simplesmente estar presente e consciente.

O princípio do "hustle" pode ser ainda compreendido pela lente da ação consistente e disciplinada. É o compromisso diário com tarefas, a busca rigorosa pelo conhecimento e a execução firme dos planos. Esta é a energia masculina da penetração, de avançar através dos obstáculos com intenção focada. É a base sobre a qual todas as conquistas significativas são construídas. Sem essa disciplina fundamental, o conceito de "flow" pode facilmente se degradar em procrastinação ou falta de continuidade. Um indivíduo pode sentir uma forte atração intuitiva por um objetivo financeiro, mas sem o "hustle" para dividi-lo em etapas acionáveis e trabalhar consistentemente em direção a ele, essa intuição permanece um sonho não realizado.

Por exemplo, aspirar a construir riqueza significativa por meio de imóveis exige tanto planejamento estratégico ("hustle") quanto uma consciência receptiva dos ciclos de mercado e das oportunidades potenciais ("flow"). O "hustle" envolve pesquisar localizações, compreender opções de financiamento, analisar valores de propriedades e negociar termos. É o esforço consistente para encontrar imóveis adequados, garantir financiamento e gerenciar o processo de aquisição. No entanto, o aspecto do "flow" entra em ação quando a intuição sinaliza um bairro em ascensão antes de ser amplamente reconhecido, ou quando surge no mercado uma propriedade em dificuldades com preço perfeito devido a circunstâncias que uma abordagem puramente analítica poderia ignorar. O indivíduo receptivo está sintonizado com essas oportunidades sutis, pronto para agir quando elas surgem, aproveitando a estrutura estratégica já estabelecida.

Por outro lado, confiar apenas no "hustle" sem a influência moderadora do "flow" pode levar a um enorme desgaste e a uma capacidade reduzida de alegria e criatividade nos empreendimentos financeiros. Imagine um pequeno empresário trabalhando dezesseis horas por dia, sete dias por semana, impulsionado por uma necessidade inabalável de controlar todos os aspectos de sua operação. Isso é puro "hustle". Embora essa intensidade possa gerar resultados de curto prazo, é insustentável. Ela gera exaustão, sufoca a inovação e pode levar a uma desconexão profunda do propósito e da alegria que o negócio pretendia trazer. O proprietário torna-se tão absorvido na mecânica do "fazer" que perde de vista o "ser" — o estado de presença e receptividade que permite encontros serendipíticos, ideias perspicazes e um caminho mais leve para o crescimento.

A essência do "flow" nas finanças é cultivar um estado de ser em que as oportunidades possam ser percebidas e aproveitadas com graça e facilidade. Envolve silenciar o falatório incessante da mente analítica e sintonizar-se com uma inteligência intuitiva mais profunda. Isso não significa abandonar a estratégia, mas integrá-la a um senso elevado de consciência. Trata-se de reconhecer que o universo frequentemente conspira para apoiar nossos empreendimentos quando estamos alinhados com nossas intenções mais elevadas e abertos a receber sua orientação. Essa receptividade não é espera passiva; é um estado ativo de abertura, uma disposição para perceber e engajar-se com o que é apresentado.

Considere a prática da tomada de decisão financeira consciente. O componente "hustle" envolve pesquisa diligente, compreensão das tendências de mercado e definição de metas financeiras claras. O componente "flow" envolve trazer uma consciência presente e não julgadora a esses processos. Ao revisar opções de investimento, em vez de confiar apenas em dados e projeções, pode-se também pausar para sentir a energia ou o potencial subjacente de um investimento. Isso ressoa com seus valores? Está alinhado com sua visão de longo prazo? Essa camada intuitiva, quando combinada com a análise estratégica, fornece uma abordagem mais holística e frequentemente mais bem-sucedida. É como ter ao mesmo tempo um sistema GPS altamente sofisticado ("hustle") e um senso inato de direção que pode detectar atalhos ou rotas mais cênicas ("flow").

O paradigma de "hustle meets flow" (esforço encontra fluxo) é particularmente relevante na navegação por períodos de incerteza econômica ou de mudanças rápidas. Quando o mercado está volátil, uma abordagem rígida baseada apenas em estratégia pode levar ao medo e à incapacidade de adaptação. A tendência é reforçar o controle, apertar as rédeas e tentar prever todos os possíveis resultados. No entanto, isso pode ser contraproducente. O aspecto do "flow" nesses momentos trata de manter um senso de calma interior, permanecer atento a sinais emergentes e ser flexível o suficiente para ajustar o curso. Trata-se de reconhecer que, embora não possamos controlar as circunstâncias externas, podemos controlar nossa resposta a elas. Essa resposta, idealmente, é uma mistura de preparação estratégica e adaptabilidade intuitiva.

Por exemplo, durante uma queda de mercado, o "hustle" pode envolver reavaliar o plano financeiro, reduzir despesas desnecessárias e garantir liquidez adequada. O aspecto do "flow", porém, envolve permanecer aberto a oportunidades potenciais que frequentemente surgem nesses momentos. Ativos em dificuldades podem se tornar disponíveis com descontos significativos, ou novas indústrias podem emergir da disrupção. Um indivíduo focado apenas em um "hustle" defensivo pode perder essas chances. Por outro lado, alguém que cultivou o "flow" junto ao planejamento estratégico estará em melhor posição para identificar e aproveitar essas possibilidades emergentes, não por imprudência, mas por uma receptividade calma e informada.

O cultivo do "hustle meets flow" é uma prática contínua, um refinamento constante da abordagem de criação financeira. Começa com o reconhecimento do poder tanto do esforço ativo quanto da consciência receptiva. Envolve integrar conscientemente essas energias nas ações diárias e no planejamento de longo prazo. Quando você se sentir sobrecarregado pelo esforço exigido, faça uma pausa e pergunte: "Onde posso convidar mais fluxo? Como posso me alinhar com o que já está acontecendo?" Por outro lado, quando se sentir à deriva ou sem direção, pergunte: "Que ações específicas posso tomar? Qual é o próximo passo estratégico?"

Essa abordagem equilibrada promove uma vida financeira não apenas produtiva e próspera, mas também alegre e gratificante. Ela vai além da noção de finanças como mera luta pela sobrevivência ou busca incessante por acumulação, e a enquadra como um processo criativo, uma jornada de potencial em desdobramento. Trata-se de construir riqueza de uma forma que esteja alinhada com o propósito e os valores mais profundos, uma forma que honre tanto o poder de nossas intenções quanto a sabedoria do universo. O "hustle" fornece o motor e o volante, enquanto o "flow" atua como o navegador habilidoso, percebendo o terreno, antecipando mudanças e garantindo uma jornada suave e abundante. É nesse equilíbrio dinâmico, nessa harmonização consciente entre esforço e receptividade, que a verdadeira e duradoura maestria financeira é realizada.

## Capítulo 9: As Sete Leis em Ação – Construindo Sua Fortaleza Financeira

A culminação de nossa exploração das Sete Leis Herméticas, no que diz respeito à construção de uma fortaleza financeira resiliente, reside em sua aplicação integrada. Percorremos os princípios fundamentais, dissecando a contribuição única de cada lei para a criação e preservação da riqueza. Agora, o imperativo muda da compreensão teórica para a prática robusta dessas verdades antigas dentro da arena das finanças modernas. Este não é um capítulo de novas revelações, mas sim um guia abrangente para a síntese do que já foi iluminado, transformando conhecimento abstrato em resultados tangíveis. Trata-se de entrelaçar os fios do Mentalismo, Correspondência, Vibração, Polaridade, Ritmo, Causa e Efeito e Gênero em uma tapeçaria coesa de prosperidade financeira, garantindo que cada fio fortaleça a estrutura geral.

### O princípio do Mentalismo

O entendimento de que "O Todo é Mente; o Universo é Mental" forma o alicerce de nossa realidade financeira. Em termos práticos, isso se traduz no poder profundo de nossos pensamentos, crenças e paradigmas mentais. Para construir uma fortaleza financeira, devemos primeiro erguê-la dentro da vastidão ilimitada de nossas próprias mentes. Isso envolve um exame rigoroso de nossas suposições mais profundas sobre dinheiro, riqueza e nosso próprio merecimento. Estamos operando sob crenças limitantes, talvez herdadas ou absorvidas inconscientemente, que sugerem que a escassez é inevitável ou que a riqueza é alcançável apenas por alguns poucos?

A aplicação prática aqui é o cultivo deliberado de uma mentalidade de riqueza. Isso significa desafiar ativamente pensamentos negativos sobre dinheiro, substituí-los por afirmações de abundância e prosperidade, e visualizar resultados financeiros desejados com clareza inabalável. É compreender que cada ativo financeiro, cada investimento e cada fonte de receita começa como um pensamento. Ao direcionar conscientemente nossa energia mental para a abundância, criamos o terreno fértil sobre o qual o crescimento financeiro pode se manifestar.

**A Lei da Correspondência**

"As Above, So Below; As Below, So Above. (assim como em cima, também embaixo, Assim como dentro, também fora)" Esta lei afirma que os princípios que regem o macrocosmo são refletidos no microcosmo, e vice-versa. No âmbito das finanças pessoais, isso significa que o estado de nosso mundo interno — nossos pensamentos, crenças, hábitos e valores — será refletido em nossas circunstâncias financeiras externas.

Melhorar nossa situação financeira ("abaixo") exige primeiro abordar as causas subjacentes em nosso estado interno ("acima"). Isso requer uma auditoria meticulosa de nossos hábitos e comportamentos financeiros. Nossas ações estão alinhadas com nossos objetivos declarados? Estamos praticando frugalidade quando desejamos poupar, ou nos engajando em gastos impulsivos que contradizem nossa aspiração por segurança financeira?

A aplicação prática está em criar congruência entre nossas aspirações internas e nossas ações externas. Se desejamos construir riqueza, nossas decisões diárias — das compras de supermercado às escolhas de investimento — devem refletir esse desejo.

**A Lei da Vibração**

"Nada repousa; tudo se move; tudo vibra; tudo está em constante fluxo." Essa lei introduz a natureza dinâmica da energia financeira. O dinheiro em si, e todos os ativos, são formas de energia vibrando em frequências específicas. Para atrair maior abundância, devemos alinhar nossa própria frequência vibracional com a da riqueza.

Isso é alcançado cultivando sentimentos de gratidão, alegria e abundância, mesmo nas circunstâncias presentes. Se sentimos constantemente ansiedade ou medo em relação ao dinheiro, vibramos em uma frequência que repele a abundância. Por outro lado, praticar gratidão pelo que já possuímos e experimentar alegria na busca de nossos objetivos financeiros eleva nossa frequência vibracional, tornando-nos mais receptivos ao influxo de riqueza.

**A Lei da Polaridade**

"Tudo é dual; tudo tem polos; tudo tem seu par de opostos." Essa lei é crucial para navegar pelas dualidades inerentes às finanças, como risco e recompensa, lucro e perda, ativo e passivo.

Compreender que esses opostos aparentes são apenas diferentes graus da mesma força fundamental nos permite abordar desafios financeiros com mais equilíbrio. Um declínio de mercado, percebido como perda, simultaneamente apresenta a oportunidade de adquirir ativos com desconto.

A aplicação prática é buscar conscientemente o polo "ascendente" em qualquer situação financeira. Em vez de se fixar nos aspectos negativos, procurar os benefícios ou lições que podem ser aprendidos, transformando um déficit percebido em um ativo futuro.

**A Lei do Ritmo**

"Tudo flui, entra e sai; tudo tem suas marés; todas as coisas sobem e caem." Isso se aplica diretamente aos ciclos de mercado, às flutuações econômicas e até aos nossos fluxos financeiros pessoais.

Ignorar essa lei pode levar a dificuldades financeiras, como investir no pico de um mercado ou falhar em poupar durante períodos de abundância, enfrentando dificuldades em tempos mais escassos.

A aplicação prática envolve reconhecer e harmonizar-se com esses ritmos naturais. Um investidor sábio não entra em pânico durante uma correção de mercado, mas entende que é parte natural do ciclo, talvez até um momento oportuno para reinvestir. Da mesma forma, durante períodos de alta renda, é prudente construir reservas e fazer investimentos estratégicos, preparando-se para momentos em que a renda pode ser menos consistente.

**A Lei de Causa e Efeito**

Frequentemente chamada de Karma, afirma que "Toda causa tem seu efeito, e todo efeito tem sua causa." Em questões financeiras, isso se traduz no vínculo direto e inegável entre nossas ações e seus resultados. Cada decisão financeira, por menor que seja, coloca em movimento uma cadeia de causas e efeitos. Para construir uma fortaleza financeira, devemos ser meticulosos em compreender e gerenciar as causas que iniciamos.

A aplicação prática envolve assumir total responsabilidade por nossas circunstâncias financeiras. Culpar fatores externos por dificuldades financeiras é uma má aplicação dessa lei; a verdadeira causa está em nossas próprias ações ou omissões anteriores. Portanto, para criar o efeito financeiro desejado — riqueza, segurança, liberdade — devemos intencionalmente plantar as causas correspondentes. Isso significa poupança disciplinada, investimento diligente, aprendizado contínuo, práticas comerciais éticas e gestão financeira prudente.

Por exemplo, o hábito consistente de economizar uma porcentagem da renda, aliado a escolhas de investimento sábias (causas), inevitavelmente levará ao efeito de acumular riqueza ao longo do tempo. Por outro lado, um padrão de gastos impulsivos e negligência no planejamento financeiro (causas) resultará previsivelmente no efeito de dívidas e insegurança financeira. Essa lei ressalta a importância da intencionalidade em todas as transações financeiras. Devemos nos perguntar: "Quais causas estou plantando atualmente? Essas causas levarão aos efeitos financeiros que desejo?" Isso exige visão de futuro, disciplina e compromisso com o pensamento de longo prazo, compreendendo que as sementes que plantamos hoje determinarão a colheita de amanhã.

**A Lei de Gênero**

"Gênero está em tudo; tudo possui seus princípios masculino e feminino; o gênero, em todos os planos, é algo que está constantemente se recriando." Essa lei é vital para compreender o equilíbrio necessário na criação financeira.

O princípio masculino está associado à ação, direção, foco e penetração — o "fazer." O princípio feminino está associado à receptividade, intuição, nutrição e permissão — o "ser." Uma fortaleza financeira verdadeiramente robusta exige a integração harmoniosa de ambos.

Enquanto a energia masculina nos impulsiona a definir metas, criar planos e executá-los diligentemente (como discutido no contexto do "hustle"), a energia feminina nos permite estar receptivos às oportunidades, confiar em nossa intuição e nutrir nossos investimentos e empreendimentos (o "flow").

A aplicação prática envolve equilibrar conscientemente essas energias. Para um empresário, isso pode significar combinar planejamento estratégico rigoroso e execução (masculino) com uma compreensão intuitiva das necessidades do mercado e uma abordagem acolhedora nas relações com clientes (feminino). Para um investidor, envolve pesquisa e análise diligentes (masculino) junto com a sabedoria de saber quando confiar em um senso intuitivo sobre determinado investimento ou tendência de mercado (feminino).

Trata-se de abraçar tanto o impulso de criar quanto a capacidade de receber. Uma vida financeira guiada apenas pela energia masculina pode se tornar agressiva, inflexível e sujeita ao esgotamento. Por outro lado, uma vida financeira dominada pela energia feminina sem direção masculina suficiente pode carecer de foco e impulso, levando a potencial não realizado. A síntese está em compreender que a verdadeira criação é uma dança sagrada entre esses dois princípios fundamentais. É a ação intencional que planta a semente e a receptividade nutridora que permite que ela cresça e floresça.

**Integração das Sete Leis**

A aplicação prática dessas Sete Leis não é um evento único, mas uma prática contínua e em evolução. Exige compromisso constante com a autoconsciência, disciplina e disposição para se adaptar.

Considere o indivíduo que constrói sua fortaleza financeira tijolo por tijolo. Cada tijolo representa uma aplicação deliberada de uma ou mais dessas leis:

- **Mentalismo** garante que cada tijolo seja mentalmente concebido e afirmado em existência.

- **Correspondência** assegura que o alinhamento interno apoie a construção externa.
- **Vibração** garante que a frequência energética da fortaleza seja de segurança e abundância.
- **Polaridade** lembra que até os desafios na construção podem ser aproveitados para maior força.
- **Ritmo** dita que o processo de construção terá fases, exigindo paciência e persistência.
- **Causa e Efeito** garante que cada tijolo colocado seja intencional e contribua para a estrutura geral.
- **Gênero** assegura que tanto o trabalho ativo de construção quanto a sabedoria receptiva do design sejam harmoniosamente integrados.

**Exemplo: Independência Financeira e Aposentadoria Antecipada**

- **Mentalismo:** acreditar firmemente que a independência financeira é possível e visualizar essa realidade.
- **Correspondência:** alinhar hábitos diários de gastos, poupança e ganhos com esse objetivo.
- **Vibração:** cultivar gratidão e alegria no processo, evitando ansiedade financeira.
- **Polaridade:** compreender que o "sacrifício" de gastos atuais é apenas redirecionamento de energia para liberdade futura.
- **Ritmo:** respeitar ciclos econômicos, poupar mais em tempos de expansão e investir estrategicamente em quedas.
- **Causa e Efeito:** cada poupança, investimento e aprendizado é uma causa plantada que inevitavelmente gera o efeito da independência.

- **Gênero:** equilibrar ação estratégica (masculino) com receptividade e intuição (feminino), prevenindo esgotamento e garantindo sustentabilidade.

A síntese, portanto, não trata de escolher algumas leis e ignorar outras, mas de compreender sua interconexão e aplicá-las de forma holística. Trata-se de reconhecer que nossa realidade financeira é uma interação complexa de nossos pensamentos, crenças, ações, energias e dos ciclos naturais do universo. Ao integrar conscientemente as Sete Leis Herméticas em nossas decisões financeiras, passamos de uma abordagem reativa, muitas vezes estressante, em relação ao dinheiro, para uma postura proativa e fortalecida. Começamos a entender que construir uma fortaleza financeira não é acumular mais dinheiro a qualquer custo, mas cultivar um estado de ser que naturalmente atrai e sustenta a abundância, enquanto se alinha com princípios universais. Essa aplicação integrada transforma a tarefa assustadora da gestão financeira em uma jornada profunda de autodomínio e criação consciente, onde nossa riqueza externa se torna um reflexo verdadeiro de nosso alinhamento interno e de nossa compreensão das leis fundamentais que regem a existência.

A jornada do precipício da ruína financeira até o terreno sólido da prosperidade muitas vezes não é pavimentada com ganhos repentinos ou mudanças milagrosas de mercado, mas com uma metamorfose interna profunda. Ela começa não nos balanços ou nas apresentações a investidores, mas dentro do silencioso, porém potente, cenário da mente. Este é o domínio do Mentalismo, o princípio de que "O Todo é Mente; o Universo é Mental", e sua aplicação na navegação das águas turbulentas do empreendedorismo oferece algumas das evidências mais convincentes de seu poder.

Considere o arquétipo do empreendedor em dificuldades. Não se trata de uma caricatura de incompetência, mas frequentemente de um indivíduo altamente motivado, cheio de ideias e com uma ética de trabalho feroz, mas que se encontra perpetuamente em estado de precariedade financeira. Seu negócio, talvez inovador e oferecendo valor genuíno, está, no entanto, à beira do colapso. As receitas são inconsistentes, as despesas pesam, e a pressão constante do fracasso iminente lança uma longa sombra. Ele pode estar trabalhando mais do que nunca, cortando custos, buscando novos clientes, mas os resultados positivos insistem em não aparecer de forma significativa. O que muitas vezes é negligenciado nessa corrida desesperada é a arquitetura invisível de seu mundo interno – suas crenças profundamente enraizadas sobre dinheiro, seu próprio merecimento e a própria natureza do sucesso nos negócios.

Esse foi precisamente o dilema enfrentado por um certo empreendedor, vamos chamá-lo de Alex, cuja incursão no setor de consultoria em tecnologia era um testemunho de sua competência técnica, mas também um alerta sobre sua mentalidade financeira. Alex possuía uma mente brilhante para resolver problemas e havia desenvolvido soluções de software sofisticadas que atendiam a necessidades críticas em sua indústria. Ele era apaixonado, dedicado e investia uma imensa quantidade de tempo e energia em seu trabalho. Ainda assim, sua empresa estava constantemente em crise de fluxo de caixa. Ele vivia correndo atrás de pagamentos, oferecendo descontos para garantir novos contratos e convivendo com a ansiedade de não conseguir pagar sua equipe. Sua narrativa interna, não dita mas profundamente sentida, era de escassez: "Dinheiro é difícil de conseguir", "Clientes sempre tentam pagar menos", "O mercado é competitivo demais" e, mais prejudicial ainda, "Eu não sou realmente capaz de administrar um negócio lucrativo." Essas crenças, formadas ao longo de anos de experiências, condicionamentos sociais e talvez fracassos iniciais, atuavam como restrições invisíveis, moldando cada decisão e interação.

Diante de uma nova oportunidade de negócio, a mentalidade de escassez de Alex desencadeava uma avaliação imediata baseada em risco potencial e dificuldade percebida, em vez de no potencial de crescimento e abundância. Ele se concentrava no que poderia dar errado, na probabilidade de clientes não pagarem ou no esforço necessário para receber, em vez de no valor que seus serviços ofereciam e na justa compensação que merecia. Isso o levava a cobrar menos do que deveria, aceitar condições de pagamento desfavoráveis e hesitar em investir em recursos que poderiam realmente elevar seu negócio, como contratar pessoal qualificado ou melhorar seu marketing. Seu sistema de crenças interno estava, em essência, criando sua realidade financeira externa, em perfeita conformidade com a Lei da Correspondência, onde o cenário interno dita as circunstâncias externas.

O ponto de virada para Alex não veio por meio de uma súbita injeção de capital ou de um lançamento revolucionário de produto, mas por meio da aplicação deliberada e consciente da Lei do Mentalismo. Reconhecendo que suas dificuldades financeiras persistentes estavam profundamente enraizadas em sua estrutura mental, ele iniciou uma jornada de autoanálise. Não foi um exercício passivo de pensamento positivo, mas uma reprogramação ativa e rigorosa de suas crenças centrais sobre riqueza e sua própria capacidade de gerá-la.

Ele começou identificando as crenças limitantes específicas que o mantinham preso. Escrevia em um diário sobre seus sentimentos ao falar de dinheiro, ao enviar faturas e ao contemplar o futuro de sua empresa. Descobriu um medo profundo de fracasso, intimamente ligado a um sentimento de não merecimento. Percebeu que, em um nível fundamental, não acreditava realmente que merecia sucesso financeiro significativo e, portanto, inconscientemente sabotava qualquer progresso que pudesse levá-lo até lá. Sua mente estava sintonizada com a escassez e, assim, era escassez o que manifestava consistentemente.

O próximo passo crucial foi o cultivo deliberado de uma mentalidade de abundância. Isso envolveu mais do que repetir afirmações, embora elas tivessem seu papel. Tratava-se de desafiar ativamente cada pensamento negativo que surgia e substituí-lo conscientemente por seu oposto positivo e fortalecedor. Quando surgia o pensamento "Os clientes nunca vão pagar em dia", Alex contra-atacava com: "Meus serviços são valiosos, e os clientes pagam com satisfação preços justos por soluções excelentes." Quando o medo de não conseguir pagar a equipe o dominava, ele se concentrava na visão de sua empresa prosperando, com uma equipe estável, bem remunerada e desfrutando de segurança financeira.

Ele também começou a praticar a visualização com maior intenção. Em vez de apenas esperar por um trimestre lucrativo, imaginava vividamente os demonstrativos financeiros refletindo crescimento significativo, visualizava-se discutindo com confiança o sucesso de sua empresa com investidores e sentia o alívio e o orgulho que acompanhavam a estabilidade financeira. Não se tratava de se desligar da realidade, mas de ancorar sua mente firmemente no estado futuro desejado, enviando assim um sinal poderoso ao universo e, mais importante, a si mesmo.

Essa recalibração mental começou a influenciar suas ações de forma sutil e depois mais evidente. Sua abordagem de precificação mudou. Em vez de focar no que os concorrentes cobravam ou no que achava que poderia "conseguir", passou a precificar seus serviços com base no imenso valor e nos resultados tangíveis que entregava aos clientes. Pesquisou referências do setor, calculou o retorno sobre investimento que suas soluções proporcionavam e apresentou propostas com confiança, refletindo esse verdadeiro valor. Isso foi uma manifestação direta de sua mudança interna da escassez para a abundância — agora ele acreditava que ele e sua empresa valiam isso.

A mudança em suas táticas de negociação foi igualmente marcante. Convicto de que seus serviços eram valiosos e de que os clientes o compensariam de forma justa, Alex passou a negociar com uma nova assertividade, mas sem arrogância. Já não estava desesperado; estava confiante. Conseguiu manter firmeza nos termos de pagamento, negociar com clareza e até recusar acordos que não estavam alinhados com o valor de sua empresa, em vez de se agarrar a qualquer oportunidade por medo. Essa mudança em sua abordagem, derivada diretamente de suas crenças reprogramadas, frequentemente levava a melhores condições e clientes mais comprometidos.

Além disso, sua disposição para investir em seu negócio se expandiu. Antes, cada gasto era analisado pela lente da necessidade imediata e do risco potencial. Agora, com uma mentalidade de abundância, passou a ver investimentos em marketing, tecnologia e talentos não como drenagem de recursos limitados, mas como catalisadores de crescimento e prosperidade futuros. Entendeu, em um nível mais profundo, que plantar sementes de investimento era essencial para colher uma safra abundante. Isso se alinhava perfeitamente com a Lei de Causa e Efeito, onde suas causas proativas e orientadas para a abundância estavam preparando o terreno para efeitos financeiros positivos.

Os resultados não foram instantâneos, mas foram inegáveis. Em poucos meses, Alex testemunhou uma melhora significativa na saúde financeira de sua empresa. Os pagamentos começaram a chegar com mais consistência, e muitas vezes no prazo. A aquisição de novos clientes tornou-se mais fácil, já que sua confiança e proposta de valor clara ressoavam de forma mais eficaz. Ele conseguiu contratar um assistente de vendas tão necessário, o que ampliou ainda mais seu alcance e geração de receita. O estado constante de crise começou a desaparecer, substituído por um ritmo sustentável de crescimento e lucratividade.

Este estudo de caso de Alex é uma poderosa ilustração da Lei do Mentalismo em ação dentro do campo empreendedor. Seu negócio não se transformou milagrosamente da noite para o dia; na verdade, foi o próprio empreendedor quem passou pela transformação fundamental. Ao escolher conscientemente reprogramar suas crenças de escassez para abundância, ele alterou a própria frequência de sua vibração financeira, tornando seu negócio um ímã para a prosperidade. Ele saiu de um lugar de medo e limitação para um de confiança e possibilidade expansiva. Sua mente, antes uma fortaleza de crenças limitantes, tornou-se o terreno fértil sobre o qual uma estrutura financeira verdadeiramente resiliente pôde ser construída. Essa mudança interna, alimentada pela aplicação deliberada do Mentalismo, traduziu-se diretamente em resultados tangíveis e positivos, provando que o investimento mais poderoso que um empreendedor pode fazer é na reprogramação de sua própria mente. A fortaleza externa da segurança financeira é, de fato, primeiro construída na vastidão ilimitada da convicção mental.

A discussão anterior iluminou o papel fundamental da Lei do Mentalismo na formação do sucesso empreendedor, demonstrando como o sistema de crenças internas de um indivíduo influencia diretamente sua realidade financeira externa. Agora, mudamos nosso foco do cenário interno do empreendedor para a arena dinâmica dos investimentos, onde forças externas frequentemente parecem dominar, e introduzimos um estudo de caso que exemplifica a aplicação sinérgica de outros dois princípios herméticos poderosos: a Lei da Correspondência e a Lei do Ritmo. Este estudo de caso ilustrará como um investidor perspicaz, ao alinhar seu estado interno com o pulso externo do mercado e ao compreender a natureza cíclica inerente dos movimentos financeiros, conseguiu não apenas atravessar períodos de extrema volatilidade, mas também emergir mais forte e próspero.

Considere o investidor típico em tempos de turbulência de mercado. Os ciclos de notícias estão repletos de manchetes alarmistas, os indicadores de ações piscam em vermelho com velocidade assustadora, e a ansiedade coletiva de milhões pode criar uma sensação quase palpável de pânico. Em tais ambientes, é incrivelmente difícil permanecer objetivo. O impulso de reagir, de vender tudo em uma tentativa desesperada de conter perdas, ou, inversamente, de perseguir oportunidades especulativas com febre de apostador, é esmagador. Esses comportamentos reativos são frequentemente impulsionados pelo medo e pela falta de equilíbrio interno, que, como já estabelecemos, correlacionam-se diretamente com os resultados externos. A Lei da Correspondência, que afirma "Assim como acima, assim abaixo; assim como dentro, assim fora", oferece uma percepção profunda sobre por que isso acontece. Quando o estado interno de um investidor é de pânico e desordem, suas ações externas inevitavelmente refletirão esse caos, levando a decisões ruins e perdas ampliadas.

Nosso estudo de caso envolve uma pessoa, vamos chamá-la de Evelyn, que enfrentou precisamente esses desafios. Evelyn não era uma investidora iniciante; ela tinha uma sólida compreensão dos fundamentos financeiros e um portfólio diversificado. No entanto, encontrou-se no início de um período de mercado particularmente turbulento, caracterizado por eventos globais sem precedentes, rápidas mudanças tecnológicas e incertezas geopolíticas. O mercado, geralmente um fluxo relativamente previsível de altos e baixos, começou a exibir oscilações intensas. Principais índices sofreram quedas abruptas seguidas de altas acentuadas, muitas vezes insustentáveis. O barulho da mídia financeira e as declarações de vários "especialistas" criaram uma cacofonia que tornava extremamente difícil discernir sinais claros.

A reação inicial de Evelyn, como a de muitos outros, foi um certo desconforto. A velocidade e magnitude dos movimentos do mercado eram perturbadoras. No entanto, em vez de sucumbir ao pânico predominante, Evelyn invocou conscientemente a Lei da Correspondência. Ela reconheceu que seu estado interno era o principal determinante de sua capacidade de navegar pela tempestade externa. Portanto, dedicou-se a cultivar um senso de calma interior e desapego. Não se tratava de ignorar as realidades do mercado, mas de garantir que sua percepção e resposta a elas não fossem obscurecidas pelo medo ou pela euforia irracional.

Ela começou cada dia com um período de meditação e atenção plena, concentrando-se na respiração e ancorando-se no momento presente. Essa prática ajudava a silenciar o falatório incessante de sua mente e a observar suas reações emocionais às notícias do mercado sem ser controlada por elas. Reconhecia quaisquer sentimentos de ansiedade ou apreensão, mas conscientemente os liberava, recusando-se a permitir que ditassem sua estratégia de investimento. Esse cultivo deliberado de equanimidade interior significava que, ao olhar para seu portfólio ou ler análises de mercado, sua mente estava mais clara, mais racional e menos suscetível ao contágio emocional que afetava tantos outros investidores. Seu estado interno era de centramento e, conforme a Lei da Correspondência, suas ações externas começaram a refletir essa estabilidade.

Simultaneamente, Evelyn compreendeu que navegar em um mercado volátil exigia não apenas estabilidade interna, mas também uma consciência aguçada das dinâmicas de mercado, particularmente sua natureza cíclica. É aqui que a Lei do Ritmo entrou em ação. Essa lei afirma que "Tudo flui, entra e sai; tudo tem suas marés, seu fluxo e refluxo; tudo tem seus períodos de expansão e contração; tudo vibra e se move em ciclos." Evelyn sabia que os mercados, como todos os fenômenos, não são estáticos, mas estão em constante movimento, caracterizados por ciclos previsíveis e imprevisíveis. Em vez de lutar contra esses ciclos ou tentar prever pontos de virada exatos, seu objetivo era compreender seus padrões gerais e alinhar sua estratégia de acordo.

Ela dedicou tempo considerável ao estudo de ciclos históricos de mercado, não para encontrar repetições exatas, mas para compreender os princípios subjacentes de expansão, contração e transição. Observou como períodos de crescimento rápido eram frequentemente seguidos por correções, e como quedas prolongadas eventualmente davam lugar à recuperação. Reconheceu que a própria volatilidade era uma forma de ritmo — uma oscilação mais rápida e pronunciada do que o normal, mas ainda assim um ritmo.

Com esse entendimento, Evelyn ajustou sua abordagem de investimento. Durante períodos de queda acentuada, em vez de entrar em pânico e vender, ela via esses momentos pela lente do ritmo. Enxergava-os como oportunidades potenciais de adquirir ativos de qualidade a preços significativamente reduzidos, compreendendo que, historicamente, os mercados eventualmente se recuperavam e entravam em sua fase de expansão. Sua postura calma, reforçada por sua crença na Lei do Ritmo, permitiu-lhe resistir ao impulso de liquidar suas posições em momentos desfavoráveis.

Por outro lado, durante períodos de euforia irracional, quando os preços dos ativos pareciam desconectados de seu valor fundamental, ela era igualmente cautelosa. Entendia que o "fluxo" da expansão não poderia durar para sempre e que um "refluxo" em direção à contração era inevitável. Nesses momentos, estava mais inclinada a realizar lucros em certas posições, reequilibrar seu portfólio e reduzir sua exposição aos ativos mais especulativos, em vez de perseguir preços cada vez mais altos. Suas ações eram guiadas pela consciência da maré cíclica, não pelo FOMO (medo de ficar de fora) que dominava muitos outros.

A sinergia entre essas duas leis provou ser seu maior ativo. Sua calma interior (Correspondência) permitiu-lhe observar os ritmos do mercado sem sucumbir a reações emocionais. Esse desapego possibilitou ver os ciclos com mais clareza e tomar decisões baseadas em probabilidades de longo prazo, em vez de no ruído de curto prazo. Por exemplo, quando ocorreu uma queda significativa no mercado, o instinto de muitos foi vender imediatamente. Evelyn, no entanto, manteve seu equilíbrio interno. Olhou para os preços em queda não como um ponto final, mas como uma fase natural do ritmo do mercado. Como não estava emocionalmente dominada pelo medo, pôde avaliar objetivamente quais empresas eram fundamentalmente sólidas e estavam apenas sendo arrastadas por uma ampla liquidação de mercado.

Ela identificou várias empresas de alta qualidade cujos preços das ações haviam sido desproporcionalmente punidos. Seu estado interno calmo, um reflexo da Lei da Correspondência, permitiu que ela tomasse a decisão ousada, porém racional, de alocar uma parte de seu capital para adquirir esses ativos subvalorizados. Ela não foi movida pela ganância de tentar acertar o fundo absoluto, mas pela convicção, informada pela Lei do Ritmo, de que uma recuperação do mercado era inevitável e de que essas empresas sólidas estariam bem posicionadas para se beneficiar dela. Essencialmente, ela estava investindo na próxima fase expansionista do ritmo do mercado, tudo isso mantendo sua compostura interna.

Por outro lado, durante períodos em que o mercado experimentava uma ascensão rápida, quase eufórica, a calma interior de Evelyn (Correspondência) a impedia de ser capturada pela euforia. Ela reconhecia que tais expansões rápidas frequentemente representavam o pico de um ciclo, o "fluxo" antes do "refluxo" da contração. Guiada pela Lei do Ritmo, ela estrategicamente começou a reduzir algumas de suas posições mais agressivas, realizando lucros e realocando capital em ativos mais defensivos ou simplesmente mantendo caixa. Isso não foi um ato de pessimismo, mas uma medida calculada para preservar seu capital e estar preparada para a correção inevitável. Seu estado interno permanecia equilibrado, permitindo que fizesse essas saídas estratégicas sem o arrependimento ou medo que frequentemente acompanham tais decisões quando movidas pela emoção.

Essa abordagem disciplinada significava que Evelyn não estava tentando acertar o timing perfeito do mercado, o que é um esforço frequentemente inútil. Em vez disso, ela estava se alinhando com o fluxo natural de altos e baixos. Quando o mercado caía, ela estava estrategicamente posicionada para se beneficiar da recuperação subsequente, tendo preservado capital e adquirido ativos de qualidade. Quando o mercado subia, ela conseguia proteger seus ganhos e evitar ser capturada em uma bolha especulativa destinada a estourar. Sua estratégia era de resiliência e adaptação, não de previsão e especulação.

O resultado da abordagem de Evelyn foi notável. Enquanto muitos investidores sofreram perdas significativas durante os períodos voláteis, o portfólio de Evelyn não apenas resistiu à tempestade, mas também mostrou crescimento constante. Seu capital foi preservado por meio de uma gestão prudente de riscos, informada pela Lei do Ritmo, e seus investimentos em ativos de qualidade durante os períodos de baixa permitiram que ela capitalizasse os movimentos de alta subsequentes. Sua calma interior consistente, um testemunho de sua maestria da Lei da Correspondência, garantiu que suas decisões fossem sempre racionais e estratégicas, mesmo quando o ambiente externo era caótico.

Este estudo de caso destaca a profunda interconexão entre nosso mundo interno e nossas experiências financeiras externas. Evelyn não possuía uma fórmula mágica ou conhecimento privilegiado. Seu sucesso derivou da aplicação consciente dos princípios herméticos. Ao cultivar um estado interno constante de calma e desapego (Correspondência), ela foi capaz de perceber os ritmos naturais do mercado com clareza e objetividade (Ritmo). Essa compreensão dupla permitiu que ela se movesse com o fluxo do mercado, em vez de contra ele, tomando decisões estratégicas que minimizaram riscos e maximizaram oportunidades. Sua fortaleza financeira não foi construída sobre sorte ou timing de mercado, mas sobre o alicerce inabalável de seus mundos interno e externo alinhados, demonstrando que a verdadeira maestria financeira é um trabalho de dentro para fora. A capacidade de permanecer centrado em meio ao caos e de compreender a natureza cíclica de todas as coisas não são meros conceitos teóricos; são ferramentas práticas para construir prosperidade duradoura em um mundo que está constantemente em fluxo.

O edifício do sucesso financeiro, assim como a construção de uma fortaleza monumental, exige não apenas fundações meticulosamente estabelecidas e planos estruturais robustos, mas também o olhar perspicaz de um arquiteto capaz de se adaptar a desafios imprevistos e aproveitar oportunidades emergentes. Em nossa exploração anterior, testemunhamos como o cenário interno, governado pela Lei do Mentalismo, molda nossas realidades financeiras externas, e como os princípios da Correspondência e do Ritmo, exemplificados pela estratégia de investimento astuta de Evelyn, fornecem as ferramentas essenciais para navegar pela volatilidade do mercado com equanimidade. Agora, voltamos nossa atenção para uma dinâmica crucial que sustenta a execução de qualquer empreendimento financeiro ambicioso: a integração harmoniosa de estratégia e intuição. Essa fusão, profundamente enraizada na Lei Hermética do Gênero, fala ao princípio de que todas as coisas contêm tanto princípios masculinos quanto femininos, e que a verdadeira criação e progresso surgem de sua interação equilibrada.

A Lei do Gênero, frequentemente mal compreendida como referindo-se apenas ao sexo biológico, é na verdade um conceito muito mais universal. Ela postula que cada átomo, cada ser e, de fato, cada projeto, possui tanto potenciais ativos e passivos, de dar e receber, lógicos e criativos. No domínio das finanças e do empreendedorismo, isso se traduz na tensão dinâmica entre o planejamento estruturado e analítico — o princípio masculino — e os insights intuitivos e adaptativos — o princípio feminino. Um empreendimento que depende apenas de um aspecto corre o risco de se tornar rígido e frágil ou, inversamente, caótico e sem foco. A verdadeira maestria está na orquestração habilidosa de ambos.

Considere o processo de lançamento de um novo produto ou serviço financeiro. O princípio masculino exige pesquisa rigorosa de mercado, projeções financeiras detalhadas, a construção de um plano de negócios abrangente e o estabelecimento de protocolos operacionais claros. Este é o domínio da lógica, da análise e da estrutura. Ele responde às perguntas "como", "quando" e "quais recursos são necessários." Sem essa fundação, qualquer empreendimento é construído sobre areia movediça, vulnerável ao menor tremor econômico. Uma estratégia bem definida garante que os recursos sejam alocados de forma eficiente, que os riscos sejam identificados e mitigados, e que exista um roteiro claro para guiar o empreendimento da concepção à execução. Isso envolve análise aprofundada de concorrentes, demografia de clientes, ambientes regulatórios e o retorno projetado sobre o investimento. Trata-se de construir o plano, reforçar as paredes e garantir a integridade estrutural da fortaleza financeira.

No entanto, o plano mais brilhante pode encontrar obstáculos imprevistos. As condições de mercado podem mudar drasticamente, as ações dos concorrentes podem ser inesperadas ou as necessidades dos clientes podem evoluir de maneiras que não eram aparentes durante a fase inicial de pesquisa. É aqui que o princípio feminino, a intuição, torna-se indispensável. A intuição não é um fenômeno místico ou inexplicável; é o processamento rápido e subconsciente de informações, recorrendo a um vasto reservatório de experiências acumuladas, observações sutis e reconhecimento de padrões que frequentemente escapam ao pensamento consciente e linear. É o "sentimento instintivo", o lampejo súbito de insight, o sutil empurrão que sugere um caminho diferente ou uma solução inédita.

Imagine um empreendedor, vamos chamá-lo de Marcus, que passou meses elaborando meticulosamente um plano de negócios para uma nova plataforma fintech. Ele conduziu pesquisas extensas, analisou tendências de mercado com máxima precisão e garantiu financiamento inicial significativo com base em suas projeções bem fundamentadas. Sua estratégia é robusta, seus modelos financeiros são impecáveis e sua equipe foi montada com expertise diversificada. O princípio masculino foi aplicado com dedicação inabalável. O lançamento é iminente, e tudo parece estar seguindo conforme o planejado.

No entanto, nas semanas que antecedem o lançamento, Marcus começa a sentir um desconforto persistente. Não é um problema específico ou identificável, mas uma sensação geral de que algo não está totalmente alinhado. Inicialmente, ele descarta isso como nervosismo pré-lançamento, um subproduto comum de empreendimentos de alto risco. Ainda assim, a sensação persiste, manifestando-se de maneiras sutis — uma hesitação ao revisar certos materiais de marketing, uma vaga sensação de desconexão ao discutir um recurso específico com sua equipe de desenvolvimento. Essa é sua intuição, o princípio feminino, tentando se comunicar.

Se Marcus se mantivesse rigidamente preso apenas à sua abordagem estratégica masculina, poderia ignorar esses sinais, avançando com o lançamento conforme planejado. Isso poderia levar a um erro custoso, talvez um recurso do produto que não ressoasse com o público-alvo ou uma mensagem de marketing que não conseguisse conectar emocionalmente, mesmo que fosse logicamente sólida. A resposta do mercado poderia ser morna, exigindo uma mudança cara e disruptiva após o lançamento ou, pior, levando ao fracasso prematuro do empreendimento.

Em vez disso, Marcus, tendo uma compreensão mais profunda da Lei de Gênero e de sua aplicação, decide pausar e ouvir sua intuição. Ele agenda uma série de sessões informais de feedback com potenciais usuários, não para validar seu plano existente, mas para ouvir ativamente necessidades não atendidas e frustrações sutis. Passa tempo em contemplação e observação, permitindo que sua mente subconsciente processe os dados coletados dessas interações. Por meio desse processo, surge um novo insight: embora sua plataforma tenha sido projetada para simplificar uma transação financeira específica, os usuários expressaram um desejo maior por uma ferramenta que oferecesse orientação financeira personalizada junto com a transação. Isso não havia sido explicitamente identificado em sua pesquisa inicial de mercado, mas era um tema recorrente nas nuances das conversas e nas necessidades implícitas que revelaram.

Essa realização intuitiva é o princípio feminino afirmando seu papel vital. Ela não nega o planejamento estratégico de Marcus; ao contrário, fornece um refinamento crucial. A funcionalidade central de sua plataforma, o aspecto lógico e estruturado “masculino”, permanece intacta. No entanto, o insight intuitivo sugere um aprimoramento que poderia aumentar dramaticamente sua proposta de valor e apelo de mercado. Em vez de uma plataforma puramente transacional, poderia se tornar um centro abrangente de bem-estar financeiro.

Marcus agora enfrenta o desafio de integrar esse novo insight em sua estratégia existente. Isso exige um equilíbrio delicado. Ele não pode simplesmente abandonar seu plano meticulosamente elaborado. Precisa avaliar como esse ajuste intuitivo pode ser incorporado sem comprometer excessivamente o cronograma original de lançamento ou o orçamento. Essa fase demanda uma aplicação adicional do princípio masculino: reavaliar seus modelos financeiros para acomodar o novo recurso, ajustar sua estratégia de marketing para refletir a proposta de valor expandida e, potencialmente, re-priorizar tarefas de desenvolvimento.

A equipe, inicialmente focada no plano estabelecido, também pode apresentar resistência, uma reação natural à mudança de um caminho já definido. Aqui, Marcus deve empregar o princípio feminino da empatia e da comunicação, fomentando um ambiente onde a resolução criativa de problemas e a adaptabilidade sejam valorizadas. Ele explica seu raciocínio, não como um capricho pessoal, mas como um insight emergente derivado de um engajamento mais profundo com o mercado, alinhando-o ao objetivo final de sucesso a longo prazo. Incentiva a equipe a propor soluções para integrar o novo recurso, aproveitando sua inteligência e criatividade coletivas.

Esse processo iterativo de planejamento estratégico, insight intuitivo e ajuste responsivo é a essência da criação equilibrada em empreendimentos financeiros. É uma dança constante entre a mente analítica e o espírito perceptivo. O "masculino" fornece a estrutura, a disciplina e o plano de execução tangível, garantindo que o empreendimento esteja fundamentado na realidade. O "feminino" fornece a visão, a adaptabilidade e a centelha criativa, garantindo que o empreendimento permaneça relevante, ressonante e capaz de evoluir.

Considere outro cenário: um incorporador imobiliário com histórico altamente bem-sucedido em propriedades comerciais. Seu negócio é construído sobre análise meticulosa de leis de zoneamento, previsões econômicas, mudanças demográficas e cálculos precisos de custos de construção e rendimentos de aluguel — um testemunho do poder do princípio masculino. Ele inicia um novo projeto, adquirindo um terreno significativo em uma área urbana em rápido desenvolvimento. O plano estratégico é impecável: um empreendimento de uso misto com espaços comerciais no térreo e unidades residenciais acima, tudo projetado para maximizar a lucratividade.

No entanto, durante a fase inicial de design, o arquiteto principal, um profissional experiente, começa a sentir uma forte atração por uma abordagem diferente. Embora o plano inicial seja financeiramente sólido, ele percebe que a comunidade dessa área específica tem um desejo crescente por mais espaços verdes e comodidades voltadas para a coletividade, um sentimento não totalmente capturado pelos dados econômicos mais amplos. Ele experimenta uma compreensão intuitiva da "alma" do bairro, uma sensação de que um design mais integrado à natureza não apenas seria esteticamente agradável, mas também profundamente desejado pelos futuros moradores, promovendo um senso mais forte de pertencimento e valor de longo prazo. Esse é o princípio feminino falando, uma força sutil, mas poderosa.

Ele apresenta suas preocupações à equipe de desenvolvimento. Inicialmente, há ceticismo. As projeções financeiras não contabilizam explicitamente o custo adicional de paisagismo extensivo ou a possível perda de receita pela redução do número de unidades construídas para incorporar um parque público. Essa é a reação previsível da mentalidade puramente estratégica, orientada pelo masculino.

No entanto, o arquiteto é persistente, não de forma agressiva, mas com uma convicção tranquila. Propõe um compromisso: um design revisado que integra estrategicamente um pátio central com amplo espaço verde, uma pequena área comunitária e jardins verticais na fachada do edifício. Argumenta que, embora isso possa exigir um investimento inicial ligeiramente maior e uma redução mínima na densidade, criará uma proposta única de venda, atrairá um público mais exigente de inquilinos e compradores e promoverá um ambiente de vida mais desejável, potencialmente levando a rendimentos de aluguel mais altos e valorização da propriedade a longo prazo. Ele está essencialmente traduzindo sua compreensão intuitiva em uma proposta estratégica.

A equipe de desenvolvimento, reconhecendo a profunda experiência do arquiteto e a lógica inerente por trás de seu senso intuitivo das necessidades da comunidade, decide explorar essa abordagem híbrida. Conduzem pesquisas adicionais, mais qualitativas, envolvendo diretamente moradores locais e líderes comunitários para avaliar seus sentimentos. Os resultados confirmam a intuição do arquiteto. O insight "feminino", quando traduzido em perguntas de pesquisa específicas, gera dados acionáveis que sustentam uma estratégia "masculina" revisada.

O design final torna-se um testemunho dessa criação equilibrada. Retém a viabilidade financeira do plano original, ao mesmo tempo em que incorpora elementos únicos voltados para a comunidade, que ressoam profundamente com o público-alvo. O projeto torna-se um marco, não apenas por sua lucratividade, mas por sua integração harmoniosa ao tecido urbano. A compreensão intuitiva da conexão e do desejo humano, canalizada por meio da implementação estratégica, cria um projeto que é ao mesmo tempo financeiramente bem-sucedido e socialmente enriquecedor. Isso demonstra que, ao combinar o rigor analítico da estratégia com a sabedoria perceptiva da intuição, podemos construir estruturas financeiras que não apenas sejam sólidas, mas também profundamente ressonantes e duradouras.

Essa sinergia não se limita a projetos de grande escala; é igualmente aplicável à gestão financeira individual. Por exemplo, uma pessoa pode ter um orçamento meticulosamente elaborado e um plano de poupança bem definido — o princípio masculino em ação. No entanto, também pode sentir um impulso intuitivo para investir em um desenvolvimento de habilidades ou em um projeto de paixão aparentemente não relacionado, mas que tem potencial para abrir novas oportunidades de carreira ou uma fonte de renda paralela lucrativa. Esse impulso intuitivo, se explorado e integrado de forma ponderada à sua estratégia financeira, pode levar a caminhos inesperados de criação de riqueza. O segredo é evitar a armadilha de confiar apenas em planos rígidos que sufocam a criatividade ou seguir cegamente cada impulso passageiro sem fundamentá-lo na realidade prática.

O empreendedor bem-sucedido, o investidor perspicaz e o indivíduo financeiramente seguro são aqueles que aprenderam a cultivar tanto o plano do arquiteto quanto a visão do artista. Eles entendem que a estratégia fornece o roteiro e as paredes protetoras, enquanto a intuição oferece a bússola e o design inspirado. Quando esses dois princípios trabalham em conjunto, a criação de uma fortaleza financeira robusta torna-se não apenas uma possibilidade, mas um resultado profundamente natural, um testemunho da aplicação equilibrada e poderosa da Lei de Gênero no mundo material. Essa integração garante que nossos empreendimentos financeiros não sejam apenas sobre acumular riqueza, mas sobre construir estruturas resilientes, adaptáveis e, em última análise, profundamente gratificantes.

A jornada para estabelecer uma fortaleza financeira verdadeiramente impenetrável não é passiva; exige participação ativa, autoconsciência e a aplicação deliberada de princípios atemporais. Tendo explorado as leis fundamentais e sua interação – a arquitetura mental, os ecos da correspondência, o pulso do ritmo e a dança vital do gênero – agora fazemos a transição da compreensão para a criação. Esta subseção é dedicada a capacitá-lo a construir seu próprio **Blueprint(**plano detalhado, projeto ou modelo estratégico**) de Alquimia Financeira Pessoal**. Este não é um modelo genérico a ser seguido cegamente, mas sim um documento dinâmico e vivo, adaptado às suas aspirações, desafios e forças inerentes. É a fórmula alquímica que transmutará sua realidade financeira atual no estado desejado de abundância e segurança.

Para embarcar nesse processo alquímico, devemos começar com um inventário profundo de sua condição presente. Isso é semelhante ao alquimista que primeiro entende as propriedades de seus materiais básicos antes de tentar qualquer transformação. Faça uma análise sincera e sem adornos de seu cenário financeiro. Onde você está hoje? Isso envolve não apenas um olhar superficial para o saldo bancário, mas um mergulho profundo em seus ativos, passivos, fontes de renda e padrões de gastos. Além dos números brutos, porém, há uma camada crucial: seu relacionamento atual com o dinheiro. Como você se sente ao pensar em suas finanças? Há ansiedade, medo, complacência ou uma sensação de controle fortalecido? Seja honesto. Seu estado emocional e psicológico é um poderoso indicador de quais das Sete Leis você está atualmente incorporando, consciente ou inconscientemente.

**As Sete Leis na Autoavaliação Financeira**

**Lei do Mentalismo:**

Seus pensamentos sobre dinheiro são predominantemente abundantes e positivos, ou estão tingidos de escassez e limitação? Você acredita que a criação de riqueza é possível para você, ou abriga dúvidas subconscientes que sabotam seus esforços? Por exemplo, alguém que repete frases como "dinheiro não nasce em árvore" ou "nunca serei rico" está transmitindo ativamente um plano mental de escassez, que, de acordo com o Mentalismo, se manifestará como uma realidade financeira de limitação. Por outro lado, indivíduos que focam no potencial de crescimento, no valor que oferecem e na prosperidade que é alcançável estão plantando sementes de abundância em seu jardim mental. Reflita sobre seu diálogo interno em relação ao dinheiro. Você é o mestre de seus pensamentos financeiros, ou eles são os seus mestres?

**Lei da Correspondência:**

Seu mundo financeiro externo espelha suas crenças e intenções internas? Se você aspira à liberdade financeira, mas seus hábitos de consumo são caóticos e sua poupança inexistente, há uma dissonância, uma falta de correspondência. "Assim como acima, assim abaixo; assim como dentro, assim fora." Isso significa que suas circunstâncias financeiras externas são um reflexo direto de seu estado interno. Se seu cenário interno é de desorganização e auto-sabotagem, suas finanças externas provavelmente refletirão isso. Por outro lado, se você cultiva disciplina, foco e uma mentalidade proativa, sua vida financeira começará a corresponder a essas mudanças internas positivas.

**Lei da Vibração:**

Cada meta financeira, cada aspiração, vibra em uma determinada frequência. Você está vibrando em uma frequência que atrai riqueza, ou está transmitindo uma frequência de escassez que a repele? Se você aborda questões financeiras com desespero e necessidade, está transmitindo uma vibração de baixa frequência. Quando cultiva gratidão pelo que já possui, entusiasmo pelas possibilidades futuras e confiança em sua capacidade de criar riqueza, eleva sua frequência vibracional, tornando-se uma força magnética para oportunidades financeiras.

**Lei da Polaridade:**

Você consegue ver aspectos positivos mesmo em situações financeiras aparentemente negativas? Uma dívida significativa pode ser vista como um fardo, ou como uma oportunidade de aprender melhor gestão financeira, tornar-se mais disciplinado e, em última análise, mais resiliente. Essa lei nos lembra que os opostos existem, e muitas vezes o "negativo" é apenas o outro lado de uma moeda que pode ser virada para revelar seu potencial positivo.

**Lei do Ritmo:**

Você está consciente e trabalhando com o fluxo natural dos ciclos financeiros, tanto em sua vida pessoal quanto na economia em geral? Isso significa compreender que haverá períodos de expansão e contração, de abundância e escassez, e que é sábio se preparar para essas flutuações. Gastar demais em tempos de alta renda sem reservar para tempos mais difíceis é ignorar o Ritmo. Por outro lado, poupar e investir consistentemente, mesmo em climas econômicos desafiadores, demonstra aplicação dessa lei.

**Lei de Causa e Efeito (Karma):**

Quais ações você está tomando que estão levando aos seus resultados financeiros atuais? Seus esforços estão alinhados com os resultados que deseja? Cada ação tem uma consequência. Se você aprende sobre investimentos, poupa diligentemente e toma decisões financeiras sábias, está plantando causas que levarão a efeitos positivos. Se, ao contrário, seus atos envolvem gastos impulsivos e negligência no planejamento, está semeando sementes de desafios financeiros.

**Lei de Gênero:**

Essa lei fala do equilíbrio entre os princípios masculino (ação, lógica, estrutura) e feminino (intuição, receptividade, criatividade). Você depende excessivamente de um aspecto em detrimento do outro? O plano exige uma mistura harmoniosa de pensamento estratégico e analítico com insight intuitivo e criativo. Você está aproveitando tanto sua mente racional quanto sua sabedoria interior em suas decisões financeiras?

**Definindo o Futuro Desejado**

Depois de concluir essa autoavaliação honesta, o próximo passo crucial na criação de seu **Blueprint de Alquimia Financeira Pessoal** é definir seu estado futuro desejado com absoluta clareza. É aqui que sua visão encontra a aplicação prática das leis. O que o sucesso financeiro realmente significa para você? Vá além de noções vagas de "ser rico." Visualize os resultados tangíveis: aposentadoria antecipada, liberdade para viajar, capacidade de apoiar entes queridos ou recursos para lançar uma iniciativa filantrópica. Seja específico. Quantifique seus objetivos sempre que possível. Por exemplo, em vez de "quero ser financeiramente seguro", estabeleça "quero ter um portfólio de investimentos gerando renda passiva suficiente para cobrir todas as minhas despesas de vida até os 50 anos." Essa especificidade ativa a Lei do Mentalismo ao fornecer um alvo claro para seus pensamentos e intenções.

**Resumo:** Este trecho mostra que o primeiro passo para criar sua fortaleza financeira alquímica é uma autoavaliação profunda, alinhando cada uma das Sete Leis Herméticas à sua vida financeira. A clareza de visão e a honestidade consigo mesmo são os catalisadores que transformam sua realidade atual em abundância futura.

Com seu estado atual e futuro desejado definidos, você pode agora começar a delinear passos específicos e acionáveis para aplicar conscientemente todas as Sete Leis de uma forma que ressoe com suas circunstâncias únicas. Esta é a receita alquímica, as instruções detalhadas para sua transformação pessoal.

**Lei do Mentalismo:**

Se sua avaliação revelou pensamentos predominantemente baseados na escassez, seu plano pode incluir afirmações diárias focadas na abundância, como "Sou um ímã para riqueza e oportunidade" ou "Meu potencial de renda é ilimitado." Também pode envolver desafiar ativamente e reformular pensamentos negativos sobre dinheiro conforme eles surgem. Por exemplo, quando surge o pensamento "Não posso pagar por isso", reformule conscientemente para "Como posso pagar por isso?" ou "Que alternativa posso escolher?" Essa prática cultiva um ambiente mental propício à prosperidade. Você também pode se comprometer a ler livros ou ouvir podcasts que inspirem uma mentalidade de abundância, cercando-se de influências que reforcem seu paradigma mental desejado.

**Lei da Correspondência:**

Para alinhar sua realidade financeira externa com suas intenções internas, seu plano deve detalhar mudanças comportamentais específicas. Se seus gastos são desorganizados, um passo concreto pode ser implementar um sistema de orçamento rigoroso – talvez usando um orçamento base zero ou o sistema de envelopes – e comprometer-se a registrar cada despesa por um período determinado. Essa ação aborda diretamente a falta de correspondência entre seu desejo de controle financeiro e seus gastos caóticos atuais. Trata-se de garantir que suas ações (externas) estejam em sintonia com seus desejos (internos). Isso também pode envolver criar um quadro de visão com imagens representando suas metas financeiras, colocando-o em um local visível diariamente, reforçando a correspondência entre sua visão interna e seu ambiente externo.

**Lei da Vibração:**

Para elevar sua vibração financeira, seu plano pode incluir práticas que cultivem gratidão e alegria. Isso pode envolver um diário de gratidão diário, focado especificamente em bênçãos financeiras, por menores que sejam. Também pode incluir celebrar marcos financeiros, mesmo modestos, ou engajar-se em atividades que tragam alegria e realização genuínas, reconhecendo que um estado feliz e energizado naturalmente atrai experiências positivas, incluindo financeiras. Além disso, visualizar suas metas financeiras com emoção vívida – sentir a paz da segurança financeira, a empolgação da abundância – é uma maneira poderosa de transmitir uma vibração de alta frequência. Comprometa-se a dedicar alguns minutos por dia a essa prática, imergindo-se nos sentimentos positivos associados ao seu futuro financeiro desejado.

**Lei da Polaridade:**

Para aproveitar o potencial positivo dentro dos desafios, seu plano pode incluir uma abordagem estruturada para reformular situações difíceis. Diante de um revés financeiro, em vez de sucumbir ao desespero, comprometa-se a identificar pelo menos três lições ou oportunidades de crescimento. Por exemplo, uma despesa inesperada significativa pode ser vista não apenas como um dreno de recursos, mas como uma oportunidade de: 1) revisar e otimizar sua estratégia de fundo de emergência, 2) identificar áreas onde os gastos podem ser reduzidos ainda mais, e 3) valorizar mais profundamente o planejamento financeiro cuidadoso. Esse ato consciente de buscar o positivo transforma fardos percebidos em degraus de crescimento.

**Lei do Ritmo:**

Seu plano deve incorporar estratégias para navegar pelos ciclos financeiros. Isso pode envolver estabelecer um fundo de emergência que cubra de 6 a 12 meses de despesas de vida para se proteger contra quedas econômicas ou interrupções inesperadas de renda. Também pode incluir um plano para aumentar proativamente poupanças e investimentos durante períodos de alta renda ou expansão econômica e, inversamente, uma estratégia para manter gastos essenciais enquanto conserva capital em tempos mais difíceis. Isso pode envolver definir gatilhos claros para reduzir despesas não essenciais com base em indicadores econômicos pré-definidos ou flutuações de renda pessoal. Compreender e se preparar para esses ritmos naturais é fundamental para a estabilidade financeira de longo prazo.

**Lei de Causa e Efeito:**

Para garantir que suas ações levem aos resultados desejados, seu plano deve detalhar ações específicas e consistentes. Isso pode ser o compromisso de investir uma porcentagem fixa de sua renda todos os meses, independentemente das flutuações do mercado, ou dedicar um tempo definido semanalmente para aprender sobre gestão financeira e estratégias de investimento. Também pode envolver criar um sistema de revisão regular de seu progresso financeiro – talvez mensalmente – para avaliar o que está funcionando e o que precisa de ajustes, garantindo assim um ciclo contínuo de feedback entre suas ações e seus efeitos. O segredo é identificar e implementar consistentemente as "causas" que levarão previsivelmente aos "efeitos" desejados.

**Lei de Gênero:**

Para alcançar um equilíbrio entre os princípios masculino e feminino, seu plano deve integrar tanto o planejamento estratégico quanto o desenvolvimento intuitivo. Isso pode significar reservar horários específicos para planejamento financeiro analítico (revisões de orçamento, análise de investimentos) e igualmente dedicar tempo para práticas intuitivas como meditação, escrita reflexiva ou simplesmente contemplação silenciosa. Se você tende a ser excessivamente analítico, seu plano pode incluir a prática de "decisão pela intuição" para escolhas financeiras menores e de baixo risco, construindo gradualmente confiança em sua sabedoria interior. Por outro lado, se você tende a confiar fortemente em sentimentos instintivos, seu plano deve exigir pesquisa rigorosa e análise lógica antes de assumir qualquer ação financeira significativa. Trata-se de criar uma estrutura que incentive tanto a execução disciplinada de planos quanto a consciência receptiva de oportunidades que podem não ser aparentes apenas pela lógica.

Seu **Blueprint de Alquimia Financeira Pessoal** não é um documento estático a ser criado uma vez e depois esquecido. É um guia dinâmico, um roteiro que exige revisão e adaptação regulares. Agende uma revisão mensal ou trimestral para avaliar seu progresso, celebrar suas conquistas e identificar áreas que precisam de ajustes. À medida que suas circunstâncias mudam, conforme você aprende e cresce, seu plano também deve evoluir. Esse processo contínuo de criação, implementação e refinamento é a essência da alquimia financeira – a transmutação contínua de sua realidade atual em um futuro mais próspero e gratificante. Ao aplicar conscientemente essas Sete Leis por meio de seu plano personalizado, você não está apenas gerenciando dinheiro; está participando ativamente da co-criação de seu destino financeiro, construindo uma fortaleza que não é apenas forte e segura, mas também um reflexo verdadeiro de seu maior potencial. O poder de transformar sua vida financeira está em sua disposição de compreender essas leis e em seu compromisso de aplicá-las por meio de um processo alquímico deliberado e personalizado.

## Capítulo 10: A Natureza Energética da Dívida e da Abundância

A dívida, em seu sentido convencional, é uma obrigação quantificável, uma soma de dinheiro devida. No entanto, para compreender verdadeiramente sua influência abrangente sobre nosso bem-estar financeiro e, de fato, sobre o próprio campo energético de nossa prosperidade, devemos olhar além das planilhas contábeis e adentrar os domínios mais sutis da vibração e da consciência. Ver a dívida por uma lente energética a transforma de um mero fardo financeiro em um padrão energético complexo, frequentemente caracterizado por escassez, limitação e uma sensação de estar energeticamente "preso". Essa perspectiva permite uma abordagem mais holística para a resolução da dívida, indo além do puramente matemático para abordar as dinâmicas energéticas subjacentes que perpetuam sua existência e impacto.

Quando estamos endividados, não estamos apenas devendo dinheiro; muitas vezes carregamos uma carga energética. Essa carga se manifesta como uma vibração de falta. O pensamento constante sobre o que é devido, o sentimento de obrigação e o medo de não conseguir cumprir essas obrigações criam uma assinatura energética poderosa de escassez. Esse estado vibracional atua como um ímã, mas em vez de atrair abundância, tende a repelir. É como se uma parte de nossa capacidade energética, nosso poder criativo e nossa prosperidade inerente estivesse sendo drenada e amarrada à entidade ou instituição à qual devemos dinheiro. Esse vínculo energético pode criar uma sensação de estar preso, incapaz de avançar livremente em direção a um maior bem-estar financeiro. O próprio ato de dever pode gerar um esgotamento energético, diminuindo nosso entusiasmo, nossa motivação e nossa capacidade de gerar nova riqueza.

Considere o peso psicológico e emocional que a dívida carrega. Ela pode gerar ansiedade, estresse e uma sensação de impotência. Essas emoções não são meros sentimentos abstratos; são estados energéticos poderosos que influenciam nossos pensamentos, ações e, em última análise, a realidade que criamos. Uma mente consumida por preocupações relacionadas à dívida vibra em uma frequência de estresse e medo que, de acordo com a Lei da Vibração, atrairá mais circunstâncias que reforçam esses sentimentos. Torna-se um ciclo autoalimentado: a dívida gera medo, o medo impede ações geradoras de prosperidade, e a falta de prosperidade perpetua a dívida. Não se trata de julgamento, mas da observação de um princípio energético em ação. O universo responde à vibração dominante que emitimos, e uma vibração sustentada de ansiedade financeira não é propícia ao fluxo harmonioso da abundância.

Além disso, a dívida pode fomentar uma sensação de obrigação energética. Essa obrigação vai além do pagamento monetário; pode se manifestar como um sentimento de estar preso, de ter as mãos atadas. Essa restrição energética limita nossa liberdade de agir, de assumir riscos e de aproveitar oportunidades que, de outra forma, estariam disponíveis. Se estamos constantemente preocupados em pagar dívidas, em manter os compromissos financeiros, nosso foco energético está inerentemente restrito. Estamos energeticamente ligados ao passado – à compra feita, ao empréstimo contraído – em vez de estarmos alinhados energeticamente com o futuro e seu potencial de crescimento. Isso pode levar à estagnação do fluxo financeiro, onde a energia que poderia ser direcionada para criar novo valor, perseguir novos empreendimentos ou investir em crescimento é desviada para simplesmente manter o status quo do pagamento.

A natureza energética da dívida também se relaciona com a Lei da Correspondência. Nossa realidade financeira externa é um reflexo de nosso estado interno. Se nosso estado interno é de desequilíbrio energético devido à dívida – um sentimento de estar esgotado, restrito e em falta – então nossas circunstâncias financeiras externas provavelmente refletirão isso. Podemos nos encontrar em um ciclo contínuo de ganhar e gastar, com pouco sobrando para construir riqueza ou criar segurança. A dívida torna-se uma representação tangível de um padrão energético interno de escassez ou contração. Quando abordamos a dívida apenas como um problema numérico, perdemos a oportunidade de tratar as raízes energéticas mais profundas da questão. A resolução, nesse sentido energético, envolve não apenas quitar o saldo, mas também transformar a assinatura energética associada àquela dívida.

A perspectiva energética nos incentiva a reformular nossa relação com a dívida. Em vez de vê-la apenas como fonte de vergonha ou fracasso, podemos começar a enxergá-la como um contrato energético que cumpriu seu propósito, ou talvez como algo desalinhado energeticamente com nossas aspirações atuais. Essa reformulação é crucial porque desloca nosso foco de uma mentalidade de vítima para uma de empoderamento. Quando nos sentimos impotentes diante das dívidas, nossa vibração é baixa. Quando reconhecemos que temos a capacidade de influenciar as dinâmicas energéticas de nossas finanças, começamos a recuperar nosso poder e elevar nossa vibração.

Considere o conceito de liberação energética. Quando uma dívida é quitada, não é apenas um número chegando a zero. É também o rompimento de um vínculo energético, a liberação de uma obrigação energética e a libertação de uma parte de nossa capacidade energética que estava anteriormente presa. Essa liberação cria um vácuo, uma abertura energética, que pode então ser preenchida com energia financeira positiva – abundância, oportunidade e crescimento. Se essa abertura energética não for conscientemente preenchida com uma intenção positiva, pode inadvertidamente ser reocupada pelo antigo padrão de escassez ou atrair novas formas de drenagem energética. Isso destaca a importância de não apenas quitar dívidas, mas também cultivar e direcionar conscientemente energia financeira positiva para nós mesmos à medida que a dívida é resolvida.

Os desequilíbrios energéticos criados pela dívida também podem impactar nossa criatividade e nossa disposição de agir de forma inspirada. Quando a mente está constantemente sobrecarregada por ansiedades financeiras, os canais de inspiração podem se tornar obstruídos. A energia que poderia alimentar ideias inovadoras ou o impulso para perseguir novos empreendimentos é consumida pela gestão das obrigações existentes. É por isso que, às vezes, mesmo após uma redução significativa da dívida, indivíduos podem voltar a se endividar. Eles trataram o problema numérico, mas não limparam totalmente o resíduo energético. O contrato energético da dívida, com suas vibrações associadas de falta e obrigação, ainda pode exercer influência, moldando decisões e atraindo circunstâncias semelhantes.

Portanto, uma abordagem energética para a resolução da dívida envolve cultivar uma vibração de abundância e liberdade mesmo enquanto a dívida ainda existe. Isso pode parecer contraintuitivo, mas é uma aplicação poderosa da Lei da Vibração. Ao focar conscientemente na gratidão pelo que temos, na abundância já presente em nossas vidas e no futuro positivo que estamos criando, começamos a mudar nossa assinatura energética. Essa mudança não elimina a necessidade de pagar a dívida, mas altera o contexto energético em que o pagamento ocorre. Em vez de uma luta nascida do medo, torna-se um processo de limpeza e realinhamento energético, realizado a partir de um lugar de poder e crença na abundância futura.

A lente energética também nos convida a examinar a intenção por trás da dívida. Ela foi contraída para consumo que gerou prazer passageiro, mas sem valor duradouro, ou foi para um investimento com potencial de crescimento futuro? Embora a obrigação financeira permaneça a mesma, a marca energética pode diferir. Dívidas contraídas para experiências que enriqueceram a vida, para educação que expandiu horizontes ou para ativos que se valorizam, embora ainda exijam pagamento, podem carregar uma qualidade energética diferente daquelas acumuladas por compras impulsivas ou por passivos que se depreciaram. Compreender isso pode ajudar a discernir quais dívidas carregam maior peso energético e como abordar sua resolução com uma intenção mais clara.

Em última análise, compreender a dívida por uma lente energética é reconhecer que nossa realidade financeira não é ditada apenas por números. Ela é profundamente influenciada pelos padrões energéticos que mantemos, pelas vibrações que emitimos e pela consciência que trazemos para nossas vidas financeiras. Ao reconhecer a dívida como um desequilíbrio energético, abrimos espaço para métodos de resolução mais profundos e eficazes. Isso envolve mudar nosso foco da mera obrigação para a libertação energética, da escassez para a abundância, e de um estado de estar preso para um estado de liberdade energética. Trata-se de reconhecer que, ao limpar o resíduo energético da dívida, simultaneamente criamos espaço para um futuro financeiro mais vibrante, abundante e harmonioso se manifestar. Não se trata de evitar responsabilidade, mas de abraçar uma forma mais profunda e abrangente de maestria financeira.

A própria natureza de dever dinheiro, a constante consciência de um déficit, cultiva uma assinatura energética distinta – a da escassez. É uma vibração de baixa frequência, um zumbido persistente de "não é suficiente". Isso não é apenas uma compreensão intelectual da situação financeira; é um estado energético profundamente enraizado que permeia nosso ser. Quando a dívida se torna um tema dominante em nossas vidas, nosso campo energético fica saturado com a frequência da falta. Passamos a perceber o mundo através de uma lente tingida de limitação, constantemente atentos a ameaças à nossa já precária estabilidade financeira. Esse estado perpétuo de alerta, essa postura energética de defesa, é precisamente o que a Lei da Vibração descreve como atrair mais do mesmo. Se nossa emissão energética dominante é de escassez, se nosso diálogo interno está cheio de ansiedades sobre contas, juros e a incapacidade de cumprir obrigações, então o universo, em sua resposta imparcial, provavelmente nos apresentará circunstâncias que espelham essa escassez. Isso pode se manifestar de várias formas: despesas inesperadas que parecem surgir do nada, oportunidades que escapam de nossas mãos justamente quando parecem ao alcance, ou uma sensação geral de estar perpetuamente atrasado, independentemente de nossos esforços. O vínculo energético da dívida desvia nosso foco do potencial de crescimento e o direciona para a ameaça constante de esgotamento. É como um navio navegando com sua âncora arrastando; o progresso torna-se árduo, e o vasto oceano de oportunidades permanece em grande parte inacessível.

Esse bloqueio vibracional da escassez é amplificado pelos fardos mentais e emocionais que a dívida impõe. Considere o ciclo incessante de preocupação. O pensamento da dívida pode invadir momentos de paz, lançando uma sombra sobre a alegria e o contentamento. Essa preocupação mental constante drena nossa energia vital, desviando-a de empreendimentos mais produtivos e abundantes. A sensação de estar sobrecarregado, de ter uma montanha de obrigações que parece intransponível, pode levar a uma paralisia energética. Quando nos sentimos impotentes, nossa vibração naturalmente diminui. Isso não é uma falha moral; é uma realidade energética. A mente, presa em um ciclo de ansiedade e medo em torno da dívida, torna-se um terreno fértil para que as sementes da escassez germinem e floresçam. Cada pensamento, cada preocupação, cada noite sem dormir contemplando problemas financeiros contribui para uma emissão energética sustentada de falta. Essa emissão, por sua vez, influencia nossa percepção e nossas ações. Podemos nos tornar avessos ao risco, hesitantes em investir em nós mesmos ou em novos empreendimentos por medo de mais pressão financeira, mesmo que esses empreendimentos tenham potencial de abundância futura. Também podemos acabar tomando decisões a partir de um lugar de desespero em vez de inspiração, o que frequentemente leva a novos emaranhamentos energéticos. A vibração da escassez atua como um filtro energético, permitindo que vejamos apenas as limitações e bloqueando nossa consciência das possibilidades abundantes que podem estar logo além de nossa percepção atual. É uma profecia autorrealizável de falta, onde nosso estado interno de escassez dita nossa experiência financeira externa.

Os padrões energéticos associados à dívida são profundamente enraizados, muitas vezes originados de crenças subconscientes sobre dinheiro e nosso valor. Se, por exemplo, um indivíduo abriga a crença subconsciente de que não merece riqueza, ou de que o dinheiro é inerentemente escasso e difícil de obter, então a dívida pode se tornar uma manifestação tangível dessas crenças subjacentes. A dívida em si não é a única culpada; é a assinatura energética que carrega, a frequência de falta que amplifica dentro de nós. Essa ressonância vibracional de escassez pode se tornar tão enraizada que parece um aspecto fundamental de nossa realidade financeira. Acostumamo-nos a operar a partir de um lugar de déficit, e qualquer tentativa de mover-se em direção à abundância parece estranha, até ameaçadora. É por isso que simplesmente pagar uma dívida, embora financeiramente correto, pode não levar sempre à liberdade financeira duradoura se os padrões energéticos subjacentes de escassez permanecerem sem tratamento. O vazio energético deixado pela dívida quitada pode, se não for conscientemente preenchido com uma vibração de abundância e autovalor, ser facilmente reocupado por velhos padrões, levando à recorrência de desafios financeiros. A chave está em identificar ativamente e liberar conscientemente esses padrões energéticos limitantes. Isso envolve uma mudança deliberada de foco, um esforço consciente para cultivar uma frequência vibracional diferente dentro de nós, uma que ressoe com possibilidade, crescimento e abundância inerente.

Para realmente romper o ciclo energético de escassez perpetuado pela dívida, devemos cultivar ativamente a vibração oposta: a da abundância. Isso não é um desejo passivo por mais dinheiro, mas uma postura energética ativa de gratidão e reconhecimento da abundância que já existe. Envolve mudar nossa atenção do que falta para o que está presente. Quando estamos endividados, é fácil focar apenas no saldo negativo, na sensação de esgotamento e na ausência percebida de recursos financeiros. No entanto, a abundância existe em muitas formas além da riqueza monetária. Pode ser encontrada em nossa saúde, nossos relacionamentos, nossas habilidades, nossa criatividade e nas bênçãos simples da vida cotidiana. Ao reconhecer e apreciar conscientemente essas formas existentes de abundância, começamos a elevar nossa vibração energética geral. Essa mudança de frequência é crucial porque começa a recalibrar nosso campo energético, tornando-nos mais receptivos ao influxo de abundância financeira. A Lei da Vibração nos ensina que semelhante atrai semelhante. Ao emitir consistentemente uma vibração de gratidão e apreciação pelo que temos, criamos uma frequência mais ressonante com as energias abundantes do universo.

Essa prática de cultivar abundância não é sobre ignorar a realidade da dívida, mas sobre mudar o contexto energético em que a abordamos. Em vez de encarar o pagamento da dívida a partir de um lugar de medo e escassez, podemos conscientemente escolher operar a partir de um lugar de empoderamento e crença na prosperidade futura. Isso envolve visualizar a dívida como já quitada, não como uma fantasia, mas como uma realidade futura com a qual estamos nos alinhando energeticamente. Significa tomar decisões financeiras a partir de um estado de riqueza interior, em vez de falta exterior. Por exemplo, ao considerar como alocar recursos, em vez de automaticamente escolher a opção mais restritiva ditada pela escassez, podemos nos perguntar: “Que decisão se alinha com a vibração da abundância e do crescimento de longo prazo?" Essa mudança sutil, mas poderosa, de perspectiva pode transformar a maneira como interagimos com nossas finanças, convertendo a luta em criação deliberada. Requer prática consistente, uma redireção consciente de nossos pensamentos e emoções para longe da narrativa da escassez e em direção à possibilidade da abundância.

Além disso, a vibração energética da escassez associada à dívida pode se manifestar como um senso sutil, mas penetrante, de conflito interno. Podemos simultaneamente desejar liberdade financeira e, ainda assim, estar energeticamente presos às próprias obrigações que a impedem. Essa dissonância interna cria fricção, uma turbulência energética que pode dificultar nosso progresso. A mente subconsciente, muitas vezes mais sintonizada com padrões energéticos do que o intelecto consciente, pode resistir a tentativas de criar abundância se perceber essas tentativas como conflitantes com o padrão enraizado de escassez que a dívida solidificou. Portanto, um aspecto significativo da liberação da vibração de escassez envolve harmonizar nosso cenário energético interno. Isso significa alinhar nossos desejos conscientes de abundância com nossas crenças subconscientes e estados emocionais. Pode envolver trabalho com a "criança interior", onde abordamos feridas antigas ou crenças sobre dinheiro formadas na infância, ou pode envolver meditações guiadas especificamente projetadas para liberar crenças financeiras limitantes e cultivar um senso de riqueza interior.

O processo de liberar os padrões energéticos de escassez é uma jornada contínua, não um evento único. Exige vigilância e esforço consciente. À medida que começamos a mudar nossa vibração em direção à abundância, podemos encontrar antigos padrões ressurgindo, especialmente diante de novos desafios financeiros. Isso é uma parte natural do processo de recalibração energética. A chave é reconhecer esses momentos não como fracassos, mas como oportunidades para reforçar nossa nova postura energética. Quando o familiar zumbido da escassez surgir, podemos conscientemente escolher contra-atacá-lo com um foco deliberado na gratidão, em nossos recursos internos e nas possibilidades abundantes que estão à frente. Podemos nos lembrar da verdade energética: que nossa situação financeira atual é um estado temporário e que, ao mudar nossa vibração interna, podemos de fato mudar nossa realidade externa. Esse esforço sustentado em cultivar uma vibração de alta frequência de abundância é o antídoto mais potente contra a energia de baixa frequência e drenante da escassez induzida pela dívida. Trata-se de recuperar nossa soberania energética e direcionar nosso poder criativo para a manifestação do bem-estar financeiro.

O princípio fundamental que sustenta nossa capacidade de manifestar abundância, independentemente de nossa situação financeira atual, reside na ressonância energética que cultivamos. Como exploramos, a dívida frequentemente carrega uma vibração de baixa frequência, uma sensação penetrante de falta que pode nos aprisionar em um ciclo de escassez. No entanto, isso não significa que a obrigação financeira negue inerentemente a possibilidade de abundância. Em vez disso, exige uma reorientação estratégica e consciente de nosso foco energético. O universo, em sua capacidade infinita, responde não apenas às nossas circunstâncias atuais, mas à assinatura energética predominante que emitimos. Portanto, mesmo enquanto trabalhamos ativamente para resolver dívidas, podemos – e devemos – simultaneamente cultivar um campo energético atraente para a abundância. É aqui que a aplicação prática dos princípios herméticos, particularmente a Lei do Mentalismo e a Lei da Vibração, torna-se primordial. Nossos pensamentos e crenças moldam nossa realidade, e nosso estado emocional dita a frequência energética que transmitimos. Ao escolher conscientemente focar no que possuímos, em vez de nos fixarmos no que falta, iniciamos uma poderosa mudança energética.

A prática da gratidão serve como uma ferramenta potente nessa recalibração energética. É um ato deliberado de reconhecer o bem já existente em nossas vidas, independentemente de sua magnitude. Quando estamos atolados em dívidas, é notavelmente fácil fixar-se no saldo negativo, nos pagamentos iminentes e nas limitações percebidas. Essa fixação reforça a vibração da escassez. Por outro lado, buscar ativamente e apreciar a abundância que já nos cerca – seja um teto sobre nossas cabeças, o alimento que comemos, os relacionamentos que valorizamos, nossas habilidades inerentes ou até o simples ato de respirar – começa a mudar nossa emissão energética. A gratidão é uma emoção de alta frequência, que nos alinha com o princípio universal do aumento. Não se trata de negar a realidade da dívida, mas de recusar-se a permitir que ela defina toda nossa existência energética. Ao direcionar consistentemente nossa atenção para as bênçãos, por menores que sejam, estamos essencialmente sintonizando nosso receptor energético para uma frequência mais elevada e abundante. Essa prática treina nossa mente a procurar oportunidades e bênçãos, em vez de ameaças e déficits.

Considere a diferença sutil, mas profunda, na emissão energética entre alguém que acorda pensando: "Tenho tantas contas para pagar, nunca vou conseguir avançar" e alguém que acorda pensando: "Sou grato pelo teto sobre minha cabeça, pela comida na minha mesa, e vou focar em fazer escolhas financeiras inteligentes hoje para caminhar em direção a maior liberdade." As circunstâncias externas podem ser idênticas, mas o estado energético interno é vastamente diferente. O primeiro está transmitindo escassez, atraindo mais do mesmo. O segundo está transmitindo gratidão e intenção proativa, criando um terreno fértil para que oportunidades e soluções surjam. Isso não é uma questão de pensamento positivo como mera fantasia; trata-se de direcionar ativamente nossa energia mental e emocional para um resultado desejado, incorporando a frequência energética desse resultado. Abundância, em sua essência energética, é um estado de receptividade ao aumento e ao bem-estar. Dívida, embora seja um desafio financeiro, não precisa equivaler a um estado energético de falta.

Além disso, cultivar abundância em meio à dívida envolve tomar pequenas ações consistentes de criação de valor. Esse princípio se alinha com a Lei da Vibração, pois a ação gera energia e reforça nosso estado energético desejado. Quando estamos endividados, o instinto pode ser recuar, tornar-se excessivamente cauteloso e evitar qualquer ação que possa gerar mais risco financeiro. No entanto, a inação prolongada ou uma postura financeira puramente defensiva pode perpetuar a energia de estagnação e escassez. Em vez disso, podemos identificar pequenos passos gerenciáveis que, embora não eliminem imediatamente a dívida, criam uma sensação de movimento e geram energia financeira positiva. Isso pode envolver oferecer uma habilidade por uma pequena taxa, vender um item que não é mais necessário ou dedicar um tempo específico por semana para aprender uma nova habilidade que possa aumentar o potencial de ganhos. Cada uma dessas ações, por menor que pareça, representa a criação de valor e um passo ativo em direção ao aumento de nossos recursos.

Essas ações de criação de valor atuam como injeções energéticas de abundância. Elas demonstram para nós mesmos e para o universo que estamos participando ativamente da criação de riqueza, em vez de sermos passivamente submetidos a dificuldades financeiras. A energia gerada por esses pequenos sucessos se acumula, criando um ciclo de feedback positivo. Cada transação bem-sucedida, cada habilidade aprendida, cada item vendido reforça a crença de que somos capazes de gerar recursos e que a abundância é, de fato, acessível. Isso é particularmente potente quando essas ações são realizadas com uma atitude de gratidão e uma intenção clara de contribuir com valor. A energia da contribuição, quando combinada com a gratidão pela oportunidade de fazê-lo, é um poderoso ímã de manifestação. Transforma o fardo percebido da dívida em um catalisador para ação engenhosa e crescimento energético.

A chave é garantir que essas ações não sejam movidas pelo desespero, mas por uma escolha consciente de criar e contribuir a partir de um lugar de recursos internos. Se uma ação é tomada apenas para aliviar a pressão de uma dívida imediata, e é acompanhada por sentimentos de ansiedade e ressentimento, seu impacto energético será diluído. No entanto, se a mesma ação for abordada com a mentalidade de “Estou criando valor, estou contribuindo com minhas habilidades, e sou grato por esta oportunidade de aumentar meus recursos”, então a emissão energética é totalmente diferente. A Lei do Mentalismo nos lembra que nossos pensamentos são forças criativas, e a Lei da Vibração dita que atraímos aquilo com que ressoamos. Portanto, a intenção e a energia emocional por trás de nossas ações são tão cruciais quanto as próprias ações.

Além disso, abundância não é medida apenas por ganhos monetários. É um estado holístico de bem-estar que abrange segurança financeira, mas também crescimento pessoal, saúde, felicidade e conexões significativas. Quando estamos endividados, é fácil restringir nossa definição de abundância à simples ausência de obrigação financeira. No entanto, ao ampliar nossa perspectiva e reconhecer a abundância já presente em outras áreas de nossas vidas, podemos elevar ainda mais nossa vibração energética. Investir tempo em relacionamentos, cuidar de nossa saúde física, perseguir hobbies que nos trazem alegria e engajar-nos em desenvolvimento pessoal são todas formas de cultivar abundância. Essas atividades enriquecem nossas vidas, fortalecem nossa resiliência e contribuem para uma frequência energética mais elevada, tornando-nos mais atraentes para todas as formas de abundância, incluindo a financeira.

Essa abordagem holística da abundância reconhece que a verdadeira riqueza é multifacetada. Uma pessoa que enfrenta dificuldades financeiras, mas tem relacionamentos fortes, boa saúde e um senso de propósito, está experimentando uma forma de abundância que um indivíduo rico, mas isolado e doente, pode não ter. Ao focar em cultivar essas formas não monetárias de abundância, criamos uma base energética mais robusta e resiliente. Essa resiliência pode, por sua vez, nos capacitar a enfrentar desafios financeiros com maior confiança e clareza. Quando nosso senso de valor próprio e bem-estar não está exclusivamente atrelado ao nosso patrimônio líquido, somos menos suscetíveis às vibrações desanimadoras da dívida. Podemos abordar o planejamento financeiro e a redução da dívida a partir de um lugar de força e autoconfiança, em vez de medo e inadequação.

A aplicação da Lei do Mentalismo nesse contexto é crucial. Exige que conscientemente reformulemos nossos pensamentos sobre dívida e abundância. Em vez de pensar: “Não posso pagar por X porque tenho dívida”, podemos mudar para: “Como posso criar os recursos para fazer X e continuar avançando na minha dívida?” Essa mudança sutil de palavras reflete uma transformação profunda de mentalidade – da limitação para a possibilidade. Ela incentiva a resolução criativa de problemas e uma abordagem proativa. Não estamos negando a existência da dívida, mas estamos escolhendo focar nossa energia mental em soluções e oportunidades, em vez de no problema em si. Essa é a essência da alquimia mental – transformar limitações percebidas em caminhos para o crescimento.

Além disso, ao cultivar ativamente uma mentalidade de abundância, começamos a ver oportunidades que antes eram invisíveis. A vibração da escassez atua como antolhos, obscurecendo potenciais caminhos para renda, poupança ou investimento. Quando mudamos nosso foco energético para a abundância, nossa percepção se expande. Podemos notar um novo serviço necessário em nossa comunidade, uma forma de otimizar nossos recursos existentes ou uma habilidade não explorada que pode ser monetizada. Essas não são ocorrências aleatórias; são o resultado natural de um estado energético transformado. O universo está constantemente apresentando oportunidades, mas nossa receptividade energética determina se as percebemos e agimos sobre elas.

A prática da visualização também desempenha um papel significativo no cultivo da abundância em meio à dívida. Envolve imaginar vividamente a nós mesmos já em um estado de liberdade financeira, experimentando as sensações associadas a estar livre de dívidas e próspero. Não se trata de criar uma realidade falsa, mas de alinhar-se energeticamente com o futuro desejado. Ao nos engajarmos regularmente em visualizações detalhadas de bem-estar financeiro, estamos imprimindo esse padrão energético em nosso subconsciente e transmitindo-o ao universo. Isso ajuda a dissolver o domínio energético que a dívida exerce sobre nossa realidade presente e abre canais para sua manifestação. O componente emocional da visualização é fundamental; não é apenas ver o resultado, mas sentir a alegria, o alívio e a segurança que vêm com ele. Essa ressonância emocional amplifica o sinal energético, tornando-o mais potente.

É vital abordar essas práticas com paciência e persistência. Os padrões energéticos de escassez associados à dívida podem estar profundamente enraizados, e leva tempo e esforço consistente para reprogramá-los. Haverá dias em que os antigos sentimentos de falta e preocupação ressurgirão. Nesses dias, é essencial reconhecer gentilmente esses sentimentos sem julgamento e, em seguida, redirecionar conscientemente nosso foco de volta para a gratidão, a criação de valor e a visão de abundância. Esse redirecionamento consistente é o que gradualmente reconfigura nosso circuito energético, transformando nosso cenário financeiro de um estado de falta percebida para um de abundância vivida.

A jornada não é sobre perfeição, mas sobre escolha consciente e persistente. Ao escolher ativamente cultivar abundância, mesmo na sombra da dívida, não estamos apenas transformando nosso futuro financeiro, mas também enriquecendo nossa experiência presente de vida. Esse cultivo energético é a pedra angular do bem-estar financeiro duradouro, demonstrando que a verdadeira abundância é um estado interno que pode ser nutrido e desenvolvido, independentemente das circunstâncias externas.

O arcabouço energético que temos construído sugere que a dívida, longe de ser uma condição financeira estática, é um padrão energético. Esse padrão, frequentemente impregnado de sentimentos de falta, restrição e até vergonha, vibra em uma frequência que pode, de fato, atrair mais do mesmo. No entanto, o princípio hermético da Polaridade nos ensina que todo extremo tem seu oposto. Assim como a escuridão é a ausência de luz, e o frio é a ausência de calor, a dívida pode ser vista como um estado energético temporário que pode ser transmutado em seu oposto: liberdade, abundância e expansão energética. A chave está em aplicar ativamente princípios que mudem essa carga energética, transformando a própria natureza da obrigação de um fardo em um catalisador para o crescimento.

Uma das estratégias energéticas mais poderosas, mas frequentemente negligenciadas, para a transmutação da dívida é a prática do perdão. Isso se estende a perdoar a si mesmo e, de forma importante, a perdoar aqueles a quem devemos dinheiro – nossos credores. Quando carregamos ressentimento, raiva ou um senso de injustiça em relação aos credores, essa energia emocional torna-se inextricavelmente ligada à própria dívida. Cria um vínculo energético carregado, solidificando o domínio da dívida. O perdão, nesse contexto, não é sobre justificar irresponsabilidade ou se absolver da obrigação de pagar. É, antes, um ato profundo de liberação energética. Ao escolher conscientemente perdoar a nós mesmos por decisões financeiras passadas que podem ter levado à dívida, desmontamos os bloqueios energéticos internos que nos mantêm presos. Liberamos a autocrítica e as emoções de baixa frequência que drenam nossa energia e dificultam nossa capacidade de atrair soluções.

Da mesma forma, estender o perdão aos credores é um ato potente de transmutação energética. Significa liberar o julgamento, a raiva e a sensação de ter sido prejudicado. Isso não implica que a dívida deixe de existir, mas que sua carga energética é fundamentalmente alterada. Quando mantemos uma mágoa, estamos alimentando energeticamente a situação. O perdão, por contraste, é um ato de purificação energética. É uma declaração de que escolhemos seguir em frente, sem o peso emocional do passado. Isso pode ser facilitado por meio de visualização e afirmação. Imagine os cordões energéticos que o conectam aos seus credores se dissolvendo, tornando-se cada vez mais leves até desaparecerem completamente. Afirmações como: "Eu libero todo ressentimento e raiva em relação aos meus credores, e escolho seguir em frente em liberdade" podem ser poderosamente eficazes. A Lei de Causa e Efeito nos lembra que nosso estado interno – nossos pensamentos e emoções – são causas que produzem efeitos correspondentes em nossa realidade externa. Ao mudar a causa (nosso estado energético de ressentimento) para o perdão, iniciamos uma mudança no efeito (a carga energética da dívida).

Outra técnica profunda envolve a visualização ativa da dívida desaparecendo. Isso vai além do mero desejo; é um exercício deliberado de realinhamento energético. A Lei do Mentalismo afirma que o Todo é Mente, e o Todo em que vivemos e nos movemos é Mental. Portanto, nossos pensamentos são forças criativas. Quando estamos habitualmente focados na dívida – seu tamanho, suas exigências, suas implicações – estamos energeticamente reforçando sua existência. Para transmutá-la, devemos nos engajar em visualizações que retratem sua dissolução. Imagine os números em seus extratos encolhendo, derretendo ou se dissolvendo em luz. Visualize-se abrindo envelopes que não contêm contas, mas confirmações de dívidas quitadas. Crucialmente, essa visualização deve ser acompanhada pela sensação de liberdade, alívio e paz que a quitação da dívida traria. É a ressonância emocional que amplifica o sinal energético, tornando-o mais convincente para as forças universais da manifestação.

Considere a prática de visualizar-se já tendo quitado uma dívida específica. Sustente a imagem do pagamento final sendo feito, da confirmação de quitação e da subsequente sensação de libertação. Sinta a leveza em seu peito, a ausência de preocupação e as possibilidades expandidas. Engaje todos os seus sentidos nessa visualização: como é a carta de confirmação? Como é a sensação de dizer a alguém que você está livre de dívidas? Que novas oportunidades agora estão acessíveis? Não se trata de criar uma realidade falsa, mas de incorporar energeticamente a realidade que você deseja criar. Ao projetar habitualmente essa assinatura energética de já ter resolvido a dívida, você começa a atrair circunstâncias e recursos que se alinham com esse novo plano energético. Isso se alinha ao princípio da ressonância: semelhante atrai semelhante. Ao ressoar com a frequência da liberdade da dívida, você começa a atraí-la para sua experiência.

Um elemento crítico nessa transmutação energética é a aceleração da criação de valor. Essa abordagem aproveita a Lei de Causa e Efeito ao gerar proativamente o equivalente energético da abundância para compensar o déficit energético da dívida. Em vez de focar apenas na redução da dívida, a ênfase muda para aumentar a criação de valor – tanto para si quanto para os outros. Isso significa identificar e aproveitar suas habilidades, talentos e recursos únicos para gerar renda ou economizar dinheiro de maneiras inovadoras. Não se trata apenas de "trabalhar mais" no sentido tradicional; trata-se de trabalhar de forma mais inteligente e com uma intenção energética mais elevada. Envolve uma mudança consciente de uma mentalidade de escassez (onde o foco está no que falta) para uma mentalidade de abundância (onde o foco está no que pode ser criado e oferecido).

Essa criação acelerada de valor pode assumir muitas formas. Pode envolver identificar uma habilidade que você possui e oferecê-la como um serviço, mesmo em pequena escala, para gerar renda adicional. Talvez você seja um escritor talentoso, um organizador habilidoso, um jardineiro competente ou tenha facilidade em resolver problemas. Buscar ativamente oportunidades para aplicar essas habilidades, com a clara intenção de gerar fundos que serão direcionados para a redução da dívida, transforma o ato de ganhar em uma oferta energética. Trata-se de passar de um estado passivo de obrigação para um estado ativo de contribuição e criação. Cada pequeno ganho, cada medida de economia implementada com essa intenção focada, torna-se uma contribuição energética para dissolver a dívida.

Além disso, esse princípio se estende à otimização de recursos existentes. Você pode trocar serviços em vez de pagar em dinheiro? Pode reaproveitar itens em vez de comprar novos? Pode encontrar maneiras mais eficientes de administrar suas despesas domésticas, liberando assim recursos? Essas ações, quando realizadas com a intenção consciente de criar e conservar valor, contribuem para a transmutação energética da dívida. São pequenos atos de geração de abundância energética que, quando acumulados, constroem um impulso significativo. A energia de criação e de engenhosidade combate ativamente a energia de falta e estagnação que a dívida pode fomentar. Cada instância de criação de valor bem-sucedida serve como uma afirmação tangível de sua capacidade de gerar recursos, reforçando uma vibração energética mais elevada.

Essa criação acelerada de valor também serve para mudar seu diálogo interno e sua autoimagem. Quando você está engajado ativamente em criar valor e gerar recursos, não é mais definido apenas pela sua dívida. Você é um criador, um indivíduo engenhoso, um solucionador de problemas. Essa mudança de identidade é crucial para a transmutação energética. Ela o move de vítima das circunstâncias financeiras para arquiteto de seu futuro financeiro. A confiança e o empoderamento adquiridos com esses atos de criação constroem uma base energética poderosa, tornando-o mais receptivo a oportunidades maiores de melhoria financeira.

Uma estratégia energética particularmente potente, embora muitas vezes contraintuitiva, é adotar uma mentalidade de "já está pago" para compras futuras, mesmo estando em dívida. Essa é uma aplicação direta da Lei da Vibração e do princípio da precedência energética. Se sua vibração energética dominante é de "dever" e "falta", você continuará atraindo situações que perpetuam isso. Ao adotar conscientemente a mentalidade e a sensação de já ter pago pelas coisas, você começa a antecipar energeticamente a obrigação. Isso não significa contrair mais dívidas ou agir de forma irresponsável. Em vez disso, envolve um ensaio mental e emocional da liberdade financeira.

Ao considerar uma compra, mesmo necessária, em vez de focar em como irá financiá-la com crédito ou ganhos futuros, imagine que está pagando com recursos já criados ou prontamente disponíveis. Visualize o dinheiro fluindo para você sem esforço, permitindo a compra sem criar nova dívida. Isso exige uma mudança interna significativa. Significa liberar o hábito enraizado de associar compras à obrigação e, em vez disso, associá-las ao fluxo sem esforço e à abundância. Não se trata de ilusão; trata-se de reprogramar sua resposta energética às transações financeiras.

Essa mudança de mentalidade pode ser praticada por meio de afirmações como: "Tudo o que preciso vem a mim fácil e sem esforço, e tudo o que compro já está pago pela abundância que flui através da minha vida." Também pode ser praticada reservando mentalmente fundos para necessidades futuras, mesmo que esses fundos ainda não existam fisicamente. O ato de designá-los mentalmente como "pagos" altera sua assinatura energética. Você está essencialmente enviando um sinal ao universo de que seu estado energético é de abundância, não de dívida. Essa prática se alinha ao conceito de antecipação energética, onde nos preparamos energeticamente para a chegada do que desejamos. Ao "pagar" energeticamente pelas coisas antecipadamente por meio da mentalidade, criamos o espaço energético para que os recursos reais se manifestem.

A Lei da Polaridade é particularmente relevante aqui. A dívida representa um polo – o da obrigação, limitação e falta. O polo oposto é liberdade, expansão e abundância. Ao adotar conscientemente a mentalidade de "já está pago", você está escolhendo alinhar-se com o polo da abundância. Isso não significa que a dívida física desapareça da noite para o dia. No entanto, altera significativamente o cenário energético em torno de sua vida financeira. Pode levar a ganhos inesperados, oportunidades de ganhar dinheiro rapidamente ou à descoberta de recursos esquecidos que podem ser usados para liquidar dívidas existentes. O universo responde à sua frequência energética dominante e, ao transmitir abundância em vez de dívida, você convida essa abundância para sua realidade.

Essa abordagem energética para a transmutação da dívida não é um ato passivo. Exige esforço consistente, intenção consciente e disposição para desafiar crenças e padrões enraizados. O princípio hermético do Ritmo nos lembra que tudo flui, tanto para dentro quanto para fora; tudo tem suas marés; todas as coisas sobem e caem; o movimento do pêndulo se manifesta em tudo; a medida do movimento para a direita é a medida do movimento para a esquerda; o ritmo compensa. A dívida representa um período de refluxo, de fluxo para fora. A transmutação energética trata de iniciar conscientemente o fluxo de volta, acelerando o movimento ascendente do pêndulo.

Ao integrar práticas como perdão, visualização focada da dissolução da dívida, criação acelerada de valor e adoção de uma mentalidade energética de "já está pago", estamos nos engajando ativamente com a natureza energética da dívida. Não estamos apenas tentando administrar um problema financeiro; estamos transformando sua essência energética. Essa transformação muda nossa vibração pessoal, tornando-nos mais receptivos a oportunidades de liberdade financeira e abundância. É um testemunho do poder da consciência e da intenção na formação de nossa realidade material, provando que até mesmo as circunstâncias financeiras mais desafiadoras podem ser transmutadas em caminhos para maior prosperidade e bem-estar. A própria dívida pode se tornar a força que nos impulsiona para um futuro mais abundante, desde que a abordemos com as ferramentas energéticas certas e uma crença inabalável em nossa capacidade de transformação.

As discussões anteriores iluminaram a natureza energética da dívida, posicionando-a não apenas como uma obrigação fiscal, mas como um padrão energético potente. Exploramos como esse padrão, frequentemente carregado de emoções de escassez, restrição e até vergonha, pode criar um ciclo autoalimentado de limitação financeira. No entanto, a sabedoria hermética aponta consistentemente para a transmutação. Assim como os alquimistas buscavam transformar metais básicos em ouro, nós também podemos abordar nossas obrigações financeiras com a intenção de transformar sua carga energética de fardo em libertação. Isso exige um esforço deliberado e consciente para não apenas tratar os aspectos tangíveis da dívida, mas, mais importante, limpar as impressões energéticas que nos mantêm presos a uma vibração de falta. A verdadeira liberdade financeira, portanto, não é alcançada apenas por meio de planilhas e planos de pagamento, mas por meio de uma mudança fundamental em nossa base energética.

Essa base energética para a verdadeira liberdade financeira é construída sobre o princípio de limpar bloqueios energéticos. Esses bloqueios são as energias residuais de decisões financeiras passadas, condicionamentos sociais sobre dinheiro e crenças enraizadas sobre nosso próprio merecimento. Eles atuam como represas energéticas, impedindo o livre fluxo da abundância em nossas vidas. Quando carregamos o resíduo energético da dívida – a preocupação, o medo de não ser suficiente, a sensação de estar preso – estamos inadvertidamente transmitindo uma frequência que atrai mais do mesmo. Para estabelecer uma base de abundância duradoura, essas represas energéticas devem ser desmontadas. É aqui que a prática da higiene energética torna-se primordial. Envolve identificar conscientemente e liberar esses depósitos energéticos acumulados.

Uma das maneiras mais potentes de limpar esses bloqueios é por meio do cultivo deliberado da gratidão. A gratidão, em sua essência, é uma emoção de alta frequência que contrabalança diretamente as emoções de baixa frequência associadas à dívida. Quando focamos no que temos, em vez do que nos falta, mudamos nossa emissão energética. Isso não significa ignorar a realidade da dívida, mas escolher onde colocar nosso foco energético. Comece reconhecendo a abundância que já existe em sua vida, por menor que pareça. Pode ser o teto sobre sua cabeça, a comida em sua mesa, os relacionamentos que você valoriza ou as habilidades que possui. Cada ato de gratidão genuína envia uma onda de energia positiva para fora, criando um campo ressonante que começa a atrair mais experiências positivas. Imagine a gratidão como um poderoso agente de limpeza energética, dissolvendo as energias densas da dívida e abrindo espaço para as energias mais leves da prosperidade.

Além disso, o princípio do alinhamento energético desempenha um papel crucial. Para experimentar a liberdade financeira, devemos nos alinhar energeticamente com o estado de estar livres. Isso significa adotar a mentalidade, as emoções e os comportamentos de alguém que já é financeiramente liberto. Envolve assumir essa identidade, mesmo antes de as circunstâncias externas refletirem plenamente isso. Não se trata de negação, mas de congruência energética. Se você está constantemente transmitindo a energia de "devedor", continuará atraindo situações que reforçam essa identidade. No entanto, se começar a incorporar energeticamente a identidade de um "alquimista financeiro" ou "criador de abundância", começará a atrair os recursos e oportunidades que se alinham com esse novo plano energético.

Considere a prática do "dízimo energético" ou "doar adiante". Isso envolve reservar consistentemente uma parte de sua renda, ou mesmo de seu tempo e energia, para apoiar causas ou pessoas em que você acredita. Esse ato de doação altruísta, quando feito com intenção genuína, cria um fluxo energético poderoso. Demonstra ao universo que você é um canal de abundância, não apenas um receptor. Ao participar ativamente da circulação de energia e recursos, você sinaliza sua prontidão para receber mais. Essa generosidade também ajuda a quebrar o domínio energético da escassez, pois desloca seu foco de segurar o pouco que tem para participar ativamente do fluxo de dar e receber. A energia da doação retorna, muitas vezes de maneiras inesperadas e amplificadas, contribuindo para sua base energética geral de abundância.

Outro aspecto vital na construção dessa base energética é a prática da proteção energética. Na busca pela liberdade financeira, você pode encontrar indivíduos ou situações que carregam impressões energéticas negativas relacionadas ao dinheiro. Essas podem drenar sua energia e minar seus esforços. Aprender a se proteger energeticamente é crucial. Isso pode envolver técnicas de visualização, como imaginar uma bolha protetora de luz dourada ao seu redor, ou usar afirmações para declarar sua soberania energética. Significa escolher conscientemente quais energias você permite entrar em seu espaço pessoal e como responde às que podem ser prejudiciais. Ao manter uma fronteira energética forte, você garante que sua própria energia permaneça focada em seus objetivos de abundância, em vez de ser drenada pela negatividade externa.

O conceito de "projeção futura" também é instrumental para solidificar a base energética da liberdade financeira. Isso envolve imaginar vividamente a si mesmo no futuro, tendo alcançado suas metas financeiras e experimentando a alegria e a libertação que vêm com isso. Engaje todos os seus sentidos: como é sua vida? O que você está fazendo? Como você se sente? Quanto mais detalhada e emocionalmente ressonante for essa visualização, mais poderoso será seu impacto energético. Essa prática efetivamente "pré-paga" seu futuro energético, enviando um sinal forte ao universo sobre sua realidade desejada. É como definir um destino em um GPS; você está claramente traçando seu curso em direção à abundância.

Além disso, a prática do gasto consciente, imbuído de intenção energética, é um componente crítico. Em vez de ver compras como meras transações, considere-as como trocas energéticas. Quando gastar dinheiro, pergunte-se: "O que estou afirmando energeticamente com esta compra?" Se você gasta habitualmente em coisas que drenam sua energia ou perpetuam um ciclo de falta, está reforçando esse padrão energético. Por outro lado, quando gasta em itens ou experiências que o elevam, nutrem e se alinham com sua visão de abundância, está fortalecendo sua base energética. Isso envolve uma abordagem consciente ao consumo, garantindo que cada real gasto seja uma afirmação da abundância que você deseja criar.

O princípio da responsabilidade energética se estende além das próprias finanças para abranger o campo energético coletivo do dinheiro. Isso significa contribuir para um ambiente energético positivo e abundante nas transações financeiras. Pode envolver ser honesto e ético em todos os seus negócios, apoiar empresas que operam com integridade e evitar engajar-se em fofocas ou conversas negativas sobre dinheiro e finanças. Ao contribuir positivamente para o campo energético coletivo, você cria um terreno mais fértil para que sua própria abundância se manifeste.

Em última análise, a base energética para a verdadeira liberdade financeira é uma prática contínua, não um evento único. Exige dedicação consistente para limpar bloqueios energéticos, cultivar emoções de alta frequência como gratidão e alegria, alinhar sua energia com a abundância e proteger seu espaço energético. Ao se engajar ativamente nessas práticas, você não está apenas administrando dívidas; está transformando sua relação com o dinheiro e criando um campo energético poderoso que atrai prosperidade para sua vida. Essa mudança de vibração é o alicerce sobre o qual a liberdade financeira duradoura é construída, permitindo que você se mova pelo mundo sem o peso das ansiedades financeiras e aberto às infinitas possibilidades que um estado de abundância oferece. Trata-se de escolher conscientemente vibrar em uma frequência que atrai riqueza, bem-estar e verdadeira libertação das restrições financeiras. Esse é o objetivo final – ir além da mera ausência de dívida para a presença radiante de abundância sustentada, um estado em que as ansiedades financeiras são substituídas por um senso inabalável de segurança e um fluxo vibrante de prosperidade.

## Capítulo 11: A Psicologia da Riqueza – Mentalidades e Hábitos

A profunda interconexão entre nosso mundo interior e nossa realidade financeira externa é uma pedra angular tanto da filosofia hermética quanto da compreensão psicológica moderna. Enquanto as discussões anteriores se aprofundaram nas bases energéticas da riqueza e da dívida, este capítulo constrói uma ponte sobre o abismo frequentemente percebido entre a sabedoria antiga das ciências herméticas e os achados empíricos da psicologia contemporânea. É aqui que começamos a compreender verdadeiramente como podemos nos engajar ativamente e aproveitar as leis universais da criação de riqueza. Os princípios do Hermetismo, como a Lei do Mentalismo, a Lei da Correspondência e a Lei da Vibração, não são conceitos filosóficos abstratos; são forças dinâmicas que operam através da própria arquitetura de nossas mentes e dos padrões enraizados de nosso comportamento. Para dominar efetivamente os princípios energéticos da abundância, devemos primeiro nos tornar hábeis em compreender e influenciar nosso próprio cenário psicológico.

A Lei do Mentalismo, o primeiro dos princípios herméticos, afirma que "O Todo é Mente; O Universo é Mental." Esse princípio enfatiza a ideia de que toda realidade, incluindo nossas circunstâncias financeiras, é uma manifestação do pensamento. A psicologia, particularmente através da lente da terapia cognitivo-comportamental (TCC) e da psicologia positiva, ressoa profundamente com isso. Nossos pensamentos não são meros observadores passivos da realidade; eles são criadores ativos. O fluxo constante de pensamentos que percorre nossas mentes molda nossas percepções, influencia nossas emoções e, em última análise, dita nossas ações. Se nossos pensamentos estão predominantemente centrados na escassez, na falta e na impossibilidade da riqueza, estamos, em essência, transmitindo um sinal mental que atrai e reforça essas mesmas condições. Isso não é um encantamento místico, mas um fenômeno psicológico. A neuroplasticidade, a capacidade do cérebro de se reorganizar formando novas conexões neurais, demonstra que nossos padrões habituais de pensamento podem ser alterados. Ao direcionar conscientemente nossos pensamentos para a abundância, prosperidade e nossa capacidade de gerar riqueza, começamos a reprogramar nosso cérebro, criando novos caminhos mentais mais propícios para atrair e manifestar sucesso financeiro.

Considere o conceito de "mentalidade de escassez", um padrão psicológico penetrante caracterizado por uma sensação de falta perpétua e um medo de não ter o suficiente. Essa mentalidade é uma manifestação direta de uma forma de pensamento enraizada no medo e na limitação. Pode surgir de experiências passadas de privação, de condicionamentos sociais que enfatizam competição e escassez, ou de crenças profundamente enraizadas sobre a própria falta de merecimento. Psicologicamente, essa mentalidade de escassez aciona a resposta de "luta ou fuga", levando à ansiedade, ao estresse e a uma sensação constante de estar sob ameaça. Esse estado energético de medo e ansiedade é antitético à vibração da abundância, que prospera na abertura, confiança e senso de fluxo. O Hermetismo veria isso como uma vibração desarmônica, um estado mental que atrai experiências discordantes. Do ponto de vista psicológico, o indivíduo que opera a partir de uma mentalidade de escassez provavelmente tomará decisões financeiras impulsivas e movidas pelo medo, como acumular recursos, evitar investimentos por medo de perda ou envolver-se em esquemas de "ficar rico rápido" por desespero. O princípio hermético da Vibração afirma que "Nada repousa; tudo se move; tudo vibra; tudo está, em algum momento, em repouso ou em movimento, fluido ou sólido, quente ou frio, no mesmo lugar, no mesmo estado de vibração." Uma mentalidade de escassez nos mantém vibrando em uma frequência baixa de medo e falta, atraindo, assim, experiências que perpetuam esse estado de baixa frequência. Para ascender a uma frequência mais elevada de abundância, devemos conscientemente mudar nosso foco mental.

É aqui que o poder das afirmações positivas e da visualização, técnicas profundamente enraizadas na prática psicológica, se tornam ferramentas potentes para aplicar os princípios herméticos. Quando afirmamos consistentemente declarações como "Sou um ímã para riqueza e prosperidade" ou "A abundância flui para mim fácil e sem esforço", não estamos apenas pronunciando palavras; estamos reprogramando ativamente nosso subconsciente. Esse processo, conhecido como auto-sugestão, contorna a mente consciente crítica e implanta crenças positivas poderosas nas camadas mais profundas de nossa psique. Da mesma forma, a visualização nos permite ensaiar mentalmente nossa realidade financeira desejada. Ao imaginar vividamente a nós mesmos experimentando liberdade financeira, desfrutando dos frutos de nosso sucesso e sentindo as emoções associadas à abundância, criamos um poderoso plano energético. A psicologia reconhece que o cérebro muitas vezes não distingue entre uma experiência vividamente imaginada e uma real. Isso significa que, ao visualizar consistentemente a riqueza, estamos, de fato, experimentando-a antecipadamente, elevando nossa frequência vibracional e sinalizando ao universo nossa prontidão para receber. Isso se alinha perfeitamente ao conceito hermético de "Assim como acima, assim abaixo", implicando que nosso estado mental interno corresponde diretamente à nossa realidade externa.

A Lei da Correspondência, outro princípio hermético fundamental, postula que "Assim como acima, assim abaixo; assim como abaixo, assim acima." Essa lei destaca a relação de espelhamento entre o macrocosmo (o universo) e o microcosmo (nós mesmos). No contexto da riqueza, significa que nossas crenças internas, atitudes e hábitos (o "abaixo") são refletidos em nossas circunstâncias financeiras externas (o "acima"). A psicologia fornece a compreensão detalhada de como esses estados internos são formados e como se manifestam externamente. Por exemplo, o conceito psicológico de "autoeficácia", desenvolvido por Albert Bandura, refere-se à crença de um indivíduo em sua capacidade de executar comportamentos necessários para alcançar determinados desempenhos. Um alto senso de autoeficácia em relação às questões financeiras é um reflexo direto de uma forte convicção interna da própria capacidade de gerar e administrar riqueza. Essa crença interna, quando cultivada, corresponde a ações externas como buscar oportunidades, investir com sabedoria e superar desafios financeiros com confiança. Por outro lado, baixa autoeficácia frequentemente leva à evitação da responsabilidade financeira, ao medo do fracasso e a uma profecia autorrealizável de inadequação financeira.

Além disso, o conceito psicológico de "viés de confirmação" desempenha um papel significativo na perpetuação de padrões financeiros. Uma vez que formamos uma crença sobre dinheiro – seja "dinheiro é difícil de conseguir" ou “estou destinado ao sucesso financeiro” – nossos cérebros buscam ativamente e interpretam informações que confirmam essa crença, enquanto ignoram ou minimizam evidências contraditórias. Esse é um mecanismo psicológico poderoso que, visto através da lente hermética, torna-se um mecanismo para solidificar nosso alinhamento vibracional. Se nossa crença dominante é de escassez, o viés de confirmação nos levará a notar cada instância de dificuldade financeira, cada notícia sobre crises econômicas e cada revés pessoal, reforçando nossa crença na falta. Por outro lado, se cultivarmos uma crença na abundância, o viés de confirmação destacará oportunidades, empreendimentos bem-sucedidos e instâncias de fluxo financeiro, fortalecendo nossa crença na prosperidade. É por isso que o cultivo deliberado de crenças financeiras positivas, por meio de afirmações, práticas de gratidão e associações positivas com o dinheiro, é tão crucial. Não estamos apenas mudando nossos pensamentos; estamos direcionando ativamente nosso aparato cognitivo para alinhar-se com nossa realidade desejada.

O princípio hermético de Causa e Efeito (Karma) está intimamente entrelaçado com os hábitos psicológicos. Cada pensamento, cada palavra e cada ação é uma causa que produz um efeito. No campo das finanças, nossos comportamentos habituais são as causas primárias que moldam nossos resultados financeiros. A psicologia oferece uma compreensão profunda da formação de hábitos. Hábitos são essencialmente comportamentos inconscientes desencadeados por estímulos e reforçados por recompensas. Se nossos hábitos em relação ao dinheiro são caracterizados por gastos impulsivos, procrastinação no planejamento financeiro ou evitação da gestão de dívidas, esses hábitos tornam-se as causas da angústia financeira. O princípio hermético nos diz que essas causas inevitavelmente produzirão efeitos que se alinham com sua natureza. A abordagem psicológica moderna para quebrar hábitos prejudiciais envolve identificar os gatilhos, compreender as necessidades emocionais subjacentes atendidas pelo hábito e substituir conscientemente o hábito antigo e destrutivo por um novo e construtivo.

Por exemplo, o hábito da “terapia de compras” – comprar itens para aliviar temporariamente emoções negativas como estresse ou tristeza – é um exemplo claro de um mecanismo psicológico de enfrentamento que pode ter efeitos financeiros prejudiciais. A recompensa imediata da compra acalma temporariamente o desconforto emocional, reforçando o hábito. No entanto, a causa subjacente (questões emocionais não resolvidas) permanece sem tratamento, e a consequência financeira (dívida, falta de poupança) apenas agrava o problema. De uma perspectiva hermética, isso é uma causa de baixa vibração levando a um efeito de baixa vibração. Para transmutar isso, é preciso primeiro reconhecer a causa (o gatilho emocional subjacente) e então implementar um novo comportamento que sirva a um propósito mais elevado e se alinhe com a abundância. Isso pode envolver substituir os gastos impulsivos por atividades que realmente nutram a alma, como meditação, escrever em um diário de gratidão, envolver-se em atividades criativas ou conectar-se com pessoas queridas. Essas atividades, quando praticadas de forma consistente, tornam-se novos hábitos positivos que criam um conjunto diferente de causas, levando a efeitos de bem-estar emocional e estabilidade financeira. Isso se alinha com o princípio hermético da Transmutação, onde energias ou padrões aparentemente negativos podem ser transformados em mais desejáveis por meio de esforço consciente e compreensão.

O conceito de "higiene energética", discutido anteriormente, também pode ser visto através de uma lente psicológica. Assim como praticamos higiene física para manter a saúde, devemos praticar higiene mental e emocional para manter o bem-estar financeiro. Isso envolve limpar regularmente nossas mentes de crenças limitantes, autocríticas negativas e bagagem emocional relacionada ao dinheiro. Técnicas psicológicas como a meditação mindfulness são inestimáveis aqui. A atenção plena nos permite observar nossos pensamentos e emoções sem julgamento, criando um espaço entre nós e nossos padrões reativos. Ao praticar mindfulness, podemos começar a identificar os gatilhos mentais que levam a decisões financeiras baseadas no medo ou a sentimentos de escassez. Podemos então escolher responder a partir de um lugar de consciência e intenção, em vez de reagir a partir de um lugar de hábito enraizado ou de sofrimento emocional. Essa pausa consciente, esse momento de clareza, é o terreno fértil onde os princípios herméticos podem ser aplicados conscientemente. É nesses momentos de clareza que podemos escolher alinhar nossos pensamentos e emoções com a vibração da abundância, em vez de perpetuar inconscientemente padrões de falta.

Além disso, o conceito psicológico de "ancoragem" é uma ferramenta poderosa para cultivar estados financeiros positivos. A ancoragem envolve associar um gesto físico específico, uma palavra ou uma imagem a um estado emocional desejado. Por exemplo, alguém pode escolher um gesto específico com a mão para acionar uma sensação de confiança e abundância financeira. Ao praticar essa técnica de ancoragem regularmente, especialmente em momentos de dúvida ou medo, pode-se acessar rapidamente e incorporar o estado de alta vibração desejado. Isso não é diferente da ideia hermética de invocar certas energias ou estados de ser. Ao criar conscientemente essas âncoras, estamos construindo mecanismos internos que nos permitem acessar prontamente os estados psicológicos e energéticos propícios à criação de riqueza. Quanto mais praticamos a ancoragem de sentimentos e crenças positivas, mais facilmente podemos acessá-los, influenciando assim nossos pensamentos, emoções e ações de maneiras que se alinham com a abundância.

O princípio psicológico de "priming" também oferece um paralelo fascinante aos conceitos herméticos. Priming refere-se ao fenômeno em que a exposição a um estímulo influencia a resposta a um estímulo subsequente, muitas vezes sem consciência. No contexto da riqueza, isso significa que, se somos constantemente expostos a mensagens, imagens ou ambientes que representam riqueza e prosperidade, nossa mente subconsciente é preparada para associar esses conceitos a resultados positivos, tornando-nos mais receptivos a oportunidades e mais propensos a agir de maneiras que atraem riqueza. É por isso que criar um ambiente físico que reflita suas metas financeiras – cercar-se de livros inspiradores, imagens de seu estilo de vida desejado ou mesmo manter seu espaço de trabalho organizado e sem desordem – pode ser tão eficaz. Você está, em essência, preparando sua mente e seu campo energético para a abundância. O Hermetismo interpretaria isso como criar um campo ressonante, uma frequência vibracional que atrai energias semelhantes.

A interação entre psicologia e leis herméticas também destaca a importância da "propriedade psicológica" na criação de riqueza. Quando sentimos um profundo senso de propriedade sobre nossas metas financeiras, nossas decisões e nossos resultados, somos mais propensos a nos comprometer com as ações necessárias e perseverar diante dos desafios. Esse senso de propriedade decorre de um autoconceito saudável e de uma crença em nossa própria capacidade de agir. Psicologicamente, significa assumir total responsabilidade por nossa situação financeira, em vez de culpar fatores externos ou outras pessoas. O Hermetismo apoia isso ao enfatizar o poder do indivíduo de moldar sua realidade por meio de seus pensamentos e ações. Quando realmente internalizamos que somos a causa de nossas circunstâncias financeiras, nos capacitamos a nos tornar os arquitetos de nosso futuro financeiro. Essa mudança de uma mentalidade de vítima para uma mentalidade de criador empoderado é uma transformação psicológica e energética crucial.

Além disso, o conceito psicológico de "flow", descrito por Mihaly Csikszentmihalyi, é um estado de completa absorção em uma atividade onde se sente energizado, focado e totalmente envolvido. Esse estado é frequentemente associado ao desempenho máximo e à satisfação profunda. Quando indivíduos se encontram em estado de fluxo enquanto trabalham ou em empreendimentos empreendedores, estão operando em um nível elevado de produção energética e expressão criativa. Esse é precisamente o tipo de estado que promove a criação de riqueza. Psicologicamente, o fluxo ocorre quando há um equilíbrio entre os desafios percebidos de uma tarefa e as próprias habilidades. De uma perspectiva hermética, estar em estado de fluxo significa um alinhamento harmonioso do ser interior com a atividade externa, permitindo criação e manifestação sem esforço. É um estado em que o indivíduo está totalmente engajado com o "Todo", operando em perfeita ressonância com as forças universais da criação. Cultivar atividades que levam ao fluxo e dedicar tempo focado a elas é, portanto, um caminho direto para aumentar tanto a realização pessoal quanto a prosperidade financeira.

Finalmente, a compreensão psicológica do "otimismo aprendido" oferece uma estrutura poderosa para aplicar princípios herméticos na superação da adversidade financeira. O otimismo aprendido, desenvolvido por Martin Seligman, sugere que o otimismo não é um traço inato, mas uma habilidade aprendida. Envolve desafiar crenças pessimistas e reformular eventos negativos de uma forma mais construtiva. Quando confrontado com contratempos financeiros, o otimista aprendido atribui o evento a causas temporárias, específicas e externas, em vez de permanentes, abrangentes e pessoais. Essa perspectiva otimista, quando combinada com a compreensão hermética da Lei de Causa e Efeito, capacita os indivíduos a ver contratempos não como fracassos definitivos, mas como oportunidades de aprendizado e crescimento. Ao escolher conscientemente adotar uma perspectiva otimista aprendida, pode-se transmutar a "causa" de uma dificuldade financeira em um "efeito" de maior resiliência, sabedoria e uma determinação mais forte para alcançar suas metas financeiras. Essa habilidade psicológica apoia diretamente o esforço hermético de transformar desafios em degraus, garantindo que o caminho energético em direção à riqueza seja de progresso contínuo e criação empoderada.

A intrincada tapeçaria de nossa realidade financeira não é tecida apenas a partir de fatores externos como flutuações de mercado ou políticas econômicas, mas mais profundamente a partir dos fios de nosso cenário interno. Dentro desse reino interior residem crenças, muitas vezes subconscientes e profundamente enraizadas, que atuam como poderosos catalisadores de abundância ou como barreiras formidáveis à criação de riqueza. Esses não são meros pensamentos passageiros, mas pressupostos fundamentais sobre dinheiro, nosso valor inerente e nossa capacidade de prosperar. Identificar essas crenças financeiras limitantes é um passo crucial para harmonizar nosso mundo interior com a manifestação externa da riqueza, uma prática profundamente ressonante com o princípio hermético do Mentalismo – que "O Todo é Mente; O Universo é Mental." Se nosso universo mental está povoado com noções de escassez, falta de merecimento ou a dificuldade inerente de adquirir riqueza, então nossa realidade externa invariavelmente refletirá essa escassez interna.

A jornada para o empoderamento financeiro, portanto, começa com uma escavação meticulosa desses roteiros financeiros subconscientes. Essas crenças frequentemente se originam de uma confluência de experiências: narrativas de infância sobre dinheiro, condicionamentos sociais que perpetuam paradigmas de escassez, contratempos pessoais ou até mesmo ansiedades herdadas transmitidas por gerações. Por exemplo, uma pessoa que cresceu em um ambiente onde o dinheiro era uma fonte constante de estresse e conflito pode internalizar a crença de que "o dinheiro é a raiz de todo mal" ou que "pessoas ricas são gananciosas". Da mesma forma, mensagens sociais que equiparam sucesso financeiro à falta de moralidade ou autenticidade podem criar uma aversão subconsciente à prosperidade, mesmo quando conscientemente desejada. A psicologia, particularmente através da terapia cognitivo-comportamental (TCC), oferece uma estrutura poderosa para desenterrar essas crenças. Técnicas como a reestruturação cognitiva incentivam os indivíduos a se tornarem conscientes de seus pensamentos negativos automáticos e das crenças subjacentes que os alimentam. Ao escrever sobre suas ansiedades financeiras, explorar as origens de suas atitudes monetárias e envolver-se em questionamentos autorreflexivos, pode-se começar a trazer esses roteiros ocultos à luz.

Considere, por exemplo, a crença limitante comum: "Eu não sou bom com dinheiro." Essa crença frequentemente decorre de experiências passadas de má gestão financeira, talvez um período de endividamento ou incapacidade de poupar. Psicologicamente, essa crença corrói a autoeficácia, a confiança na própria capacidade de ter sucesso em situações específicas ou realizar uma tarefa. Quando um indivíduo acredita que é inerentemente incompetente com finanças, é menos provável que se envolva em planejamento financeiro proativo, busque conhecimento sobre investimentos ou até mesmo acompanhe seus gastos, criando assim uma profecia autorrealizável. Sob a lente do hermetismo, essa crença representa uma vibração desarmônica, um estado mental que atrai e perpetua desordem financeira. A Lei do Mentalismo dita que essa forma de pensamento, uma vez firmemente estabelecida, se manifestará como dificuldades financeiras tangíveis. Para superar isso, é preciso primeiro reconhecer a presença da crença e então embarcar em um processo consciente de reformulação. Isso envolve identificar instâncias em que se administrou dinheiro de forma eficaz, por menores que sejam, e desafiar a natureza absoluta da crença negativa. Afirmações como "Sou capaz de administrar minhas finanças de forma eficaz" ou "Estou aprendendo e crescendo em minha sabedoria financeira" podem começar a reprogramar o subconsciente, substituindo o roteiro antigo por uma nova narrativa fortalecedora.

Outra crença limitante prevalente é que "Nunca há dinheiro suficiente." Essa mentalidade de escassez está profundamente enraizada no medo e na insegurança. Pode se manifestar como uma sensação constante de ansiedade em relação às contas, uma incapacidade de desfrutar dos recursos atuais ou um foco obsessivo na falta futura. Essa mentalidade é o antônimo da abundância, que prospera em um senso de fluxo, gratidão e confiança. Psicologicamente, a mentalidade de escassez frequentemente desencadeia uma abordagem defensiva e temerosa em relação ao dinheiro, levando a gastos impulsivos na tentativa de sentir segurança ou, inversamente, a um acúmulo extremo e à relutância em investir ou assumir riscos calculados. Sob uma perspectiva hermética, essa crença cria um bloqueio vibracional, impedindo que a riqueza flua para a vida da pessoa. A Lei da Vibração afirma que semelhante atrai semelhante; uma vibração de falta atrairá mais experiências de falta. Superar isso requer uma mudança deliberada de foco. Práticas como escrever um diário de gratidão, onde se reconhece e aprecia conscientemente o que já se tem, podem combater poderosamente a narrativa da escassez. Listar regularmente todas as fontes de renda, por mais modestas que sejam, e expressar gratidão por elas começa a recalibrar a orientação energética e psicológica em direção à abundância. Isso se alinha ao princípio hermético da Correspondência: assim como nosso estado interno reflete nossa realidade externa, também nossa prática consciente de gratidão e apreciação pode influenciar o fluxo de recursos externos.

A crença de que "O dinheiro é difícil de obter" ou "A riqueza é apenas para alguns poucos" é outro impedimento significativo. Isso frequentemente surge de narrativas sociais de luta e competição ou da observação da aparente facilidade com que outros parecem acumular riqueza, levando a sentimentos de inadequação e inveja. Tais crenças criam uma resistência subconsciente às oportunidades, já que a mente as interpreta através do filtro da dificuldade inerente. Psicologicamente, isso pode se manifestar como procrastinação em atividades geradoras de renda, relutância em negociar por uma remuneração justa ou evitação de empreendimentos empreendedores. O hermetismo interpretaria isso como um alinhamento com um conceito de baixa vibração de esforço e recompensa, criando um padrão kármico de luta. Para desmontar isso, é preciso buscar ativamente contra-narrativas. Isso envolve mergulhar em histórias de indivíduos que alcançaram sucesso financeiro por meio de trabalho árduo, inovação e perseverança, independentemente de seu ponto de partida. Também envolve reformular o conceito de "esforço". Em vez de ver o esforço como luta, pode-se começar a associá-lo à ação com propósito, criatividade e à alegria de contribuir com valor. A Lei de Causa e Efeito (Karma) nos ensina que nossas ações, alimentadas por nossas crenças, criam nossa realidade. Ao mudar nossa crença sobre a facilidade de obter riqueza, mudamos os fatores causais que introduzimos no universo.

Uma barreira profundamente psicológica é a crença de que "Não mereço riqueza" ou "Sou indigno de sucesso financeiro." Isso frequentemente decorre de questões profundas de autoestima, talvez enraizadas em traumas de infância, críticas ou sentimentos de inadequação. Quando um indivíduo acredita que é fundamentalmente indigno, sua mente subconsciente sabotará ativamente qualquer tentativa de alcançar prosperidade financeira. Essa é uma poderosa manifestação da Lei da Correspondência; se o "abaixo" (nossa autoestima interna) é baixo, o "acima" (nossa realidade financeira externa) também refletirá essa falta. Psicologicamente, isso pode levar a comportamentos autossabotadores, como gastos compulsivos que geram dívidas, incapacidade de manter dinheiro ou tendência a doar recursos em excesso de forma prejudicial. Superar isso requer um mergulho profundo na autoaceitação e no amor-próprio. Práticas como afirmações diárias que declaram explicitamente o próprio merecimento, exercícios de autocompaixão e trabalho terapêutico para tratar inseguranças subjacentes são cruciais. O princípio hermético da Transmutação sugere que até mesmo os sentimentos mais enraizados de indignidade podem ser transformados por meio da consciência e da mudança energética deliberada. Ao afirmar consistentemente o próprio valor e merecimento, começa-se a elevar a frequência vibracional, atraindo experiências que se alinham com essa nova percepção elevada de si mesmo.

Além disso, a crença de que "O dinheiro vai me mudar para pior" ou "Ter riqueza vai me fazer perder minha integridade" é um conflito interno significativo para muitos. Isso frequentemente surge de condicionamentos sociais que retratam a riqueza como corruptora ou como uma força que aliena alguém de seus verdadeiros valores e entes queridos. Psicologicamente, isso cria uma aversão subconsciente à riqueza, já que ela é percebida como uma ameaça à identidade e aos relacionamentos. Essa é uma manifestação direta da Lei do Mentalismo; se a mente associa riqueza a transformações negativas, então é exatamente isso que será experimentado. Para superar isso, é preciso desconstruir conscientemente essa associação. Isso envolve reconhecer que a riqueza é uma ferramenta, um amplificador de traços existentes, em vez de uma força transformadora em si. Requer identificar e afirmar os valores mais importantes e integrá-los conscientemente ao conceito de prosperidade financeira. Visualizar-se como um indivíduo benevolente e íntegro que usa a riqueza para bons propósitos pode reprogramar poderosamente essa crença limitante. Isso se alinha ao conceito hermético de Vibração; ao vibrar em uma frequência de integridade e generosidade, atraímos oportunidades e experiências que refletem essas qualidades, independentemente do status financeiro.

O conceito de "trauma financeiro" também desempenha um papel crucial na identificação de crenças limitantes. Experiências passadas de falência, dívidas significativas ou perda de ativos importantes podem deixar cicatrizes emocionais profundas. Esses traumas podem se manifestar como um medo irracional de risco, uma obsessão por poupar a ponto de privação ou um estado constante de ansiedade financeira. Psicologicamente, essas são respostas aprendidas que, embora talvez tenham sido adaptativas para a sobrevivência, agora impedem o crescimento futuro. O hermetismo veria isso como impressões energéticas persistentes que atraem padrões semelhantes de sofrimento. Superar o trauma financeiro envolve reconhecer o passado sem permitir que ele dite o futuro. Isso pode ser facilitado por intervenções terapêuticas, práticas de mindfulness para acalmar o sistema nervoso e o engajamento consciente em pequenos riscos calculados que aumentam a confiança e demonstram que contratempos financeiros não são necessariamente catastróficos. A Lei de Causa e Efeito nos lembra que causas passadas criam efeitos presentes, mas ao iniciar novas causas positivas – como dar passos financeiros proativos e cultivar um senso de segurança – podemos gerar novos efeitos fortalecedores.

Para desmantelar sistematicamente essas crenças limitantes e cultivar uma mentalidade de abundância, é essencial uma abordagem multifacetada que integre técnicas psicológicas com princípios herméticos.

**Primeiro, Consciência através da Auto-Investigação:** Esta é a base para identificar crenças limitantes. Envolve fazer perguntas profundas sobre nossa relação com o dinheiro. "Qual foi a primeira coisa que aprendi sobre dinheiro?" "O que meus pais ou responsáveis diziam sobre dinheiro e como isso me impactou?" "Quando penso em ser rico, que sentimentos surgem?" "Que medos associo à riqueza?" Engajar-se nesse processo introspectivo, talvez por meio de escrita reflexiva ou meditação guiada, traz crenças subconscientes para a consciência. Esse ato de trazer o material oculto à luz é um passo poderoso, ecoando o princípio hermético de conhecer a si mesmo.

**Segundo, Desafiar e Reformular Crenças:** Uma vez identificada a crença limitante, o próximo passo é desafiar sua validade. Ela é universalmente verdadeira? Existem exceções? Posso encontrar evidências que a contradizem? Esta é a essência da reestruturação cognitiva. Por exemplo, se a crença é "Dinheiro é difícil de conseguir", pode-se contra-argumentar: "Muitas pessoas ao redor do mundo construíram riqueza de várias formas. Meus próprios esforços, quando alinhados com ação correta e crença, também podem levar à abundância." Essa reformulação não é negação, mas criação de uma perspectiva mais expansiva e fortalecedora, alinhada ao ideal hermético da alquimia mental – transmutar pensamentos pesados em dourados.

**Terceiro, Afirmações e Declarações:** Não são mero pensamento positivo, mas ferramentas potentes para reprogramar o subconsciente, invocando diretamente a Lei do Mentalismo. Afirmações cuidadosamente elaboradas, ditas com convicção e emoção, começam a substituir padrões limitantes. Exemplos incluem: "Sou um ímã para riqueza e prosperidade." "A abundância flui para mim fácil e sem esforço." "Sou digno de todo o bem que o universo tem a oferecer." A repetição consistente, especialmente combinada com visualização, cria novos caminhos neurais e altera a assinatura energética.

**Quarto, Visualização e Ensaio Experiencial:** Técnica profundamente enraizada na prática psicológica e nos princípios herméticos, permite incorporar mentalmente a realidade financeira desejada. Ao imaginar vividamente a liberdade financeira, investimentos sábios ou experiências de abundância, enviamos sinais poderosos ao universo. A Lei da Correspondência sugere que nossa experiência interna espelhará nossa realidade externa. Visualizar riqueza é, de fato, pré-experienciá-la, criando uma frequência ressonante que atrai condições semelhantes.

**Quinto, Práticas de Gratidão:** Cultivar um senso profundo de gratidão pelo que já se possui é um antídoto poderoso contra o pensamento de escassez. Reconhecer e apreciar regularmente todas as formas de abundância – financeira, material, relacional, espiritual – desloca o foco da falta para a plenitude. Essa prática eleva a vibração, alinhando-se à Lei da Vibração, que afirma que semelhante atrai semelhante. Ao vibrar em gratidão, atraímos mais motivos para sermos gratos.

**Sexto, Ação Alinhada com Novas Crenças:** Crenças limitantes são frequentemente perpetuadas pela inação ou por ações enraizadas no medo. Superá-las requer ação inspirada congruente com as novas crenças fortalecedoras. Isso pode envolver buscar novas oportunidades de renda, investir pequenas quantias ou engajar-se em educação financeira. Cada passo dado com uma mentalidade renovada reforça as novas crenças e cria impulso positivo, incorporando a Lei de Causa e Efeito de forma construtiva.

**Sétimo, Higiene Energética e Limpeza:** Limpar regularmente o espaço mental e emocional de crenças limitantes, autocríticas negativas e ansiedades financeiras é crucial. Isso pode envolver meditação, mindfulness, trabalhos energéticos ou atividades que tragam alegria e paz. Assim como a higiene física mantém o corpo saudável, a higiene energética mantém a clareza e a vitalidade do campo financeiro, garantindo receptividade à abundância.

Ao aplicar sistematicamente essas estratégias psicológicas e herméticas, os indivíduos podem passar de um estado de limitação financeira subconsciente para um de criação consciente e abundância fortalecida. Essa jornada não é sobre forçar um resultado desejado, mas sobre alinhar o mundo interior com as leis universais da prosperidade, transformando crenças profundamente enraizadas no solo fértil de onde a riqueza duradoura pode crescer. O universo, tanto pelo hermetismo quanto pela psicologia moderna, responde às vibrações dominantes que projetamos, e ao cultivar conscientemente crenças de abundância, merecimento e capacidade, tornamo-nos poderosos co-criadores de nosso destino financeiro. Essa transformação é um testemunho do poder profundo da mente e de sua influência direta sobre nossa realidade material, uma verdade ecoada pela sabedoria antiga e pela ciência contemporânea.

O cultivo da riqueza não é um evento singular, mas um processo contínuo, uma sinfonia composta de inúmeras pequenas ações deliberadas. Enquanto a identificação e transformação de crenças limitantes, como discutido anteriormente, estabelecem a base essencial, é a aplicação consistente de novas mentalidades fortalecedoras que solidifica e amplifica o crescimento financeiro. É aqui que o poder do hábito realmente brilha, transformando desejos aspiracionais em realidades tangíveis. O princípio hermético de Causa e Efeito, frequentemente referido como Karma, enfatiza esse ponto com clareza profunda: cada ação, por menor que seja, coloca em movimento uma cadeia de consequências. Quando essas ações são consistentemente direcionadas ao bem-estar financeiro, criam um impulso poderoso e cumulativo que impulsiona os indivíduos em direção à prosperidade.

Considere o simples ato de poupar. Para muitos, poupar é visto como uma tarefa árdua, um sacrifício da gratificação imediata por uma recompensa futura nebulosa. No entanto, quando encarado como um hábito de abundância, transforma-se em um pilar fundamental da segurança e do crescimento financeiro. A Lei da Vibração afirma que semelhante atrai semelhante. Ao vibrar consistentemente em uma frequência de responsabilidade e visão de futuro por meio da poupança regular, atraímos circunstâncias e oportunidades alinhadas à prudência financeira. Não se trata apenas de acumular fundos; trata-se de cultivar uma mentalidade de abundância onde os recursos são geridos com sabedoria, garantindo disponibilidade futura e potencial de crescimento. Imagine um pequeno riacho. Individualmente, cada gota de água é insignificante. No entanto, ao longo do tempo, milhões de gotas convergem para formar um rio poderoso, capaz de esculpir cânions e sustentar ecossistemas inteiros. Da mesma forma, poupanças pequenas e consistentes, realizadas diariamente ou semanalmente sem falhas, acumulam-se em somas substanciais, fornecendo uma reserva contra despesas imprevistas, possibilitando investimentos e, em última análise, alimentando a criação significativa de riqueza. Esse fluxo consistente de pequenas quantias deliberadas em um veículo de poupança, seja uma conta dedicada, um fundo de investimento ou um plano de aposentadoria, atua como um sinal poderoso para o universo – um testemunho do compromisso com o bem-estar financeiro. O aspecto psicológico aqui é igualmente potente. Cada depósito, por mais modesto que seja, reforça a crença na própria capacidade de controlar e aumentar as finanças, construindo autoeficácia e reduzindo a ansiedade. Esse reforço positivo repetido cria um ciclo virtuoso, tornando a poupança futura menos uma luta e mais um comportamento natural e enraizado.

O gasto consciente é o contraponto à poupança consistente e igualmente crucial na construção de hábitos de abundância. Não se trata de privação, mas de escolha consciente. A Lei do Mentalismo nos lembra que tudo é mente, e nossos pensamentos e intenções moldam nossa realidade. Quando gastamos dinheiro de forma inconsciente, movidos por impulso, pressão social ou gatilhos emocionais, estamos essencialmente transmitindo uma vibração de falta de controle e indignidade. Por outro lado, o gasto consciente envolve uma pausa deliberada antes de cada transação. Ele pergunta: "Esta compra está realmente alinhada com meus valores e objetivos financeiros? Ela traz valor genuíno ou felicidade duradoura, ou é apenas uma distração passageira?" Essa prática, consistente e deliberada, atua como uma recalibração energética constante. Cada vez que alguém escolhe se abster de uma compra desnecessária ou opta por uma alternativa mais alinhada ao valor, está reforçando um padrão de administração financeira consciente. Esta é uma aplicação prática do princípio hermético do Ritmo. O fluxo e refluxo financeiro são naturais, mas o gasto consciente ajuda a suavizar os períodos de baixa e maximizar o potencial dos períodos de alta. Ao compreender seus padrões de consumo, identificar gatilhos para compras impulsivas e redirecionar conscientemente esses impulsos para ações financeiras mais construtivas, os indivíduos podem recuperar parcelas significativas de sua renda que, de outra forma, seriam perdidas. Esse hábito, cultivado diariamente, transforma o gasto de um possível dreno em uma ferramenta de criação deliberada, garantindo que os recursos sejam direcionados para o que realmente importa e contribui para a prosperidade de longo prazo. Considere a prática de planejar compras com antecedência ou criar listas de compras com intenções claras. Esse simples ato de intenção consciente antes de se engajar no comércio muda a dinâmica do consumo reativo para a alocação proativa de recursos. É o equivalente energético de desenhar um mapa claro antes de embarcar em uma jornada, garantindo que se permaneça no curso em direção ao destino desejado.

O aprendizado contínuo é outro hábito inegociável para o indivíduo consciente da riqueza. O mundo das finanças, economia e investimentos está em constante mudança. Permanecer estagnado é ficar para trás. A Lei hermética da Correspondência, "Assim como acima, assim abaixo", sugere que o mundo externo das oportunidades financeiras espelha o mundo interno de conhecimento e compreensão. Portanto, o compromisso com o aprendizado contínuo – seja através da leitura de livros, participação em seminários, escuta de podcasts ou interação com especialistas financeiros – aumenta diretamente a capacidade de navegar e capitalizar oportunidades financeiras. Esse hábito não é sobre acumular conhecimento esotérico por si só, mas sobre adquirir sabedoria prática que pode ser aplicada à vida financeira. Por exemplo, dedicar até quinze ou trinta minutos por dia para ler um artigo sobre estratégias de investimento, ouvir um podcast sobre tendências de mercado ou estudar um novo modelo de negócios pode gerar benefícios significativos a longo prazo. Esse investimento consistente no intelecto financeiro se acumula ao longo do tempo, levando a melhores decisões, identificação de oportunidades lucrativas e prevenção de erros custosos. Psicologicamente, esse hábito promove um senso de competência e empoderamento. À medida que a base de conhecimento se expande, também cresce a confiança em administrar e aumentar a riqueza. Ele combate o medo do desconhecido que frequentemente paralisa os indivíduos, substituindo-o por uma abordagem proativa e informada. A Lei de Causa e Efeito é evidente aqui: a causa é o esforço consistente para aprender, e o efeito é o aumento da acuidade financeira e a subsequente prosperidade. Esse hábito cria um ciclo de feedback positivo, onde o conhecimento adquirido leva a melhores resultados financeiros, que por sua vez motivam mais aprendizado e engajamento.

Afirmações financeiras positivas, quando integradas à rotina diária, servem como ferramentas potentes para reprogramar o subconsciente e alinhar a frequência energética com a abundância. Não são meros pensamentos desejosos, mas declarações deliberadas de verdade que se pretende incorporar. A Lei do Mentalismo, que afirma que o universo é mental, destaca o poder do pensamento focado. Ao afirmar consistentemente o próprio merecimento, capacidade e atração pela riqueza, os indivíduos moldam ativamente seu cenário interno para refletir a realidade financeira desejada. Por exemplo, começar o dia afirmando: "Sou um ímã para riqueza e oportunidades", ou terminar o dia com: "Minhas finanças estão crescendo e se expandindo com facilidade", pode, com repetição, começar a substituir crenças limitantes profundamente enraizadas. A chave é consistência e convicção. Essas afirmações devem ser ditas com emoção e crença, idealmente visualizadas como já verdadeiras. Imagine-se diante de um espelho declarando com sentimento genuíno: "Sou financeiramente livre e abundante." Esse ato, realizado diariamente, gradualmente reescreve a programação subconsciente, mudando o diálogo interno de escassez e dúvida para confiança e expectativa. Essa prática influencia diretamente a Lei da Vibração; ao adotar um estado vibracional de abundância, naturalmente atraímos circunstâncias e pessoas que ressoam com essa frequência. Psicologicamente, as afirmações combatem a autocrítica negativa e constroem uma narrativa interna positiva, promovendo otimismo e resiliência diante dos desafios financeiros. Elas servem como lembretes constantes das metas financeiras e da capacidade inerente de alcançá-las, reforçando os comportamentos desejados.

O conceito de "higiene financeira" também é crucial, semelhante à higiene física na manutenção da saúde. Isso envolve revisar regularmente extratos financeiros, acompanhar despesas e garantir que as contas estejam em ordem. É um hábito de diligência e consciência. Sob a perspectiva hermética, trata-se de manter a clareza e a pureza do campo energético financeiro. Finanças desorganizadas podem criar bloqueios energéticos, impedindo o fluxo natural da abundância. A Lei de Causa e Efeito se aplica aqui: negligenciar a organização financeira (a causa) leva a potenciais problemas e estresse (o efeito). Por outro lado, manter registros financeiros meticulosos, pagar contas em dia e gerenciar proativamente a vida financeira (a causa) cria um ambiente propício ao crescimento e à prosperidade (o efeito). Psicologicamente, essa prática reduz a ansiedade financeira e promove um senso de controle. Saber exatamente onde se está financeiramente, ter uma visão clara da renda e dos gastos e estar organizado pode aliviar uma quantidade significativa de estresse e capacitar os indivíduos a tomar decisões mais informadas. Esse hábito transforma a tarefa muitas vezes temida da administração financeira em um ato rotineiro de autocuidado e empoderamento, garantindo que os caminhos para a entrada e crescimento da riqueza estejam claros e desobstruídos. É a manutenção consistente, nos bastidores, que permite que as manifestações visíveis da riqueza floresçam.

Além disso, o hábito da gratidão, especificamente a gratidão financeira, é um amplificador profundo da abundância. Ele se alinha ao princípio hermético da Vibração. Quando focamos no que nos falta, vibramos em uma frequência de escassez, que atrai mais experiências de falta. Quando focamos e apreciamos o que temos – nossa renda atual, nossas economias, nossa capacidade de ganhar, até mesmo as oportunidades de aprender e crescer – vibramos em uma frequência de abundância, que atrai mais do mesmo. Não se trata de complacência, mas de mudar conscientemente a perspectiva. Tomar regularmente um momento para reconhecer e apreciar todas as fontes de renda, por menores que sejam, e reconhecer o valor que trazem recalibra a orientação energética em direção à prosperidade. Isso pode ser tão simples quanto agradecer mentalmente ao empregador pelo salário, apreciar os frutos do próprio trabalho ou reconhecer a resiliência da situação financeira, mesmo em tempos desafiadores. Psicologicamente, a gratidão desloca o foco da deficiência para a suficiência, promovendo contentamento e reduzindo a inveja ou comparação. Esse estado emocional positivo é muito mais propício para atrair mais abundância do que um estado de falta ou descontentamento. A Lei de Causa e Efeito está claramente em ação: a causa de praticar gratidão leva ao efeito de uma percepção aumentada e atração da abundância. É um hábito poderoso, mas frequentemente negligenciado, que pode alterar fundamentalmente a trajetória financeira ao garantir que a base energética para a riqueza seja de apreciação e expectativa do bem.

A prática do "future pacing" é outro hábito que conecta psicologia e princípios herméticos, reforçando a Lei de Causa e Efeito. Isso envolve imaginar vividamente o futuro eu vivendo a vida abundante desejada e, em seguida, trabalhar de trás para frente para identificar os hábitos e ações necessários para chegar lá. Trata-se de viver, energeticamente e mentalmente, a partir do futuro que se deseja criar. Por exemplo, se o objetivo é se aposentar confortavelmente aos 55 anos com liberdade financeira, deve-se visualizar como é essa vida. Quais são as rotinas diárias de um aposentado financeiramente livre? Que hábitos ele mantém? Essa visualização é então traduzida em ações presentes. Se o futuro eu investe de forma consistente, então o eu presente deve cultivar o hábito de investir regularmente. Se o futuro eu é conhecedor de várias classes de ativos, então o eu presente deve se comprometer com o aprendizado contínuo. Psicologicamente, o "future pacing" fornece um "porquê" convincente para adotar hábitos atuais. Ele oferece uma visão tangível que motiva o esforço consistente e faz com que os sacrifícios presentes pareçam intencionais e significativos. Alinha-se ao princípio hermético da Causalidade – todo efeito tem uma causa, e ao compreender o efeito desejado, podemos criar deliberadamente as causas necessárias. Ao se engajar consistentemente nessa prática, os indivíduos não estão apenas esperando por um futuro melhor; estão ativamente construindo-o, hábito por hábito, escolha por escolha, garantindo que suas ações diárias estejam em alinhamento direto com suas aspirações financeiras finais. Essa abordagem proativa, alimentada por uma visão clara e apoiada por hábitos consistentes, transforma o desejo passivo em criação ativa, incorporando a verdade profunda de que nosso futuro não é um destino predeterminado, mas uma consequência das escolhas consistentes que fazemos hoje.

Em última análise, construir hábitos de abundância é sobre intencionalidade. Trata-se de reconhecer que cada dia apresenta uma oportunidade de se aproximar ou se afastar de seus objetivos financeiros. Envolve compreender que pequenas ações consistentes, realizadas com propósito inabalável e alinhadas às leis universais, possuem um poder exponencial. Os princípios herméticos oferecem uma estrutura atemporal para esse empreendimento, enquanto a psicologia moderna fornece as ferramentas para compreender e implementar esses princípios de forma eficaz em nossa vida diária. Ao entrelaçar os fios da poupança consistente, do gasto consciente, do aprendizado contínuo, das afirmações positivas, da higiene financeira, da gratidão e do "future pacing", os indivíduos podem criar uma tapeçaria robusta de hábitos geradores de riqueza. Essa tapeçaria, tecida com o fio dourado da consistência, não apenas garantirá seu presente financeiro, mas também iluminará seu caminho em direção a um futuro abundante e próspero, provando que a maior riqueza muitas vezes não é construída por gestos grandiosos, mas pelo poder silencioso e persistente da disciplina diária.

A dança intrincada da criação de riqueza não é apenas uma questão de capacidade intelectual ou planejamento estratégico; é profundamente influenciada por nosso cenário interno, particularmente nossa inteligência emocional. Enquanto as seções anteriores iluminaram o poder do hábito e da mentalidade na formação dos resultados financeiros, a capacidade de compreender, gerenciar e aproveitar nossas emoções é um componente crítico, frequentemente subestimado, do sucesso financeiro sustentado. Esta subseção aprofunda o papel fundamental da inteligência emocional (QE) na navegação das águas frequentemente turbulentas da tomada de decisões financeiras, destacando como gerenciar emoções como medo, ganância e impaciência permite que os indivíduos façam escolhas mais racionais e alinhadas, prevenindo ações impulsivas que podem prejudicar metas financeiras de longo prazo.

O princípio hermético da Polaridade sugere que tudo existe em dualidades – quente e frio, luz e escuridão e, crucialmente para nossos propósitos, racional e emocional. Esses polos não são entidades separadas, mas dois lados da mesma moeda, constantemente influenciando e interagindo entre si. No campo das finanças, essa dualidade se manifesta como a constante interação entre análise lógica e resposta emocional. Uma alta inteligência emocional permite que o indivíduo reconheça quando suas emoções estão obscurecendo seu julgamento, possibilitando que ele dê um passo atrás, avalie a situação objetivamente e tome decisões alinhadas com sua estratégia financeira estabelecida, em vez de ser guiado por sentimentos transitórios. Considere a emoção predominante do medo, particularmente durante períodos de volatilidade do mercado. Quando os mercados acionários sofrem quedas acentuadas, o medo pode dominar os investidores, levando-os a vender seus ativos com prejuízo para evitar riscos percebidos adicionais. Um indivíduo com QE pouco desenvolvida pode sucumbir a esse medo, agir impulsivamente e cristalizar perdas que poderiam ter sido recuperadas se tivesse mantido a calma. Por outro lado, alguém com inteligência emocional bem desenvolvida pode reconhecer o medo, compreender suas raízes (frequentemente o instinto primário de autopreservação), mas então avaliar racionalmente a situação. Pode recordar seus objetivos de investimento de longo prazo, consultar seu plano financeiro e reconhecer que quedas de mercado podem apresentar oportunidades de comprar ativos subvalorizados. Ao gerenciar seu medo, evita um impulso destrutivo e, em vez disso, age de maneira que serve ao seu bem-estar financeiro futuro, demonstrando uma aplicação prática da Lei da Vibração – ao manter uma vibração de calma racionalidade, atrai resultados alinhados com esse estado, em vez de sucumbir à vibração caótica do pânico.

A ganância, o desejo insaciável por mais, é outra emoção poderosa que pode causar estragos na estabilidade financeira. Ela frequentemente se manifesta como uma busca incessante por lucros rápidos, levando indivíduos a assumir riscos excessivos ou investir em esquemas que prometem retornos irreais. O fascínio pela acumulação rápida de riqueza pode sobrepor-se à avaliação lógica, levando pessoas a ignorar sinais de alerta e abandonar princípios prudentes de investimento. Um indivíduo emocionalmente inteligente entende a natureza sedutora da ganância e desenvolve mecanismos para se proteger de sua influência. Ele reconhece que a verdadeira riqueza geralmente é construída por meio de crescimento consistente e disciplinado, em vez de apostas especulativas. Essa consciência permite que permaneça com os pés no chão, aderindo às suas estratégias de diversificação e protocolos de gerenciamento de risco, mesmo diante de oportunidades aparentemente irresistíveis. Pode se perguntar: "Esta decisão está baseada em uma compreensão sólida do valor e do risco subjacentes, ou é movida pelo desejo de um ganho inesperado?" Essa auto-investigação, marca registrada de uma alta inteligência emocional, impede que caia na armadilha da ganância, aderindo assim ao princípio hermético do Ritmo, que sugere que ciclos de expansão e retração são naturais, e que ao não se sobrecarregar durante períodos de aparente bonança (movidos pela ganância), pode-se enfrentar melhor as inevitáveis quedas. A capacidade de reconhecer e moderar a ganância é fundamentalmente sobre autodomínio, um princípio central da filosofia hermética e um ingrediente crucial para a prosperidade financeira sustentada.

A impaciência é outro obstáculo emocional significativo no caminho para a riqueza. Em nosso mundo acelerado, o desejo por resultados imediatos pode ser avassalador. Essa impaciência pode levar a uma constante rotatividade de investimentos, à incapacidade de manter estratégias de longo prazo e à propensão de perseguir tendências passageiras. Quando os indivíduos são impacientes, estão essencialmente tentando forçar o ritmo natural do crescimento financeiro, que, de acordo com a Lei do Ritmo, opera em ciclos. Podem sentir-se compelidos a verificar constantemente sua carteira, reagir a pequenas flutuações de mercado ou tomar decisões precipitadas sobre mudar de consultores financeiros ou veículos de investimento. Isso é uma manifestação da Lei de Causa e Efeito em reverso – esperar um efeito (riqueza significativa) sem aplicar diligentemente as causas necessárias (tempo, investimento consistente, paciência). A inteligência emocional equipa os indivíduos com a capacidade de compreender que a criação substancial de riqueza é tipicamente uma maratona, não uma corrida. Ela promove a paciência necessária para permitir que os investimentos cresçam ao longo do tempo, para enfrentar correções de mercado e para permanecer comprometido com um plano financeiro bem elaborado. Isso envolve cultivar uma quietude interior que permite avaliação objetiva em vez de comportamento reativo. Ao abraçar a paciência, os indivíduos se alinham ao desdobramento natural dos ciclos financeiros, permitindo que sua riqueza cresça de forma orgânica e sustentável, em vez de tentar acelerar artificialmente um processo que requer tempo e aplicação constante de princípios.

Além de gerenciar emoções negativas, a inteligência emocional também desempenha um papel crucial em aproveitar emoções positivas que podem impulsionar o sucesso financeiro. Entusiasmo pelo aprendizado, otimismo sobre possibilidades futuras e um genuíno senso de propósito em seus empreendimentos financeiros podem ser poderosos motivadores. Um indivíduo emocionalmente inteligente pode canalizar esses estados positivos em ações construtivas. Por exemplo, um entusiasmo profundo por um setor específico pode levar a pesquisas diligentes e decisões de investimento informadas, em vez de mera especulação. Uma perspectiva otimista pode fornecer a resiliência necessária para perseverar em períodos financeiros desafiadores, vendo-os como contratempos temporários em vez de obstáculos intransponíveis. Além disso, um forte senso de propósito, derivado da compreensão do motivo pelo qual se busca riqueza – talvez para sustentar a família, apoiar causas filantrópicas ou alcançar liberdade pessoal – pode dar às ações financeiras um significado mais profundo, tornando os hábitos disciplinados necessários para o sucesso menos um fardo e mais uma busca significativa. Isso se alinha à Lei do Mentalismo, pois um foco mental claro e positivo nos resultados desejados, alimentado por entusiasmo genuíno e propósito, inevitavelmente atrairá as circunstâncias e oportunidades que concretizam esses resultados.

A capacidade de empatia e de construir relacionamentos sólidos, outra faceta da inteligência emocional, também é indiretamente benéfica para o sucesso financeiro. Empreendimentos financeiros frequentemente envolvem colaboração, negociação e compreensão das motivações dos outros, sejam parceiros de negócios, clientes, funcionários ou profissionais financeiros. A capacidade de compreender perspectivas diferentes da própria, de comunicar-se de forma eficaz e de construir confiança pode levar a negociações mais favoráveis, redes profissionais mais fortes e melhor acesso a oportunidades. Essa "inteligência social", prima próxima da inteligência emocional, pode ser um ativo significativo tanto nas finanças pessoais quanto na criação de riqueza profissional. Ela permite que os indivíduos naveguem em dinâmicas sociais complexas com graça e eficácia, promovendo cenários de ganho mútuo mais sustentáveis e propícios à prosperidade de longo prazo.

A prática da autorreflexão é fundamental para desenvolver a inteligência emocional no contexto financeiro. Examinar regularmente as próprias decisões financeiras e as emoções que as influenciaram fornece insights inestimáveis. As escolhas de investimento passadas foram movidas pela lógica ou pelo medo de perder oportunidades? Uma compra recente de grande valor foi feita por necessidade genuína ou por um desejo emocional de conforto ou status? Ao avaliar honestamente essas instâncias, os indivíduos podem identificar padrões emocionais recorrentes e gatilhos que podem estar prejudicando seu progresso. Essa consciência consciente é o primeiro passo para transformar respostas emocionais destrutivas em construtivas. É semelhante a praticar uma forma de atenção plena financeira, onde se presta atenção aos pensamentos e sentimentos no momento da tomada de decisão, sem julgamento, mas com a clara intenção de compreender e orientar as ações.

Esse processo contínuo de autoconsciência e regulação emocional não é uma solução única, mas um cultivo constante. Exige um compromisso em compreender as bases psicológicas mais profundas de nossos comportamentos financeiros. O princípio hermético da Causalidade afirma que toda causa tem um efeito, e todo efeito tem uma causa. Ao reconhecer que nossos estados emocionais são causas que influenciam diretamente os efeitos que experimentamos em nossas vidas financeiras, nos capacitamos a nos tornar os arquitetos de nossa própria prosperidade. Trata-se de dominar o mundo interno para moldar positivamente a realidade externa de nossa riqueza. Esse domínio não é sobre suprimir emoções, mas sobre compreendê-las, reconhecer seu poder e direcionar essa energia de forma consciente e intencional para alcançar nossas aspirações financeiras, alinhando-se às leis universais que regem a abundância. Quando conseguimos gerenciar nossas tempestades emocionais internas, criamos uma plataforma estável a partir da qual podemos tomar decisões financeiras sólidas, garantindo que os ventos da fortuna, quando soprarem, nos encontrem preparados e prontos para aproveitar seu poder, em vez de sermos arrastados por sua turbulência. Essa é a essência da verdadeira sabedoria financeira – uma integração harmoniosa de intelecto, disciplina e domínio emocional.

A jornada em direção à prosperidade financeira duradoura é significativamente moldada por nossas crenças subjacentes sobre nossas próprias capacidades e sobre a natureza da inteligência em si. Enquanto uma "mentalidade fixa" sugere que nossas habilidades são inatas e imutáveis, uma "mentalidade de crescimento" postula que essas qualidades podem ser cultivadas e expandidas por meio de esforço, aprendizado e perseverança. Essa última perspectiva não é apenas um olhar otimista; é uma estrutura psicológica fundamental que impacta profundamente nossa abordagem aos desafios, nossa disposição para aprender e, em última análise, nossa capacidade de criar riqueza e resiliência. Abraçar uma mentalidade de crescimento na esfera financeira significa ver contratempos financeiros não como fracassos definitivos, mas como oportunidades valiosas de aprendizado. É a convicção de que a acuidade financeira, a compreensão dos mercados e a capacidade de administrar dinheiro não são dons estáticos, mas habilidades dinâmicas que podem ser aprimoradas e desenvolvidas. Esse sistema de crenças atua como um antídoto poderoso contra a paralisia que frequentemente segue a adversidade financeira, transformando potenciais momentos de desespero em terreno fértil para o sucesso futuro.

Considere o indivíduo que experimenta uma perda significativa em um investimento. Com uma mentalidade fixa, esse evento pode ser interpretado como prova de sua falta inerente de inteligência financeira, levando-o a se afastar dos investimentos por completo. Ele pode pensar: "Eu simplesmente não sou bom com dinheiro" e se resignar a um futuro financeiro mais passivo e, talvez, menos próspero. Em contraste, o indivíduo com uma mentalidade de crescimento provavelmente verá o mesmo evento como um catalisador para um aprendizado mais profundo. Ele perguntará: "O que deu errado? Que fatores eu ignorei? O que posso aprender com essa experiência para tomar decisões melhores da próxima vez?" Essa investigação proativa, alimentada pela crença de que pode melhorar sua compreensão e estratégia, é a marca da resiliência financeira. Ele estará mais inclinado a pesquisar estratégias alternativas de investimento, consultar consultores financeiros ou aprofundar-se em princípios econômicos, tudo com o entendimento de que esses esforços contribuirão diretamente para suas capacidades financeiras aprimoradas. Isso se alinha ao princípio hermético da Correspondência, sugerindo que o microcosmo (esforço e aprendizado individual) reflete o macrocosmo (sucesso financeiro). Ao aplicar diligentemente esforço e buscar conhecimento, ele se alinha com os princípios universais que regem o crescimento da riqueza.

Além disso, uma mentalidade de crescimento promove uma disposição crucial para abraçar o aprendizado contínuo, algo inegociável para navegar no cenário financeiro em constante evolução. Os mercados mudam, as condições econômicas flutuam e novos instrumentos financeiros surgem. Aqueles que acreditam que seu conhecimento é fixo inevitavelmente ficarão para trás. Por outro lado, indivíduos que adotam uma mentalidade de crescimento entendem que manter-se informado e atualizar continuamente sua alfabetização financeira não é uma opção, mas uma necessidade. Isso pode se manifestar de várias maneiras: dedicar tempo para ler notícias e análises financeiras, participar de webinars e workshops, buscar mentores ou até experimentar novas ferramentas financeiras, ainda que cuidadosamente gerenciadas. A chave é a crença subjacente de que o aprendizado leva à melhoria e que a dedicação pode superar limitações percebidas. A Lei do Ritmo, que governa ciclos de crescimento e declínio, também implica uma necessidade constante de adaptação. Uma mentalidade fixa resiste à mudança, tentando operar com conhecimento desatualizado, enquanto uma mentalidade de crescimento abraça o fluxo e refluxo, vendo cada novo ciclo como uma oportunidade para aplicar compreensão e estratégia refinadas.

Essa abordagem proativa se estende ao planejamento financeiro e à definição de metas. Em vez de ver objetivos financeiros como destinos distantes e talvez inatingíveis, aqueles com uma mentalidade de crescimento os veem como resultados alcançáveis que exigem esforço estratégico e ajustes contínuos. Eles têm maior probabilidade de dividir grandes objetivos financeiros em etapas menores e gerenciáveis, celebrando cada marco como evidência de seu progresso e capacidade. Esse reforço consistente de competência gera impulso e combate o desânimo que pode surgir de objetivos de longo prazo. Eles entendem que a criação de riqueza não é uma conquista estática, mas um processo dinâmico, e estão confortáveis com a natureza iterativa de definir metas, executar planos e recalibrar conforme necessário. A Lei de Causa e Efeito está claramente em ação aqui: ações consistentes e informadas (a causa) levam ao progresso em direção às metas financeiras (o efeito), e uma mentalidade de crescimento alimenta a persistência necessária para que essas causas sejam aplicadas de forma consistente.

O desenvolvimento de uma mentalidade de crescimento em finanças pessoais está intrinsecamente ligado ao conceito de abraçar desafios em vez de evitá-los. Para alguém com uma mentalidade fixa, uma decisão financeira difícil, como reestruturar dívidas ou fazer um investimento substancial, pode ser recebida com ansiedade e evitação. O medo de tomar a "decisão errada", que confirmaria sua inadequação percebida, pode levar à inação. No entanto, um indivíduo com uma mentalidade de crescimento vê tais desafios como oportunidades para expandir suas habilidades e ganhar experiência valiosa. Ele entende que a complexidade é frequentemente inerente a decisões financeiras significativas e que enfrentar essas complexidades, mesmo com algum desconforto, é essencial para o avanço. Essa disposição de sair da zona de conforto é vital para aproveitar oportunidades que podem estar além do território facilmente navegável de seu conhecimento atual. Trata-se de ver desafios não como obstáculos, mas como degraus para maior competência financeira.

Além disso, a mentalidade de crescimento cultiva uma relação saudável com o esforço. Em sociedades que frequentemente glorificam o talento inato, pode haver a percepção de que a verdadeira maestria deve vir sem esforço. Isso pode levar indivíduos a duvidar de suas habilidades se se virem lutando. A mentalidade de crescimento, no entanto, reformula o esforço como o próprio caminho para a maestria. Reconhece que dedicação, trabalho árduo e prática persistente não são sinais de deficiência, mas os ingredientes essenciais para desenvolver habilidades e alcançar excelência. No contexto da riqueza, isso significa entender que construir um portfólio substancial ou alcançar liberdade financeira requer esforço consistente ao longo do tempo, em vez de um único golpe de genialidade. Essa perspectiva permite que os indivíduos perseverem durante períodos de progresso lento ou aparente estagnação, sabendo que seu esforço sustentado está contribuindo ativamente para o crescimento financeiro de longo prazo. Essa perspectiva também promove uma atitude mais positiva em relação à crítica construtiva. Um indivíduo com uma mentalidade de crescimento tem maior probabilidade de buscar e receber feedback de forma positiva, vendo-o como informação que pode ajudá-lo a refinar suas estratégias, em vez de como uma acusação pessoal. Essa abertura a perspectivas externas é inestimável em finanças, onde análises objetivas e pontos de vista diversos podem melhorar significativamente a tomada de decisões. Eles entendem que ouvir especialistas, considerar diferentes análises econômicas e até estar aberto às sugestões de um planejador financeiro fazem parte de uma abordagem abrangente para melhorar seus resultados financeiros.

A Lei da Vibração, em sua essência, sugere que tudo está em movimento, vibrando constantemente em uma determinada frequência. Uma mentalidade de crescimento contribui para uma vibração mais elevada e construtiva em nossas vidas financeiras. Quando acreditamos que podemos crescer e melhorar, abordamos questões financeiras com um senso de possibilidade e agência. Essa energia positiva pode, por sua vez, atrair oportunidades e circunstâncias favoráveis. Por outro lado, uma mentalidade fixa, frequentemente acompanhada de medo e dúvida, pode criar uma vibração mais baixa e estagnada, tornando mais difícil perceber ou aproveitar oportunidades. O ato de cultivar uma mentalidade de crescimento não é apenas sobre crença interna; trata-se de elevar conscientemente nossa frequência energética para sermos mais receptivos à abundância e ao crescimento. Isso envolve desafiar ativamente crenças limitantes sobre dinheiro e riqueza e substituí-las por afirmações fortalecedoras e um compromisso com o desenvolvimento contínuo.

Para cultivar ativamente uma mentalidade de crescimento para resiliência financeira, várias práticas são essenciais. Primeiramente, o ato de autorreflexão torna-se primordial. Examine regularmente suas decisões financeiras e as crenças que as sustentaram. Quando enfrentar um revés, pergunte-se não "Sou ruim nisso?", mas "O que posso aprender com isso?" Em segundo lugar, busque ativamente conhecimento e novas perspectivas. Trate sua educação financeira como um projeto contínuo, não como um curso concluído. Leia livros, ouça podcasts, participe de seminários e envolva-se com profissionais financeiros que possam oferecer insights. Em terceiro lugar, abrace desafios como oportunidades. Diante de uma decisão financeira complexa, em vez de se sentir sobrecarregado, veja-a como uma chance de expandir sua compreensão e capacidades. Em quarto lugar, reconheça que o esforço é o caminho para a maestria. Entenda que construir riqueza é um processo que exige dedicação consistente, não apenas talento inato. Celebre o esforço que você coloca, tanto quanto os resultados que alcança. Finalmente, pratique a gratidão pelo que você tem enquanto mantém simultaneamente uma visão positiva para o crescimento futuro. Essa perspectiva equilibrada reconhece as bênçãos atuais enquanto alimenta a motivação para continuar desenvolvendo e expandindo seu bem-estar financeiro. Esse compromisso com uma mentalidade de crescimento, apoiado pela compreensão de leis universais como Ritmo e Causa e Efeito, cria uma base sólida para navegar pela jornada financeira com confiança, adaptabilidade e sucesso duradouro. Transforma a gestão financeira de uma possível fonte de ansiedade em um processo dinâmico e gratificante de autodesenvolvimento contínuo e acumulação de riqueza.

## Capítulo 12: Física Quântica e Manifestação Financeira

A influência sutil, porém profunda, do observador sobre o observado é um dos pilares da física quântica, e suas implicações para nossas vidas financeiras são nada menos que revolucionárias. No reino da mecânica quântica, as partículas não existem em um estado fixo até serem medidas ou observadas. Antes da observação, uma partícula pode estar em uma superposição de estados, significando que ela existe em múltiplas possibilidades simultaneamente. No entanto, no momento em que um observador interage com ela, a função de onda quântica colapsa, e a partícula se fixa em um único estado definido. Essa é a essência do efeito do observador – o simples ato de olhar, de prestar atenção, tem o poder de cristalizar o potencial em realidade.

Esse princípio, aparentemente confinado ao mundo subatômico, oferece uma metáfora poderosa para compreender como nossa consciência, nossa atenção focada e nossas crenças profundamente enraizadas podem moldar nossas experiências financeiras. Somos, em um sentido muito real, observadores de nossa própria realidade financeira. Os pensamentos que cultivamos, as expectativas que mantemos e a energia que investimos em nossos objetivos financeiros são todas formas de observação. Assim como uma partícula quântica aguarda o ato de observação para definir seu estado, nosso futuro financeiro pode ser visto como um campo de potencial, esperando pela intenção focada de nossa consciência para colapsar suas possibilidades em resultados tangíveis.

O princípio hermético do Mentalismo fornece a base filosófica para essa conexão. "O Todo é Mente; O Universo é Mental", como declarado no Cai*balion*, sugere que a realidade em si é fundamentalmente mental. Nossos pensamentos, intenções e crenças não são meros reflexos passivos das circunstâncias externas; são forças ativas que contribuem para a criação dessas circunstâncias. Quando direcionamos nossa atenção focada para um objetivo financeiro específico – seja acumular determinada quantia de riqueza, alcançar liberdade financeira ou atrair uma oportunidade lucrativa – estamos, em essência, realizando um ato de observação sobre o campo quântico do potencial financeiro.

Considere o mercado financeiro como um vasto campo interconectado de probabilidades. Antes de um investimento ter bom ou mau desempenho, antes de um empreendimento comercial ter sucesso ou fracassar, existe um espectro de resultados potenciais. Nosso estado interno – nossa confiança, nossa dúvida, nossa crença no sucesso ou no fracasso – atua como uma lente poderosa através da qual essas probabilidades são vistas. Se abordamos um investimento com uma crença profunda em seu sucesso, alimentada por pesquisa cuidadosa e expectativa positiva, estamos direcionando uma observação energética focada para esse resultado específico. Essa atenção concentrada, alinhada com uma crença em abundância e resultados positivos, pode agir como a medição do observador na física quântica, incentivando as probabilidades a se consolidarem em uma realidade favorável.

Por outro lado, uma perspectiva financeira obscurecida por medo, dúvida e expectativa de escassez também pode colapsar probabilidades, mas em direção a um resultado menos desejável. Se um indivíduo constantemente antecipa perdas financeiras, preocupa-se incessantemente com dívidas e acredita que o dinheiro é inerentemente difícil de obter, sua atenção focada está sendo direcionada para a manifestação dessas mesmas experiências. Isso não sugere uma relação simplista de causa e efeito, onde o mero pensamento conjura riqueza do nada. Trata-se, sim, da influência sutil, mas potente, de nossos estados conscientes e subconscientes sobre nossas ações, nossas percepções e o campo energético que projetamos no mundo. Nossa observação focada, quando consistentemente dirigida com clareza e convicção, pode influenciar a probabilidade de certos eventos se desenrolarem.

É aqui que o conceito de "manifestação" realmente entra em jogo, traçando uma linha direta da física quântica para nossas finanças pessoais. Manifestação, nesse contexto, não é pensamento ilusório; é a aplicação deliberada e focada da consciência para moldar nossa realidade financeira. Envolve compreender que nosso mundo interno – nossos pensamentos, emoções, crenças e intenções – tem um impacto tangível sobre nossas circunstâncias externas, particularmente no campo das finanças. O efeito do observador na física quântica fornece uma analogia científica para como isso pode ocorrer. Nossa atenção focada, como o observador no experimento quântico, pode influenciar o resultado.

Pense no processo de estabelecer uma meta financeira. Quando você define claramente o que deseja alcançar, visualiza isso e o impregna de energia emocional e convicção, está essencialmente "observando" aquele estado futuro desejado. Você não está apenas esperando passivamente que aconteça; está direcionando ativamente sua consciência para sua realização. Essa intenção focada, repetida e sustentada, começa a emitir um sinal poderoso. Ela influencia seu subconsciente, levando-o a buscar oportunidades que se alinhem com sua meta. Afeta seu comportamento, tornando-o mais proativo, engenhoso e resiliente na busca de seus objetivos. E, de acordo com os princípios da física quântica e da filosofia hermética, pode até influenciar o campo energético sutil que interage e molda eventos externos.

A Lei da Atração, frequentemente discutida em conjunto com a manifestação, pode ser compreendida sob essa ótica. Ela sugere que semelhante atrai semelhante – que nossos pensamentos e sentimentos dominantes atraem experiências correspondentes para nossas vidas. Quando focamos consistentemente nossa atenção na abundância financeira, na sensação de já ter alcançado nossas metas e nos resultados positivos de nossos empreendimentos financeiros, estamos projetando uma assinatura energética poderosa. Essa assinatura, muito semelhante a uma frequência específica de luz, ressoa e atrai frequências semelhantes no universo financeiro, aumentando a probabilidade de experimentar os resultados desejados. O efeito do observador na física quântica oferece uma estrutura científica convincente para entender como essa atração pode operar: a atenção focada do observador colapsa a função de onda de possibilidades em direção ao estado observado.

Considere as implicações para o planejamento financeiro e estratégias de investimento. Se um investidor aborda o mercado com a mentalidade de "Preciso evitar perdas a qualquer custo", sua observação focada está perpetuamente direcionada para o potencial de perda. Isso pode levar a estratégias excessivamente cautelosas, oportunidades perdidas e a uma profecia autorrealizável de baixo desempenho. Por outro lado, um investidor que, após pesquisa diligente, concentra sua atenção no potencial de crescimento e na probabilidade de sucesso, enquanto reconhece, mas não se fixa nos riscos, está operando a partir de um estado mental e energético diferente. Sua observação focada está direcionada para resultados positivos, influenciando sua tomada de decisão, sua resiliência diante das flutuações do mercado e, potencialmente, os resultados reais que alcança.

O poder da crença também está intrinsecamente ligado ao efeito do observador. Nossas crenças atuam como a estrutura subjacente de nossas observações. Se mantemos a crença profunda de que não somos capazes de administrar dinheiro de forma eficaz, que a riqueza é inatingível ou que o sucesso financeiro é puramente uma questão de sorte, então nossas observações serão filtradas por essa lente de limitação. Tendemos a notar evidências que confirmam nossas crenças negativas e ignorar evidências que as contradizem. Isso é semelhante a um observador quântico predisposto a medir uma partícula de uma maneira específica; suas expectativas influenciam o resultado. Para aproveitar o efeito do observador na manifestação financeira, devemos primeiro cultivar crenças fortalecedoras sobre nosso potencial financeiro e sobre a própria natureza da riqueza.

O princípio hermético da Vibração também desempenha um papel crucial aqui. Tudo no universo vibra em uma determinada frequência, e nossos pensamentos e emoções não são exceção. Um estado de medo, dúvida e escassez vibra em baixa frequência, enquanto um estado de alegria, confiança e abundância vibra em frequência mais elevada. O efeito do observador sugere que, ao elevar conscientemente nossa frequência vibracional por meio de pensamentos positivos, crenças fortalecedoras e intenções focadas, podemos influenciar as probabilidades dos resultados financeiros que observamos. Uma vibração mais elevada é mais ressonante com a frequência da abundância e da oportunidade.

Isso não é meramente um fenômeno psicológico, embora a psicologia certamente desempenhe um papel significativo. Os princípios da física quântica sugerem uma conexão mais profunda e fundamental entre consciência e realidade. O universo, em seu nível mais básico, parece ser um reino de potencial, um campo de probabilidades que é influenciado pelo ato de observação. Quando aplicamos intenção focada e crença em nossos objetivos financeiros, estamos engajando em uma forma de observação consciente que pode ajudar a moldar esse campo de potencial.

A aplicação prática desse entendimento envolve vários passos-chave. Primeiramente, a clareza de intenção é primordial. O que especificamente você deseja manifestar financeiramente? Quanto mais precisa for sua visão, mais focada poderá ser sua observação. Desejos vagos levam a resultados vagos. Em segundo lugar, cultivar crenças fortalecedoras é essencial. Questione e reformule quaisquer crenças limitantes que você tenha sobre dinheiro, riqueza e suas próprias capacidades financeiras. Afirmações, exercícios de visualização e diálogo interno consciente podem ser ferramentas poderosas nesse processo. Em terceiro lugar, o alinhamento emocional é crucial. Não basta apenas pensar sobre seus objetivos financeiros; você também deve senti-los. Conecte-se com as emoções que experimentaria ao alcançar o resultado desejado – alegria, segurança, liberdade, gratidão. Essa ressonância emocional amplifica o poder da observação focada.

Em quarto lugar, ação consistente é necessária. Embora a consciência desempenhe um papel vital, ela não substitui passos práticos. O efeito do observador não implica passividade; sugere que nossa observação influencia o resultado quando estamos engajados. Isso significa tomar ações inspiradas, buscar oportunidades alinhadas com seus objetivos e trabalhar ativamente em direção às suas metas financeiras. Suas ações são uma forma de observação contínua, reforçando sua intenção e colapsando probabilidades. Finalmente, o desapego do resultado também é importante. Embora a intenção focada seja fundamental, um apego obsessivo a um resultado específico pode criar resistência e ansiedade, neutralizando o efeito pretendido. Confie no processo, mantenha o foco e permita que o universo trabalhe através de você.

O efeito do observador na realidade financeira, portanto, destaca a profunda interconexão entre nosso mundo interior e nossas circunstâncias externas. Sugere que não somos meros receptores passivos da fortuna ou do infortúnio financeiro, mas co-criadores ativos de nosso destino financeiro. Ao compreender e aplicar os princípios da física quântica e da filosofia hermética, podemos aprender a aproveitar o poder de nossa consciência, nossa atenção focada e nossas crenças para moldar nossa realidade financeira, transformando potencial em prosperidade palpável. É um chamado para nos tornarmos observadores conscientes de nossas vidas financeiras, direcionando nossa atenção e energia com clareza, convicção e fé inabalável no poder criativo de nossas próprias mentes. O universo, em sua essência quântica, aguarda nosso olhar focado para cristalizar o futuro financeiro que visualizamos.

O tecido da realidade, como revelado pela física quântica, não é uma coleção de eventos isolados, mas uma tapeçaria profundamente entrelaçada. Além do efeito do observador, outro princípio igualmente surpreendente ilustra essa interconexão profunda: o entrelaçamento. Imagine duas partículas, nascidas do mesmo evento, que se tornam ligadas de tal forma que seus destinos estão inextricavelmente interconectados, não importa quão vasta seja a distância que as separa. Quando uma medição é feita em uma partícula, instantaneamente, o estado da outra é determinado, esteja ela em um laboratório ou em outra galáxia. Essa "ação fantasmagórica à distância", como Einstein a chamou, sugere uma unidade fundamental subjacente à aparente separação das coisas.

Esse princípio do entrelaçamento oferece uma metáfora poderosa para compreender a teia intrincada de nossas vidas financeiras. Nossa realidade financeira não é uma série de eventos desconectados – um aumento de salário aqui, uma conta inesperada ali, um investimento bem-sucedido, um empreendimento fracassado. Em vez disso, esses elementos estão dinamicamente entrelaçados. Seus pensamentos sobre dinheiro estão entrelaçados com suas ações; suas ações estão entrelaçadas com os recursos que você possui e utiliza; seus recursos estão entrelaçados com as oportunidades que surgem; e as oportunidades estão entrelaçadas com o campo energético e informacional geral que você projeta. Cada parte influencia e é influenciada pelas outras em um ciclo contínuo de retroalimentação dinâmica.

Considere o princípio hermético da Correspondência: "Assim como acima, assim abaixo; assim como abaixo, assim acima." Essa sabedoria antiga fala de um espelhamento, uma ressonância entre diferentes níveis de existência. O entrelaçamento quântico fornece uma manifestação física subatômica desse princípio. Assim como partículas subatômicas podem estar ligadas através do espaço, também elementos aparentemente díspares dentro de nosso ecossistema financeiro podem estar intrinsecamente conectados. Uma mudança em seu sistema de crenças, por exemplo, não é um evento mental isolado. Se você mantém uma crença profundamente enraizada na escassez, essa crença se entrelaça com sua percepção de oportunidades. Você pode deixar de perceber caminhos promissores de crescimento simplesmente porque seu filtro interno, moldado pela mentalidade de escassez, não está sintonizado para reconhecê-los. Esse pensamento, essa crença, agora está entrelaçada com o desdobramento real das oportunidades em seu mundo financeiro externo.

Vamos nos aprofundar nesse entrelaçamento financeiro. Seu estado emocional em relação ao dinheiro está entrelaçado com seus processos de tomada de decisão. Se você está experimentando ansiedade sobre sua situação financeira atual, essa ansiedade pode se entrelaçar com seu julgamento, levando a decisões impulsivas ou baseadas no medo, como vender ativos com prejuízo durante uma queda de mercado ou evitar investimentos necessários devido ao risco percebido. Por outro lado, um estado de calma e confiança financeira, cultivado por meio das práticas que discutimos, se entrelaça com uma abordagem mais racional e estratégica para a tomada de decisões. Essa calma permite perceber a verdadeira natureza das oportunidades e desafios, em vez de ser influenciado pela turbulência emocional. O mundo quântico nos mostra que a medição em uma partícula entrelaçada afeta instantaneamente a outra; em nossas vidas financeiras, um impulso emocional pode ditar instantaneamente uma ação financeira, e essa ação então se torna um novo ponto de dados no sistema entrelaçado.

Além disso, suas ações não são eventos independentes. O esforço que você dedica ao desenvolvimento de uma nova habilidade está entrelaçado com a qualidade das oportunidades que se tornam disponíveis para você. A diligência com que você administra seus recursos existentes está entrelaçada com sua capacidade de atrair e reter mais. Se você negligencia consistentemente o acompanhamento de suas despesas, esse hábito de desatenção está entrelaçado com a falta de clareza sobre para onde seu dinheiro está indo, o que, por sua vez, pode levar a gastos excessivos e à sensação de estar fora de controle. Essa reação em cadeia demonstra o entrelaçamento: a ação inicial (ou inação) tem efeitos em cascata em toda a sua estrutura financeira.

O entrelaçamento se estende ao campo dos recursos e oportunidades. O capital que você investe em sua educação ou em um empreendimento comercial está entrelaçado com os retornos potenciais que esses investimentos podem gerar. Isso não é apenas uma questão de simples causa e efeito; é uma interação dinâmica. O próprio ato de investir, de alocar recursos com intenção, influencia a probabilidade de resultados favoráveis. A energia e o foco que você direciona para cultivar uma oportunidade específica estão entrelaçados com a resposta do universo, que, de acordo com princípios quânticos, é influenciada pela observação consciente e pela intenção focada. Se você está dedicado a construir um negócio, essa dedicação se entrelaça com o fluxo de recursos, a disponibilidade de talentos e a receptividade do mercado.

Considere o conceito de sincronicidade, frequentemente percebido como coincidências significativas. Esses momentos de alinhamento surpreendente podem ser compreendidos pela lente do entrelaçamento. Quando seu estado interno – seus pensamentos, crenças e intenções – está alinhado com uma meta financeira específica, você se torna mais sintonizado com os sinais e conexões sutis dentro do universo financeiro. Um encontro casual, um artigo que parece falar diretamente às suas necessidades ou uma inspiração súbita que leva a uma descoberta – esses não são meros acidentes. São manifestações de sistemas entrelaçados interagindo. Sua intenção focada atua como uma medição em uma partícula entrelaçada, influenciando instantaneamente o estado de sua contraparte correlacionada, que pode ser uma oportunidade, uma informação ou uma conexão que aparece repentinamente em seu caminho.

A Lei da Correspondência, como mencionada anteriormente, é profundamente ecoada aqui. O estado do seu mundo interior é refletido em suas circunstâncias financeiras externas. Se o seu mundo interior é caracterizado por um entrelaçamento de dúvida, medo e crença em limitações, seu mundo financeiro externo inevitavelmente refletirá isso. As oportunidades podem aparecer, mas serão vistas através da lente de suas limitações internas e, assim, seu potencial será diminuído ou ignorado. Por outro lado, um estado interior entrelaçado com crença na abundância, gratidão e certeza de sucesso cria uma frequência ressonante que atrai e amplifica condições externas correspondentes. Você começa a ver e atrair oportunidades que se alinham com esse estado vibracional mais elevado, criando um ciclo autorreforçador de prosperidade.

Essa interconexão implica que até mesmo ações financeiras aparentemente pequenas ou mudanças mentais podem ter consequências profundas e de longo alcance. Uma pequena mudança em seus hábitos diários de consumo, por exemplo, está entrelaçada com sua trajetória financeira geral. Economizar de forma consistente uma quantia modesta a cada dia, quando visto através da lente do entrelaçamento, não apenas soma numericamente; influencia sua relação com o dinheiro, reforçando um hábito de disciplina e abundância. Esse hábito, por sua vez, torna-se entrelaçado com maior liberdade financeira, aumento da capacidade de investimento e uma gama mais ampla de possibilidades futuras. O ato de dizimar ou doar uma parte de sua renda, mesmo que pequena, pode ser entendido como um ato de liberar um recurso entrelaçado, criando espaço energético para que novos recursos fluam, conforme ditado pelo princípio da troca e da correspondência.

O aspecto psicológico desse entrelaçamento é crucial. Nossos cérebros são programados para buscar padrões e fazer conexões. Quando focamos nossa atenção no crescimento financeiro e na abundância, nossos caminhos neurais começam a fortalecer essas associações. Essa mudança cognitiva é em si um processo de entrelaçamento. Quanto mais você foca no sucesso financeiro, mais seu cérebro se torna sintonizado para reconhecer e criar oportunidades para isso. Esse não é um processo passivo; requer esforço consciente. Ao escolher deliberadamente onde direcionar nosso foco mental e energético, estamos, em essência, realizando uma medição em nossa realidade financeira entrelaçada, guiando seu colapso para um estado mais favorável.

Considere o mercado financeiro como um macroexemplo de entrelaçamento quântico. Ações individuais, títulos, commodities e moedas não são entidades isoladas. Elas fazem parte de um vasto sistema interconectado. O desempenho de um ativo pode estar entrelaçado com o desempenho de outros, influenciado por fatores econômicos globais, eventos geopolíticos e mudanças no sentimento dos investidores. Quando ocorre um grande choque econômico, seu entrelaçamento com o sistema financeiro pode causar repercussões generalizadas, demonstrando como elementos interconectados reagem instantaneamente ou com velocidade notável. Nossa compreensão da manifestação financeira se beneficia ao reconhecer que nosso ecossistema financeiro pessoal opera em princípios semelhantes de interconexão, embora em uma escala diferente.

Portanto, para manifestar efetivamente o bem-estar financeiro, devemos adotar uma perspectiva holística. Não podemos isolar pensamentos de ações, ações de recursos ou recursos de oportunidades. Todos fazem parte de um campo financeiro quântico entrelaçado. Quando buscamos melhorar um aspecto, devemos estar conscientes de como ele influencia os outros. Por exemplo, procurar atrair mais renda (uma oportunidade) sem simultaneamente cultivar a disciplina para gerenciar essa renda (ação e gestão de recursos) pode levar a um aumento passageiro seguido de um retorno ao estado anterior. O entrelaçamento exige coerência em diferentes dimensões de nossas vidas financeiras.

A prática da gratidão, frequentemente discutida em círculos de manifestação, pode ser vista como um ato de reconhecer e apreciar ativamente os entrelaçamentos existentes que sustentam nosso bem-estar financeiro. Ao sermos gratos pelo dinheiro que temos, pelas oportunidades que recebemos e pelos recursos disponíveis, estamos reforçando as conexões positivas dentro de nosso sistema financeiro. Esse reforço positivo, esse ato de observação focada no que é bom e abundante, fortalece o entrelaçamento com mais abundância, criando um ciclo virtuoso. É como afinar um instrumento complexo; ao focar nas frequências harmoniosas já presentes, nós as amplificamos.

Compreender o entrelaçamento financeiro também nos incentiva a estar atentos à "ação fantasmagórica à distância" em nossas próprias vidas. Um padrão de pensamento negativo, aparentemente um assunto interno e privado, pode de fato ter consequências financeiras externas tangíveis através de seu entrelaçamento com nossas percepções, decisões e energia. Da mesma forma, uma afirmação positiva, um momento de crença profunda em nosso potencial financeiro, pode enviar ondas através de nossa realidade financeira interconectada, influenciando as sutis probabilidades que governam os resultados. Isso ressalta a importância do cultivo consciente de nosso cenário financeiro interno, sabendo que ele não está separado de nossos resultados financeiros externos, mas intrinsecamente ligado, assim como partículas quânticas entrelaçadas.

Em essência, o entrelaçamento financeiro nos ensina que não estamos operando em um vácuo. Cada pensamento financeiro, cada decisão, cada ação e cada recurso faz parte de um sistema dinâmico e interconectado. Ao reconhecer e trabalhar com esses entrelaçamentos, em vez de contra eles, podemos amplificar nossas intenções e direcionar nosso destino financeiro com maior precisão e eficácia. Trata-se de compreender que o todo é muito maior do que a soma das partes e que, ao influenciar um elemento entrelaçado, temos o potencial de transformar todo o sistema. Essa perspectiva vai além da causa e efeito linear, abraçando a natureza complexa, instantânea e interconectada da realidade financeira, como iluminada pelos princípios da física quântica e pela sabedoria hermética antiga.

Antes de nos aprofundarmos na aplicação prática dos princípios quânticos para a manifestação financeira, é crucial compreender a natureza inerente da potencialidade. No reino quântico, as partículas não existem em um estado fixo até serem observadas ou medidas. Em vez disso, existem como uma nuvem de possibilidades, uma "onda de probabilidade". Essa onda abrange todos os estados potenciais que uma partícula poderia ocupar. É apenas através do ato de observação que essa onda "colapsa" e a partícula assume um estado definido. Esse conceito profundo oferece uma lente poderosa através da qual podemos visualizar nossos futuros financeiros.

Considere as oportunidades financeiras que se apresentam. Antes de você tomar uma decisão – seja investir em uma ação específica, lançar um novo empreendimento comercial ou simplesmente alocar seu orçamento mensal de determinada forma – cada resultado potencial existe como uma onda de probabilidade. As flutuações do mercado, o sucesso de um produto, o retorno de um investimento, o crescimento de sua renda – esses não são resultados predeterminados. São um espectro de possibilidades, cada uma com uma certa probabilidade de ocorrer. Sua situação financeira atual, suas habilidades, seus recursos e o clima econômico vigente contribuem para a amplitude dessas ondas de probabilidade. Algumas oportunidades podem ter alta probabilidade de sucesso, enquanto outras podem ser menos prováveis. No entanto, todos os resultados potenciais existem simultaneamente como probabilidades até que uma ação decisiva seja tomada.

É aqui que o poder da tomada de decisão consciente e da intenção focada entra em jogo, intrinsecamente ligado à Lei hermética de Causa e Efeito. A Lei de Causa e Efeito afirma que toda causa tem um efeito, e todo efeito tem uma causa. No contexto das ondas de probabilidade quântica e da manifestação financeira, suas decisões e ações atuam como a "causa" que colapsa a onda de possibilidades em um "efeito" específico – um resultado financeiro tangível. Antes de você se comprometer com um curso de ação, o futuro não está gravado em pedra; é uma paisagem fluida de potencial. Ao escolher agir, você está essencialmente realizando uma medição nessa onda de probabilidade, forçando-a a se resolver em um de seus muitos estados potenciais.

A percepção crucial aqui é que você não é um observador passivo dessas ondas de probabilidade; você é um participante ativo em seu colapso. Sua intenção consciente, combinada com suas ações, tem o poder de influenciar qual possibilidade se torna realidade. Imagine uma oportunidade financeira como uma onda de probabilidade. Essa onda contém em si o potencial para grande sucesso, sucesso moderado, uma perda ou até mesmo um colapso completo. Sem sua intervenção, a onda pode colapsar aleatoriamente, ou pode ser influenciada por fatores externos além de seu controle imediato, levando a um resultado que não está necessariamente alinhado com seus desejos mais profundos. No entanto, ao definir claramente o resultado desejado, focar sua energia mental e emocional nele e então tomar ações alinhadas, você começa a influenciar o colapso dessa onda.

Esse processo requer clareza de intenção. Não basta simplesmente desejar sucesso financeiro. É preciso definir claramente o que o sucesso financeiro significa para você. É um nível específico de renda? É liberdade financeira? É a capacidade de financiar um projeto específico? Quanto mais precisa for sua intenção, mais focada será sua "medição" da onda de probabilidade. Essa clareza atua como um instrumento afinado, guiando a onda para o estado que corresponde ao resultado desejado. Quando sua intenção é vacilante ou pouco clara, sua "medição" é difusa, e a onda tem mais chances de colapsar em um estado menos desejável ou até contrário aos seus objetivos.

A Lei de Causa e Efeito reforça isso. Se o efeito desejado é abundância financeira, a causa deve ser ações e crenças congruentes com a abundância. Se você está experimentando uma onda de probabilidade de limitação financeira e deseja colapsá-la em uma onda de abundância, não deve apenas intencionar a abundância, mas também agir como se ela já estivesse se manifestando. Isso significa cultivar crenças em sua própria capacidade, na disponibilidade de recursos e na receptividade do mercado aos seus empreendimentos. Suas ações tornam-se a causa, e a realidade financeira resultante torna-se o efeito. Cada ação tomada com a clara intenção de gerar riqueza, administrar recursos com sabedoria ou criar valor para os outros é um passo em direção ao colapso das ondas de probabilidade a seu favor.

Vamos considerar um exemplo prático. Suponha que você esteja avaliando uma nova ideia de negócio. Antes de investir tempo e dinheiro significativos, os resultados potenciais existem como uma onda de probabilidade. Essa onda pode incluir a possibilidade de sucesso fenomenal, lucratividade modesta, equilíbrio ou prejuízo substancial. Se sua intenção é simplesmente "tentar algo novo", a onda pode colapsar de várias formas, influenciada por caprichos do mercado ou obstáculos imprevistos. No entanto, se sua intenção é cristalina – por exemplo, "construir um negócio sustentável que gere um lucro de X em Y anos oferecendo o serviço Z para um público específico" – e você combina essa intenção com ações focadas, como pesquisa de mercado, desenvolvimento de um plano de negócios sólido, networking com clientes e investidores potenciais e execução diligente da estratégia, você está ativamente colapsando essa onda de probabilidade. Sua intenção focada atua como uma força orientadora, ampliando a probabilidade de sucesso e diminuindo a probabilidade de fracasso. A Lei de Causa e Efeito dita que as causas específicas e alinhadas que você inicia levarão a efeitos correspondentes.

Além disso, o estado interno do observador – você – desempenha um papel crítico nesse colapso. A física quântica sugere que o estado do observador pode influenciar o resultado. No contexto da manifestação financeira, isso significa que suas crenças, seu estado emocional e sua frequência energética não são fatores neutros. Se você aborda uma oportunidade financeira com medo, dúvida e consciência de escassez, está essencialmente "medindo" a onda de probabilidade com um estado predisposto a resultados negativos. Seu medo colapsa a onda em um estado onde os obstáculos são ampliados, as oportunidades são perdidas e as limitações se tornam mais pronunciadas. Por outro lado, abordar a mesma oportunidade com confiança, otimismo e uma mentalidade de abundância faz com que a onda colapse em um estado mais favorável, onde os recursos aparecem prontamente, os desafios são vistos como degraus e o sucesso se torna mais provável.

É por isso que cultivar uma mentalidade financeira positiva, como explorado em capítulos anteriores, não é apenas um exercício psicológico; é uma estratégia financeira quântica. Ao escolher conscientemente acreditar em sua capacidade de criar riqueza, ver oportunidades onde outros veem problemas e agir com coragem, você está moldando ativamente as ondas de probabilidade de seu futuro financeiro. Você se torna co-criador de sua realidade financeira, em vez de mero espectador. A Lei de Causa e Efeito é, em essência, a resposta inabalável do universo à "causa" energética e intencional que você introduz.

O princípio da "não-localidade", outro aspecto da mecânica quântica, também encontra ressonância aqui. Assim como partículas entrelaçadas podem influenciar umas às outras instantaneamente em grandes distâncias, sua intenção focada e ações alinhadas podem ter efeitos de longo alcance sobre suas ondas de probabilidade financeira, mesmo que os resultados não sejam imediatamente aparentes. Uma decisão tomada hoje, imbuída de intenção clara e alinhada com a Lei de Causa e Efeito, pode colocar em movimento uma cascata de eventos que sutilmente alteram a probabilidade de resultados financeiros futuros a seu favor. Isso enfatiza a importância de agir com visão e compreender que cada decisão, por menor que seja, é uma causa que inevitavelmente levará a um efeito.

O universo, como revelado pela física quântica, não é uma máquina determinista onde tudo está rigidamente predeterminado. Em vez disso, é um campo dinâmico de potencial, onde as possibilidades existem até serem observadas ou interagidas. Seu futuro financeiro não é um destino fixo, mas uma paisagem em constante evolução de probabilidades. Ao compreender isso e aplicar conscientemente os princípios de intenção focada, crença e ação alinhada, você se capacita a se tornar o principal arquiteto de seu destino financeiro. Você aprende a navegar pelas ondas de probabilidade, não por acaso, mas por design, colapsando-as efetivamente nos resultados mais abundantes e prósperos, cumprindo assim a Lei de Causa e Efeito por meio da criação deliberada.

O processo de colapsar ondas de probabilidade na tomada de decisões financeiras é uma prática contínua, não um evento único. Cada escolha financeira, do mundano ao monumental, representa uma oportunidade de engajar-se com esse princípio quântico. Ao considerar uma compra, uma negociação ou um plano de poupança, reconheça que você não está apenas lidando com números em um balanço. Você está interagindo com uma onda de probabilidade que contém múltiplos resultados potenciais. Ao trazer clareza, intenção e crença em um resultado positivo para essa interação, você guia ativamente a onda em direção à realidade financeira desejada. Esse engajamento deliberado garante que suas ações sirvam como causas precisas que gerarão os efeitos financeiros específicos e positivos que você busca, de acordo com a atemporal Lei de Causa e Efeito.

Esse entendimento nos move de uma postura reativa em nossas vidas financeiras para uma postura proativa e criativa, onde reconhecemos nosso poder inerente de moldar o que ainda está por se manifestar.

O universo, como revelado pela intrincada tapeçaria da física quântica, apresenta uma mudança de paradigma em como percebemos a realidade, indo muito além da mecânica determinista do pensamento clássico. Ele sugere que toda existência, em seu nível fundamental, é um campo de energia e potencial interconectado. Dentro desse entendimento profundo reside o conceito de um "campo energético de abundância", um campo quântico onipresente e pervasivo repleto de infinitas possibilidades, incluindo a manifestação de riqueza e prosperidade. Isso não é apenas uma noção metafórica, mas um reflexo do vácuo quântico, o chamado "estado fundamental" do universo, que está longe de ser vazio. Em vez disso, é uma extensão dinâmica e fervilhante de energias flutuantes e partículas virtuais surgindo e desaparecendo. É desse solo fértil de potencialidade que todas as formas, incluindo recursos financeiros, podem teoricamente emergir.

Para acessar esse campo energético de abundância é necessário um alinhamento fundamental, uma ressonância que permita atrair sem esforço os resultados desejados. É aqui que o princípio hermético da Vibração, um alicerce da lei universal, se conecta intrinsecamente com a mecânica quântica. A Lei da Vibração afirma que "tudo no Universo é vibração". Nada é estático; tudo está em constante movimento, emitindo uma frequência energética única. Nossos pensamentos, emoções, crenças e até nossos corpos físicos estão todos vibrando em frequências específicas. Consequentemente, se desejamos manifestar abundância financeira, devemos elevar nossa frequência vibracional para que seja congruente com a própria abundância.

Imagine o campo energético da abundância como um vasto oceano cósmico de potencial. Dentro desse oceano, todos os recursos financeiros concebíveis, oportunidades e soluções existem como padrões energéticos latentes. No entanto, esse oceano não é uma entidade passiva. Ele responde dinamicamente à assinatura vibracional do observador – você. Se sua frequência vibracional predominante é de falta, escassez, dúvida e medo, você atrairá experiências e circunstâncias que ressoam com essas frequências baixas. Em essência, estará sintonizando os "canais" de limitação e luta dentro do campo universal, tornando incrivelmente difícil perceber ou acessar os "canais" da abundância.

Por outro lado, quando você cultiva conscientemente um estado de abundância, irradiando sentimentos de gratidão, alegria, fé, confiança e generosidade, começa a elevar sua frequência vibracional pessoal. Essa frequência elevada atua como um farol poderoso, atraindo oportunidades, recursos e sincronicidades que estão em harmonia com seu estado abundante. É como sintonizar um rádio em uma estação específica; você não pode ouvir a música da estação XYZ se o dial estiver ajustado para a estação ABC. Da mesma forma, não pode manifestar abundância sem esforço se sua transmissão energética interna for de escassez. O campo energético da abundância está sempre presente, sempre abundante, mas sua receptividade a ele é determinada por sua própria assinatura energética.

Essa perspectiva transcende a visão mecanicista convencional das finanças, que frequentemente foca em ativos tangíveis, trabalho e forças de mercado como os únicos determinantes da riqueza. Embora esses fatores sejam inegavelmente parte da manifestação física, eles são, de um ponto de vista energético quântico, apenas os efeitos observáveis de causas mais profundas. A verdadeira criação de riqueza começa no nível energético. Quando você alinha sua vibração com a abundância, o universo começa a orquestrar as circunstâncias físicas para corresponder a esse estado interno. Oportunidades antes invisíveis podem surgir, pessoas que podem ajudá-lo podem cruzar seu caminho e soluções para desafios financeiros podem se apresentar com surpreendente facilidade.

O conceito de "manifestação sem esforço" surge diretamente desse alinhamento energético. Quando você vibra em harmonia com a abundância, não está mais "forçando" ou "lutando" para criar riqueza. Em vez disso, torna-se um ímã para ela. As oportunidades fluem até você, e você as reconhece intuitivamente. As ações tomadas parecem naturais e inspiradas, em vez de árduas. Isso ocorre porque suas ações não são mais impulsionadas por um senso de falta ou desespero, mas por um saber interior e uma expectativa confiante de resultados positivos. A Lei de Causa e Efeito, vista através dessa lente energética, dita que sua vibração abundante é a causa, e o fluxo de prosperidade financeira é o efeito inevitável.

Considere o princípio hermético da Correspondência: "Assim como acima, assim abaixo; assim como dentro, assim fora." Esse princípio encapsula perfeitamente a relação entre o campo energético da abundância e sua realidade financeira pessoal. Seu estado energético interno – seus pensamentos, crenças e emoções sobre dinheiro – reflete diretamente suas circunstâncias financeiras externas. Se você mantém uma crença profunda de que o dinheiro é escasso e difícil de obter, esse "abaixo" interno será refletido no "acima" financeiro. No entanto, se cultiva a convicção interior de que a abundância é seu estado natural e que os recursos estão prontamente disponíveis, essa abundância interna começará a se manifestar externamente.

O campo energético da abundância não é um recurso finito do qual a riqueza se esgota. É um potencial infinito, constantemente renovando-se. Portanto, a ideia de "ficar sem" abundância é um constructo da consciência de escassez. No reino energético quântico, há sempre mais do que suficiente para todos. A escassez percebida é resultado de nosso desalinhamento energético, de nossa incapacidade de sintonizar o suprimento infinito que nos cerca. Quando você abraça uma mentalidade de abundância, está essencialmente se abrindo para esse suprimento infinito, permitindo que ele flua através de você e se manifeste em sua vida.

Esse processo também envolve uma reavaliação consciente do que constitui "riqueza". Embora a moeda financeira seja um aspecto significativo, a verdadeira abundância abrange muito mais: saúde, relacionamentos amorosos, realização criativa, oportunidades de crescimento e um senso de propósito. Quando você alinha sua vibração com um sentido mais amplo e holístico de abundância, frequentemente descobre que a prosperidade financeira segue como um subproduto natural. O universo responde ao seu estado energético geral, e um indivíduo verdadeiramente abundante experimentará abundância em múltiplas áreas da vida.

Para aplicar esse entendimento de forma prática, é necessário engajar-se ativamente em práticas que cultivem uma frequência vibracional abundante. Isso inclui, mas não se limita a:

1. **Práticas de Gratidão:** Reconhecer e apreciar regularmente o que você já tem – posses materiais, relacionamentos, saúde, oportunidades – muda seu foco da falta para a gratidão, uma emoção de alta vibração. Manter um diário de gratidão ou simplesmente reservar alguns momentos diários para refletir sobre o que você agradece pode alterar profundamente seu estado energético.

2. **Visualização e Afirmações:** Visualizar conscientemente a si mesmo já experimentando abundância financeira e usar afirmações positivas que confirmem seu estado de riqueza pode ajudar a reprogramar sua mente subconsciente e elevar sua frequência vibracional. As afirmações devem ser ditas no presente, como se já fossem verdadeiras (ex.: "Sou financeiramente abundante", "O dinheiro flui para mim fácil e sem esforço").

3. **Atos de Generosidade:** Dar livremente, seja seu tempo, recursos ou talentos, sem esperar nada em troca, envia um sinal poderoso de abundância ao universo. Demonstra que você tem o suficiente para compartilhar, o que, por sua vez, atrai mais para você. Não se trata de se esgotar, mas de operar a partir de um estado de transbordamento.

4. **Consumo Consciente de Informação:** Esteja atento à mídia que consome e às conversas em que participa. A exposição constante a notícias sobre crises econômicas, dificuldades financeiras e escassez pode reduzir sua vibração. Da mesma forma, engajar-se em conversas cheias de reclamações sobre dinheiro pode reforçar uma mentalidade de escassez. Busque informações e diálogos que inspirem esperança, oportunidade e abundância.

5. **Trabalho com o Sistema de Crenças:** Identifique e desafie crenças limitantes sobre dinheiro e riqueza. Muitas vezes, essas crenças são

herdadas da educação ou do condicionamento social. Ao reconhecê-las, você pode começar a desmontá-las e substituí-las por crenças fortalecedoras e abundantes. Esse é um passo crítico para alinhar seu estado interno com o campo energético da abundância.

6. **Maestria Emocional:** Aprenda a gerenciar e transmutar emoções negativas como medo, raiva e inveja. Essas emoções carregam frequências vibracionais baixas e atuam como bloqueios energéticos à abundância. Práticas como meditação, mindfulness e respiração consciente podem ser ferramentas valiosas para a regulação emocional.

7. **Agir "Como Se":** Incorpore as qualidades de uma pessoa abundante. Isso não significa ser irresponsável ou ostentoso, mas adotar uma atitude de confiança, generosidade e crença em sua capacidade de atrair e administrar recursos de forma eficaz. Quando você age como se já fosse abundante, começa a incorporar essa vibração.

Ao aplicar consistentemente esses princípios, você não está apenas engajando em pensamento positivo; está interagindo ativamente com o campo energético quântico da abundância. Está calibrando sua frequência vibracional pessoal para corresponder à assinatura energética da prosperidade. Esse alinhamento permite perceber e acessar as oportunidades e recursos que estão constantemente presentes no campo quântico, manifestando-os em realidade financeira tangível. É uma mudança de uma abordagem transacional, baseada em esforço, para uma abordagem transformacional, baseada em ressonância, na criação de riqueza, onde o universo se torna seu parceiro na manifestação de seus desejos financeiros, não por meio da luta, mas através do alinhamento energético harmonioso. Essa perspectiva oferece um profundo senso de empoderamento, reconhecendo que seu mundo interior é o principal motor de seu mundo financeiro externo e que, ao dominar sua energia, você pode de fato dominar seu destino financeiro. O campo energético da abundância não é algo a ser alcançado; é algo com o qual se deve harmonizar, permitindo que seu potencial infinito flua através de você e em sua vida.

Ao compreender as implicações profundas da física quântica para nossas vidas financeiras, chegamos a um entendimento crucial: o universo não é um mecanismo estático e indiferente, mas um campo energético responsivo no qual não somos meros observadores, mas participantes ativos. Essa realização nos move além da noção de esperar passivamente que as circunstâncias financeiras melhorem ou de depender apenas de forças externas. Em vez disso, nos posiciona como co-criadores conscientes, dotados da capacidade inerente de moldar ativamente nossa realidade financeira. Os princípios do entrelaçamento quântico, da dualidade onda-partícula e do efeito do observador, quando vistos pela lente da manifestação financeira, revelam que nossos pensamentos, crenças, intenções e estados emocionais não são experiências internas isoladas, mas forças potentes que interagem com o tecido fundamental da existência, incluindo o fluxo de dinheiro e oportunidades.

Essa capacidade de co-criação consciente está enraizada na compreensão de que nossa consciência é uma forma de energia, uma assinatura vibracional única que interage com o campo energético universal. Assim como um rádio sintoniza uma frequência específica para transmitir uma estação, nossa consciência, através de seu estado vibracional predominante, sintoniza frequências energéticas correspondentes dentro do campo quântico de potencialidade. Se essa sintonia é inconsciente, frequentemente recai em padrões enraizados de escassez, medo ou falta, perpetuando dificuldades financeiras. No entanto, quando cultivamos intencionalmente um estado de abundância, alinhando nossos pensamentos, emoções e crenças com os resultados financeiros desejados, escolhemos ativamente a frequência que transmitimos. Esse alinhamento deliberado nos transmuta de receptores passivos do que o universo envia para arquitetos ativos, desenhando e convidando a realidade financeira que desejamos experimentar.

O princípio hermético do Mentalismo afirma: “O Todo é Mente; O Universo é Mental.” Esse conceito fundamental, quando integrado à física quântica, sugere que a realidade última é a consciência, e o mundo material, incluindo nossas circunstâncias financeiras, é uma manifestação desse tecido mental/energético subjacente. Portanto, ao dominar nosso reino mental – nossos pensamentos, crenças e perspectivas sobre dinheiro – ganhamos influência direta sobre nosso ambiente financeiro externo. Não se trata de "forçar" o universo a obedecer, mas de harmonizar nosso mundo interior com a manifestação externa desejada, criando uma ressonância que naturalmente atrai a abundância para a qual nos preparamos mental e energeticamente.

O ato de definir intenções é uma ferramenta fundamental na co-criação consciente. A intenção, quando imbuída de clareza, emoção e crença inabalável, atua como uma poderosa diretriz energética. No reino quântico, uma intenção focada pode ser comparada ao colapso da função de onda de possibilidades, guiando o potencial inerente do universo para um resultado específico. Isso é distinto de mero desejo. O desejo frequentemente carrega uma assinatura energética de falta – "Eu gostaria de ter dinheiro" implica "Eu não tenho dinheiro agora." A intenção consciente, no entanto, é uma declaração energética de realidade presente ou futura inevitável, infundida com o sentimento de já ter alcançado a meta. Quando você estabelece uma intenção financeira clara e a mantém consistentemente em seus pensamentos, sentimentos e ações, está essencialmente transmitindo um sinal poderoso ao campo universal, informando-o sobre o padrão energético específico de abundância que deseja manifestar.

O efeito do observador quântico reforça ainda mais nosso papel como co-criadores. Em experimentos quânticos, o ato de observar pode influenciar o resultado de um fenômeno. Aplicado à realidade financeira, isso significa que nosso ato de observar nossa situação financeira, nossas crenças sobre ela e nossas expectativas em relação a ela molda ativamente essa realidade. Se constantemente observamos nossas contas bancárias com medo e foco no que falta, estamos, em essência, colapsando a função de onda do potencial financeiro em direção à escassez. Por outro lado, se escolhemos conscientemente observar nossas finanças com gratidão pelo que está presente, com fé na abundância futura e com expectativa de crescimento positivo, estamos influenciando o campo quântico a manifestar esses resultados. Não se trata de ignorar desafios atuais, mas de escolher onde colocar nosso foco e energia. Ao escolher observar a partir da fé e da expectativa, em vez do medo e da falta, nos alinhamos com o potencial criativo do universo.

O princípio hermético da Correspondência – "Assim como acima, assim abaixo; assim como dentro, assim fora" – é o alicerce sobre o qual a co-criação financeira consciente é construída. Nosso cenário energético interno – nossas crenças sobre dinheiro, nossos sentimentos de merecimento, nossa capacidade de receber – reflete diretamente nossas circunstâncias financeiras externas. Se há um desconexão entre o que desejamos financeiramente e o que estamos vivenciando, isso indica claramente um desalinhamento interno. A co-criação consciente, portanto, é o processo de trazer deliberadamente nosso mundo interior em harmonia com a realidade financeira externa desejada. Isso envolve introspecção, identificação de crenças limitantes, cura de feridas emocionais relacionadas ao dinheiro e cultivo de um profundo senso de valor próprio independente do status financeiro. Quando nosso estado interior irradia abundância, confiança e gratidão, o universo inevitavelmente reflete esse estado externo.

Além disso, o conceito de "entrelaçamento" na física quântica oferece uma metáfora profunda para a interconexão de nossa realidade financeira com o campo universal. Assim como partículas entrelaçadas permanecem conectadas independentemente da distância, nossa consciência e intenções estão intrinsecamente ligadas ao campo quântico da abundância. Isso significa que, ao cultivar um estado de alinhamento energético com a prosperidade, estamos, de certo modo, nos entrelaçando com a própria essência da abundância. Oportunidades, recursos e circunstâncias favoráveis tornam-se intrinsecamente ligados a nós, aparecendo como se fosse mágica porque, em nível energético quântico, realmente são. Essa é a essência da "manifestação sem esforço" – quando seu estado interior está alinhado com a abundância, o mundo externo naturalmente se reconfigura para corresponder a ele, e as ações tomadas parecem inspiradas e guiadas, em vez de forçadas.

A aplicação prática da co-criação consciente envolve uma prática deliberada e consistente de direcionar nossa consciência e energia. Trata-se de passar de passageiro passivo na jornada da vida para tornar-se o navegador consciente, traçando deliberadamente o curso de nosso destino financeiro. Isso envolve:

1. **Clarificar e Amplificar Intenções:** Mais do que simplesmente declarar um desejo, é compreender profundamente por que você quer determinado resultado financeiro e imbuir essa intenção com emoção positiva forte e convicção inabalável. Visualize não apenas o resultado, mas o sentimento de tê-lo alcançado. Escreva suas intenções, fale-as em voz alta e revisite-as regularmente.

2. **Cultivar uma Mentalidade de Abundância:** Vai além de afirmações positivas. Envolve buscar ativamente evidências de abundância em sua vida e no mundo, reformular pensamentos baseados em escassez e celebrar o sucesso dos outros. É mudar seu "sistema operacional" padrão da falta para o transbordamento.

3. **Praticar Alinhamento Energético Diário:** Por meio de meditação, gratidão, afirmações e visualização, comprometa-se a elevar regularmente sua frequência vibracional para corresponder à da abundância. Isso cria uma assinatura energética sustentada à qual o universo pode responder de forma consistente.

4. **Abraçar a Receptividade:** A co-criação consciente é uma dança entre dar e receber. Devemos estar dispostos a receber abundância em todas as formas, não apenas nas que esperamos. Isso significa estar aberto a oportunidades, ajuda de outros e ganhos inesperados.

5. **Tomar Ações Inspiradas:** Uma vez que suas intenções estejam definidas e seu campo energético alinhado, o universo apresentará oportunidades. A co-criação consciente envolve reconhecer essas oportunidades e agir sobre elas com senso de orientação inspirada, em vez de por desespero ou obrigação.

6. **Liberar Apego a Resultados Específicos:** Embora a intenção seja crucial, apegar-se rigidamente a um resultado específico pode criar resistência energética. Confie no processo. Mantenha sua intenção

firme, mas permaneça aberto a o universo entregá-la de formas ainda melhores do que você imaginou.

Ao integrar esses princípios quânticos e leis herméticas em nossas vidas financeiras, transcendemos as limitações dos paradigmas tradicionais. Passamos de um lugar de impotência percebida para um de criação empoderada. Entendemos que nossos pensamentos não são apenas eventos internos passageiros, mas forças potentes que moldam nossa realidade externa. Nossas emoções não são meras reações, mas sinais energéticos que atraem ou repelem experiências. Nossas crenças não são apenas opiniões, mas planos que constroem nosso mundo. A realidade financeira que vivenciamos não é uma ocorrência aleatória, mas um reflexo direto de nossas escolhas co-criativas conscientes (ou inconscientes). O poder de manifestar abundância não está nas circunstâncias externas, mas dentro de nossa própria consciência, esperando para ser direcionada intencionalmente. Essa é a fronteira última da manifestação financeira: perceber que somos, e sempre fomos, os co-criadores conscientes de nosso destino financeiro, empoderados pelo próprio tecido do universo.

## Capítulo 13: O Kit de Ferramentas do Alquimista – Exercícios e Rituais Práticos

Ao mergulhar na aplicação prática dos princípios discutidos, fazemos a transição do entendimento da profunda interação entre consciência, mecânica quântica e manifestação financeira para o ato de projetar ativamente sua prática pessoal de alquimia financeira. É aqui que a teoria encontra a realidade tangível, onde o abstrato se torna hábito, e onde as sutis mudanças em seu mundo interior começam a esculpir de forma previsível seu mundo financeiro exterior. Pense nisso não como um regime rígido, mas como uma estrutura dinâmica e em evolução, adaptada à sua assinatura energética única e às suas aspirações. É a criação de um espaço e tempo sagrados dentro da sua vida, dedicados à arte deliberada da transformação financeira.

### A Pedra Angular da Prática é a Personalização

Assim como um alquimista na antiguidade preparava meticulosamente seu laboratório, entendendo as propriedades únicas de cada elemento e as condições precisas necessárias para a transformação, você também deve abordar sua alquimia financeira com espírito discernente e adaptativo. Sua prática deve ressoar com suas inclinações naturais, seu estilo de aprendizado e o ritmo da sua vida diária. Não existe um modelo único; há, sim, um convite para descobrir o que desperta seu espírito e solidifica suas intenções. Essa jornada de personalização é em si um poderoso ato de alquimia financeira, pois exige introspecção profunda e uma confrontação corajosa com suas crenças, hábitos e aspirações atuais em relação à riqueza.

### Elementos Fundamentais da Estrutura

**Estabeleça um espaço dedicado à prática.**

1. Não precisa ser um altar elaborado, mas um canto da sua casa, uma mesa tranquila ou até um banco de parque onde você possa, de forma consistente, se conectar com suas intenções financeiras sem distrações. Esse espaço físico atua como um ponto de ancoragem energética, um lugar onde as potentes energias da abundância

podem ser cultivadas e direcionadas. Infunda esse espaço com elementos que evoquem prosperidade para você: uma cor específica, um objeto significativo, um quadro de visão ou até o aroma de um óleo essencial. A intenção é criar um ambiente que imediatamente mude seu estado de consciência para abundância e criação focada.

**Defina o ritmo e a duração da prática.**

2. A consistência é o solvente mais poderoso do alquimista. Seja cinco minutos pela manhã, vinte minutos na hora do almoço ou uma hora à noite, estabeleça um cronograma que possa manter realisticamente. Essa regularidade envia um sinal poderoso ao universo, demonstrando seu compromisso e reforçando seu alinhamento energético. Considere incorporar diferentes modalidades em momentos distintos:
    - Intenção focada pela manhã.
    - Prática de gratidão durante o dia.
    - Visualização ou afirmações à noite.

**Identifique as práticas centrais do seu kit de ferramentas.**

3. Baseando-se nos princípios do hermetismo e da física quântica, essas práticas visam harmonizar seu estado interior com sua realidade financeira desejada. Não são apenas afirmações recitadas, mas experiências projetadas para mudar sua vibração energética.

**Práticas Essenciais**

- **Ritual da Clareza Intencional e Visualização:** Transforme desejo bruto em intenção focada. Escreva em um diário o que abundância financeira significa para você. Seja específico: em vez de "Quero ser rico", pergunte "Que metas financeiras específicas me permitirão viver a vida que imagino?" Depois, pratique a visualização ativa, imergindo nos detalhes sensoriais e emocionais da vida abundante que deseja.

- **Prática da Gratidão Energética:** Gratidão transmuta escassez em abundância. Dedique tempo diário para reconhecer e apreciar o que já flui em sua vida. Isso ativa o princípio hermético *"Assim como dentro, assim fora"*, sinalizando ao universo que você é um receptor de abundância.

- **Disciplina das Afirmações e Mantras de Abundância:** Afirmações são chaves linguísticas para reprogramar o subconsciente. Exemplos:

    - "Sou um ímã para a abundância, e o dinheiro flui para mim com facilidade e alegria."

    - "Sou digno da prosperidade financeira e a recebo de braços abertos." Combine com mantras curtos e poderosos, repetidos ao longo do dia, para ancorar o foco.

- **Arte da Receptividade e Liberação:** Aprenda a receber e a liberar. Muitas pessoas bloqueiam inconscientemente a abundância por sentimentos de culpa ou falta de merecimento. Pratique abrir-se a oportunidades inesperadas, aceitar ajuda com graça e liberar crenças limitantes.

**Igualmente importante é a prática do desapego**

Isso se refere a deixar ir crenças ultrapassadas, padrões de pensamento limitantes e bagagens emocionais associadas ao dinheiro. Também inclui o desapego de resultados específicos. Embora a intenção seja vital, apegar-se com demasiada força a um resultado preciso pode criar resistência energética. Confie que o universo, em sua sabedoria infinita, entregará seus desejos da forma mais adequada, que pode ser diferente da sua expectativa inicial. Pratique o desapego engajando-se em meditações regulares, nas quais você observa seus pensamentos e emoções sem julgamento e libera suavemente qualquer um que não sirva ao seu bem financeiro mais elevado. Isso também inclui liberar registros financeiros antigos, posses ou dívidas que já não lhe servem, criando espaço energético para que nova abundância entre.

**5. A Prática da Ação Inspirada**

Embora os aspectos energéticos e mentais sejam fundamentais, a co-criação consciente também exige ação inspirada. Não é uma ação nascida do desespero ou da obrigação, mas uma ação que surge organicamente do seu estado energético alinhado. Quando você está em harmonia com a abundância, as oportunidades se apresentam e você sabe intuitivamente quando e como agir.

Sua prática pessoal de alquimia financeira deve incorporar mecanismos para reconhecer e agir sobre esses impulsos inspirados. Isso pode envolver reservar tempo para brainstorming e geração de ideias, estar aberto a conversas e conexões que surgem inesperadamente ou dedicar recursos a empreendimentos que parecem intuitivamente corretos, mesmo que o caminho lógico não esteja imediatamente claro. A chave é ouvir sua orientação interior e agir com senso de fluxo e confiança, em vez de força. Isso pode significar retornar uma ligação prontamente, explorar uma nova ideia de negócio que desperta seu interesse ou investir em uma habilidade que parece alinhada com seu futuro.

**Criando Seu Altar ou Espaço Sagrado Pessoal**

Considere seu altar ou espaço sagrado pessoal como o laboratório do alquimista. É aqui que ocorre a transmutação. Deve ser um lugar que fale à sua alma e amplifique suas intenções. Elementos a considerar incluem:

- **Âncoras Visuais:** Imagens que representem seus objetivos financeiros – fotografias de casas dos sonhos, destinos de viagem, gráficos de investimentos mostrando crescimento ou símbolos de prosperidade relevantes à sua cultura ou caminho espiritual.
- **Cristais:** Alguns cristais são associados à abundância, como citrino (a pedra do comerciante), aventurina verde (sorte e oportunidade) ou pirita (riqueza e proteção). Escolha os que ressoam com você.

- **Plantas:** Plantas verdes simbolizam crescimento e vitalidade, espelhando o crescimento financeiro. Uma pequena planta saudável pode ser um lembrete poderoso da natureza contínua da abundância.

- **Velas:** Uma vela, especialmente em cores associadas à prosperidade como verde, dourado ou branco, pode representar a luz da consciência e a energia que você direciona para seus objetivos.

- **Incensos ou Óleos Essenciais:** Aromas como canela, olíbano ou patchouli são frequentemente ligados à riqueza e abundância. Use-os de forma consciente para criar uma atmosfera propícia à sua prática.

- **Um Diário e Caneta:** Essenciais para registrar intenções, gratidão, percepções e afirmações.

- **Uma Tigela para Ofertas:** Você pode escolher colocar algumas moedas, um pequeno cristal ou um objeto significativo em uma tigela designada como oferta simbólica ao universo, significando sua disposição de dar e receber.

O ato de criar esse espaço é um ritual em si, infundindo-o com sua energia e intenção. Dedique tempo para montá-lo, atribuindo significado a cada elemento.

**Estruturando Sua Prática Diária**

Um exemplo de prática diária pode ser assim:

**Manhã (5–15 minutos):**

- Ao acordar, antes de se envolver com o mundo externo, passe alguns momentos em seu espaço sagrado.

- Comece com algumas respirações profundas para se centrar.

- Recite uma breve afirmação ou mantra de abundância para definir o tom energético do dia.

- Visualize brevemente um aspecto-chave de sua meta financeira, focando na sensação de sua realização.
- Registre uma coisa pela qual você é grato em seu diário.

**Meio-dia (2–5 minutos):**

- Durante uma pausa, revisite seu espaço sagrado ou simplesmente faça uma pausa onde estiver.
- Repita mentalmente ou em voz alta seu mantra de abundância escolhido.
- Envie uma intenção silenciosa de gratidão por quaisquer oportunidades que tenham surgido ou possam surgir.

**Noite (10–20 minutos):**

- Antes de dormir, envolva-se em uma prática mais profunda.
- Passe tempo escrevendo em seu diário suas percepções financeiras, desafios e conquistas do dia.
- Faça uma visualização mais longa, imergindo-se totalmente em sua realidade financeira desejada.
- Pratique um exercício de gratidão mais amplo, reconhecendo uma gama maior de bênçãos.
- Afirme seu merecimento para receber abundância e libere quaisquer crenças limitantes que tenham surgido durante o dia.

Lembre-se: este é um modelo. Ajuste os horários, práticas e duração para se adequar à sua vida. A prática mais eficaz é aquela que você realmente realiza.

**A Jornada Alquímica do Amor-Próprio**

Por trás de todas essas práticas está a profunda transformação alquímica do seu valor próprio. O princípio hermético da correspondência dita que sua realidade financeira externa é um espelho do seu estado interno. Se você não acredita profundamente que é digno de abundância, nenhuma quantidade de afirmações ou visualizações a manifestará de forma sustentável. A alquimia financeira, portanto, inevitavelmente se torna uma jornada de compreensão e elevação do seu valor intrínseco, independente do saldo bancário.

Isso envolve confrontar e curar quaisquer traumas passados ou crenças limitantes que possam ter surgido em torno do dinheiro. Talvez mensagens de escassez na infância, experiências de perda financeira ou condicionamentos sociais tenham embutido a crença de que você não merece riqueza. A alquimia financeira consciente envolve desenterrar essas crenças com gentileza e intenção, examiná-las com compaixão e então substituí-las sistematicamente por novas verdades fortalecedoras. É aqui que o **journaling** (escrita reflexiva) se torna uma ferramenta terapêutica poderosa, permitindo externalizar essas narrativas internas e começar a reescrevê-las.

Técnicas como meditações de perdão – perdoar a si mesmo e aos outros por erros financeiros passados – podem ser incrivelmente potentes para liberar bloqueios energéticos.

À medida que você se engaja em sua prática pessoal de alquimia financeira, observe as sutis mudanças dentro de si. Note as transformações em sua mentalidade, suas respostas emocionais em relação às questões financeiras e sua intuição diante das oportunidades. A verdadeira magia não está em ganhos repentinos e inexplicáveis, mas na recalibração consistente e deliberada do seu campo energético interior, que então naturalmente e harmoniosamente atrai as manifestações externas desejadas. Sua vida financeira torna-se menos uma questão de sorte ou circunstância e mais um testemunho de seu poder consciente de co-criação – uma prática lapidada por dedicação, intenção e uma crença inabalável em sua capacidade de transformar chumbo em ouro, tanto externamente quanto internamente. Essa é a essência da sua prática pessoal de alquimia financeira: um testemunho vivo da sua habilidade de projetar e manifestar conscientemente sua realidade mais abundante.

Na grande tapeçaria da alquimia financeira, onde as forças invisíveis da consciência são entrelaçadas no tecido tangível da prosperidade, a implementação de rituais deliberados serve como as ferramentas mais potentes do alquimista para atrair e reter riqueza. Estes não são meras rotinas, mas engajamentos sagrados, projetados para harmonizar nossa emissão energética com as ofertas abundantes do universo e ancorar essas bênçãos firmemente em nossa realidade. Com base na clareza intencional e na gratidão energética, mergulhamos agora em práticas que cultivam ativamente o fluxo contínuo e a retenção segura da abundância financeira, indo além da atração inicial para a prosperidade sustentada.

**O Princípio da Vibração e a Lei da Correspondência**

O princípio da Vibração, entendido pela filosofia hermética e pela mecânica quântica, dita que semelhante atrai semelhante. Portanto, para atrair riqueza, é necessário vibrar em uma frequência consistente com a abundância. Isso é alcançado não apenas por meio da crença e da visualização, mas por ações energéticas consistentes que reforçam esse estado. Da mesma forma, a Lei da Correspondência – "assim como dentro, assim fora" – lembra que nossas circunstâncias financeiras externas são um reflexo direto de nossa relação interna com o dinheiro e a riqueza. Os rituais, por sua própria natureza, fornecem um meio estruturado e intencional de cultivar o estado interno desejado, influenciando assim a realidade externa.

**Rituais Diários**

**Afirmação Matinal de Propósito Financeiro**

Um dos rituais mais poderosos para atrair riqueza é a afirmação matinal de propósito financeiro. Essa prática vai além de uma declaração genérica de riqueza; é uma declaração de seu compromisso energético em gerar, receber e administrar sabiamente a abundância financeira.

- Ao acordar, antes que as demandas do dia nublarem seu foco, dedique alguns momentos em seu espaço sagrado ou simplesmente voltado para o Leste, direção associada a novos começos.

- Respire profundamente três vezes para se centrar.
- Recite afirmações com convicção e emoção genuína, alinhadas com suas metas financeiras específicas. Exemplos:
  - "Minha energia é um farol para oportunidades financeiras, atraindo prosperidade para minha vida com facilidade e graça."
  - "Sou um poderoso criador de valor, e minhas contribuições são ricamente recompensadas."
  - "Abraço o fluxo da riqueza, reconhecendo-o como ferramenta de crescimento pessoal, serviço e realização do meu maior potencial."

Essas declarações funcionam como uma bússola energética, definindo sua vibração pessoal para o dia e alinhando-o às frequências da riqueza.

**Gratidão Noturna pelas Bênçãos Financeiras**

Complementando a projeção matinal, a gratidão noturna solidifica os ganhos energéticos e prepara o terreno para futuras manifestações.

- Antes de dormir, revisite seu espaço sagrado ou encontre um local tranquilo.
- Reconheça não apenas ganhos monetários, mas todas as formas de abundância recebidas.
- Exemplos de registro em diário:
  - "Hoje sou profundamente grato pelo reembolso inesperado que chegou, um sinal tangível de abundância fluindo em minha direção."
  - "Agradeço pela conversa esclarecedora com um colega que iluminou uma nova fonte de receita."
  - "Sou grato pela segurança tranquila do meu lar e pelo sustento que minhas finanças proporcionam."

A gratidão recalibra energeticamente, deslocando o foco da escassez para a abundância e sinalizando ao universo que você é um receptor digno e capaz de administrar riqueza.

**Rituais Semanais**

**O "Encontro com o Dinheiro"**

Um ritual semanal de aproximadamente uma hora, dedicado exclusivamente a cultivar uma relação consciente e positiva com suas finanças.

Durante esse encontro:

- **Revise sua Visão Financeira:** Relembre seu quadro de visão, metas escritas ou projeções financeiras. Ajuste conforme necessário.
- **Analise o Fluxo Financeiro:** Observe entradas e saídas de dinheiro com curiosidade, não julgamento. Identifique padrões e oportunidades de otimização.
- **Pratique o Gasto Consciente:** Direcione recursos de forma intencional – investimentos, doações ou presentes – como atos de fluxo de abundância.
- **Engaje-se em Aprendizado Financeiro:** Leia um livro, ouça um podcast ou faça um curso sobre finanças.
- **Realize um Ritual de Limpeza Financeira:** Libere ansiedades ou crenças limitantes escrevendo-as e queimando o papel, ou medite para dissolvê-las energeticamente.

Esse ritual transforma o que poderia ser fonte de estresse em um espaço de criação consciente e administração empoderada. Ao dedicar esse tempo, você envia uma mensagem poderosa a si mesmo e ao universo de que seu bem-estar financeiro é prioridade, fortalecendo seu campo magnético para atrair e reter riqueza.

**Outro ritual valioso para retenção de riqueza é a Revisão e Bênção Financeira Mensal**

Essa prática leva os princípios do encontro semanal com o dinheiro e os eleva a uma revisão estratégica de alto nível, combinada com uma bênção energética. No final de cada mês, antes do início do próximo, reserve um tempo dedicado. Revise seu progresso financeiro em relação às suas metas. Celebre seus sucessos, por menores que sejam. Para quaisquer áreas em que tenha enfrentado desafios, aborde-as com espírito de aprendizado e empoderamento. Em seguida, realize uma bênção ritualística de suas finanças.

Imagine segurar seus relatórios financeiros, ou talvez uma representação simbólica de sua riqueza (por exemplo, um cristal associado à abundância ou uma pequena quantia em dinheiro), em suas mãos. Feche os olhos e visualize suas finanças como um fluxo vivo e vibrante de energia. Pronuncie palavras de bênção sobre essa energia. Por exemplo:

*"Eu abençoo esta abundância que flui pela minha vida. Eu abençoo estes recursos com sabedoria, crescimento e energia protetora. Que eles se multipliquem, aumentem e sirvam ao meu bem maior e ao bem de todos. Sou um guardião sábio e amoroso, e infundo todos os meus empreendimentos financeiros com intenção positiva e orientação divina. Libero qualquer medo ou dúvida, e abraço a prosperidade contínua que é meu direito de nascimento e minha criação."*

Esse ritual de bênção é um ato potente de investimento energético em seu futuro financeiro. É semelhante a um alquimista consagrando suas ferramentas e materiais, infundindo-os com intenção e energia sagrada. Ao abençoar conscientemente sua riqueza, você reforça sua integridade energética, garantindo que ela permaneça uma fonte de crescimento e segurança, em vez de um caminho para preocupação ou perda. Esse ritual aborda diretamente o aspecto da retenção, infundindo sua riqueza existente com energia positiva e geradora, tornando-a mais resiliente e produtiva.

**Revisão Financeira Trimestral e Cerimônia de Expansão**

Esse ritual mais profundo, realizado a cada três meses, é projetado para avaliar não apenas seu desempenho financeiro, mas também o alinhamento de suas práticas financeiras com seu propósito de vida em evolução e crescimento espiritual. Envolve uma revisão abrangente de seus demonstrativos financeiros, portfólios de investimento e estratégias de construção de riqueza. No entanto, transcende a mera análise de números.

A **"Cerimônia de Expansão"** envolve expandir conscientemente sua capacidade energética de receber e administrar maior riqueza. Isso pode incluir:

- **Reavaliar suas crenças financeiras:** Explore profundamente quaisquer crenças limitantes que possam ter surgido ou se fortalecido no último trimestre. Use escrita reflexiva, meditação ou técnicas terapêuticas para identificar e desmontar essas barreiras energéticas.
- **Definir intenções para maior fluxo financeiro:** Com base em sua auditoria, estabeleça intenções específicas, ambiciosas e alcançáveis para o próximo trimestre, infundidas com propósito e contribuição.
- **Realizar uma liberação energética:** Envolva-se em atos simbólicos de deixar para trás hábitos financeiros antigos ou ativos desatualizados que não servem mais ao seu crescimento.
- **Criar uma "Oferta de Prosperidade":** Um ato simbólico de dar, reconhecendo que a verdadeira abundância envolve circulação. Pode ser uma doação, um investimento comunitário ou um ato de serviço.
- **Visualizar abundância futura:** Pratique uma visualização estendida, projetando-se no futuro em que suas metas financeiras foram alcançadas, imergindo-se nos sentimentos e experiências dessa realidade abundante.

Essa cerimônia trimestral garante que sua jornada financeira permaneça alinhada com sua evolução pessoal, prevenindo estagnação e direcionando conscientemente sua energia financeira para horizontes cada vez maiores.

**Ritual Anual de Legado Financeiro**

Esse ritual profundo desloca o foco da atração e retenção imediata para o impacto de longo prazo e a essência duradoura de seus empreendimentos financeiros. Ao concluir um ano inteiro, é o momento oportuno para refletir sobre toda a sua jornada financeira nos últimos doze meses e projetar sua visão energética para o próximo ano – e para o legado que deseja criar.

- **Revisão:** Reúna todos os registros financeiros do ano. Analise não apenas os números, mas a história que eles contam. Quais foram as conquistas? Quais lições inesperadas surgiram? O que você aprendeu sobre sua relação com o dinheiro?
- **Meditação guiada:** Foque em suas aspirações financeiras de longo prazo e legado. Pergunte-se:
    - Que impacto financeiro desejo ter sobre minha família e futuras gerações?
    - Como minha riqueza pode ser uma força para o bem no mundo, alinhada com meus valores mais profundos?
    - Quais princípios duradouros de administração financeira quero incorporar e transmitir?
- **Criação de um manifesto financeiro:** Um documento que delineia suas crenças centrais sobre riqueza, seus compromissos financeiros e sua visão de legado.
- **Ato simbólico de investimento no futuro:** Pode ser uma contribuição significativa para um fundo de longo prazo, a criação de uma bolsa de estudos ou o apoio a uma causa filantrópica.

Esse ritual anual garante que sua alquimia financeira não seja apenas sobre ganho pessoal, mas sobre construir um futuro financeiro sustentável e significativo que se estenda muito além de você.

**Integração dos Rituais**

Ao tecer esses diversos rituais em sua vida – das declarações e apreciações diárias às práticas semanais, mensais, trimestrais e anuais – você cria um sistema robusto e dinâmico para atrair e reter riqueza. Essas práticas, enraizadas na sabedoria antiga e validadas pela compreensão moderna da consciência, alinham consistentemente seu estado energético interior com a abundância infinita do universo, transformando sua vida financeira de um campo de acaso em uma criação deliberada e artística. Cada ritual é uma pincelada, adicionando cor e forma à obra-prima de sua realidade abundante, garantindo que o ouro que você alquimiza não apenas seja atraído para você, mas permaneça, cresça e sirva ao seu propósito mais elevado.

Na seção anterior, exploramos o poder dos rituais em harmonizar nosso estado interno com a abundância financeira externa. Vimos afirmações diárias, práticas de gratidão e cerimônias financeiras semanais, mensais, trimestrais e anuais. Agora, avançamos para um conjunto complementar de ferramentas: **exercícios de atenção plena (mindfulness)**, adaptados especificamente para o campo das finanças.

Enquanto os rituais oferecem estrutura e intencionalidade, a atenção plena cultiva um estado contínuo de presença e consciência que sustenta e aprofunda todos os nossos esforços alquímicos.

**Fundamentos Herméticos da Atenção Plena Financeira**

- **Princípio do Mentalismo:** "O Todo é Mente; o Universo é Mental." Se nossos pensamentos moldam a realidade, cultivar uma mente clara e focada é essencial para influenciar resultados financeiros.
- **Lei da Polaridade:** Tudo possui um oposto. Preocupações financeiras e abundância existem em um espectro. A atenção plena nos permite escolher conscientemente vibrar no lado da abundância.

**Exercício 1: Consumo Consciente (Mindful Spending)**

Transforme cada ato de compra em uma escolha deliberada:

- Antes de comprar, respire profundamente.
- Pergunte: *"Este gasto serve ao meu bem maior e está alinhado com minha visão financeira?"*

- Sinta a energia do item ou serviço. Ele expande ou drena seus recursos?
- Exemplo: comprar café. No piloto automático, é apenas hábito. Com atenção plena, torna-se um pequeno ritual de prazer consciente, um intercâmbio energético.
- Para compras maiores, como gadgets ou viagens, faça uma pausa ainda mais longa: pesquise, avalie impacto no orçamento e perceba se há alinhamento energético.

Esse exercício combate gastos impulsivos, que geralmente refletem ansiedade ou busca de validação externa, e fortalece sua intenção financeira.

**Exercício 2: Foco nos Fluxos Positivos de Dinheiro**

A mente condicionada pela escassez foca no que falta. A atenção plena redireciona para o que já flui:

- Reserve alguns minutos por dia para notar entradas financeiras.
- Exemplos:
    - O salário que chega regularmente.
    - Um desconto inesperado.
    - A eficiência no orçamento doméstico que gera economia.
- Registre em um diário:
    - "Hoje percebi o fluxo constante de renda do meu trabalho."
    - "Sou grato pelos R$20 encontrados no bolso do casaco."
    - "Agradeço pela conta de energia mais baixa este mês."

Esse hábito sinaliza energeticamente ao universo que você reconhece e valoriza a abundância, atraindo mais dela.

**Exercício 3: Desapego das Preocupações Financeiras**

Preocupações são inevitáveis, mas não precisam dominar sua mente.

- Visualize-se sentado à beira de um rio.
- Cada preocupação é uma folha que flutua corrente abaixo. Observe, reconheça e deixe-a seguir.
- Pratique o "thought-watching": você não é suas preocupações, mas a consciência que as observa.
- Reconheça a impermanência: quedas de mercado, dificuldades ou sucessos são temporários.
- Pergunte-se:
    - "Qual é o pior cenário?"
    - "É tão catastrófico quanto minha mente sugere?"
    - "Como já superei desafios antes?"

Esse desapego libera energia mental e emocional, permitindo decisões financeiras mais criativas e claras.

**Integração na Prática Diária**

- **Manhã:** pratique consumo consciente ao iniciar o dia, mesmo em pequenas escolhas.
- **Durante o dia:** registre ou reconheça fluxos positivos de dinheiro.
- **Noite:** pratique o desapego, observando e liberando preocupações financeiras antes de dormir.

**Um exercício de atenção plena mais ativo é o Dízimo Energético e a Doação Intencional**

Isso vai além de simplesmente doar dinheiro; trata-se de direcionar conscientemente uma parte da sua energia financeira com uma intenção específica. Como discutimos, a riqueza é energia e, como toda energia, prospera no fluxo e na circulação. O dízimo, em seu sentido mais amplo, é a prática de dedicar uma parte de sua renda ou recursos a uma causa ou propósito além de si mesmo. Quando abordado com atenção plena, esse ato torna-se uma poderosa declaração energética de abundância e confiança.

Antes de dar, faça uma pausa. Reserve um momento para se conectar com a intenção por trás da sua doação. Você está dando por obrigação, culpa ou desejo de reconhecimento? Ou está dando a partir de um lugar de gratidão pela sua própria abundância, com a intenção de amplificar o bem no mundo e com o entendimento de que essa saída criará espaço para uma entrada maior? Por exemplo, se você escolher dizimar 10% de sua renda, como é tradicional em algumas práticas espirituais, ou mesmo uma porcentagem menor e mais administrável, envolva-se com essa parte de suas finanças de forma consciente. Visualize esse dinheiro como energia pura e vibrante. Ao direcioná-lo para seu destinatário – seja uma instituição de caridade, uma organização espiritual, um membro da família necessitado ou um investimento em um projeto comunitário – infunda-o com bênçãos e intenções positivas. Imagine essa energia criando ondas de impacto positivo. Diga a si mesmo: *"Eu libero consciente e alegremente esta parte da minha energia financeira, confiando que será usada para o bem, e que sua saída cria espaço para uma abundância ainda maior fluir de volta para mim."*

Essa prática reforça os princípios de circulação e reciprocidade. Ela desloca a percepção de dar de uma perda para um investimento no ecossistema energético da abundância. É um ato profundo de confiança na capacidade do universo de reabastecer o que é dado, alinhando-se perfeitamente com a **Lei da Circulação**. Esse ato consciente de dar garante que sua riqueza não seja estagnada, mas ativamente contribua para o bem maior, fortalecendo assim sua marca energética positiva.

### Tempo de "Santuário Financeiro" Programado

Outra técnica altamente eficaz de atenção plena é reservar um período dedicado, talvez 15–30 minutos diariamente ou várias vezes por semana, onde você intencionalmente cria um espaço calmo e neutro para simplesmente estar com suas finanças – não para analisar ou planejar, mas para observar e se conectar.

Este não é um "encontro com o dinheiro" da seção anterior, que é mais orientado para ação. Trata-se de **quietude**. Encontre um lugar tranquilo onde não será interrompido. Você pode diminuir as luzes, acender uma vela ou simplesmente sentar-se confortavelmente.

Durante esse tempo, não mexa em planilhas ou contas. Em vez disso, traga sua consciência para sua realidade financeira. Você pode segurar uma representação simbólica de suas finanças – uma carteira, um extrato bancário ou até mesmo visualizar sua conta bancária.

Respire profundamente. Note quaisquer sentimentos ou pensamentos que surgirem sem julgamento. Existem ansiedades subjacentes? Há sentimentos sutis de gratidão? Há desejos ou aspirações que emergem? O propósito aqui é cultivar uma consciência não reativa do seu estado financeiro. Trata-se de desenvolver uma relação confortável e aceitante com os fluxos energéticos do seu dinheiro, qualquer que seja sua forma atual.

Essa prática ajuda a normalizar sua relação com o dinheiro, reduzindo a carga emocional que ele frequentemente carrega. Permite construir uma base de consciência calma sobre a qual estratégias financeiras mais ativas podem ser desenvolvidas. É nesses momentos de observação silenciosa que percepções sutis sobre seus padrões, crenças e verdadeiros desejos frequentemente emergem, alinhando-se ao princípio hermético de *"Assim como dentro, assim fora"*, ao trazer consciência interna para sua situação financeira externa.

**Visualização de Harmonia e Fluxo Financeiro**

Além disso, a prática de visualizar harmonia e fluxo financeiro pode ser profundamente transformadora. Isso vai além de visualizar a atração de uma quantia específica de dinheiro; trata-se de cultivar uma sensação de equilíbrio, segurança e facilidade em sua vida financeira.

- Encontre uma posição confortável e feche os olhos.

- Respire profundamente algumas vezes, liberando qualquer tensão do corpo.
- Agora, imagine suas finanças não como uma coleção de números, mas como um **rio de energia fluindo**. Veja esse rio como claro, abundante e movendo-se com graça sem esforço.
- Observe como ele nutre a paisagem ao redor – sua vida, sua família, seus sonhos.

Visualize esse rio de energia financeira fluindo para sua vida através de vários canais – seu trabalho, seus investimentos, oportunidades inesperadas – e fluindo para fora para sustentar suas necessidades, paixões e contribuições, sempre de forma equilibrada e harmoniosa.

Sinta a paz e a segurança que esse fluxo harmonioso traz. Experimente o alívio de saber que suas necessidades financeiras estão atendidas, que você tem recursos para perseguir seus objetivos e que seu dinheiro está servindo a um propósito positivo.

Essa visualização não é sobre posses materiais; é sobre a sensação de bem-estar financeiro. Cultive emoções associadas a esse estado: contentamento, gratidão, liberdade, segurança e empoderamento. Quanto mais vividamente você sentir essas emoções, mais forte será a marca energética que cria.

Essa prática combate diretamente a assinatura energética de falta e luta, substituindo-a pela vibração de abundância e facilidade, atraindo mais desse estado desejado para sua realidade. É uma aplicação potente da **Lei da Atração**, usando intenção focada e ressonância emocional para moldar sua experiência financeira.

**Gestão Consciente das Dívidas**

Finalmente, considere a prática de gestão consciente das dívidas. Para muitos, a dívida representa uma fonte significativa de estresse financeiro e uma barreira à abundância. Abordar a dívida com atenção plena envolve reconhecê-la sem permitir que domine sua consciência, e planejar sua resolução a partir de um lugar de empoderamento em vez de desespero.

Quando pensar em suas dívidas, em vez de deixar que uma onda de pânico ou vergonha o domine, traga uma consciência calma e observadora para a situação.

- Reconheça a realidade da dívida: *"Tenho um saldo de cartão de crédito de X e um empréstimo estudantil de Y."*
- Observe quaisquer emoções que surgirem: *"Percebo sentimentos de ansiedade e frustração surgindo."*
- Em vez de resistir a esses sentimentos, apenas observe-os.
- Em seguida, direcione o foco para a ação, guiado por essa consciência atenta. Isso pode envolver criar um plano realista de pagamento, priorizar dívidas com base em taxas de juros ou explorar opções de consolidação ou refinanciamento.

O ponto-chave é abordar esse processo com uma mente clara e focada, livre do peso debilitante da angústia emocional.

Visualize a dívida não como uma montanha intransponível, mas como um fluxo que você está redirecionando e diminuindo ativamente. Imagine cada pagamento feito como um ato consciente de liberação energética, liberando recursos e criando espaço para abundância futura. Você pode visualizar a dívida encolhendo a cada pagamento ou se ver navegando graciosamente no caminho para a liberdade financeira.

Essa abordagem consciente permite enfrentar desafios financeiros de forma proativa e eficaz, transformando o que poderia ser uma fonte de medo paralisante em um caminho de crescimento e maior liberdade financeira. Trata-se de **reivindicar seu poder** do peso energético da dívida, alinhando-se ao **Princípio do Mentalismo**, ao direcionar conscientemente seus pensamentos para resolução e libertação.

**Integração dos Exercícios**

Ao integrar esses exercícios de atenção plena – desde o consumo consciente e o foco nos fluxos positivos até o desapego das preocupações, a prática da doação intencional, a criação de um santuário financeiro, a visualização da harmonia e a gestão consciente das dívidas – você constrói um kit interno poderoso.

Essas práticas, quando tecidas no tecido da sua vida diária, cultivam um estado contínuo de presença, clareza e alinhamento energético, tornando o processo de alquimia financeira não apenas um ritual ocasional, mas um **modo de ser**. Elas o capacitam a navegar pelas complexidades do mundo financeiro com uma mente calma e focada, transformando desafios em oportunidades e solidificando seu caminho em direção à prosperidade duradoura.

A jornada alquímica em direção à maestria financeira não diz respeito apenas a ações externas; é profundamente um trabalho interno. Tendo explorado as práticas de base da atenção plena, agora voltamos nossa atenção para duas das mais potentes tecnologias internas disponíveis ao alquimista aspirante: visualização e afirmação. Essas técnicas, quando aplicadas com intenção e consistência, servem como motores poderosos para recalibrar nossas crenças subconscientes sobre dinheiro e alinhar nossa assinatura energética com a abundância que buscamos manifestar. Elas são, em essência, as chaves que desbloqueiam as portas da percepção, permitindo-nos ver e experimentar nossa realidade financeira não como ela é atualmente, mas como tem o potencial de ser.

O princípio hermético do Mentalismo, que afirma que "O Todo é Mente; o Universo é Mental", é a pedra angular sobre a qual essas práticas são construídas. Se nossos pensamentos, crenças e paisagens internas moldam nossa realidade externa, então, ao moldar deliberadamente nossas imagens mentais e declarações faladas, participamos ativamente da criação de nosso futuro financeiro. Nossa mente subconsciente, frequentemente chamada de "alquimista interno" ou "termostato financeiro", opera em um nível profundo, processando vastas quantidades de informação e tomando decisões que influenciam nosso comportamento e, em última análise, nossos resultados financeiros. Ela é altamente impressionável, particularmente a pensamentos, emoções e experiências sensoriais repetidas. Visualização e afirmações funcionam fornecendo ao subconsciente um plano claro, convincente e emocionalmente carregado da realidade financeira que desejamos habitar, reprogramando-o efetivamente para buscar e atrair essas condições.

A visualização, em sua essência, é a arte de pintar mentalmente um quadro de seu futuro financeiro desejado com o máximo de detalhes sensoriais e vivacidade emocional possível. Não é mero devaneio; é um ato focado e deliberado de criação. A eficácia da visualização reside em sua capacidade de contornar o ceticismo da mente consciente e impressionar diretamente a mente subconsciente. Quando visualizamos, engajamos múltiplos sentidos: vemos a cena, ouvimos os sons, sentimos as texturas, até mesmo cheiramos os aromas associados ao resultado desejado. Essa imersão multissensorial faz a experiência visualizada parecer real para o subconsciente, levando-o a alinhar nossas circunstâncias externas com essa realidade interna.

Para começar, encontre um espaço tranquilo onde não será perturbado por pelo menos 10–15 minutos. Sente-se ou deite-se confortavelmente, feche os olhos e faça várias respirações profundas e purificadoras. Permita que seu corpo relaxe, liberando qualquer tensão. Traga à mente sua meta financeira mais significativa. Pode ser alcançar um patrimônio líquido específico, adquirir um ativo particular, experimentar liberdade financeira ou ter a capacidade de apoiar uma causa em que acredita. Uma vez que tenha uma imagem clara de sua meta, comece a construir a cena ao redor dela.

Por exemplo, se sua meta é alcançar um determinado patrimônio líquido, não se concentre apenas no número. Visualize-se vivendo essa realidade. Como é sua vida diária? Talvez você acorde em uma casa que ama, uma casa que comprou com facilidade e segurança financeira. Ao olhar ao redor, você sente uma profunda sensação de paz e gratidão. Você pode imaginar-se abrindo seu laptop e vendo um portfólio de investimentos saudável e crescente. Sinta a satisfação de ver sua riqueza trabalhando para você. Se sua meta é poder viajar livremente, visualize-se reservando aquela viagem dos sonhos, não com ansiedade sobre o custo, mas com empolgação e certeza. Veja-se embarcando no avião, sentindo o conforto e a liberdade. Imagine as experiências que está tendo em sua viagem – as vistas, os sons, os sabores. Crucialmente, envolva-se com as emoções dessa realidade visualizada. Sinta a alegria, a segurança, a liberdade, a confiança e a profunda sensação de realização que acompanha seu sucesso financeiro.

Outra técnica poderosa de visualização é imaginar-se interagindo com sua abundância. Se você visualizar uma quantia específica de dinheiro, não apenas a veja em um extrato bancário. Imagine-se recebendo-a – talvez um cheque sendo entregue a você ou uma notificação de depósito aparecendo em seu celular. Em seguida, visualize-se usando esse dinheiro de uma forma que lhe traga imensa alegria e sirva a um propósito maior. Talvez você esteja fazendo uma contribuição significativa para uma instituição de caridade, investindo em um negócio que cria empregos ou presenteando um ente querido com algo de que realmente precisa. O ato de dar, quando visualizado com intenção positiva, amplifica a saída energética e, pela Lei da Circulação, convida a uma entrada maior.

Para aumentar a eficácia de suas visualizações, considere criar um quadro de visão. Este é um colagem física ou digital de imagens, palavras e afirmações que representam suas metas financeiras. Coloque-o em um local de destaque onde o verá diariamente. Passe alguns minutos todos os dias olhando para seu quadro de visão, não apenas passivamente, mas engajando-se ativamente com as imagens e sentimentos que evocam. Toque nas imagens, imagine-se nessas cenas e permita que as emoções venham à tona. Esse reforço visual consistente fortalece a marca em seu subconsciente.

Complementando a visualização estão as afirmações. Afirmações são declarações positivas, no tempo presente, que afirmam sua realidade desejada como se já existisse. Elas são projetadas para reprogramar crenças limitantes e reforçar novas crenças fortalecedoras. A Lei do Mentalismo se aplica aqui também: ao afirmar consistentemente o que deseja que seja verdadeiro, você começa a alinhar seu estado mental com essa verdade, e sua realidade externa eventualmente refletirá isso. O poder das afirmações reside em sua repetição e na carga emocional que você traz a elas. Simplesmente recitar palavras sem sentimento é muito menos eficaz do que pronunciá-las com convicção e crença.

Ao elaborar afirmações, siga alguns princípios-chave. Elas devem ser positivas, afirmando o que você quer em vez do que não quer. Por exemplo, em vez de "Eu não sou pobre", afirme "Eu sou financeiramente abundante." Devem estar no tempo presente, como se seu desejo já fosse uma realidade presente. "Eu sou rico" é mais poderoso do que "Eu serei rico." Devem ser pessoais, usando declarações com "Eu". E, importante, devem ser específicas o suficiente para criar uma imagem mental clara, mas amplas o bastante para permitir que o universo traga a realização à sua maneira.

Aqui estão alguns exemplos de afirmações financeiras poderosas, que você pode adaptar e expandir:

- "Eu sou um ímã para riqueza e prosperidade. O dinheiro flui para mim fácil e sem esforço."
- "Eu sou financeiramente seguro e minha abundância continua a crescer."
- "Sou grato pela abundância que me cerca e pela riqueza que flui em minha vida."
- "Minha renda está constantemente aumentando, e eu administro meu dinheiro com sabedoria."
- "Estou aberto e receptivo a toda a riqueza que a vida tem a oferecer."
- "Todos os dias, de todas as formas, minha situação financeira está melhorando."
- "Eu libero todas as crenças limitantes sobre dinheiro e abraço a liberdade financeira."
- "Sou um administrador sábio de meus recursos, e minha riqueza se multiplica."
- "Oportunidades de crescimento e sucesso financeiro vêm a mim fácil e frequentemente."
- "Sou digno de receber grande riqueza e a aceito com alegria."

A maneira mais potente de usar afirmações é pronunciá-las em voz alta com sentimento. Olhe-se no espelho enquanto as diz, fazendo contato visual consigo mesmo. Infunda cada palavra com emoção – convicção, gratidão, alegria e certeza. Você também pode escrevê-las regularmente, talvez em um diário dedicado, já que o ato de escrever pode aprofundar a impressão. Integrar afirmações em sua rotina diária é fundamental. Diga-as logo pela manhã ao acordar, antes de começar seu dia de trabalho, durante o trajeto ou antes de dormir. Quanto mais consistentemente você reforçar essas declarações positivas, mais profundamente elas penetrarão em sua mente subconsciente.

Considere a técnica do "banho de afirmações". Isso envolve criar uma lista de reprodução com suas afirmações escolhidas, gravadas com sua própria voz, e ouvi-las repetidamente. Você pode fazer isso enquanto relaxa, se exercita ou mesmo durante o trajeto. A exposição repetitiva ajuda a incorporar essas mensagens positivas em seu subconsciente. Outro método eficaz é o "roteiro de afirmações", onde você escreve uma carta para seu eu futuro, descrevendo sua realidade financeira como se já tivesse se manifestado. Detalhe o que você está fazendo, como se sente e o impacto que sua riqueza está tendo.

É crucial entender que visualizações e afirmações não são feitiços mágicos. Elas são ferramentas poderosas que funcionam harmonizando seu estado interno com a realidade externa desejada. São mais eficazes quando combinadas com ação inspirada. À medida que você visualiza e afirma, naturalmente começará a perceber oportunidades que talvez tivesse ignorado anteriormente. Você sentirá uma maior clareza e motivação para dar os passos necessários para alcançar seus objetivos financeiros. O universo responde ao seu alinhamento energético, e a ação inspirada é uma parte vital dessa resposta.

O processo de reprogramar seu "termostato financeiro" requer paciência e persistência. Pode haver dias em que a dúvida apareça ou quando suas antigas crenças limitantes ressurgirem. Isso é uma parte natural do processo. Quando isso acontecer, não se julgue. Simplesmente reconheça o pensamento ou sentimento e retorne suavemente à sua visualização e afirmações. Lembre-se do princípio hermético da Correspondência: "Assim como acima, assim abaixo; assim como dentro, assim fora." Sua realidade financeira externa é um reflexo de seu estado interno. Ao cuidar consistentemente de seu mundo interior com visualizações e afirmações, você está cultivando ativamente as sementes da prosperidade financeira.

A prática de visualização e afirmação é um diálogo contínuo com seu subconsciente, uma recalibração constante de sua bússola interna. Trata-se de escolher conscientemente os pensamentos, sentimentos e imagens que o guiarão em direção ao destino financeiro desejado. Ao abraçar essas ferramentas alquímicas, você se capacita a ir além da mera reação às circunstâncias e assumir o papel de criador consciente de seu destino financeiro. O universo é inerentemente abundante, e com essas técnicas você se sintoniza com essa abundância, permitindo que ela se manifeste em sua vida com graça e poder cada vez maiores. Lembre-se: a verdadeira alquimia acontece dentro de você, e essas práticas são suas chaves para desbloquear esse poder transformador.

A jornada do alquimista é de profunda introspecção, um desvelar contínuo do eu em relação às forças universais que governam a existência. Tendo estabelecido as práticas fundamentais de alinhamento interno por meio da visualização e afirmação, agora voltamos nossa atenção para uma ferramenta profundamente pessoal e reveladora: o diário financeiro. Este não é apenas um registro de entradas e saídas, embora isso seja um componente vital. É um espaço sagrado de diálogo, um espelho refletindo nossas crenças, hábitos e aspirações financeiras mais profundas. Por meio da prática de escrever em diário, engajamos diretamente com o princípio hermético da Correspondência – "Assim como acima, assim abaixo; assim como dentro, assim fora" – iluminando o cenário interno que molda nossa realidade financeira externa. Essa investigação consistente e honesta nos permite compreender a dança intrincada entre nossos pensamentos, emoções e ações, e como eles se manifestam como nossas circunstâncias financeiras tangíveis.

Escrever em diário atua como catalisador para a autodescoberta, permitindo-nos tornar observadores conscientes de nosso próprio ser financeiro. Fornece um registro tangível de nossa evolução, um testemunho de nosso progresso e um guia para navegar desafios futuros.

Ao nos fazermos perguntas instigantes e documentar nossas respostas, começamos a desvendar padrões profundamente enraizados que podem estar dificultando nossa prosperidade. Esses estímulos são projetados para ser um ponto de partida, um convite para explorar a natureza multifacetada de nossa relação com o dinheiro. Engaje-se com eles regularmente, com coração aberto e compromisso com a verdade, e sem dúvida você descobrirá camadas de entendimento que impulsionarão seu trabalho alquímico adiante.

Comecemos com uma pergunta fundamental que estabelece o cenário para uma exploração mais profunda.

Reserve um tempo para responder a esta questão com o máximo de detalhe e honestidade possível:

**Qual é sua primeira memória ou sentimento consciente associado ao dinheiro?**

Expanda sobre isso. Essas memórias estavam associadas à segurança ou à escassez? Você observou comportamentos específicos em relação ao dinheiro em sua família? Quais mensagens, faladas ou não, você internalizou sobre riqueza, pobreza e a busca pelo ganho financeiro durante seus anos de formação? Considere o tom emocional dessas primeiras experiências. Foram marcadas por alegria, ansiedade, vergonha ou orgulho? Documente quaisquer temas ou narrativas recorrentes que pareçam ter persistido da infância até sua vida financeira adulta. Este exercício é crucial para compreender a raiz de muitas crenças subconscientes que frequentemente ditam nossas decisões financeiras atuais, alinhando-se à **Lei de Causa e Efeito** ao reconhecer a gênese de nossos padrões.

Após essa exploração inicial, mergulhamos nas crenças que atualmente moldam seu mundo financeiro. O ato de escrevê-las força um nível de clareza e comprometimento que o pensamento passivo frequentemente evita.

**Liste cinco crenças centrais que você mantém sobre dinheiro hoje.**

Para cada crença, pergunte a si mesmo:

- Onde essa crença se originou? (por exemplo, família, amigos, mídia, experiência pessoal)
- Essa crença me serve ou me limita? Como posso perceber isso?
- Que evidências, se houver, sustentam essa crença?
- Qual seria a consequência de liberar essa crença?
- Que nova crença poderia substituí-la de forma mais fortalecedora?

**Exemplo:**
Uma crença como "O dinheiro é a raiz de todo mal" pode ter origem em observações da infância ou ensinamentos religiosos. Ao examiná-la, você pode perceber que essa crença gera culpa em relação a ganhar e acumular riqueza. Liberá-la poderia levar a abraçar a riqueza com consciência tranquila. A crença substituta poderia ser: "O dinheiro é uma ferramenta que pode ser usada para o bem, e eu sou capaz de administrá-lo com integridade e sabedoria."

De forma semelhante, uma crença como "Eu não sou bom com dinheiro" pode estar enraizada em um erro financeiro passado. Reconhecer sua origem e entender que erros passados não definem a capacidade futura permite transformá-la em uma crença como: "Estou aprendendo a administrar minhas finanças de forma eficaz e estou comprometido em desenvolver minha educação e capacidade financeira."

**Em seguida, voltamos nossa atenção para seus comportamentos e hábitos financeiros.**

Frequentemente, é nas ações cotidianas que nossa verdadeira relação com o dinheiro é revelada.

**Descreva suas rotinas financeiras típicas diárias, semanais e mensais.**

Seja específico. O que você faz quando recebe dinheiro? Como você aborda o pagamento de contas? Quais são seus hábitos de consumo? Você acompanha suas despesas? Faz orçamento? Revisa regularmente seus investimentos ou poupança? Considere o estado emocional em que você se encontra ao realizar essas rotinas. Você é consciente e intencional, ou age por hábito, impulso ou obrigação?

**Exemplo:**
Em vez de simplesmente afirmar "Eu pago contas online", você pode descrever a sensação de urgência ou medo associada a isso, ou talvez o senso de realização se tiver um sistema. Se sua rotina envolve compras por impulso, observe a gratificação imediata e qualquer culpa ou arrependimento subsequente. Essa observação detalhada é crítica para identificar áreas onde suas ações estão desalinhadas com suas aspirações financeiras.

**O princípio de Causa e Efeito é poderosamente ilustrado quando examinamos os resultados tangíveis desses comportamentos.**

**No último mês, quais foram suas três maiores "vitórias" financeiras e suas três maiores "perdas" ou contratempos?**

Para cada vitória: quais ações você tomou que contribuíram para ela? Qual mentalidade estava presente?

Para cada perda ou contratempo: quais ações ou inações contribuíram? Quais pensamentos ou emoções os precederam? Houve fatores externos significativos?

**Exemplo:**
Uma vitória pode ser encontrar uma ótima oferta em uma compra, atribuída à pesquisa diligente (ação) e a uma mentalidade de engenhosidade.

Uma perda pode ser uma conta inesperada de reparo, ligada à falta de poupança emergencial (inação) e talvez a uma crença subjacente de que "essas coisas sempre acontecem comigo."

Esse exercício ajuda a conectar comportamentos e crenças específicas às suas consequências financeiras observáveis.

**Agora, vamos explorar o cenário emocional que envolve sua vida financeira.**

O dinheiro é um assunto altamente carregado, e compreender essas emoções é vital para a verdadeira alquimia.

**Quais emoções o conceito de "riqueza" evoca em você?**

Explore o espectro de seus sentimentos. A riqueza traz segurança, liberdade, poder, alegria, responsabilidade, inveja, medo ou talvez culpa? Permita-se sentir cada emoção. Onde esses sentimentos se originam? São racionais ou projeções de ansiedades ou desejos mais profundos?

**Exemplo:**
Se a riqueza evoca ansiedade, pode estar ligada ao medo de perdê-la, à preocupação com responsabilidades maiores ou até a uma associação inconsciente de riqueza com corrupção ou perda de humildade. Documentar essas respostas emocionais fornece insight sobre os bloqueios energéticos que podem estar impedindo você de atrair ou manter abundância.

**De forma semelhante, considere o inverso:**

**Quais emoções surgem quando você pensa em "escassez" ou "falta" financeira?**

Esses pensamentos trazem medo, pânico, vergonha, inadequação ou desespero? Ou talvez um senso de resignação ou motivação? Novamente, rastreie essas emoções até suas origens.

**Exemplo:**
Um medo profundo de escassez pode vir de ter testemunhado pobreza ou de ter vivido dificuldades financeiras significativas no passado, ou de narrativas sociais profundamente enraizadas sobre competição e recursos limitados. Compreender essas reações viscerais é crucial para transformá-las em respostas mais fortalecedoras. Esse inventário emocional permite abordar distorções energéticas que podem impedir o progresso.

**O Kit de Ferramentas do Alquimista estaria incompleto sem abordar o futuro.**

Nossas aspirações são os planos para a realidade desejada, e escrever em diário ajuda a esclarecer e solidificá-las.

**Imagine que você está vivendo sua vida financeira ideal daqui a cinco anos. Descreva-a em detalhes vívidos.**

Como é sua vida diária? Onde você mora? O que você faz para trabalhar ou como usa seu tempo? Qual é sua relação com o dinheiro? Como você administra seus recursos? Que impacto você gera no mundo? O que liberdade financeira realmente significa para você e como ela se manifesta em sua existência diária?

Engaje todos os seus sentidos nessa descrição. O que você vê, ouve, cheira, saboreia e sente? Esse é um exercício de visualização avançada, mas por meio da palavra escrita. Ao escrever esse cenário futuro, você o imprime em seu subconsciente, alinhando-se à **Lei do Mentalismo** e estabelecendo uma intenção clara para o universo manifestar.

**Com base nessa visão, vamos refinar nossas metas e intenções.**

**Quais são suas três principais metas financeiras para o próximo ano?**

Para cada meta, pergunte:

- Por que essa meta é importante para mim? Com qual valor central ela se conecta?
- Quais objetivos SMART (específicos, mensuráveis, alcançáveis, relevantes e com prazo definido) me ajudarão a alcançar essa meta?
- Que ações específicas tomarei a cada semana ou mês para me aproximar dessa meta?
- Que obstáculos potenciais posso encontrar e como os superarei?

**Exemplo:**
Meta: “Aumentar minha poupança em 20%.”

- Por quê: "Construir uma sensação mais forte de segurança e ter fundos para futuras oportunidades de investimento."
- Objetivos SMART: "Economizar R$500 por mês" e "Revisar meu orçamento quinzenalmente."
- Ações: "Transferir automaticamente R$500 para a poupança no dia do pagamento" e "Preparar almoço em casa duas vezes por semana."
- Obstáculo: "Despesas inesperadas" → solução: "Reduzir temporariamente gastos discricionários em outras áreas" ou "usar uma pequena parte do orçamento de lazer em vez da poupança."

Agora, vamos nos aprofundar no conceito de legado e propósito financeiro.

Além do ganho pessoal, qual é o seu propósito financeiro final?

O que você deseja alcançar ou contribuir com sua riqueza? Como você imagina que seu sucesso financeiro impactará outras pessoas ou o mundo ao seu redor? Este estímulo o encoraja a conectar suas aspirações financeiras a uma visão maior, imbuindo sua busca por riqueza com significado e alma. Talvez seu propósito seja financiar iniciativas educacionais, apoiar causas ambientais, construir um negócio sustentável que forneça empregos significativos ou simplesmente criar uma vida de liberdade e generosidade para sua família. Compreender seu "porquê" nesse nível mais profundo é um motivador poderoso e uma força alquímica potente.

À medida que integramos essas práticas, é essencial cultivar a gratidão, um alicerce da abundância.

Todos os dias, durante uma semana, liste pelo menos três coisas pelas quais você é grato em relação à sua situação financeira, não importa quão pequenas sejam.

Isso pode incluir qualquer coisa, desde ter um teto sobre sua cabeça, até uma refeição deliciosa, uma dívida administrável ou um investimento lucrativo. A prática consistente de reconhecer o que é bom, mesmo em meio a desafios, desloca seu foco energético da falta para a abundância. Ela prepara seu subconsciente para reconhecer e atrair mais daquilo que você aprecia, solidificando ainda mais a Lei da Circulação a seu favor.

Finalmente, como um exercício de criação consciente e da Lei da Correspondência, envolva-se com este estímulo:

**Escreva uma carta para seu eu futuro, datada de um ano a partir de hoje.**

Nessa carta, descreva sua realidade financeira como se já tivesse se manifestado de acordo com suas metas e aspirações. Seja específico sobre suas conquistas, as lições que aprendeu e os sentimentos de realização e paz que está experimentando.

Detalhe a jornada que você percorreu, reconhecendo os desafios superados e a sabedoria adquirida. Termine a carta com uma mensagem de encorajamento e uma reafirmação de seu compromisso com seu caminho alquímico. Lacre-a e configure um lembrete para abri-la na data especificada. Essa prática serve como uma poderosa afirmação de suas intenções e um marcador tangível de seu progresso.

Ao se engajar consistentemente com esses estímulos de escrita reflexiva, você está participando ativamente de sua alquimia financeira. Você não é apenas um observador de sua vida financeira; você é seu arquiteto consciente. Cada entrada, cada reflexão, é uma pincelada na tela de seu destino, um passo mais próximo de alinhar seu mundo interior com a realidade externa de abundância, prosperidade e liberdade financeira. Esse diálogo contínuo consigo mesmo, documentado nas páginas de seu diário, é um dos rituais mais poderosos que você pode realizar. É um testemunho da verdade hermética de que, dentro do microcosmo de seu próprio ser, reside o plano para o macrocosmo de seu universo financeiro.

**Capítulo 14: Riqueza Além do Dinheiro – Realização e Propósito**

A busca do alquimista pelo ouro foi, por milênios, mal compreendida. Muitas vezes reduzida a um desejo grosseiro por riquezas materiais, a verdadeira busca alquímica sempre foi muito mais profunda. Era uma jornada de transmutação, não apenas de metais comuns em preciosos, mas do próprio ser – da ignorância à sabedoria, da limitação à libertação. De forma semelhante, nossa compreensão contemporânea de riqueza, amplamente atrelada ao acúmulo de dinheiro e posses, representa uma visão igualmente truncada. Este capítulo convida a uma redefinição radical de riqueza, indo além das métricas quantificáveis de balanços financeiros e em direção a uma apreciação holística da abundância. Exploraremos como a verdadeira riqueza é um constructo multifacetado, tecido a partir de fios de paz interior, engajamento significativo e contribuição com propósito para o mundo. Trata-se de cultivar uma vida não apenas financeiramente segura, mas também profundamente plena, onde a prosperidade material serve como um canal para uma existência mais rica e significativa.

Para compreender verdadeiramente essa visão expandida de riqueza, devemos primeiro reconhecer as limitações de uma perspectiva puramente financeira. Embora o dinheiro seja inegavelmente uma ferramenta crucial para navegar no plano material, ele não é o destino final. Quando a busca por riqueza se torna um fim em si mesma, pode levar a um estado paradoxal de escassez, mesmo em meio à abundância. O desejo insaciável por "mais" pode corroer nossa paz interior, tensionar nossos relacionamentos e nos desconectar da essência da vida. Esse é o erro do alquimista, confundindo a sombra com a substância. Podemos acumular fortunas imensas e, ainda assim, sentir-nos empobrecidos em espírito, isolados em nosso sucesso ou sobrecarregados pelo peso de nossas posses. Isso não é verdadeira riqueza; é uma gaiola dourada.

A verdadeira riqueza, em seu sentido mais amplo, começa com um cenário interno abundante. É cultivada por práticas que nutrem a alma, expandem a consciência e promovem um profundo senso de contentamento. Essa riqueza interior é o alicerce sobre o qual todas as outras formas de abundância são construídas. Sem essa base, até mesmo as conquistas financeiras mais impressionantes podem parecer ocas, como uma estrutura magnífica construída sobre areia movediça. Considere o indivíduo que possui imensos recursos financeiros, mas é atormentado por ansiedade, solidão ou falta de propósito. Suas circunstâncias externas podem projetar uma imagem de riqueza, mas sua experiência interna conta uma história diferente de profunda carência. É aqui que o princípio hermético do **Mentalismo** realmente entra em jogo – nosso mundo interno é o plano de nossa realidade externa. Se nosso interior é de escassez, medo e descontentamento, nenhum acúmulo externo pode satisfazer.

Uma das expressões mais potentes dessa riqueza interior está na qualidade de nossos relacionamentos. Conexões autênticas e profundas com família, amigos e comunidade são ativos inestimáveis que não podem ser comprados. Elas oferecem pertencimento, apoio e amor – elementos essenciais para o florescimento humano. Uma vida sem relacionamentos significativos, mesmo repleta de posses materiais, é uma vida empobrecida. O alquimista reconhecia a interconexão de todas as coisas, e esse entendimento se estende ao nosso tecido social. Investir tempo e energia em nutrir relacionamentos é tão vital quanto qualquer investimento financeiro. Pense no calor de uma risada compartilhada, no conforto de um ouvido atento, na força derivada do apoio mútuo. Essas são riquezas intangíveis que realmente nos sustentam nos desafios inevitáveis da vida. Uma vida focada apenas em acumulação solitária frequentemente leva ao isolamento, uma condição muito mais devastadora do que qualquer crise financeira. Os filósofos estóicos, antigos defensores da resiliência interna, entendiam que a verdadeira felicidade não reside nas circunstâncias externas, mas em nossa disposição interna e em nossa capacidade de ação virtuosa e conexão.

Além dos relacionamentos, a verdadeira riqueza está intrinsecamente ligada ao propósito. É a satisfação profunda que surge ao engajar-se em atividades alinhadas com nossos valores, que contribuem para algo maior que nós mesmos e utilizam nossos talentos e paixões únicos. Quando nossas atividades diárias parecem significativas, quando percebemos que estamos contribuindo positivamente para o mundo, emerge um profundo senso de realização. Esse senso de propósito atua como uma bússola interna, guiando-nos pela vida e imbuindo nossas experiências de significado. É a sensação de uma vida bem vivida, não apenas bem provida. Considere o artesão que encontra imensa alegria em seu ofício, o educador dedicado a moldar jovens mentes ou o filantropo que trabalha para aliviar o sofrimento. Sua riqueza não é medida apenas pelo saldo bancário, mas pelo impacto que têm e pela satisfação intrínseca que derivam de seu trabalho. Isso se alinha ao princípio hermético da **Vibração**; quando nossas ações e intenções estão alinhadas com um propósito maior, elas ressoam com uma frequência positiva poderosa, atraindo mais abundância e realização.

A obsessão moderna pelo acúmulo financeiro frequentemente decorre de um condicionamento social que equipara valor pessoal ao patrimônio líquido. Somos bombardeados com mensagens que sugerem que felicidade, sucesso e até amor dependem de nosso status financeiro. Isso é uma falácia, um reflexo distorcido da verdadeira abundância. O alquimista buscava não apenas ouro externo, mas transformação interna. Da mesma forma, devemos buscar transformar nossa compreensão de riqueza. Isso envolve separar conscientemente nosso valor pessoal de nossos bens financeiros. Nosso valor como seres humanos é inerente, não conquistado pelo acúmulo. Essa realização é libertadora. Ela nos liberta da pressão incessante de adquirir e nos permite focar em cultivar uma vida rica em experiências, relacionamentos e propósito.

Para ilustrar isso, consideremos o conceito de "suficiente". Para muitos, a noção de "suficiente" é ilusória, um alvo móvel que recua a cada passo que damos em sua direção. Essa insatisfação perpétua é característica de uma definição de riqueza baseada apenas em acúmulo. A verdadeira riqueza, no entanto, reconhece o poder da suficiência. É a capacidade de apreciar o que se tem, de encontrar contentamento nas circunstâncias presentes e de distinguir entre necessidades genuínas e desejos fabricados. Isso não significa estagnação ou falta de ambição. Trata-se de cultivar uma mentalidade de gratidão e discernir o que realmente contribui para nosso bem-estar. O conceito estóico de *apatheia*, não como apatia, mas como liberdade das paixões destrutivas, fala dessa maestria sobre o desejo. Quando estamos contentes com o suficiente, não somos mais escravos da aquisição interminável. Tornamo-nos mestres de nossos desejos, em vez de seus servos.

A integração do bem-estar financeiro com a realização pessoal requer uma mudança de perspectiva, uma reavaliação deliberada de nossas prioridades. Significa entender que tempo, energia e atenção também são formas preciosas de riqueza, talvez até mais do que dinheiro. Como escolhemos alocar esses recursos impacta significativamente nossa sensação geral de abundância. Gastar tempo em atividades que nos drenam ou em relacionamentos que nos deixam esgotados, mesmo que pareçam financeiramente benéficos a curto prazo, é uma forma de falência espiritual. Por outro lado, investir nosso tempo em aprendizado, crescimento pessoal, trabalho significativo e relacionamentos nutritivos gera retornos que superam qualquer ganho monetário. O princípio hermético do **Ritmo** nos lembra que a vida flui em ciclos, e o sábio alquimista busca harmonizar-se com esses ritmos naturais em vez de lutar contra eles. Forçar-nos incessantemente sem períodos de descanso, reflexão e rejuvenescimento é receita para o esgotamento, não para a abundância sustentável.

A busca por riqueza além do dinheiro também exige uma compreensão mais profunda de nosso impacto no mundo. À medida que acumulamos recursos, ganhamos influência. A verdadeira riqueza, portanto, envolve usar essa influência com sabedoria, integridade e senso de responsabilidade. Trata-se de reconhecer nossa interconexão com a teia mais ampla da vida e contribuir para o bem-estar de nossas comunidades e do planeta. Isso pode se manifestar de várias formas: por meio de práticas empresariais éticas, consumo sustentável, filantropia ou uso de nossas habilidades e recursos para enfrentar desafios sociais. O *Magnum Opus* do alquimista não era apenas uma conquista pessoal, mas frequentemente visto como tendo implicações cósmicas. Da mesma forma, nossa prosperidade pessoal pode – e talvez deva – se estender ao aprimoramento do coletivo. Esse senso de contribuição promove uma satisfação profunda e duradoura, uma riqueza que o dinheiro sozinho nunca pode comprar.

Considere o conceito de legado. O que desejamos deixar para trás? É meramente uma soma de dinheiro, ou é um legado de impacto, de inspiração, de mudança positiva? Quando nossa definição de riqueza abrange propósito e contribuição, nosso legado torna-se uma extensão natural da obra de nossa vida. Trata-se de semear sementes que continuarão a dar frutos muito depois de nossa partida. Essa perspectiva voltada para o futuro pode moldar profundamente nossas ações presentes, guiando-nos para decisões que não são apenas financeiramente prudentes, mas também eticamente corretas e alinhadas com nossos valores mais profundos. O desejo de deixar um legado significativo frequentemente transcende a gratificação imediata da aquisição material, levando ao foco em construir algo duradouro e de verdadeiro valor.

A jornada para redefinir a riqueza é um processo alquímico contínuo. Requer introspecção, disposição para questionar crenças profundamente enraizadas e compromisso com uma vida consciente. Envolve cultivar uma consciência das sutis energias que governam nossas vidas e fazer escolhas que se alinhem com uma visão holística de abundância. Significa reconhecer que a verdadeira riqueza não é um estado estático, mas um fluxo dinâmico, nutrido por gratidão, generosidade, propósito e paz interior. O diário financeiro, como exploramos, torna-se não apenas uma ferramenta para administrar dinheiro, mas para compreender a complexa interação entre nosso cenário interno e nossas circunstâncias externas. É um espaço onde podemos construir a ponte entre o material e o espiritual, o tangível e o intangível.

Em última análise, o verdadeiro tesouro do alquimista não era a pedra filosofal, mas a transformação que ela facilitava internamente. Da mesma forma, nossa maior riqueza não está no acúmulo de posses materiais, mas no cultivo de uma vida interior rica, conexões significativas, um senso de propósito e a capacidade de contribuir positivamente para o mundo. Essa é a riqueza que perdura, a abundância que realmente satisfaz, o ouro que a alma eternamente busca. É um estado de ser que transcende as limitações das contas financeiras e ressoa com as mais profundas aspirações do espírito humano. Ao abraçar essa definição expandida, desbloqueamos uma fonte profunda e sustentável de bem-estar, transformando nossa busca por prosperidade em uma jornada de realização genuína. Essa é a arte das finanças alquímicas, onde o mundano é transmutado em magnífico, e onde o verdadeiro significado da riqueza finalmente é revelado.

A frequência energética de uma vida vivida em alinhamento com propósito é um poderoso ímã para a prosperidade. Quando nossas ações ressoam com nossa vocação mais profunda, nossos valores intrínsecos e nossos talentos únicos, emitimos uma vibração distinta para o universo. Isso não é apenas uma noção poética; é um princípio fundamental enraizado na **Lei Hermética da Vibração**. Tudo na existência, desde a matéria mais densa até o pensamento mais etéreo, possui uma frequência vibracional única. Quando nossas vidas pessoais e profissionais estão fora de sincronia, quando gastamos energia em empreendimentos que não nos movem verdadeiramente, nossa assinatura vibracional torna-se dissonante. Essa dissonância pode criar bloqueios energéticos, impedindo o fluxo natural da abundância. Por outro lado, quando estamos engajados em trabalhos ou atividades que são intrinsecamente significativos, que parecem uma verdadeira expressão de nós mesmos, nossa vibração se harmoniza. Essa vibração amplificada e coerente atua como um farol, atraindo oportunidades, recursos e energias de apoio em nossa direção. É como se o próprio universo reconhecesse e respondesse à nossa ressonância autêntica, abrindo caminhos e facilitando a manifestação de nossos desejos.

Considere as mudanças sutis, porém profundas, que ocorrem quando indivíduos começam a identificar e perseguir seu propósito. Muitas vezes começa com um saber interno silencioso, uma sensação persistente de que há "mais" na vida do que rotinas mundanas ou a busca incessante por validação externa. Esse chamado interno, quando atendido, pode desbloquear um reservatório de energia e criatividade não exploradas. O esforço envolvido em um trabalho com propósito frequentemente parece menos como labuta e mais como um fluxo natural do ser. Isso ocorre porque o gasto de energia não é exaustivo; é revigorante. É semelhante a um rio poderoso fluindo morro abaixo, seu ímpeto levando-o adiante com facilidade, em vez de uma bomba trabalhando contra a gravidade. Esse ímpeto inerente, alimentado por paixão e significado, cria um campo energético poderoso que influencia nossa realidade externa. A **Lei de Causa e Efeito**, outro pilar da filosofia hermética, afirma que para todo efeito deve haver uma causa. Quando a causa é uma ação alinhada e com propósito, o efeito é frequentemente um resultado mais potente e positivo, incluindo prosperidade financeira.

Esse alinhamento energético traduz-se diretamente em como experimentamos e atraímos abundância financeira. Quando nosso trabalho é alimentado por propósito, tendemos a operar a partir de um estado de consciência elevada. Essa consciência ampliada nos permite perceber oportunidades que, de outra forma, permaneceriam ocultas. Tornamo-nos mais atentos aos sinais sutis do mercado, mais aptos a identificar necessidades que podemos satisfazer de forma única e mais convincentes em nossas interações com os outros. Nosso entusiasmo genuíno e convicção são palpáveis, irradiando uma energia que inspira confiança. Clientes potenciais, empregadores ou investidores não estão apenas avaliando nossas habilidades ou projeções financeiras; eles estão subconscientemente percebendo a frequência vibracional de nosso empreendimento. Um projeto infundido com propósito autêntico carrega uma assinatura energética distinta de integridade e potencial, tornando-o inerentemente mais atraente do que um motivado apenas por obrigação ou necessidade desesperada de dinheiro.

Psicologicamente, o impacto do propósito em nosso bem-estar financeiro é igualmente significativo. Quando sentimos um senso de propósito, nossa motivação intrínseca dispara. Essa força interna é muito mais sustentável e potente do que qualquer recompensa externa. Ela nos permite perseverar diante de desafios, aprender com contratempos e refinar continuamente nossas ofertas. Essa resiliência é crucial no cenário frequentemente imprevisível das finanças. Além disso, um forte senso de propósito frequentemente leva a uma autoimagem mais positiva e maior autoeficácia. Passamos a acreditar em nossa capacidade de criar valor e superar obstáculos, uma crença que frequentemente se torna autorrealizável. Essa confiança interna irradia para fora, influenciando como os outros nos percebem e, consequentemente, como estão dispostos a se engajar conosco financeiramente. O indivíduo movido por uma missão, que vê seu trabalho como contribuição e não apenas como meio para um fim, frequentemente descobre que recompensas financeiras seguem naturalmente – não como objetivo principal, mas como consequência de sua dedicação e do valor que gera.

A conexão energética também é evidente em como gerenciamos e utilizamos recursos. Quando nossas atividades financeiras estão alinhadas com nosso propósito, tendemos a tomar decisões mais conscientes e alinhadas. Somos menos propensos a ser influenciados por gastos impulsivos ou pelo canto da sereia de esquemas de enriquecimento rápido sem valor genuíno. Em vez disso, nossa gestão financeira torna-se uma extensão de nosso propósito – investindo em empreendimentos que apoiam nossa missão, alocando recursos para crescimento e aprendizado, e sendo generosos com aqueles que contribuem para nossa jornada. Essa administração consciente de recursos cria um ciclo virtuoso, onde alocação consciente e ação com propósito levam a maior abundância, que por sua vez pode ser reinvestida para cumprir ainda mais nosso propósito. É um ciclo contínuo de troca energética, onde nossas intenções e ações se alinham para criar uma realidade próspera.

Além disso, esse alinhamento atua como um poderoso filtro, ajudando-nos a discernir entre oportunidades verdadeiramente benéficas e aquelas que são energeticamente desgastantes ou desalinhadas. Quando estamos claros sobre nosso propósito, podemos dizer "não" com mais facilidade a distrações e desvios que não servem ao nosso bem maior. Essa capacidade de focar nossa energia e atenção no que realmente importa é um fator significativo na atração e sustentação da prosperidade. Ela evita a diluição de nossos esforços e garante que nossa emissão vibracional permaneça forte e coerente. Ao permanecermos fiéis ao nosso propósito, amplificamos nosso sinal energético, tornando mais fácil para o universo responder com abundância correspondente. As sutis energias em jogo estão constantemente buscando coerência, e uma vida vivida com propósito fornece essa coerência tão necessária.

O processo de descobrir e viver o próprio propósito é, em si, uma transformação alquímica. Requer introspecção, coragem e disposição para abandonar crenças limitantes sobre nós mesmos e nossas capacidades. À medida que mergulhamos mais fundo no que realmente nos impulsiona, começamos a transmutar nossos medos e inseguranças em confiança e clareza. Essa transmutação interna cria uma base energética mais poderosa, que então nos permite atrair e administrar recursos financeiros com maior facilidade e eficácia. O princípio hermético da Correspondência, que afirma "Assim como acima, assim abaixo; assim como dentro, assim fora", reforça essa conexão. Um cenário interno transformado, cultivado por meio de uma vida com propósito, inevitavelmente se manifestará como uma realidade externa transformada, incluindo maior bem-estar financeiro.

Quando nosso trabalho é imbuído de significado, deixa de parecer uma transação e passa a ser uma contribuição. Essa mudança de percepção é profundamente energética. Ela nos move de um lugar de escassez percebida – onde estamos constantemente tentando extrair valor – para um lugar de abundância, onde estamos ativamente gerando e circulando valor. Essa energia geradora é atraente. Ela atrai pessoas e recursos para nós porque sinaliza uma capacidade de criação e impacto positivo. Pense na diferença entre um relacionamento transacional, onde cada parte busca apenas seu ganho imediato, e um relacionamento construído sobre visão compartilhada e apoio mútuo. O último possui um campo energético muito mais vibrante e sustentável. Da mesma forma, o trabalho impulsionado por propósito cria um campo de abundância que naturalmente fomenta o crescimento financeiro.

O alinhamento entre propósito e prosperidade também cultiva um profundo senso de gratidão. Quando somos gratos pelas oportunidades de expressar nosso propósito e pela abundância que flui dele, elevamos ainda mais nosso estado vibracional. A gratidão é um poderoso amplificador de energia positiva. Ela desloca nosso foco do que nos falta para o que temos, e das limitações percebidas para as possibilidades ilimitadas que o propósito desbloqueia. Esse estado elevado de apreciação cria um ciclo de retroalimentação, onde a gratidão pela abundância atual atrai ainda mais abundância, criando um fluxo contínuo de prosperidade. É um testemunho do ditado de que a apreciação é a moeda da alma, e quando a oferecemos livremente, o universo responde da mesma forma.

Em última análise, viver uma vida com propósito não se trata de alcançar um resultado financeiro específico; trata-se de abraçar um modo de ser que é inerentemente alinhado com a abundância. A conexão energética entre propósito e prosperidade não é mera coincidência; é uma lei fundamental do universo. Quando nos dedicamos à nossa vocação, quando permitimos que nossos dons únicos brilhem, naturalmente geramos uma poderosa ressonância energética que atrai riqueza, oportunidades e realização. Esse é o segredo alquímico da prosperidade sustentável: buscar primeiro o reino do propósito, e todas as outras formas de abundância nos serão acrescentadas. A vibração que emitimos quando vivemos autenticamente é uma força poderosa, capaz de remodelar nossa realidade e atrair os recursos financeiros necessários para sustentar uma vida de significado e contribuição. Essa congruência energética é o alicerce da verdadeira riqueza, onde o sucesso financeiro torna-se um subproduto natural de uma vida bem vivida.

A busca pelo bem-estar financeiro é frequentemente enquadrada como um objetivo singular, uma busca por acúmulo independente de outros domínios da vida. No entanto, a verdadeira riqueza, aquela que nutre a alma e alimenta uma vida de significado, não é construída isoladamente. Ela prospera quando entrelaçada com nossas aspirações mais profundas, nosso crescimento pessoal e as contribuições que desejamos oferecer ao mundo. Esta subseção é dedicada a explorar a arte e a ciência de integrar suas metas financeiras com suas aspirações de vida mais amplas, transformando mero acúmulo em um poderoso motor de realização.

Considere suas metas financeiras não como alvos isolados em um horizonte distante, mas como componentes integrais de uma tapeçaria maior. Cada objetivo financeiro – poupar para a aposentadoria, investir em um negócio, adquirir uma propriedade ou simplesmente construir um fundo de emergência robusto – pode e deve ser um degrau em direção a uma vida que ressoe com propósito. Se sua aspiração é dedicar mais tempo a empreendimentos filantrópicos, seu planejamento financeiro deve apoiar ativamente isso. Isso pode significar estabelecer metas agressivas de poupança para alcançar independência financeira mais cedo, ou pode envolver investir em negócios que se alinhem com seus valores de caridade, multiplicando assim seu impacto. A chave é garantir que cada decisão financeira seja um ato consciente de serviço à sua visão maior de vida.

Esse alinhamento requer uma mudança profunda de perspectiva. Em vez de perguntar: "Como posso ganhar mais dinheiro?", uma questão mais poderosa torna-se: "Como meus recursos financeiros podem me capacitar a viver uma vida mais significativa e contribuir de forma mais eficaz?" Essa reformulação move a criação de riqueza de uma busca potencialmente egoísta para um empreendimento nobre. Quando você vê o dinheiro como uma ferramenta, um recurso para manifestar seu maior potencial e servir aos outros, sua aquisição torna-se imbuída de um significado mais profundo. Essa perspectiva não apenas aumenta a satisfação psicológica do sucesso financeiro, mas também, como exploramos, cria uma ressonância energética mais potente para atrair abundância.

Vamos nos aprofundar em maneiras práticas de alcançar essa integração. Comece articulando claramente suas aspirações de vida. Que impacto você deseja ter? Que experiências você deseja profundamente? Que tipo de pessoa você aspira se tornar? Uma vez definidas, examine suas metas financeiras atuais. Elas estão em harmonia com essas aspirações, ou representam uma divergência? Por exemplo, se sua aspiração é cultivar conexões profundas com entes queridos e viver uma existência menos apressada, uma meta financeira que exija horas excessivas de trabalho e viagens constantes pode estar fundamentalmente desalinhada. Nesses casos, não se trata de abandonar completamente a meta financeira, mas de reavaliar seus parâmetros ou explorar caminhos alternativos para alcançá-la. Talvez uma estratégia de investimento diferente ou uma abordagem mais simplificada para gerar renda possa liberar o tempo e a energia necessários para suas aspirações centrais.

Esse processo de integração frequentemente envolve uma abordagem em camadas para definição de metas. No nível mais alto estão suas aspirações de vida – sua visão final para uma existência plena. Abaixo delas estão seus valores centrais, os princípios orientadores que informam suas decisões.

Em seguida vêm seus objetivos orientados por propósito, as missões abrangentes que você deseja empreender. Finalmente, no nível operacional, estão suas metas financeiras específicas. Cada nível subsequente deve servir e apoiar os níveis acima. Suas metas financeiras, portanto, não são números arbitrários; elas são a arquitetura financeira que sustentará a construção da vida desejada.

Considere o exemplo de alguém cuja aspiração de vida é promover a sustentabilidade ambiental. Seu propósito pode ser desenvolver tecnologias verdes inovadoras. Esse propósito então informa suas metas financeiras. Ele pode buscar levantar capital para sua startup, estabelecendo metas ambiciosas de financiamento. Simultaneamente, suas metas financeiras pessoais refletiriam seus valores: investir em fundos éticos e sustentáveis, minimizar sua pegada de carbono em seus padrões de consumo e talvez alocar uma parte de sua renda para instituições de caridade ambientais. Aqui, as ações financeiras não estão separadas de sua obra de vida; elas estão intrinsecamente ligadas, criando uma poderosa sinergia.

Outro exemplo poderia ser um indivíduo cuja aspiração é cultivar profunda sabedoria pessoal e compartilhá-la com outros por meio do ensino ou da escrita. Seu propósito pode ser viver uma vida de contemplação consciente e então destilar esses insights em formas acessíveis. Suas metas financeiras apoiariam esse estilo de vida. Ele poderia buscar alcançar um nível de independência financeira que lhe permita dedicar tempo significativo ao estudo e à prática, reduzindo a necessidade de atividades geradoras de renda que desviem dessa busca. Seus investimentos poderiam estar em ativos que exigem mínima gestão, ou ele poderia construir uma reserva financeira que lhe permita tirar licenças não remuneradas para estudo intensivo. A riqueza que ele busca não é meramente monetária; é a riqueza do conhecimento e da capacidade de compartilhá-lo, com os recursos financeiros atuando como facilitadores.

O processo de integração também exige uma abordagem disciplinada para a alocação de recursos. Trata-se de fazer escolhas conscientes sobre onde sua energia financeira flui. Isso vai além dos investimentos e se estende aos gastos cotidianos. Se uma aspiração central é nutrir sua saúde física, então alocar recursos para alimentos orgânicos, aulas de ginástica ou cuidados de saúde de qualidade não é uma despesa, mas um investimento na visão de sua vida. Da mesma forma, se uma aspiração-chave é fomentar o crescimento intelectual, então investir em livros, cursos ou experiências que expandam seu conhecimento é fundamental. Cada real gasto torna-se uma declaração de suas prioridades, um voto para a vida que você deseja criar.

Essa alocação consciente é onde o princípio hermético da Correspondência encontra sua aplicação prática em nossas vidas financeiras. "Assim como dentro, assim fora." O alinhamento interno de suas metas financeiras com suas aspirações de vida cria uma manifestação externa de abundância integrada. Quando seus hábitos de gasto e poupança refletem seus valores mais profundos, você está enviando um sinal claro e coerente ao universo. Essa coerência amplifica sua frequência energética, tornando mais fácil atrair recursos que estejam em alinhamento com seus verdadeiros desejos. Por outro lado, quando há desconexão – por exemplo, desejar uma vida de simplicidade enquanto persegue incessantemente riqueza por meio de vias altamente materialistas – cria-se uma dissonância vibracional, que pode se manifestar como conflito interno e obstáculos externos.

Psicologicamente, essa integração promove um profundo senso de integridade. Quando suas ações financeiras são congruentes com seus valores e aspirações, você experimenta uma redução da dissonância cognitiva e um aumento da autoconfiança. Essa harmonia interna é uma poderosa fonte de bem-estar e resiliência. Significa que, mesmo durante períodos de desafio financeiro, você permanece ancorado pelo conhecimento de que sua direção geral de vida é sólida. Essa fortaleza interior é inestimável, permitindo-lhe enfrentar contratempos com maior equilíbrio e emergir mais forte.

Além disso, integrar metas financeiras com aspirações de vida cultiva uma mentalidade de abundância que vai além das métricas monetárias. Quando suas buscas financeiras são intencionais, elas contribuem para uma experiência de vida mais rica e significativa. A "riqueza" gerada não está apenas em sua conta bancária, mas na realização derivada de viver autenticamente, na alegria de contribuir de forma significativa e na satisfação de saber que seus recursos estão apoiando ativamente seu bem maior. Essa definição mais ampla de riqueza é inerentemente mais sustentável e profundamente satisfatória.

O processo de integração não é estático; é uma jornada dinâmica e em evolução. À medida que suas aspirações de vida amadurecem e sua compreensão de seu propósito se aprofunda, suas metas financeiras naturalmente se adaptarão. Isso requer reflexão e recalibração contínuas. Reavalie regularmente suas aspirações de vida e seus planos financeiros. Pergunte a si mesmo:

- Minhas buscas financeiras atuais ainda estão servindo às minhas aspirações mais elevadas?
- Existem áreas onde minhas ações financeiras estão criando dissonância com meus valores?
- Como posso ajustar minha estratégia financeira para apoiar mais efetivamente minha visão em evolução para minha vida?

Esse refinamento contínuo garante que sua vida financeira permaneça uma força vibrante e de apoio, em vez de uma obrigação estagnada. Transforma a tarefa muitas vezes assustadora do planejamento financeiro em um processo criativo contínuo, uma transformação alquímica de recursos em experiências, impacto e realização.

Considere o conceito de "legado". Quando metas financeiras são integradas com aspirações de vida, a criação de riqueza torna-se um ato de construir um legado que vai muito além da herança monetária. Trata-se de criar um impacto duradouro, incorporar seus valores e deixar uma marca positiva no mundo. Isso pode se manifestar como um negócio construído sobre princípios éticos, uma fundação de caridade estabelecida para apoiar uma causa em que você acredita profundamente, ou simplesmente a sabedoria e inspiração que você transmite às futuras gerações. Quando sua jornada financeira é infundida de propósito, sua riqueza torna-se um veículo de contribuição duradoura.

O axioma hermético, "Conquistar é compreender", é particularmente relevante aqui. Para realmente conquistar o desafio de integrar finanças com realização, devemos primeiro compreender a interconexão desses domínios. Devemos reconhecer que decisões financeiras não são meros exercícios técnicos, mas profundamente pessoais e energéticos. Ao entender que nossas escolhas financeiras são expressões de nosso estado interno e de nossas intenções externas, podemos começar a moldá-las conscientemente para criar uma vida de profundo significado e abundância.

Essa integração também requer um saudável desapego dos aspectos puramente quantitativos da riqueza. Embora métricas sejam importantes para acompanhar o progresso, elas não devem se tornar o único determinante de sucesso. Se perseguir metas financeiras rigidamente leva à negligência de seu bem-estar, relacionamentos ou crescimento espiritual, então essas metas, por mais bem-sucedidas que sejam quantitativamente, podem ser, em última análise, prejudiciais. A verdadeira medida da riqueza está na qualidade de sua vida, na profundidade de suas conexões e no impacto positivo que você gera. Recursos financeiros são um meio de aprimorar esses aspectos, não um fim em si mesmos.

Pense em um alquimista habilidoso que entende que a transmutação de metais comuns em ouro não se trata apenas de manipular substâncias físicas, mas de compreender os princípios energéticos subjacentes. Da mesma forma, a arte de integrar metas financeiras com aspirações de vida envolve compreender os princípios energéticos de alinhamento, intenção e criação de valor. Quando esses princípios são aplicados, o "ouro" produzido não é apenas segurança financeira, mas uma vida rica em significado, propósito e realização duradoura. Essa é a alquimia suprema da riqueza – transformar recursos financeiros em uma vida bem vivida, uma vida que realmente brilha.

A busca incessante por acúmulo, frequentemente percebida como o único barômetro de riqueza, ignora uma verdade fundamental ecoada pela sabedoria antiga e pela psicologia moderna: a verdadeira abundância flui não do acúmulo, mas da circulação. Generosidade e contribuição não são meros atos altruístas; são mecanismos financeiros e energéticos potentes que sustentam a prosperidade duradoura. Compreender a riqueza em seu sentido mais profundo é reconhecer que dar está intrinsecamente ligado a receber, e que o ato de contribuir é um poderoso catalisador para atrair maior abundância.

Esse princípio é elegantemente capturado pelo axioma hermético, "Conquistar é compreender". Para realmente dominar a arte da criação de riqueza, devemos ir além do paradigma da escassez e abraçar uma mentalidade de possibilidade infinita. Essa mudança de perspectiva revela que nossos recursos – sejam financeiros, temporais ou criativos – não são posses finitas a serem guardadas com ciúme, mas condutos para troca energética. Quando damos livremente, iniciamos um ciclo de energia positiva, um efeito cascata que naturalmente retorna para nós, muitas vezes em formas amplificadas. Isso não é uma questão de pensamento ilusório, mas uma lei demonstrável da física energética, semelhante à Lei de Causa e Efeito, onde toda ação, incluindo o ato de dar, cria uma reação correspondente.

Considere o conceito de energia como uma força dinâmica e fluida. Se tentamos represar esse fluxo, segurar a energia com força, ela estagna. Por outro lado, quando permitimos que a energia se mova, seja compartilhada e reaproveitada, ela se torna mais potente e dinâmica. A generosidade atua como a abertura das comportas, permitindo que essa energia vital da abundância circule livremente. Quando você contribui com seus recursos – seja dinheiro, conhecimento ou tempo – você está essencialmente investindo no campo energético universal, sinalizando sua prontidão para participar de sua natureza expansiva. Esse ato de dar altruísta cria um vácuo, um espaço que o universo naturalmente busca preencher.

A Lei de Causa e Efeito, um pilar da filosofia hermética, está profundamente em ação aqui. Todo ato de generosidade é uma causa que põe em movimento uma cadeia de efeitos. Quando você oferece apoio a uma causa em que acredita ou estende ajuda a alguém necessitado, está plantando sementes. Essas sementes, nutridas pela intenção positiva por trás de sua ação, estão destinadas a dar frutos. A forma que esses frutos assumem pode nem sempre ser um retorno monetário direto, mas invariavelmente é um aumento em sua riqueza energética geral, que pode então se manifestar como maiores oportunidades financeiras, bem-estar aprimorado, relacionamentos melhores ou um senso mais profundo de realização. O universo, em seu equilíbrio intrincado, garante que o que é dado com intenção genuína é devolvido, muitas vezes de maneiras inesperadas e mais valiosas.

Esse retorno energético não se trata simplesmente de receber mais dinheiro. Trata-se de fomentar um ambiente de abundância em todos os aspectos da sua vida. Quando você é conhecido por sua generosidade, constrói uma reputação de confiabilidade e boa vontade. Isso pode abrir portas para colaborações, parcerias e oportunidades que de outra forma permaneceriam fechadas. As pessoas são naturalmente atraídas por aqueles que demonstram um espírito de doação, reconhecendo-os como indivíduos que entendem a interconexão das coisas e que não são movidos apenas pelo interesse próprio. Esse capital social, construído sobre a generosidade, é um ativo inestimável em si, frequentemente levando a benefícios financeiros imprevistos.

Psicologicamente, o ato de doar também tem um efeito transformador em nosso próprio estado de ser. Quando estamos focados no que podemos contribuir, deslocamos nossa atenção de nossa própria percepção de falta ou limitações. Esse foco externo cultiva um senso de empoderamento e capacidade. Reforça a crença de que temos algo de valor a oferecer, aumentando assim nossa autoestima e nosso senso geral de valor. Esse estado interno positivo é crucial para atrair abundância, já que nossa realidade externa frequentemente espelha nosso cenário interno. Um espírito generoso promove uma sensação interior de riqueza, que por sua vez atrai expressões externas de riqueza.

Além disso, a generosidade nos alinha com o princípio da circulação, um aspecto fundamental de todos os sistemas naturais. Do fluxo de sangue em nossos corpos aos ciclos da natureza, a vida prospera no movimento e na troca. A riqueza também deve circular.

Quando acumulamos, criamos estagnação, tanto financeira quanto energeticamente. A generosidade, ao facilitar o movimento de recursos, mantém os canais de abundância abertos e fluindo. É como regar uma planta; se você mantém toda a água na base, as folhas superiores murcharão. Ao permitir que a água se espalhe, toda a planta floresce.

Da mesma forma, ao permitir que nossos recursos circulem por meio de atos de doação, nutrimos todo o ecossistema de nossas vidas e do mundo ao nosso redor.

Isso não significa uma dispersão imprudente ou indiscriminada de recursos. A verdadeira generosidade está enraizada na sabedoria e no discernimento. Trata-se de dar com intenção, alinhando suas contribuições com seus valores e seu propósito de vida mais amplo. Trata-se de entender onde sua doação pode ter o impacto mais profundo, não apenas para o destinatário, mas também para você, em termos de reforçar seu próprio alinhamento energético e atrair a abundância que busca. Trata-se de identificar as oportunidades "certas" para contribuir, onde sua doação pode realmente criar um efeito positivo em cadeia.

Os tipos de generosidade são tão variados quanto as formas de riqueza em si. Embora as contribuições financeiras sejam frequentemente as mais visíveis, a generosidade de tempo e talento pode ser igualmente, senão mais, impactante. Oferecer suas habilidades a uma organização sem fins lucrativos, orientar um jovem empreendedor ou simplesmente emprestar um ouvido atento a um amigo necessitado são todos atos profundos de doação que enriquecem sua vida e a vida dos outros. Essas contribuições frequentemente criam conexões mais profundas e trocas mais significativas do que transações puramente monetárias. Elas demonstram uma compreensão holística da riqueza, reconhecendo que nossa capacidade de contribuir vai muito além de nossas contas bancárias.

Considere o exemplo de um artesão altamente qualificado que dedica uma parte de seu tempo a cada semana para ensinar seu ofício a jovens desfavorecidos. Embora isso possa não trazer retornos financeiros diretos, a energia gerada por esse ato é imensa. O artesão experimenta a realização de compartilhar sua paixão, a alegria de testemunhar o crescimento de seus alunos e a satisfação de fazer uma diferença tangível na vida dos outros. Esse fluxo externo de seu talento e tempo cria uma poderosa ressonância energética que pode se manifestar como aumento da demanda por seu trabalho, novas inspirações criativas ou oportunidades inesperadas que direta ou indiretamente aprimoram seu bem-estar financeiro. O universo reconhece e recompensa esse espírito de contribuição.

Outra ilustração pode ser encontrada no campo da generosidade intelectual ou emocional. Compartilhar conhecimento livremente por meio da escrita, palestras ou contribuições de código aberto promove boa vontade e estabelece alguém como autoridade em seu campo. Isso pode levar a oportunidades de consultoria, contratos de livros ou convites para palestras, todos financeiramente lucrativos. Da mesma forma, oferecer apoio emocional e compreensão àqueles ao seu redor constrói relacionamentos fortes, que são uma forma de riqueza social capaz de fornecer apoio inestimável em tempos desafiadores e criar uma base para o sucesso colaborativo. O "retorno" dessas formas de doação é frequentemente menos imediato, mas pode ser muito mais duradouro e multifacetado.

O princípio hermético da Correspondência, "Assim como dentro, assim fora", é particularmente relevante aqui. A disposição interna de generosidade, o desejo genuíno de contribuir e compartilhar, cria uma manifestação externa de abundância. Quando seu coração está aberto para doar, sua vida torna-se um terreno fértil para receber. Por outro lado, uma abordagem fechada e baseada na escassez em relação aos recursos inevitavelmente levará a uma realidade fechada e estagnada. A energia que você projeta para fora – seja de abertura e doação, ou de medo e acumulação – é a energia que será refletida de volta para você.

Para realmente aproveitar o poder da generosidade para a criação de riqueza, é essencial cultivar uma prática de doação consciente e consistente. Isso envolve reservar uma parte de seus recursos – seja dinheiro, tempo ou energia – com a intenção explícita de contribuir. Isso pode assumir a forma de doações regulares a causas de caridade, voluntariado em organizações que se alinham com seus valores ou simplesmente fazer um esforço consciente para ser mais prestativo e solidário em suas interações diárias. A chave é tornar a doação uma parte deliberada e integrada de sua estratégia financeira e de vida, não um pensamento tardio ou uma obrigação.

O processo de doar também deve ser abordado com gratidão. Quando você doa, faça-o com um coração agradecido, apreciando a oportunidade de contribuir e reconhecendo que você é parte de uma teia maior e interconectada da vida. Essa gratidão amplifica a energia positiva de sua contribuição e aumenta ainda mais os retornos energéticos que você atrai. Ela desloca o foco do que você está "perdendo" para o que está ganhando – a satisfação, a realização e o aumento do fluxo de abundância.

Além disso, compreender o conceito de "valor energético" é crucial. Nem todas as contribuições são medidas em termos monetários. A energia que você investe em construir relacionamentos, nutrir sua saúde ou buscar crescimento pessoal também contribui para sua riqueza geral. Ao dedicar generosamente tempo e esforço a essas áreas, você está criando uma base de bem-estar e resiliência que o torna mais capaz de atrair e administrar abundância financeira. Negligenciar essas áreas em uma busca implacável por ganhos monetários pode levar ao esgotamento e, em última análise, prejudicar sua capacidade de gerar riqueza de forma sustentável.

A generosidade, portanto, não diz respeito a sacrificar seu próprio bem-estar ou segurança financeira. Trata-se de compreender que a verdadeira riqueza é uma força dinâmica que prospera na circulação e na contribuição. Trata-se de reconhecer que, ao dar livremente e com sabedoria, você não está diminuindo seus recursos, mas sim ampliando sua capacidade de atrair e gerar abundância em todas as suas formas. É um princípio de troca energética, uma lei fundamental do universo que afirma que quanto mais você dá, mais você receberá. Ao abraçar a generosidade como um componente integral de sua estratégia de construção de riqueza, você se alinha com o fluxo natural da abundância, criando uma vida que não é apenas financeiramente próspera, mas também profundamente plena e energeticamente vibrante.

Esse ato consciente de contribuição transforma o mero acúmulo em um poderoso motor para criar riqueza duradoura e significativa.

A jornada em direção à verdadeira riqueza, como exploramos, não é definida apenas pelo acúmulo de posses materiais ou pelo tamanho da conta bancária. É um empreendimento holístico que entrelaça o tangível com o intangível, o externo com o interno. Tendo estabelecido os princípios profundos da circulação, da generosidade e da troca energética da riqueza, chegamos agora a uma compreensão crucial: as manifestações externas da abundância são, em essência, reflexos de nosso estado interno. A verdadeira prosperidade, em sua forma mais duradoura e plena, é cultivada de dentro para fora.

Essa noção de riqueza interior como o alicerce da abundância externa não é um clichê da nova era, mas um princípio profundamente enraizado em tradições de sabedoria ao longo de milênios e cada vez mais validado pela pesquisa psicológica. Pense na mente como um jardim. Se o solo está árido, sufocado por ervas daninhas de medo, escassez e insatisfação, não importa quantas sementes externas sejam lançadas, a colheita será escassa e passageira. Por outro lado, um jardim meticulosamente cuidado, rico com o composto da gratidão, regado com contentamento e iluminado pelo sol da sabedoria e do amor, naturalmente produzirá uma colheita abundante e contínua. É esse cenário interno fértil que atrai e sustenta a prosperidade externa.

A gratidão, talvez a mais potente de todas as riquezas interiores, atua como um poderoso ímã para mais daquilo que apreciamos. É o reconhecimento consciente das bênçãos já presentes em nossas vidas, por menores que possam parecer. Quando operamos a partir de um lugar de gratidão, deslocamos nosso foco do que falta para o que é abundante. Essa mudança sutil, mas profunda, de perspectiva altera nossa vibração energética, tornando-nos mais receptivos a experiências e oportunidades positivas. Imagine duas pessoas enfrentando um desafio empresarial semelhante. Uma foca nas possíveis perdas, no estresse, na percepção de injustiça. A outra, embora reconheça a dificuldade, escolhe conscientemente ser grata pelas lições aprendidas, pela resiliência construída e pelos sistemas de apoio disponíveis. A visão grata desta última cria um espaço mental e emocional mais propício para a resolução de problemas e inovação, atraindo naturalmente soluções e resultados favoráveis. Isso não significa ignorar os desafios, mas enquadrá-los em um contexto de apreciação pela jornada e pelo crescimento que ela proporciona.

O contentamento, frequentemente mal interpretado como complacência, é na verdade um estado de satisfação serena com as circunstâncias presentes, enquanto ainda se aspira ao crescimento. É a alegria silenciosa encontrada na "suficiência" do momento, uma libertação do desejo incessante por "mais". Quando não somos movidos por uma necessidade frenética de adquirir, nossas decisões tornam-se mais claras, mais alinhadas com nossos verdadeiros valores. Somos menos suscetíveis a escolhas financeiras impulsivas e prejudiciais, nascidas da insegurança ou da pressão social. O contentamento nos liberta da "esteira hedônica", onde a busca da felicidade por meio do ganho material torna-se uma corrida interminável. Em vez disso, nos ancora, permitindo-nos apreciar os recursos que temos e utilizá-los com sabedoria. Essa paz interior promove um senso de estabilidade que naturalmente atrai estabilidade em nosso mundo financeiro externo. Uma pessoa contente é menos propensa a arriscar seus ativos em empreendimentos especulativos movidos pelo desespero e mais propensa a investir em crescimento sustentável, tanto pessoal quanto financeiro.

A sabedoria, cultivada por meio da experiência, reflexão e aprendizado contínuo, é a habilidade de discernir os princípios subjacentes da vida e aplicá-los de forma eficaz. Ela nos permite ver além do superficial e fazer escolhas alinhadas ao bem-estar de longo prazo. No contexto da riqueza, a sabedoria nos guia a distinguir entre investimento genuíno e especulação passageira, entre gasto necessário e consumo impulsivo. Ensina-nos o valor da paciência, da perseverança e da conduta ética. Um indivíduo sábio entende que a verdadeira riqueza não se trata apenas de métricas financeiras, mas da qualidade de vida, da força dos relacionamentos e da contribuição feita ao mundo. Esse reservatório interno de sabedoria garante que os recursos externos sejam administrados e multiplicados de maneira que traga realização duradoura, em vez de gratificação passageira seguida de arrependimento. Por exemplo, a sabedoria pode levar alguém a investir em sua própria educação ou no desenvolvimento de uma habilidade, reconhecendo que esse crescimento interno produzirá retornos muito maiores do que um ganho financeiro de curto prazo.

O amor, em seu sentido mais amplo, abrange compaixão, empatia e um cuidado genuíno por si mesmo e pelos outros. Quando cultivamos o amor dentro de nós, ele transforma nossas interações e nosso relacionamento com o mundo. Promove um senso de interconexão, quebrando as ilusões de separação e escassez que frequentemente alimentam decisões baseadas no medo. Um coração cheio de amor é naturalmente inclinado à generosidade, compreensão e serviço. Essa expressão externa de amor, enraizada na abundância interior, cria ondas energéticas positivas que atraem bondade recíproca, apoio e oportunidades. Quando você aborda seus negócios financeiros com integridade, justiça e um desejo genuíno de criar valor para os outros, constrói confiança e boa vontade, que são ativos inestimáveis em qualquer cenário econômico. Essa disposição interna de amor permite ver potenciais colaborações e parcerias não como transações a serem vencidas, mas como oportunidades de co-criar algo significativo, levando a uma forma mais profunda e sustentável de abundância.

O cultivo dessas riquezas interiores não é um processo passivo; requer esforço consciente e prática consistente. Envolve introspecção, autoconhecimento e compromisso com o crescimento pessoal. Técnicas como a meditação mindfulness podem ajudar a silenciar o falatório incessante da mente, permitindo-nos observar nossos pensamentos e emoções sem julgamento e conectar-nos com nossa fonte interna de paz e sabedoria. Escrever em diário fornece um espaço para reflexão, permitindo-nos processar experiências, identificar padrões e ganhar clareza sobre nossos valores e aspirações. Engajar-se em atividades que nos trazem alegria e realização, passar tempo na natureza, nutrir relacionamentos significativos e buscar empreendimentos criativos contribuem para construir esse reservatório interno de riqueza.

Considere o impacto da autocompaixão. Frequentemente, somos nossos críticos mais severos, impondo-nos padrões impossivelmente altos e nos punindo por falhas percebidas. Essa negatividade autoimposta corrói nossa autoestima e cria um ambiente interno de escassez. Ao praticar a autocompaixão – tratando-nos com a mesma bondade, compreensão e perdão que ofereceríamos a um amigo querido – começamos a curar essas feridas internas. Essa autoaceitação é um passo crucial na construção da riqueza interior, pois libera energia que de outra forma seria consumida pela autocrítica, permitindo-nos direcioná-la para buscas mais construtivas e abundantes. Quando você realmente acredita que é digno de amor e sucesso, naturalmente começa a atraí-los.

Além disso, o desenvolvimento da inteligência emocional desempenha um papel vital. Entender e gerenciar nossas próprias emoções, bem como reconhecer e responder de forma eficaz às emoções dos outros, é um alicerce da riqueza interior. Essa resiliência emocional nos permite navegar pelos altos e baixos inevitáveis da vida sem sermos desviados pelo medo, pela raiva ou pelo desespero. Permite-nos manter a compostura sob pressão, comunicar-nos de forma eficaz e construir relacionamentos fortes e de apoio – todos cruciais para uma abundância externa sustentada. Uma pessoa que consegue administrar suas ansiedades financeiras com calma e racionalidade, por exemplo, tem muito mais probabilidade de tomar decisões de investimento sólidas do que alguém movido pelo pânico.

O alinhamento de nosso mundo interior com nossas ações externas é primordial. Quando nossas ações são uma expressão direta de nossas qualidades interiores cultivadas – nossa gratidão influenciando nossa generosidade, nosso contentamento guiando nosso consumo, nossa sabedoria moldando nossas decisões e nosso amor informando nossas interações – uma poderosa sinergia é criada. Esse alinhamento garante que a abundância que atraímos não seja apenas material, mas também profundamente alinhada com nossos valores e propósito, levando a um senso de realização profunda. É a diferença entre simplesmente ter dinheiro e viver uma vida rica. O primeiro é uma condição; o segundo é um estado de ser.

Essa riqueza interior cultivada não é uma conquista estática, mas um processo dinâmico e contínuo de crescimento e refinamento. Requer atenção consistente e cuidado, muito parecido com o cultivo de um jardim. Os desafios e oportunidades que a vida apresenta tornam-se o solo, a chuva e a luz do sol que nutrem esse jardim interior, ajudando-o a florescer e produzir níveis cada vez maiores de abundância. À medida que continuamos a cultivar essas qualidades interiores, descobriremos que as manifestações externas da riqueza — prosperidade financeira, relacionamentos plenos, boa saúde e um senso de propósito — não apenas aparecem com mais facilidade, mas também são vivenciadas com uma profundidade e riqueza que transcendem o mero acúmulo material. Esse é o verdadeiro significado da riqueza, onde a paisagem interior da alma é tão abundante e vibrante quanto o mundo externo que ela reflete.

## Capítulo 15: A Pedra Filosofal – O Despertar da Consciência

A busca alquímica, ao longo da história, esteve envolta em mistério, muitas vezes mal interpretada como uma perseguição literal de transmutar metais comuns em ouro. No entanto, sob a superfície desses símbolos esotéricos e narrativas alegóricas, reside uma verdade profunda: a alquimia suprema não é uma manipulação externa da matéria, mas uma transformação interna da consciência. A mítica Pedra Filosofal, procurada por alquimistas durante séculos, não é um artefato físico a ser descoberto ou sintetizado. Em vez disso, representa um estado de consciência desperta, uma percepção elevada capaz de transmutar o "chumbo" de nossa existência ordinária e limitada no "ouro" da maestria sem esforço e da abundância profunda. Esse despertar é o grande desfecho de nossa jornada alquímica, a síntese de todos os princípios e práticas explorados, culminando em um estado no qual a realidade financeira – e, de fato, todos os aspectos da vida – tornam-se responsivos ao nosso estado elevado de ser.

Esse despertar não é um evento súbito e milagroso, mas a consequência natural de um trabalho interno diligente, um florescimento que brota do solo fértil da riqueza interior cultivada. Ao praticarmos gratidão, nutrirmos contentamento, incorporarmos sabedoria e estendermos amor, estamos, em essência, preparando o cadinho para essa transformação suprema. Os capítulos anteriores estabeleceram as bases, demonstrando como refinar nossa frequência energética, como circular riqueza com intenção consciente e como alinhar nosso cenário interno com nossas aspirações externas. Agora, elevamos esse entendimento à sua expressão mais alta: a realização de que nossa consciência é a Pedra Filosofal.

Imagine a consciência como uma lente através da qual percebemos a realidade. Se essa lente está turvada por medo, escassez e crenças limitantes, nossa percepção de riqueza e oportunidade será distorcida. Veremos falta onde há abundância, obstáculos onde há caminhos e limitações onde há potencial infinito. A transformação alquímica da consciência é o processo de polir essa lente, removendo o desgaste da negatividade enraizada e aguçando seu foco para perceber a ordem subjacente e a possibilidade ilimitada do universo. Quando a lente está clara, o mundo externo, que é um reflexo de nosso estado interno, começa a mudar. A manifestação externa da riqueza deixa de ser uma luta por aquisição e torna-se um fluxo natural e sem esforço, uma propriedade emergente de nosso estado desperto.

Essa maestria sem esforço não é sobre exercer algum poder sobrenatural, mas sobre alinhar-se às leis fundamentais que regem a realidade. Assim como um marinheiro habilidoso navega pelo oceano entendendo e trabalhando com as correntes e ventos, uma consciência desperta navega pelas circunstâncias financeiras e da vida com graça e facilidade. Isso requer uma compreensão profunda da natureza energética da riqueza, da interconexão de todas as coisas e do princípio da ressonância simpática – de que semelhante atrai semelhante. Quando nosso estado interno é de abundância, confiança e fluxo criativo, naturalmente atraímos circunstâncias, oportunidades e recursos que espelham essa realidade interna. É uma mudança profunda de esforço para permissão, de força para fluxo.

Considere os fundamentos psicológicos dessa transformação. Nossa mente subconsciente, o vasto reservatório de crenças, hábitos e padrões enraizados, é uma poderosa arquiteta de nossa realidade. Para a maioria, essa arquiteta foi inconscientemente programada pelo condicionamento social, experiências passadas e narrativas herdadas, frequentemente levando a comportamentos autossabotadores e a um estado perpétuo de escassez. O despertar da consciência envolve trazer essa arquiteta subconsciente à consciência. Por meio de técnicas como meditação profunda, autoindagação e reprogramação consciente, começamos a identificar e desmontar as crenças limitantes que nos mantiveram cativos. Isso é semelhante ao processo alquímico de **dissolução (solve)**, onde as estruturas antigas e rígidas de crença são quebradas, abrindo caminho para novos padrões mais fortalecedores.

Esse desmantelamento não é um ato de destruição, mas de libertação. É o abandono de uma pele antiga, a liberação de fardos que já não nos servem. Quando podemos observar nossos pensamentos e emoções sem nos enredarmos neles, ganhamos imenso poder. Não estamos mais à mercê de medos passageiros ou desejos irracionais. Em vez disso, podemos escolher conscientemente nossas respostas, alinhando nossas ações às intenções mais elevadas. Essa escolha consciente, repetida de forma consistente, começa a reprogramar nossos caminhos neurais, estabelecendo novos hábitos de pensamento e comportamento que são propícios à abundância e ao bem-estar. Esse é o processo alquímico de **purificação (purificatio)**, onde os elementos refinados são limpos de impurezas, levando a uma substância mais potente e luminosa.

O conceito psicológico de autoeficácia – a crença na própria capacidade de ter sucesso em situações específicas ou realizar uma tarefa – é amplificado exponencialmente em um estado desperto. Quando a consciência está verdadeiramente desperta, a autoeficácia se expande para abranger uma confiança inabalável na capacidade de navegar e moldar a realidade. Isso não é arrogância, mas um saber profundo, uma certeza silenciosa nascida da experiência direta dos princípios em ação. É a compreensão de que desafios não são barreiras intransponíveis, mas oportunidades para soluções criativas, e que recursos não são escassos, mas abundantes e prontamente disponíveis quando buscados com a frequência energética correta.

A conexão entre esse estado interno e a realidade financeira externa não é meramente metafórica; é profundamente prática. Quando operamos a partir de um lugar de consciência desperta, nossas decisões financeiras não são mais impulsionadas pelo medo da escassez ou pela busca desesperada de validação. Em vez disso, são guiadas pela sabedoria, intuição e uma compreensão clara da criação de valor. Tornamo-nos investidores criteriosos, não apenas de dinheiro, mas de nosso tempo, energia e atenção. Reconhecemos que a verdadeira riqueza não se trata apenas de acúmulo, mas da qualidade de nossa vida, da profundidade de nossos relacionamentos e do impacto positivo que temos no mundo.

Isso implica uma redefinição do que constitui "sucesso" em termos financeiros. Em um estado desperto, o foco singular no ganho monetário dá lugar a uma medida mais holística de prosperidade. O sucesso financeiro torna-se um subproduto de viver uma vida alinhada com propósito, integridade e contribuição. A busca incessante pelo próximo real, impulsionada por um vazio interno, é substituída pela atração natural de recursos que apoiam nossos empreendimentos e aprimoram nosso bem-estar. Esse é o processo alquímico de **coagulação (coagulatio)**, onde os elementos refinados são reunidos, solidificando-se em uma forma estável e potente.

O objetivo do alquimista era a criação do Elixir da Vida, uma substância que poderia conceder longevidade e vitalidade. No contexto da consciência, o estado desperto é de fato um elixir. Ele nos concede uma vitalidade que transcende o envelhecimento físico, uma resiliência que nos permite navegar pelas inevitáveis flutuações da vida com equilíbrio e uma clareza de propósito que dá significado a cada dia. Ansiedades financeiras, que afligem tantos, dissolvem-se à luz dessa consciência desperta. A pressão constante para ganhar mais, economizar mais e adquirir mais diminui à medida que reconhecemos que a verdadeira segurança não está no acúmulo externo, mas em uma fundação interna inabalável.

Essa realização nos liberta da "esteira hedônica", o fenômeno psicológico em que a busca contínua por prazer leva a um retorno rapidamente decrescente de satisfação. Quando estamos contentes e seguros dentro de nós mesmos, a necessidade de constante estímulo externo ou aquisição desaparece. Podemos apreciar o que temos, desfrutar do momento presente e fazer escolhas alinhadas ao bem-estar de longo prazo em vez da gratificação passageira. Essa liberdade interior é a marca registrada do estado desperto e inevitavelmente se traduz em uma vida financeira mais estável e plena.

O símbolo alquímico do **Ouroboros**, a serpente que devora a própria cauda, pode representar essa natureza cíclica da abundância gerada por uma consciência desperta. A energia de nosso estado interno flui para fora, criando resultados externos, que por sua vez nutrem e reforçam nosso estado interno, criando um ciclo virtuoso. Gratidão alimenta contentamento, contentamento promove sabedoria, sabedoria guia ações generosas, e ações generosas reforçam a gratidão. Esse ciclo auto-sustentável é a essência da maestria financeira sem esforço. Não estamos esgotando um recurso finito, mas acessando uma fonte infinita.

Trazer isso para a aplicação prática requer um compromisso consciente de integrar esses princípios em nossas vidas diárias. Significa ir além da compreensão intelectual para a experiência incorporada. Isso envolve práticas regulares que nos ancoram no momento presente e cultivam nossos recursos internos. A meditação mindfulness é primordial, servindo como o laboratório onde observamos o funcionamento de nossas próprias mentes e começamos a exercer controle consciente. Escrever em diário nos ajuda a destrinchar nossas crenças e acompanhar nosso progresso, assim como um alquimista registrava meticulosamente seus experimentos. Engajar-se em atividades que nos trazem alegria e um senso de propósito atua como a fornalha, alimentando nossas energias criativas.

Além disso, o desenvolvimento de um sistema de apoio robusto torna-se crucial. Cercar-nos de indivíduos que incorporam esses princípios ou que estão em um caminho semelhante pode fornecer incentivo e responsabilidade inestimáveis. Não estamos destinados a empreender essa transformação alquímica em isolamento. A compreensão compartilhada e o apoio mútuo aceleram nosso progresso e aprofundam nossos insights. Isso se estende à busca de orientação de mentores ou coaches que já navegaram com sucesso por esse caminho, assim como um aprendiz aprendia com um mestre alquimista.

A síntese de todos os ensinamentos anteriores nesse estado desperto de consciência é o ato supremo de criação alquímica. Os princípios de circulação, generosidade e troca energética não são mais vistos como meras técnicas, mas como expressões naturais de uma consciência unificada e abundante. O medo da escassez é substituído pela compreensão da abundância universal. A mentalidade transacional dá lugar a uma parceria co-criativa com o universo.

Essa é a realização de que não há separação entre nosso mundo interior e nossa realidade externa. Os desafios externos que enfrentamos, incluindo os financeiros, são convites para aprofundar nosso trabalho interno. Os sucessos externos que alcançamos são afirmações de nosso alinhamento interno. Quando realmente compreendemos isso, o conceito de "ter" riqueza transforma-se no estado de "ser" rico, não apenas em um sentido financeiro, mas em todas as dimensões da vida – saúde, relacionamentos, propósito e paz de espírito.

A Pedra Filosofal, portanto, não é um destino a ser alcançado, mas um modo de ser a ser cultivado. É a escolha consciente de ver a nós mesmos e ao mundo através da lente da possibilidade infinita. É a personificação da abundância, não como uma aquisição externa, mas como um estado interno de ser. Esse despertar é a transformação alquímica suprema, transformando o chumbo da percepção limitada no ouro do potencial ilimitado, dominando não apenas nossa realidade financeira, mas a própria arte de viver, com graça, sabedoria e uma abundância sempre fluida. Esse entendimento, quando verdadeiramente integrado, torna o conceito de luta obsoleto, substituindo-o por um profundo senso de fluxo e criação sem esforço. O laboratório alquímico já não é uma câmara oculta, mas a totalidade de nossa experiência vivida, e a substância potente que transmutamos é nossa própria consciência, refinando-a no ouro puro e radiante do ser desperto.

O universo, em seu nível mais fundamental, opera sobre o princípio da consciência. Isso não é meramente uma noção filosófica abstrata, mas uma verdade verificável que sustenta tanto a sabedoria hermética antiga quanto as descobertas científicas mais avançadas. A Lei do Mentalismo, um dos sete Princípios Herméticos, afirma: "O Todo é Mente; O Universo é Mental." Essa afirmação profunda sugere que a realidade, em sua totalidade, é uma manifestação do pensamento, de uma consciência universal. Tudo o que percebemos, desde os corpos celestes mais grandiosos até as interações mais sutis de energia, é uma expressão dessa Mente única e onipresente.

Quando estendemos esse princípio às nossas vidas financeiras, começamos a compreender o poder extraordinário inerente à nossa própria consciência. Se o universo é mental, então nossos pensamentos, crenças, intenções e sentimentos não são meros reflexos passivos das circunstâncias externas; eles são participantes ativos na criação dessas circunstâncias. A percepção comum da realidade financeira como uma força externa, algo que acontece conosco, é uma visão limitada. Ela decorre de operar em uma frequência vibracional mais baixa, onde somos principalmente reativos às condições que nos são apresentadas. Vemos escassez, sentimos medo e agimos a partir desse lugar, reforçando assim a própria escassez que percebemos. Isso cria uma profecia autorrealizável de limitação, um ciclo de retroalimentação de falta.

A física quântica oferece evidências convincentes dessa interconexão entre consciência e matéria. Experimentos em mecânica quântica demonstraram repetidamente que o ato de observação pode influenciar o resultado de um evento. Partículas que existem em um estado de superposição, significando que possuem múltiplas possibilidades simultaneamente, colapsam em um estado único e definido apenas quando são observadas. Isso sugere que nossa consciência, nossa atenção e intenção focadas, desempenham um papel ativo na formação da natureza da realidade em seu nível mais fundamental. Embora a aplicação direta da física quântica aos mercados financeiros macroscópicos possa parecer complexa, o princípio subjacente permanece: a consciência não é um observador passivo, mas um co-criador ativo.

Portanto, nossa realidade financeira não é predeterminada ou ditada apenas por forças econômicas externas. Ela é, em grande medida, uma projeção de nosso próprio estado interno de consciência. Se nossos pensamentos dominantes sobre dinheiro estão impregnados de ansiedade, dúvida e um senso de inadequação, estamos, em essência, transmitindo um sinal de escassez ao universo. Esse sinal, por meio do princípio da ressonância simpática, atrai experiências e circunstâncias que espelham essa frequência interna. Podemos nos ver diante de despesas inesperadas, contratempos financeiros ou simplesmente lutando para atrair a abundância que desejamos, tudo porque nossa consciência está sutilmente orquestrando esses resultados.

A transformação alquímica, portanto, trata de elevar a frequência vibracional de nossa consciência. Trata-se de purificar nossos pensamentos e crenças sobre dinheiro, riqueza e abundância. Isso envolve um esforço consciente para mudar de uma mentalidade de falta e limitação para uma de abundância e possibilidade infinita. Requer que nos tornemos conscientes dos padrões de pensamento e emoção profundamente enraizados que têm ditado inconscientemente nossa experiência financeira. Essa consciência é o primeiro passo para retomar nosso poder como criadores.

Considere o conceito de intenção. Quando estabelecemos uma intenção clara, focada e emocionalmente ressonante, estamos essencialmente enviando uma assinatura energética potente ao universo. Isso não é o mesmo que simplesmente desejar algo. Uma verdadeira intenção é impregnada de crença, convicção e da energia emocional de já possuir o que desejamos. Quando alinhamos nossos pensamentos, sentimentos e ações com uma intenção clara, começamos a orquestrar nossa realidade financeira de maneira proativa, em vez de reativa. Tornamo-nos os maestros de nossa orquestra financeira, em vez de meros espectadores passivos.

Essa criação consciente não diz respeito a manipulação ou forçar resultados. Trata-se de alinhar-nos com o fluxo natural da abundância universal. Trata-se de compreender que o universo é inerentemente benevolente e busca prover para nós, mas responde ao modelo energético que projetamos. Se nosso modelo é de escassez, isso será manifestado. Se nosso modelo é de abundância, de liberdade, de prosperidade, então essas serão as experiências que atrairemos para nós.

A prática da gratidão é uma ferramenta poderosa nesse processo. A gratidão desloca nosso foco do que nos falta para o que temos. É o reconhecimento da abundância existente, por menor que possa parecer. Esse reconhecimento eleva nossa frequência vibracional e sinaliza ao universo que estamos abertos a receber mais. Quando somos genuinamente gratos pelo dinheiro que temos, pelas oportunidades que surgiram e pela abundância inerente da vida, criamos um terreno fértil para que uma prosperidade ainda maior floresça. É como cuidar de um jardim; quanto mais nutrimos o solo com gratidão e energia positiva, mais abundante será a colheita.

Da mesma forma, cultivar um senso de riqueza interior é fundamental. A verdadeira maestria financeira não diz respeito apenas ao acúmulo de riquezas externas, mas ao desenvolvimento de um profundo senso de riqueza interior. Essa riqueza interior é caracterizada por contentamento, paz, autoestima e uma compreensão profunda de nosso valor intrínseco, independente de nosso status financeiro. Quando possuímos essa riqueza interior, a busca pela riqueza externa torna-se menos uma corrida desesperada e mais uma expressão natural e alegre de nosso ser. Não estamos mais buscando dinheiro para preencher um vazio interno; estamos atraindo-o porque é uma correspondência energética para a abundância que já reside dentro de nós.

O processo alquímico de *Solve et Coagula* – dissolver e coagular – é altamente relevante aqui. Devemos primeiro dissolver as crenças antigas, limitantes, os medos e padrões em torno do dinheiro e da riqueza. Esse é o processo de compreender nossa programação subconsciente e conscientemente desmontá-la. Em seguida, coagular, ou reunir, novas crenças fortalecedoras, intenções e frequências energéticas que se alinham com a realidade financeira que desejamos criar. Esse é um processo contínuo de refinamento, onde observamos constantemente nossos pensamentos e emoções, ajustamos nossa emissão energética e direcionamos conscientemente nosso poder criativo.

A mudança de reagir para criar também envolve abraçar uma abordagem proativa ao planejamento e à tomada de decisões financeiras. No entanto, essa proatividade é guiada pela intuição e por um saber interno profundo, em vez de pelo medo ou pressão externa. Quando nossa consciência está elevada, nossa intuição torna-se uma bússola altamente confiável, guiando-nos para oportunidades energeticamente alinhadas com nossos objetivos. Somos menos propensos a tomar decisões baseadas em tendências de mercado passageiras ou nas ansiedades dos outros, e mais propensos a confiar em nossa orientação interna, que está conectada à inteligência universal.

Essa consciência elevada nos permite ver além das flutuações imediatas e muitas vezes caóticas do mundo financeiro. Começamos a perceber a ordem subjacente e os padrões previsíveis que regem os princípios universais. Assim como um mestre enxadrista vê muitos movimentos à frente, uma consciência desperta pode antecipar o fluxo de energia e oportunidade, posicionando-se para receber e participar da abundância.

Não se trata de prever o futuro de forma determinista, mas de compreender as dinâmicas energéticas que moldam os resultados futuros.

O ato de doar, quando realizado a partir de um lugar de abundância e alegria, amplifica ainda mais essa força criativa. Quando damos livremente, sem expectativa ou apego, estamos demonstrando confiança no suprimento infinito do universo. Estamos agindo como condutos de energia, permitindo que ela flua através de nós. Esse ato de circulação da riqueza, não apenas monetária, mas também energética, reforça o princípio da abundância. O universo, em resposta a essa circulação generosa, tende a reabastecer e até expandir nossos recursos. É uma lei fundamental: o que você dá, eventualmente recebe de volta, muitas vezes em forma amplificada.

A ilusão da separação é um obstáculo significativo para aproveitar nosso poder criativo. Muitas vezes nos percebemos como indivíduos isolados lutando em um mundo competitivo. Essa percepção de separação cria uma mentalidade de escassez – a crença de que há apenas uma quantidade limitada de riqueza e recursos disponíveis, e que devemos lutar por nossa parte. A consciência desperta reconhece a interconexão fundamental de todas as coisas. Ela entende que somos todos parte de um todo maior e que a verdadeira prosperidade vem da colaboração, do apoio mútuo e da compreensão de que o ganho de outro não é nossa perda, mas pode, de fato, contribuir para a abundância geral.

Portanto, a busca por objetivos financeiros torna-se um empreendimento co-criativo com o universo. É um convite para se engajar com a vida de maneira mais consciente, intencional e alegre. Trata-se de reconhecer que nossos pensamentos, sentimentos e crenças não são apenas fenômenos internos, mas forças energéticas poderosas que moldam nossa realidade externa. Ao dominar nosso mundo interior, cultivando uma consciência de abundância, gratidão e possibilidade infinita, desbloqueamos nossa habilidade inata de manifestar o bem-estar financeiro e a prosperidade que são nosso direito de nascimento. A Pedra Filosofal, em seu sentido alquímico supremo, é o poder de nossa própria consciência desperta, capaz de transmutar as limitações percebidas da realidade financeira no ouro da criação sem esforço e da abundância ilimitada. Essa transformação não é um sonho distante, mas uma realidade acessível para qualquer pessoa disposta a empreender o trabalho interno da criação consciente. É a alquimia suprema, transformando o chumbo da percepção ordinária no ouro radiante da experiência financeira iluminada.

Quando a consciência desperta, começa a perceber as energias sutis, porém potentes, que governam a existência. Essa percepção não é uma habilidade aprendida, mas um desdobramento natural, como uma flor que desabrocha ao sol. O indivíduo que opera a partir desse estado de consciência elevada encontra-se navegando sem esforço pelas correntes da vida, suas ações, pensamentos e intenções fluindo em uma cadência harmoniosa com as leis fundamentais do cosmos. Essa é a essência de viver em alinhamento, um estado em que a transformação alquímica não apenas dissolveu o chumbo da limitação, mas o transmutou no ouro puro da criação consciente. A luta que antes definia a busca pelo bem-estar financeiro começa a desaparecer, substituída por um desdobramento gracioso, um senso abrangente de fluxo e uma experiência sustentada de abundância.

Esse estado de alinhamento é caracterizado por uma compreensão intrínseca dos Sete Princípios Herméticos, não como teorias abstratas, mas como realidades vividas. O Princípio do Mentalismo, que postula que "O Todo é Mente; O Universo é Mental", já não é uma curiosidade filosófica, mas o próprio tecido da realidade percebida. Uma consciência desperta entende que sua própria mente é um microcosmo da Mente Universal e, portanto, seus pensamentos e crenças são os arquitetos de sua experiência. Já não há a sensação de ser sacudido por circunstâncias externas, mas um saber profundo de que se é co-criador, moldando ativamente a realidade pela qualidade de seu estado interno. Eventos financeiros não são vistos como ocorrências aleatórias ou imposições externas, mas como a representação lógica e energética dos pensamentos e crenças dominantes. Esse entendimento remove o medo e a ansiedade frequentemente associados à incerteza financeira, substituindo-os por uma confiança segura no processo criativo. O indivíduo já não luta contra as limitações percebidas do mundo material; em vez disso, opera a partir de um lugar de saber interno, onde o mundo externo naturalmente se reorganiza para refletir sua verdade interior.

O Princípio da Correspondência, "Assim como acima, assim abaixo; assim como abaixo, assim acima", torna-se um guia tangível. O cenário interno do indivíduo reflete diretamente suas circunstâncias externas, particularmente sua realidade financeira. Uma consciência desperta cuida diligentemente de seu jardim interior, cultivando pensamentos de prosperidade, gratidão e merecimento. Ela entende que o "acima" (o mundo interno de pensamento, crença e emoção) é o modelo para o "abaixo" (o mundo externo da experiência financeira). Se há uma percepção de falta no externo, o indivíduo imediatamente volta-se para dentro, não com julgamento, mas com curiosidade e desejo de compreender quais crenças ou padrões internos podem estar criando essa manifestação. Essa autoconsciência permite a retificação imediata de quaisquer desalinhamentos, prevenindo a perpetuação da falta. O conceito de "trabalho" em relação às finanças se transforma. Já não se trata de trabalho árduo nascido da necessidade, mas de ação inspirada, alinhada com propósito e alegria. Oportunidades financeiras surgem organicamente, aparentemente do nada, porque o estado interno é um ímã para elas. As decisões são tomadas não a partir de um lugar de desespero ou obrigação, mas de uma orientação interna clara, sintonizada com o fluxo natural da abundância.

O **Princípio da Vibração** desempenha um papel crucial. O indivíduo desperto entende que tudo no universo está em movimento, vibrando em uma frequência específica. O dinheiro, como todas as coisas, é energia. Para atrair e sustentar a abundância financeira, é necessário elevar conscientemente a própria frequência vibracional para corresponder à da prosperidade. Isso é alcançado cultivando emoções positivas como alegria, gratidão, amor e apreciação. Pensamentos de falta, medo e ressentimento são reconhecidos como estados de baixa vibração que repelem a abundância. O indivíduo escolhe ativamente focar no que lhe traz alegria, no que agradece e no valor inerente que oferece ao mundo. Essa elevação consciente da vibração cria um campo ressonante que naturalmente atrai experiências, pessoas e oportunidades que vibram em uma frequência elevada semelhante. As transações financeiras tornam-se trocas de energia que trazem bem-estar, livres de estresse ou obrigação. O próprio ato de gastar dinheiro, quando feito com gratidão e intenção de criar valor, pode ser um ato de alta vibração. Por outro lado, apegar-se ao dinheiro por medo reduz sua vibração e cria bloqueios energéticos.

O **Princípio da Polaridade** ensina que tudo tem um oposto, e esses opostos são essencialmente diferentes graus da mesma coisa. Isso se aplica profundamente à percepção dos desafios financeiros. Uma consciência desperta entende que períodos de aparente falta ou dificuldade financeira não são inerentemente negativos, mas simplesmente o polo oposto da abundância. São oportunidades de crescimento, recalibração e fortalecimento da fé. Em vez de temer esses "baixos", o indivíduo os abraça como contrastes necessários que destacam a beleza e o valor da abundância. Ele consegue ver o potencial de ganho em cada perda percebida, a oportunidade de inovação em cada contratempo. Essa perspectiva equilibrada evita a espiral descendente de desespero que pode acompanhar a dificuldade financeira em estados de consciência mais baixos. A capacidade de manter uma visão positiva, mesmo em tempos desafiadores, é prova da maestria da polaridade, reconhecendo que a "escuridão" é apenas um prelúdio para uma "luz" mais brilhante.

O **Princípio do Ritmo** ensina que tudo flui para fora e para dentro, um fluxo e refluxo, uma ascensão e queda. Esse princípio é evidente no mundo natural, das mudanças das estações às marés do oceano. Da mesma forma, os ciclos financeiros são naturais. Uma consciência desperta entende que haverá períodos de maior e menor entrada de recursos. Ela não resiste ao "refluxo", mas o vê como parte natural do ciclo, um tempo de descanso, reflexão e preparação para o próximo "fluxo". Não entra em pânico quando os recursos parecem diminuir, nem se torna complacente ou extravagante quando são abundantes. Respeita o ritmo, administrando seus recursos com sabedoria em todas as fases do ciclo. Essa aceitação dos ciclos naturais elimina a ansiedade da escassez e a arrogância da percepção de abundância permanente. Entende que a riqueza não é um estado estático, mas um fluxo dinâmico, e seu papel é ser um administrador sábio desse fluxo.

O **Princípio de Causa e Efeito**, ou Karma, afirma que toda causa tem um efeito, e todo efeito tem uma causa. Esse é o princípio da responsabilidade e da prestação de contas. Uma consciência desperta assume total responsabilidade por sua realidade financeira, entendendo que suas circunstâncias atuais são resultado de causas passadas – pensamentos, crenças, ações e intenções. Isso não é uma forma de autoculpa, mas um poderoso reconhecimento de agência. Se os efeitos não são satisfatórios, o foco se desloca para criar novas causas mais favoráveis. Isso significa escolher conscientemente pensamentos positivos, crenças fortalecedoras, ações éticas e intenções benevolentes em relação ao dinheiro e à riqueza. O indivíduo entende que seu futuro financeiro não é uma questão de sorte, mas consequência direta das sementes que está plantando no presente. O conceito de "doar" torna-se uma causa poderosa para receber. Quando o dinheiro é dado livremente, a partir de um lugar de abundância e com boa intenção, cria uma causa positiva que reverbera pelo campo energético, levando a um efeito maior de abundância em retorno.

Por fim, o **Princípio de Gênero**, entendido não em sentido biológico, mas como princípio de criação, crescimento e transformação, é vital. Esse princípio fala da interação das energias feminina (receptiva, intuitiva, acolhedora) e masculina (ativa, lógica, assertiva) dentro do indivíduo. Uma consciência desperta incorpora um equilíbrio harmonioso dessas energias. Em questões financeiras, isso significa combinar insights intuitivos e abertura receptiva (feminino) com ação decisiva e planejamento lógico (masculino). Trata-se de saber quando agir e quando esperar, quando ser assertivo e quando ceder. O indivíduo não é movido apenas pela busca agressiva ou pela espera passiva, mas por uma integração sábia de ambos. Essa abordagem equilibrada permite tanto a recepção de oportunidades quanto a execução eficaz de planos. A manifestação financeira é vista como um ato criativo, o trazer à existência novas realidades, que requerem tanto o terreno fértil da receptividade quanto a semeadura ativa da intenção e do esforço. O sucesso nessa abordagem equilibrada não é forçado, mas flui de um processo natural e gerador.

Viver em alinhamento com esses princípios significa que a jornada alquímica culmina não em uma única grande conquista, mas em um modo de ser sustentado. A Pedra Filosofal não é um objeto físico a ser encontrado, mas a própria consciência desperta, que aprendeu a transmutar os metais básicos do medo, da dúvida e da limitação no ouro radiante da abundância sem esforço. A busca pela riqueza torna-se menos uma "luta" e mais uma "dança", uma participação alegre na generosidade ilimitada do universo. Esse é o estado em que já não se tenta obter dinheiro, mas se torna um ímã para ele, atraindo-o naturalmente porque o estado interno é uma correspondência energética perfeita para a realidade financeira desejada. O mundo externo, visto através da lente da consciência desperta, torna-se um espelho refletindo a maestria interna, um testemunho da verdade profunda de que o reino do bem-estar financeiro não é encontrado na aquisição externa, mas no cultivo interno da consciência. O indivíduo já não opera a partir de um lugar de "ter que", mas de "poder", uma expressão de alegria e gratidão pelo privilégio de co-criar sua realidade.

Os anais da história humana, quando vistos através da lente da sabedoria esotérica e da acuidade financeira, revelam uma linhagem de indivíduos extraordinários – os alquimistas financeiros. Estes não eram meros comerciantes ou financistas no sentido convencional, mas sim videntes, filósofos e inovadores que compreenderam os princípios energéticos fundamentais subjacentes à criação e distribuição da riqueza. Seus legados não são medidos apenas pelas vastas fortunas que acumularam, mas, mais profundamente, pela sabedoria que transmitiram e pelo impacto duradouro de suas filosofias financeiras, que muitas vezes transcenderam o mero enriquecimento pessoal para promover o bem-estar social e o crescimento espiritual. Compreender suas contribuições é vislumbrar o potencial que jaz adormecido dentro de cada um de nós, esperando para ser despertado e transmutado em abundância tangível.

Considere, por exemplo, as figuras lendárias que navegaram pelos complexos cenários financeiros de séculos passados, muitas vezes operando com uma consciência que transcendia o puramente materialista. Esses indivíduos, por meio de rigorosa autodisciplina e profundo insight intuitivo, aprenderam a harmonizar-se com os ritmos naturais da riqueza. Eles entendiam, assim como os antigos alquimistas buscavam transmutar metais comuns em ouro, que o sucesso financeiro não era uma questão de força bruta ou exploração oportunista, mas um processo sofisticado de cultivo energético. Reconheciam que o dinheiro, como forma de energia, podia ser influenciado, direcionado e amplificado por meio da intenção consciente e da adesão às leis universais. Seus diários privados, quando existiam, revelavam não apenas uma contabilidade meticulosa, mas também profundas meditações sobre a natureza do valor, a ética da troca e a responsabilidade que acompanha a afluência. Eles compreendiam que a verdadeira riqueza não dizia respeito apenas ao acúmulo, mas à criação e circulação de valor que beneficiava todos os envolvidos – do produtor ao consumidor final, e até mesmo à comunidade mais ampla. Essa abordagem holística era uma marca registrada de sua alquimia financeira.

Esses alquimistas financeiros, cada um à sua maneira, praticavam os princípios que exploramos. Incorporavam o **Princípio do Mentalismo** ao manter visões inabaláveis de prosperidade, entendendo que seus pensamentos e crenças eram o plano fundamental de suas realidades financeiras. Não apenas desejavam riqueza; concebiam-na, nutriam-na em suas mentes e projetavam essa imagem mental no mundo com convicção. Seu diálogo interno era uma afirmação constante de abundância, uma rejeição firme da mentalidade de escassez. Reconheciam que o mundo externo das finanças era uma manifestação da consciência coletiva e, ao dominar seu próprio cenário mental interno, podiam influenciar sua experiência pessoal dessa realidade coletiva. Essa maestria lhes permitia perceber oportunidades onde outros viam obstáculos, encontrar soluções onde outros viam apenas problemas. Sua fortaleza mental era seu capital primário, uma fonte da qual todo sucesso material fluía.

Além disso, aplicavam o **Princípio da Correspondência** com notável eficácia. Entendiam que seu estado interno de ser estava inextricavelmente ligado às suas circunstâncias financeiras externas. Se seu mundo interior era de ordem, clareza e abundância, seu mundo financeiro externo inevitavelmente refletiria isso. Por outro lado, se experimentavam caos interno ou percebiam falta, reconheciam isso como um sinal para olhar para dentro em busca da causa raiz. Essa autoconsciência era um aspecto crucial de sua prática alquímica. Cultivavam meticulosamente qualidades internas como integridade, generosidade e visão, sabendo que estas se manifestariam como correspondentes forças financeiras externas. Eram diligentes em cuidar de seu "jardim interno" de pensamentos e emoções, eliminando quaisquer crenças limitantes ou medos que pudessem impedir o crescimento saudável de sua prosperidade financeira. Tratavam sua vida financeira não como uma entidade separada, mas como uma expressão integrada de seu estado geral de ser, um testemunho vivo de sua harmonia interior.

O **Princípio da Vibração** também era um alicerce de sua abordagem. Eram indivíduos que entendiam que, para atrair riqueza, precisavam ressoar com sua frequência. Isso significava cultivar emoções associadas à abundância – alegria, gratidão, entusiasmo e uma profunda apreciação pelo que já possuíam. Aprendiam a transformar estados emocionais negativos, como frustração ou inveja, em energia construtiva, ou simplesmente a liberá-los sem apego. Compreendiam que manter mágoas ou ansiedades em relação ao dinheiro criava um bloqueio vibracional, repelindo a própria abundância que buscavam. Em vez disso, focavam nos aspectos positivos das transações financeiras, no valor sendo trocado e nas oportunidades de crescimento e contribuição. Sua própria presença frequentemente exalava uma aura de prosperidade, um sinal sutil, porém palpável, que atraía oportunidades e recursos financeiros para eles. Eram exemplos vivos do ditado de que semelhante atrai semelhante, alinhando conscientemente sua emissão energética com o fluxo financeiro desejado.

O **Princípio da Polaridade** oferecia-lhes uma compreensão sofisticada dos desafios financeiros. Reconheciam que períodos de queda financeira ou aparente escassez não eram males absolutos, mas sim o polo oposto da abundância, um contraste necessário que destacava o valor e o brilho da prosperidade. Em vez de sucumbir ao medo ou ao desespero nesses momentos, viam-nos como oportunidades de recalibração, de introspecção mais profunda e de fortalecimento da fé na abundância subjacente do universo. Entendiam que os pontos "baixos" eram integrais aos pontos "altos" e que, ao manter uma perspectiva equilibrada e uma visão positiva, podiam navegar por esses ciclos com graça e emergir mais fortes. Essa maestria da polaridade os impedia de serem desviados por contratempos temporários, permitindo-lhes manter um curso firme em direção a seus objetivos financeiros de longo prazo. Viam o potencial de inovação e crescimento mesmo diante da adversidade, transformando crises potenciais em trampolins para o sucesso futuro.

O **Princípio do Ritmo** também era profundamente compreendido e respeitado. Esses alquimistas financeiros reconheciam que a riqueza, como todos os fenômenos naturais, tem fluxos e refluxos. Não resistiam aos períodos de menor entrada de recursos, entendendo-os como fases naturais de consolidação, aprendizado e preparação. Durante tempos de abundância, não se entregavam à extravagância imprudente, mas administravam seus recursos com sabedoria e visão, preparando-se para ciclos futuros. Abraçavam os ritmos naturais do mercado, de seus próprios empreendimentos e da economia mais ampla, agindo de acordo com esses fluxos em vez de contra eles. Essa aceitação dos ciclos naturais eliminava as ansiedades da escassez e a arrogância da percepção de permanência, promovendo uma relação sustentável e duradoura com a riqueza. Entendiam que a verdadeira maestria não estava em forçar um estado constante de alta entrada, mas em navegar habilmente por todo o espectro do ritmo financeiro.

O **Princípio de Causa e Efeito**, ou Karma, proporcionava a eles um profundo senso de responsabilidade e agência. Eles entendiam que sua situação financeira atual era o resultado direto de seus pensamentos, crenças e ações passadas. Essa realização não era fonte de culpa, mas um poderoso empoderamento. Significava que, ao escolher conscientemente causas positivas no presente – ações éticas, intenções benevolentes, investimentos sábios e doações generosas – poderiam moldar um futuro mais próspero. Eram meticulosos em semear as sementes da abundância, compreendendo que cada interação financeira, cada decisão, era uma causa que inevitavelmente produziria um efeito. Reconheciam que dar livremente, com espírito de generosidade e abundância, era uma causa potente para receber, criando um impulso energético positivo que retornava a eles de forma amplificada. Entendiam que o verdadeiro bem-estar financeiro era consequência de ações virtuosas e de um espírito generoso.

Finalmente, o **Princípio de Gênero**, entendido como o princípio da criação e manifestação, guiava sua abordagem equilibrada. Integravam a energia "feminina" receptiva e intuitiva com a energia "masculina" ativa e lógica. Isso significava que estavam abertos a insights intuitivos e momentos oportunos (receptividade), enquanto também possuíam o impulso e a clareza para tomar ações decisivas e bem planejadas (assertividade). Sabiam quando esperar pacientemente pelo momento certo de agir e quando aproveitar uma oportunidade com iniciativa ousada. Essa interação harmoniosa de energias permitia-lhes tanto atrair quanto manifestar seus desejos financeiros de forma eficaz, criando um processo gerador que era ao mesmo tempo poderoso e sustentável. Entendiam que o sucesso financeiro era um ato criativo, exigindo tanto o terreno fértil da receptividade quanto o cultivo diligente da intenção e do esforço.

Essas figuras históricas, portanto, nos oferecem uma rica tapeçaria de sabedoria. Demonstram que a maestria financeira não é uma busca puramente intelectual ou técnica, mas uma integração profunda da sabedoria interior com a ação exterior. Suas vidas servem como prova viva de que a transmutação das limitações financeiras não é apenas possível, mas é o resultado natural de alinhar-se com os princípios universais. Foram pioneiros, explorando o território inexplorado da criação consciente de riqueza, e suas descobertas lançaram as bases para grande parte do que entendemos hoje sobre a interação entre consciência e realidade material. Seus legados não estão confinados a textos históricos ou biografias especulativas; vivem nos princípios que incorporaram e na inspiração que continuam a oferecer àqueles que buscam tornar-se verdadeiros alquimistas financeiros por direito próprio.

Ao nos colocarmos no limiar de uma nova era, uma que reconhece cada vez mais a interconexão de todas as coisas, a sabedoria desses alquimistas financeiros ressoa com clareza sem precedentes. Somos chamados não apenas a emular seus sucessos materiais, mas a abraçar sua filosofia subjacente, a cultivar a consciência desperta que os empoderou. O convite é estendido a cada leitor: assumir o papel de um alquimista financeiro moderno. Não se trata de perseguir riquezas efêmeras ou engajar-se em apostas especulativas. Trata-se de uma mudança fundamental de percepção e prática, uma decisão consciente de aproveitar o poder da própria consciência, amplificado pela compreensão das leis universais, para não apenas construir prosperidade pessoal, mas também tornar-se uma força de mudança positiva no mundo.

O legado dos alquimistas financeiros nos chama a ver a riqueza não como um fim em si mesmo, mas como uma ferramenta poderosa. Uma ferramenta que, quando usada com sabedoria, integridade e uma compreensão profunda dos princípios energéticos, pode ser utilizada para elevar indivíduos, comunidades e o planeta. Imagine um mundo onde o sucesso financeiro seja sinônimo de conduta ética, de práticas sustentáveis e de um compromisso genuíno com o bem-estar de todos. Isso não é uma fantasia utópica, mas a extrapolação lógica dos princípios incorporados por aqueles que realmente dominaram a arte da alquimia financeira. Eles entendiam que a verdadeira riqueza era geradora, criando ondas de abundância que se estendiam muito além de suas contas pessoais.

Para tornar-se um alquimista financeiro moderno, a jornada começa com a mesma transformação interna que definiu os mestres do passado. Requer um compromisso com o cultivo de uma consciência desperta, um estado em que os Sete Princípios Herméticos não são conceitos abstratos, mas realidades vividas. Isso significa praticar diligentemente o **Princípio do Mentalismo**, reconhecendo o poder profundo de seus pensamentos e crenças para moldar seu destino financeiro. Envolve escolher conscientemente narrativas fortalecedoras sobre dinheiro e abundância, substituindo qualquer mentalidade de escassez enraizada por uma crença resoluta em sua capacidade de criar e atrair riqueza. Seu diálogo interno torna-se um terreno fértil para as sementes da prosperidade.

Abraçar o **Princípio da Correspondência** significa assumir responsabilidade por sua realidade financeira como reflexo direto de seu estado interno. Incentiva um exame meticuloso de suas crenças, atitudes e padrões emocionais em relação ao dinheiro. Você está inconscientemente mantendo crenças de indignidade ou medo? Está projetando uma energia de falta? Ao identificar e transformar conscientemente esses padrões internos, você alinha seu mundo interior com o sucesso financeiro externo que deseja. Essa autoconsciência é a pedra angular da prática alquímica eficaz, permitindo-lhe moldar proativamente suas circunstâncias em vez de ser moldado reativamente por elas.

O **Princípio da Vibração** chama você a elevar conscientemente sua frequência energética para corresponder à da abundância. Isso é alcançado cultivando emoções positivas – alegria em suas circunstâncias presentes, gratidão por tudo o que você tem e uma profunda apreciação pelo fluxo da riqueza. Significa escolher ativamente focar em soluções, em oportunidades e no valor inerente que você traz ao mundo, em vez de se fixar em problemas ou limitações percebidas. Seu estado emocional torna-se seu ímã financeiro mais poderoso, atraindo experiências e recursos que ressoam com sua emissão de alta frequência.

Dominar o **Princípio da Polaridade** permite-lhe navegar pelos desafios financeiros com resiliência e equilíbrio. Você aprende a ver períodos de aparente falta não como obstáculos intransponíveis, mas como contrastes essenciais que destacam o valor e o brilho da abundância. Esses momentos tornam-se oportunidades de crescimento, inovação e fortalecimento de sua fé na generosidade inerente do universo. Ao manter uma perspectiva equilibrada, você evita ser desviado por contratempos temporários, reconhecendo-os como partes integrais de um fluxo maior e cíclico.

Respeitar o **Princípio do Ritmo** significa compreender que a riqueza é dinâmica, não estática. Você aprende a trabalhar com o fluxo natural dos ciclos financeiros, conservando recursos em tempos de menor entrada e agindo de forma decisiva em períodos de abundância, sempre com sabedoria e visão. Essa aceitação dos ritmos naturais promove uma relação sustentável e duradoura com a riqueza, livre das ansiedades da escassez e da complacência da abundância percebida como permanente.

O **Princípio de Causa e Efeito** impregna você com um profundo senso de agência e responsabilidade. Você entende que sua situação financeira atual é resultado de suas escolhas passadas e que, ao escolher conscientemente causas positivas – ações éticas, intenções benevolentes e doações generosas – está arquitetando ativamente um futuro mais próspero. Torna-se um administrador diligente de sua energia financeira, garantindo que cada interação e decisão contribua para a criação dos resultados desejados.

Finalmente, integrar o **Princípio de Gênero** permite-lhe aproveitar o poder criativo das energias receptivas e ativas. Você aprende a equilibrar o insight intuitivo com a ação decisiva, a abertura com a assertividade, permitindo-lhe tanto atrair oportunidades quanto manifestar eficazmente seus objetivos financeiros. Essa abordagem equilibrada garante que seus empreendimentos financeiros não sejam forçados ou tensos, mas fluam naturalmente de um lugar de poder criativo integrado.

Ao incorporar conscientemente esses princípios, você transcende a mera busca pela riqueza pessoal. Começa a encarnar o verdadeiro espírito de um alquimista financeiro, cuja prosperidade cria efeitos positivos em cascata. Isso significa usar sua consciência desperta e sua riqueza gerada para contribuir de forma significativa para o mundo. Pode envolver investir em negócios éticos que promovam sustentabilidade, apoiar iniciativas educacionais que empoderem outros ou contribuir para causas de caridade que estejam alinhadas com seus valores. Seu sucesso financeiro torna-se um veículo para criar um mundo mais justo e próspero para todos.

O legado dos alquimistas financeiros não é apenas uma nota de rodapé histórica; é um convite vivo. É um convite para reconhecer o potencial divino dentro de si, para desbloquear o ouro do alquimista que não reside em minas externas, mas dentro de sua própria consciência. Ao aplicar esses princípios atemporais com consciência renovada e propósito, você pode transformar sua realidade financeira pessoal e, ao fazê-lo, contribuir para a grande transformação alquímica do próprio mundo. A Pedra Filosofal, a chave para desbloquear a abundância suprema, não é um objeto mítico, mas a consciência desperta e empoderada que você é capaz de se tornar. A jornada é de autodescoberta, de transmutação interna e, em última análise, de manifestação de uma realidade tão rica e radiante quanto o ouro que você é capaz de criar. Esse é o verdadeiro legado, o impacto duradouro e a promessa suprema dos alquimistas financeiros.

A jornada que empreendemos, traçando os fios da alquimia financeira através da história e até o próprio tecido da lei universal, culmina não em um baú de tesouro de ouro, mas nas riquezas ilimitadas de uma consciência desperta. Esta é a verdadeira Pedra Filosofal – a transformação interior que desbloqueia a fonte da riqueza eterna. É a realização de que o mundo externo das finanças, com todas as suas limitações e oportunidades percebidas, é apenas um reflexo do cenário interno que cultivamos. Para realmente compreender e aproveitar o poder da riqueza, devemos primeiro voltar nosso olhar para dentro, não para encontrar falhas ou deficiências, mas para descobrir o potencial latente, o fogo alquímico que pode transmutar escassez em abundância, limitação em possibilidade ilimitada.

Esse despertar não é um evento passivo; é um processo ativo e consciente de tornar-se. É o momento em que o buscador percebe que a busca externa por riquezas é apenas uma distração da fonte infinita que reside dentro. Os antigos alquimistas, em sua busca incansável pela transmutação suprema, não estavam apenas tentando transformar chumbo em ouro; estavam, em essência, buscando transmutar sua própria consciência limitada e básica em um estado de percepção iluminada, um estado capaz de manifestar as formas mais elevadas de valor. Essa é a verdade profunda que está no coração da riqueza eterna: sua consciência é o terreno fértil supremo, e seus pensamentos, crenças e intenções são as sementes das quais toda abundância cresce.

Considere o poder transformador da intenção, uma força frequentemente subestimada em sua capacidade de moldar nossa realidade financeira. Quando a intenção está alinhada com os princípios universais, torna-se uma corrente imparável, atraindo para nós os recursos e oportunidades que servem ao nosso bem maior e ao bem maior coletivo. Não se trata de manipulação forçada ou de um desejo desesperado por ganho material, mas de uma co-criação harmoniosa com o universo. Trata-se de estabelecer uma intenção clara e inabalável, infundida com emoção e convicção, e então liberá-la no campo energético, confiando no tempo divino de sua manifestação. Essa prática disciplinada de intenção focada, aprimorada por meio da autoconsciência consistente, é o cadinho no qual nossos desejos são forjados em realidades tangíveis.

O despertar para a riqueza eterna também envolve uma mudança profunda em nossa percepção de valor. Somos condicionados desde cedo a equiparar valor com escassez, com tangibilidade, com unidades monetárias. No entanto, os verdadeiramente ricos, aqueles que possuem não apenas riquezas materiais, mas um profundo senso de realização e propósito, entendem que o verdadeiro valor é frequentemente intangível. Ele reside no conhecimento, na criatividade, na compaixão, na contribuição, nos relacionamentos que cultivamos e no impacto positivo que temos no mundo. Quando começamos a gerar e circular essas formas de valor, acessamos um reservatório de abundância que não está sujeito às flutuações do mercado ou às limitações dos recursos físicos.

Isso significa abraçar uma mentalidade de contribuição geradora em vez de mera aquisição. Em vez de perguntar: "Como posso obter mais?", perguntamos: "Como posso oferecer mais valor?". Essa reorientação sutil, mas poderosa, desloca nosso foco de uma posição de falta para uma de abundância. Quando abordamos nossos empreendimentos com um desejo genuíno de servir, de resolver problemas, de elevar os outros, naturalmente atraímos os recursos e oportunidades necessários para cumprir esse propósito. O universo responde à nossa emissão energética, e quando essa emissão está focada na criação e na contribuição, o fluxo de abundância torna-se uma consequência natural.

Além disso, a jornada do despertar envolve cultivar um profundo senso de gratidão pelo que já existe. A gratidão é um poderoso agente alquímico que amplifica nossas bênçãos existentes e nos abre para receber mais. Ela desloca nosso foco do que falta para o que está presente, transformando nossa frequência vibracional de uma de escassez para uma de apreciação. Quando abordamos nossas finanças com espírito de gratidão, reconhecendo o fluxo de recursos que já nos sustentou, criamos um campo magnético que atrai uma abundância ainda maior. Essa prática não diz respeito à complacência; trata-se de reconhecer a natureza milagrosa de nossas circunstâncias atuais e honrar o fluxo da vida.

A compreensão de que nossos pensamentos são forças criativas é fundamental nesse despertar. Cada pensamento que entretemos, cada crença que mantemos, é um plano para nossa realidade. Se pensamos consistentemente em escassez, limitação e medo em relação ao dinheiro, estamos, de fato, nos programando para uma realidade que reflete essas limitações. Por outro lado, ao escolher conscientemente cultivar pensamentos de abundância, possibilidade e prosperidade, começamos a arquitetar uma nova realidade financeira. Isso requer monitoramento diligente de si mesmo e disposição para desafiar e reformular quaisquer padrões de pensamento negativos enraizados que já não nos servem. O crítico interno, frequentemente um obstáculo formidável, deve ser reprogramado, de forma gentil mas firme, com a linguagem da possibilidade e do empoderamento.

Essa reprogramação é facilitada pela aplicação consistente dos princípios herméticos. Quando aplicamos consistentemente o **Princípio do Mentalismo**, entendemos que nossos pensamentos são a causa primária de nossa experiência financeira. Quando incorporamos o **Princípio da Correspondência**, vemos nossas contas bancárias, nossos investimentos e nossas situações financeiras como espelhos de nosso estado interno. O **Princípio da Vibração** nos guia a elevar conscientemente nosso estado emocional para corresponder à frequência da riqueza que desejamos, entendendo que alegria, gratidão e entusiasmo são poderosos atratores. Ao abraçar o **Princípio da Polaridade**, aprendemos a ver os desafios não como finais, mas como contrastes necessários que destacam o brilho da abundância.

O **Princípio do Ritmo** nos lembra que a riqueza, como toda a natureza, flui e reflui, e que ao trabalhar em harmonia com esses ciclos, em vez de contra eles, promovemos prosperidade sustentável. O **Princípio de Causa e Efeito** nos impregna com a compreensão de que cada ação financeira, cada intenção, cada pensamento, é uma semente que produzirá uma colheita, instando-nos a semear sementes de generosidade, integridade e administração sábia. Finalmente, o **Princípio de Gênero**, entendido como o equilíbrio das energias criativas e receptivas, garante que estejamos tanto manifestando ativamente nossos desejos quanto recebendo graciosamente os dons do universo.

A "Pedra Filosofal" não é, portanto, um objeto externo a ser encontrado, mas um estado interno a ser cultivado. É a mente iluminada, a consciência que transcendeu a ilusão da escassez e reconheceu sua capacidade inerente de gerar valor infinito. Essa consciência desperta entende que a verdadeira riqueza não se trata de acumular mais do que os outros, mas de criar mais valor para todos. É um estado de ser em que o sucesso financeiro não é uma busca separada, mas um aspecto integrado de uma vida vivida em alinhamento com os princípios universais, uma vida de propósito, contribuição e profunda riqueza espiritual.

Viver essa verdade é abraçar uma vida de criação consciente. É ir além das ansiedades do mundo material e acessar o campo energético ilimitado de abundância que nos envolve. É tornar-se um conduto para a riqueza, não apenas para ganho pessoal, mas para a elevação da humanidade e do planeta. Esta é a riqueza eterna – uma abundância que transcende o valor monetário, uma prosperidade que nutre a alma e um legado que ecoa através das gerações. A busca do alquimista, quando vista por esta lente, revela que o maior tesouro não está na transmutação de metais comuns, mas na transmutação do próprio ser, conduzindo a uma vida de possibilidades infinitas e abundância duradoura.

O empoderamento que surge desse despertar é profundo. Ele nos liberta do medo da falta, do domínio da escassez e da busca incessante por validação externa. Percebemos que nosso valor intrínseco não está atrelado ao saldo bancário, mas à nossa capacidade de nos conectar com a fonte universal de toda criação. Essa conexão nos permite gerar valor a partir de um lugar de autenticidade e propósito, atraindo recursos não pela luta, mas pelo alinhamento. Quanto mais cultivamos essa abundância interior, mais facilmente manifestamos a prosperidade externa.

A aplicação prática dessa consciência desperta traduz-se em uma abordagem mais atenta e intencional a cada aspecto de nossas vidas financeiras. Significa fazer escolhas que não são movidas pelo medo ou pelo desejo, mas pela sabedoria e por uma compreensão profunda dos princípios energéticos. Significa investir não apenas em ativos tangíveis, mas em experiências que enriquecem nossas vidas e as vidas dos outros. Significa doar não por obrigação, mas a partir de uma generosidade genuína, sabendo que tal doação cria um poderoso fluxo de energia positiva.

Em última análise, essa jornada trata de reivindicar nosso direito de nascimento como co-criadores de nossa realidade. Trata-se de reconhecer que o universo é inerentemente abundante e que somos parte integral dessa abundância. A Pedra Filosofal, a chave para desbloquear essa riqueza eterna, é a consciência desperta que reside dentro de cada um de nós, esperando para ser plenamente realizada. Ao abraçar essa verdade, ao nos comprometermos com a prática contínua da criação consciente, podemos de fato viver uma vida de profunda riqueza financeira e espiritual, tornando-nos alquimistas de nossos próprios destinos, transformando o ordinário em extraordinário e deixando um legado de abundância que se estende muito além do reino material. O convite permanece, claro e ressonante: desperte sua consciência e desbloqueie a riqueza eterna que é sua verdadeira herança.

## Sobre o Autor

Maurilio Candido Junior é jornalista, escritor, pesquisador e explorador da consciência humana. Com uma linguagem poética e provocadora, seus textos mergulham nas camadas invisíveis da mente, revelando os ruídos sutis que moldam nossa percepção e comportamento. Sua escrita transita entre ciência, espiritualidade e filosofia contemporânea, sempre com o propósito de despertar o leitor para uma vida mais consciente, presente e autêntica.
Ao longo dos anos, Maurilio desenvolveu uma abordagem única que une neurociência, física quântica e sabedoria ancestral, traduzindo conceitos complexos em reflexões acessíveis e transformadoras. Seus ensaios e capítulos são convites à introspecção, à pausa e ao reencontro com o silêncio interior — esse espaço fértil onde a verdadeira criatividade e clareza emergem.
Mais do que um autor, Maurilio é um facilitador de jornadas internas. Seus escritos não apenas informam, mas transformam. Eles não oferecem respostas prontas, mas abrem portas para que cada leitor encontre as suas próprias. Com uma voz firme e compassiva, ele nos lembra que o maior poder está na presença, e que o silêncio não é ausência — é origem.
Atualmente, Maurilio dedica-se à produção de obras que investigam os mecanismos sutis da mente, os padrões invisíveis que nos governam e as possibilidades de transcendência pessoal através da reconexão com o agora. Seu trabalho é uma ponte entre o intelecto e a intuição, entre o pensamento e a experiência direta.

"Escrevo para quem sente que há algo além do barulho.
Para quem busca não apenas entender a vida, mas vivê-la com profundidade."

— Maurilio Candido Junior

## Livros deste Autor

## Segredos da Riqueza Judaica: Para Família, Sucesso e Amor

O que faz algumas pessoas prosperarem de forma consistente, mantendo equilíbrio emocional, sucesso financeiro, relacionamentos fortes e propósito de vida? A resposta está em princípios milenares de sabedoria judaica que atravessaram gerações, moldando mentes, famílias e impérios.

Em Segredos da Riqueza Judaica, Maurilio Candido Junior revela, de maneira clara e prática, os fundamentos que sustentam uma vida de prosperidade verdadeira — aquela que vai muito além do dinheiro e constrói riqueza emocional, espiritual e familiar.

Neste livro, você aprenderá:

✓ Os princípios judaicos que fortalecem a mentalidade da prosperidade
✓ Como alinhar finanças, propósito e valores familiares
✓ Estratégias para construir sucesso sustentável sem perder o equilíbrio interior
✓ Como desenvolver relacionamentos baseados em respeito, compromisso e amor
✓ Hábitos simples que transformam pensamento, decisões e resultados

Este não é apenas um livro sobre dinheiro. É um guia para construir uma vida sólida, próspera e significativa. Se você busca prosperidade com consciência, sucesso com paz interior e riqueza que se reflete na família e nos relacionamentos, este livro foi escrito para você.

A verdadeira riqueza começa na mente, se fortalece no caráter e floresce na vida.

# O Código da Noite: A Chave Para Reescrever Sua Realidade

Você já teve a sensação de que sua vida poderia seguir por caminhos completamente diferentes — se apenas você soubesse como acessar as escolhas certas no momento certo? Este livro revela que essa capacidade não é uma metáfora.
Ela é uma função natural da consciência humana. Baseado na teoria do Desdobramento do Tempo de Jean-Marie Garnier Malet, O Código da Noite apresenta, de forma clara e prática, como sua mente se comunica constantemente com versões futuras de si mesmo e como esse processo influencia suas decisões, emoções e acontecimentos diários. Ao longo destas páginas, você aprenderá:

✓ Como o tempo realmente funciona além da visão linear tradicional
✓ Por que pensamentos e emoções moldam sua linha de realidade
✓ Como utilizar os estados de silêncio, noite e recolhimento para acessar respostas internas
✓ Técnicas simples para reprogramar padrões mentais e emocionais
✓ Como alinhar suas escolhas ao futuro que deseja construir

Este não é um livro de crenças — é um manual de consciência aplicada. Ao compreender o funcionamento oculto entre tempo, mente e realidade, você deixa de reagir à vida e passa a criá-la conscientemente. Se você sente que há algo além do visível, se busca sentido, clareza e transformação real, este livro é o ponto de virada da sua jornada. O futuro não é um destino.
É uma construção.
E a chave está em suas mãos.

O Código da Noite: Programe seu Duplo Quântico e Mude Seu Futuro em 5 Minutos Antes de Dormir

Você já se perguntou por que as coisas parecem dar errado mesmo quando você tenta fazer tudo certo? E se a sua vida não fosse um jogo de azar, mas sim um código que você pode aprender a programar? Descubra a verdade por trás do tempo e do sono.

Baseado na revolucionária Teoria do Desdobramento do Tempo, do físico francês Jean-Pierre Garnier Malet, este livro revela a existência do seu "Duplo Quântico": uma versão de você que viaja para o futuro e retorna com as soluções perfeitas para seus problemas. Este guia prático e direto vai te ensinar a ativar essa conexão e co-criar a sua realidade de forma consciente.

Aprenda o "Código da Noite" para: Anular o futuro caótico: Pare de criar potenciais negativos e use a "Vassoura Quântica" para limpar o caminho. Receber a "memória do futuro": Entenda como interpretar intuições, "insights" e coincidências que são, na verdade, instruções diretas do seu Duplo. Manifestar sua vida ideal: Use o poder do seu último pensamento antes de dormir para programar saúde, prosperidade, sucesso e felicidade. Chega de lutar contra o tempo. É hora de usar o seu "Eu Quântico" para manifestar a vida que você merece!

O Código da Noite não é apenas sobre o tempo, é sobre o poder da sua mente para mudar o seu destino.

# O Código da Noite: Desvende as Leis Quânticas do Tempo e Torne-se o Arquiteto Consciente do seu Destino

A Chave Mais Poderosa para a Cocriação Não Está no Que Você Faz, Mas no Que Você Faz "Enquanto Dorme." Você já se perguntou por que sua força de vontade falha e seus desejos mais profundos permanecem inatingíveis?

A resposta reside em uma verdade pouco compreendida sobre a mecânica da realidade: você não vive em um tempo linear. Este livro revolucionário revela a ponte científica entre a sua mente consciente e o vasto poder do seu "Subconsciente Quântico", ensinando você a usar a "janela de comunicação temporal" que se abre a cada noite.

Baseado na teoria do Desdobramento Temporal de Jean-Pierre Garnier Malet e integrado com as mais eficazes técnicas de PNL (Programação Neurolinguística) e Coerência Cardíaca, "O Código da Noite" é o manual definitivo para a Engenharia de Consciência.

O Que Você Aprenderá ao Desvendar O Código:

"O Duplo Quântico e o Arquivo do Futuro:" Entenda como sua versão mais elevada já existe em um "tempo atemporal" e como acessar seus insights e soluções por meio de um método preciso de "Programação Noturna de 5 Minutos".

"O Segredo da Coerência Vibracional:" Aprenda a neurociência por trás da "Alquimia da Gratidão" (Capítulo 6), o estado de alta frequência que alinha seu coração e sua mente, transformando um sinal de "carência" em um ímã de "abundância".

"Reprogramação na Fonte:" Descubra as linguagens do seu "Arquiteto Invisível" (o Subconsciente) — Imagens, Emoções e Palavras — e use as técnicas de PNL para desmantelar crenças limitantes e instalar roteiros de sucesso.

"Ação Alinhada (Fluxo vs. Esforço):" Domine a arte de passar da "Ação Forçada" (motivada pelo medo da falta) para a "Ação Inspirada" (guiada pela certeza interior), onde manifestar o sucesso se torna fácil e natural.

"O Manual de Campo:" Ferramentas práticas para a vida diária, incluindo o Diário da Prova, âncoras emocionais e a reformulação consciente para sustentar a sua frequência, mesmo diante dos desafios.

Se você está cansado de apenas "desejar" uma vida melhor e pronto para "projetar" uma, pare de lutar durante o dia e comece a cocriar à noite.

Adquira 'O Código da Noite' hoje e comece a reescrever o projeto da sua realidade com a precisão da ciência e o poder da sua própria consciência.

# O Poder do Silêncio Mental: Desperte o Cérebro Quântico, Reprograme Suas Emoções e Manifeste a Realidade que Você Deseja

Você sente que sua mente está sempre barulhenta, como se fosse impossível parar de pensar?

Em um mundo de excesso de informação e ruído mental constante, o verdadeiro poder está no silêncio. Neste livro revelador, Maurilio Candido Junior mostra como o silêncio mental pode se tornar a ferramenta mais poderosa para reprogramar seu cérebro, equilibrar suas emoções e criar uma nova realidade. Com base em princípios de neurociência, física quântica e espiritualidade prática, você vai descobrir:

Como cessar o ruído mental e acessar o "modo criador" da mente.

O que é o Cérebro Quântico e como ele responde à sua frequência emocional.

Técnicas simples para reprogramar crenças e eliminar sabotagens internas.

O segredo do silêncio antes de dormir — e como ele muda sua vibração para o dia seguinte.

Este não é apenas mais um livro sobre meditação — é um manual de reconexão com o campo quântico da consciência.

Abra espaço para o silêncio... e veja o universo responder.

## O Jogo da Vida Atualizado: A Nova Regra é a Consciência

O jogo da Vida Atualizado: A Nova Regra é a Consciência é um guia vibracional para quem deseja viver com propósito, presença e clareza espiritual. Inspirado na sabedoria de Florence Scovel Shinn e expandido com fundamentos da física quântica, neurociência e espiritualidade prática, este livro revela que a vida não é um destino — é uma frequência.

Com linguagem elevada e acessível, o autor Maurilio Candido Junior conduz o leitor por uma jornada de 26 capítulos transformadores, cada um vibrando uma nova consciência. A obra inclui práticas diárias, afirmações elevadas, meditações guiadas, glossário vibracional e um Diário de Intenção para reprogramar sua realidade em 21 dias.

Ideal para quem busca:

- Autoconhecimento e despertar espiritual

- Espiritualidade contemporânea e prática

- Terapias vibracionais e física quântica aplicada

- Meditações guiadas e afirmações positivas

- Reprogramação mental e emocional

- Expansão da consciência e manifestação intencional

Destaques do livro:

Linguagem elevada e transformadora

Práticas integradas para o dia a dia

Referências científicas e espirituais

Ferramentas para criar uma nova realidade

Este livro é mais que leitura — é campo. É prática. É portal.

Se você sente que há algo mais, está pronto para jogar o jogo da vida com consciência.

## Chega de se Sentir uma Fraude!: Um Guia Sem Frescura para Vencer a Síndrome do Impostor e Salvar Sua Sanidade no Trabalho

Você já conquistou algo importante, mas sentiu que não merecia? Já teve medo de ser "descoberto" como uma fraude, mesmo se esforçando ao máximo?

Se a resposta é sim, você não está sozinho. A chamada síndrome do impostor atinge milhões de pessoas em silêncio, roubando a confiança, sabotando carreiras e minando relacionamentos. Este livro é um guia prático e inspirador para quem deseja se libertar dessa sensação paralisante e finalmente assumir o próprio valor. Em uma linguagem acessível e direta, você vai aprender a identificar os gatilhos da autossabotagem, reconstruir sua autoconfiança e transformar autenticidade em força.

Aqui você encontrará:

Técnicas práticas para fortalecer a autoestima e lidar com a insegurança

Estratégias para enfrentar críticas, pressão e ambientes desafiadores

Exercícios de afirmações e diário de conquistas para reprogramar sua mente

Caminhos para alinhar autenticidade, propósito e ação no dia a dia

Mais do que um livro, Chega de se sentir uma Fraude! é um convite para viver com leveza, coragem e verdade. Chegou a hora de parar de duvidar de si mesmo e ocupar o lugar que já é seu por direito.

Revertendo o Pré-Diabetes: Guia Prático para uma Vida Mais Saudável

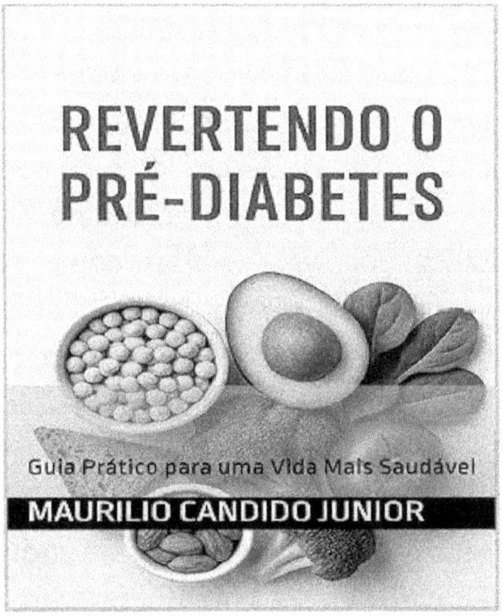


Descubra como reverter o pré-diabetes e recuperar o equilíbrio da sua saúde com este eBook transformador!

Através de informações científicas atualizadas e dicas práticas, você aprenderá a fazer escolhas inteligentes para sua alimentação, atividade física e bem-estar geral.

Com estratégias acessíveis e fáceis de implementar, este guia oferece um caminho seguro e eficaz para reduzir os níveis de glicose no sangue, prevenir complicações futuras e adotar um estilo de vida que favorece sua saúde a longo prazo.

Se você recebeu um diagnóstico de pré-diabetes ou deseja prevenir o avanço da condição, este eBook é para você! Dê o primeiro passo rumo à transformação e viva com mais energia, disposição e qualidade de vida. Afinal você merece!

## Desencaixado: Como transformar o desencaixe em caminho de reconexão

Sinta-se acolhido em cada página deste e-Book que celebra quem você é, mesmo quando tudo parece não se encaixar. Aqui, o desconforto de não pertencer deixa de ser peso para virar impulso: você vai descobrir como usar o desencaixe a seu favor, abrindo portas para a reconexão consigo mesmo, com os outros e com o mundo à sua volta.

O que você vai encontrar

- Reflexões orientadas para entender a origem do seu sentimento de "não encaixe"

- Exercícios práticos de autoconhecimento que fortalecem sua identidade

- Ferramentas para transformar conflitos internos em oportunidades de crescimento

- Estratégias de comunicação empática para criar vínculos genuínos

- Histórias inspiradoras de quem já trilhou esse caminho e reconstruiu seu lugar no mundo

Por que ler este e-Book: Para ressignificar a sensação de deslocamento e descobrir seu valor único; Para criar laços autênticos, sem precisar seguir modelos prontos de aceitação; Para ampliar seu repertório emocional e transformar desafios em aprendizados; Para caminhar confiante rumo à sua essência, com a certeza de que estar "fora da caixa" pode ser seu maior trunfo

# O Código Invisível: Crie Realidade com Palavras, Presença e Propósito

O Código Invisível: Crie Realidade com Palavras, Presença e Propósito é um guia vibracional para quem deseja transformar sua vida de dentro para fora. Unindo neurociência, física quântica e espiritualidade prática, o autor Maurilio Candido Junior revela como a linguagem, a atenção e a intenção moldam a realidade que vivemos — e como podemos reprogramá-la conscientemente.

Este livro apresenta uma jornada profunda e acessível para decodificar os padrões invisíveis que sustentam nossas experiências. Com práticas integradas, afirmações elevadas, meditações guiadas e um Diário de Reprogramação Vibracional, o leitor é conduzido a ativar uma nova forma de estar no mundo: mais leve, mais alinhada, mais criadora. Ideal para quem busca:

Reprogramação mental e emocional

Espiritualidade contemporânea e prática

Física quântica aplicada à vida cotidiana

Autoconhecimento e expansão da consciência

Linguagem criadora e afirmações positivas

Presença vibracional e manifestação intencional

Destaques do livro:

Linguagem elevada e transformadora

Ferramentas práticas para o dia a dia

Referências científicas e espirituais

Glossário vibracional e apêndices aplicáveis

Este livro não é apenas leitura — é campo. É prática. É portal. Se você sente que há algo mais, está pronto para decodificar sua realidade.

# O Arquiteto Invisível: A Ciência Oculta de Criar Destinos

Um romance inspirador que combina mistério, ciência e espiritualidade para revelar a arquitetura oculta por trás do destino humano. Quando um cientista desacreditado encontra um mentor enigmático, ele descobre um código invisível capaz de transformar pensamentos em realidade. Entre revelações, escolhas e riscos, ele aprende que criar o próprio caminho é uma arte — e um poder disponível para todos.

Uma história emocionante que desperta consciência, propósito e protagonismo.

Existe uma força silenciosa moldando cada decisão, cada encontro e cada oportunidade. Poucos conseguem percebê-la. Menos ainda aprendem a utilizá-la.

Neste romance inspiracional que une mistério, espiritualidade moderna e neurociência aplicada, Maurilio Candido Junior apresenta uma jornada transformadora sobre como a realidade pode ser projetada, reescrita e conscientemente arquitetada.

Acompanhamos a história de um cientista desiludido que, após perder tudo, encontra um mentor enigmático — o Arquiteto Invisível — e descobre que pensamentos, emoções e símbolos compõem um código oculto capaz de influenciar o destino humano.

Ao longo dessa jornada, o leitor é conduzido a reflexões profundas e a técnicas práticas para despertar sua capacidade de criar novos caminhos.

O que você encontrará neste livro: Uma narrativa envolvente que combina ficção, filosofia e autoconhecimento

Princípios da psicologia, física quântica simbólica e comportamento humano aplicados ao cotidiano

Ferramentas para reprogramar crenças, alinhar propósito e manifestar novos resultados

Um guia moderno para desenvolver consciência, poder pessoal e protagonismo

Um mergulho emocional que inspira ação, clareza e transformação real

Para quem é este livro?

Para quem busca:

Desenvolvimento pessoal profundo

Mudança de mentalidade

Expansão de consciência

Despertar espiritual

Tomar controle da própria vida

Criar novos caminhos profissionais, emocionais e materiais

Uma leitura cativante que ilumina e inspira

Ideal para leitores de:

"O Poder do Agora", "O Alquimista", "O Segredo", "Os Quatro Compromissos", "Mais Esperto que o Diabo" e "O Poder do Subconsciente".

# A Chave Dourada da Abundância: Desvendando os Princípios Bíblicos da Prosperidade Plena

O Guia Definitivo para Desbloquear Riqueza, Paz e Plenitude com a Sabedoria das Escrituras.

Cansado de Viver no Ciclo da Escassez e da Ansiedade Financeira?

Muitos cristãos buscam a prosperidade, mas a entendem de forma incompleta, focando apenas no dinheiro. A Bíblia, no entanto, revela uma verdade muito maior: a verdadeira Abundância é a plenitude da vida (Shalom) — bem-estar espiritual, saúde, relacionamentos saudáveis e, sim, recursos financeiros.

Neste guia transformador, Maurílio Cândido Junior desvenda as Chaves Douradas escondidas nas Escrituras que não apenas multiplicarão seus bens, mas também sua alegria e seu propósito de vida.

O Que Você Vai Desbloquear com as Chaves Douradas:

- Fundamento de Fé: Descubra a diferença entre amar o dinheiro e viver sob o princípio da provisão divina, aprendendo a verdadeira doutrina bíblica da prosperidade.

- A Chave da Mordomia: Como a fidelidade no pouco (dízimos e ofertas) é o segredo para Deus confiar o muito em suas mãos (Princípio de Malaquias 3:10).

- Gestão Prática: Estratégias bíblicas para eliminar dívidas, planejar e investir com sabedoria, transformando seu trabalho em um ato de adoração.

- O Poder da Semeadura: Entenda a Lei Imutável da Generosidade e como dar é o caminho mais rápido para a multiplicação e a abundância financeira.

- Paz Interior: Encontre o contentamento em todas as circunstâncias, rompendo com a mentalidade de escassez e a ansiedade sobre o futuro.

Chegou a Hora de Abrir a Porta da Plenitude.

Se você está procurando por livros sobre finanças cristãs, princípios bíblicos para o sucesso, ou deseja alcançar a liberdade financeira de forma íntegra e espiritual, este é o seu mapa. Pare de lutar e comece a prosperar no plano completo de Deus para sua vida.

Adquira sua cópia hoje e comece sua jornada para a Prosperidade Plena!

# A Última Lição da Humanidade: Cura Invisível

A Última Lição da Humanidade: Cura Invisível é um livro urgente, profundo e transformador. Escrito para uma era saturada de ruído, pressa e desconexão, esta obra oferece um mapa vibracional para reconectar o ser humano à sua essência — e ao mundo que ele ajuda a criar.

Unindo espiritualidade, ciência, neurociência e sabedoria ancestral, o autor Maurilio Candido Junior apresenta uma "tecnologia interior" capaz de curar, reorganizar e reprogramar a realidade a partir do invisível: emoções, crenças, presença e intenção. Este livro não é um manual motivacional. Não é um tratado filosófico. É um código de retorno ao essencial. Um convite para viver com profundidade, lucidez e propósito. Ideal para quem busca:

- Reconexão interior e cura emocional

- Espiritualidade prática e ciência da consciência

- Reprogramação vibracional e mental

- Propósito, presença e relacionamentos autênticos

- Ferramentas para transformação pessoal e coletiva

O que você vai encontrar:

1. A cartografia do invisível

2. A engenharia da consciência

3. A cura das conexões

4. A ciência da presença

## 5. O chamado para uma nova humanidade

Este livro não existe apenas para ser lido.

Existe para ser vivido.

Porque a última lição da humanidade não está no que ela sabe — está no que ela esqueceu.

## O Eco Humano: Curando a Solidão

A solidão é um eco que ressoa dentro de cada ser humano — mas também pode ser o ponto de partida para uma profunda transformação interior.

Em O Eco Humano: Curando a Solidão, Maurilio Candido Junior conduz o leitor por uma jornada emocional, filosófica e biológica, desvendando as raízes silenciosas da solidão moderna e oferecendo caminhos práticos e espirituais para curar esse vazio que tantas vezes parece inexplicável.

A obra apresenta uma reflexão profunda sobre como a mente, o corpo e a alma respondem ao isolamento emocional. Com uma escrita inspiradora, sensível e acessível, o autor revela como a solidão pode ser compreendida, acolhida e transformada em força, propósito e reconexão.

Mais do que um livro, este é um guia de cura interior — um convite para despertar a consciência, restaurar o equilíbrio emocional e reconstruir a relação consigo mesmo e com o mundo.

Neste livro você vai descobrir:

✔ As causas biológicas e psicológicas da solidão

✔ Como emoções reprimidas moldam a percepção de si mesmo e dos outros

✔ Técnicas de reconexão emocional e fortalecimento interno

✔ Reflexões espirituais que ajudam a transformar a dor em sabedoria

✔ Estratégias para construir relações mais saudáveis, seguras e significativas

✔ Como transformar o silêncio interno em autoconhecimento profundo

Para quem este livro é indicado?

Para todos que buscam:

- cura emocional,

- autoconhecimento,

- inteligência emocional,

- superação da solidão,

- desenvolvimento de propósito e sentido,

- e uma jornada de transformação inspiradora.

Se você sente que carrega um vazio, um cansaço emocional ou a sensação de não pertencer, este livro será uma luz no caminho.

Por que esta obra é diferente?

Maurilio Candido Junior une ciência, filosofia e espiritualidade para explicar a solidão não como um defeito humano, mas como um chamado interior — uma mensagem do corpo e da alma pedindo reconexão.

Com capítulos profundos, a escrita conduz o leitor a um mergulho interno que emociona, esclarece e transforma.

# Humanos no Comando: Como Prosperar na Era da IA

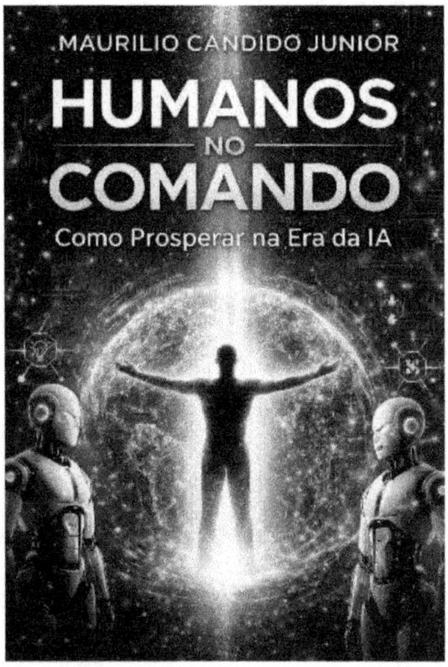


**Humanos no Comando: Como Prosperar na Era da IA** é um guia essencial para quem deseja transformar o medo da automação em oportunidades reais de crescimento. Em um mundo onde milhões temem perder empregos para robôs e algoritmos, este livro mostra como **habilidades humanas insubstituíveis** — criatividade, empatia, liderança e pensamento crítico — serão o diferencial para prosperar na nova economia digital.

Com linguagem clara e inspiradora, o autor apresenta:

- **O futuro do trabalho** e as profissões emergentes na era da inteligência artificial.
- Como **colaborar com robôs e tecnologias inteligentes** em vez de competir contra eles.
- Estratégias práticas para **desenvolver competências digitais e humanas** que garantem relevância profissional.
- Casos reais e insights sobre empresas e pessoas que já estão prosperando com a IA.

Este livro é perfeito para profissionais em transição de carreira, estudantes, empreendedores e líderes que querem se preparar para o futuro.

# Disciplina Inteligente: Como Vencer a Procrastinação e Criar Hábitos que Transformam

Você já se sentiu preso em um ciclo de procrastinação, sabendo o que precisa fazer, mas adiando sempre para "depois"? Este livro é o guia prático e inspirador que vai ajudá-lo a transformar disciplina em algo leve, possível e duradouro.

Ao longo das páginas, você vai descobrir:

- **Por que procrastinamos** e como isso sabota nossos sonhos.
- **A neurociência da disciplina**, entendendo como o cérebro cria e mantém hábitos.
- **Estratégias práticas** como a técnica dos 5 minutos e o método das micro-metas para alcançar grandes objetivos.
- **Ferramentas para criar hábitos duradouros**, substituindo padrões ruins por rotinas inteligentes.
- **Como manter disciplina sem sofrimento**, evitando burnout e celebrando pequenas vitórias.
- **Casos reais e inspiradores** de pessoas que transformaram suas vidas com disciplina inteligente.

Este não é apenas mais um livro sobre produtividade. É um manual acessível e motivador que mostra como pequenas mudanças podem gerar grandes transformações. Seja você um estudante, profissional ou empreendedor, aqui encontrará caminhos para vencer a procrastinação e construir hábitos que realmente sustentam seus objetivos.

**Transforme sua rotina. Supere a procrastinação. Crie hábitos que mudam vidas.**

# O Código da Abundância: Alquimia Prática para a Liberdade Financeira- Dominando as 7 Leis Herméticas para Transmutar Pensamento em Patrimônio

Você já imaginou transformar seus pensamentos em patrimônio real? Com O Código da Abundância, você descobrirá como aplicar as 7 Leis Herméticas para desbloquear sua mentalidade de riqueza e conquistar a tão desejada liberdade financeira.

Este livro une sabedoria ancestral e práticas modernas de alquimia mental, revelando como transmutar energia e intenção em prosperidade concreta. É um guia prático e inspirador para quem busca alinhar espiritualidade e finanças, criando uma vida plena e abundante.

O que você vai aprender:

- Como usar a Lei da Vibração e a Lei da Causa e Efeito para atrair riqueza.
- Técnicas de manifestação consciente para transformar crenças limitantes em poder pessoal.
- Estratégias para construir riqueza sustentável e independência financeira.
- O segredo da alquimia prática para transmutar pensamento em patrimônio.
- Como ativar sua mentalidade de abundância e viver em prosperidade.

Para quem é este livro:

- Pessoas que desejam desenvolvimento pessoal e expansão da consciência.
- Leitores interessados em unir espiritualidade e educação financeira.
- Quem busca um caminho prático para conquistar liberdade financeira e abundância duradoura.

Com linguagem clara e acessível, O Código da Abundância é mais que um livro: é um manual de transformação pessoal e financeira. Se você deseja dominar as leis universais e criar uma vida próspera, esta obra será sua chave para abrir as portas da abundância.

www.ingramcontent.com/pod-product-compliance
Lightning Source LLC
Chambersburg PA
CBHW050520240926
51846CB00003B/628
* 9 7 8 6 5 0 1 9 3 5 4 5 4 *